アフリカ農村と貧困削減

タンザニア 開発と遭遇する地域

Jun IKENO
池野 旬
[著]

京都大学学術出版会

西部平地の遠望 [2004年11月10日]

調査地のムワンガ県は,農業生態条件によって多雨で冷涼な山間部(北パレ山塊)と少雨で暑い平地部(東部平地,西部平地)に2分される.山間部の標高約1500mの地点から,高度700〜900mの西部平地と,青く輝くニュンバ・ヤ・ムングゥ・ダム湖を遠望した.西部平地の農耕地は山麓近辺に限られ,ダム湖までは人口希薄な乾燥した灌木林帯が広がる.写真の右下の枝の向こうに小さく十数軒の家屋が見えているが,調査地のキリスィ集落の家並みの一部である.

小雨季のキリスィ集落周辺の圃場 [2006年12月5日]

主要な農耕期は3～6月の大雨季であり、10～1月の小雨季は補助的な農耕期である。旱魃に見舞われることが多い地域であるが、皮肉にも2006年の大雨季には大雨のためにトウモロコシを十分に収穫できなかった。そのため、同年の小雨季にも多くの圃場でトウモロコシが植え付けられていた。

乾季のキリスィ集落周辺の圃場 [2009年8月8日]

1995年から毎年のように7、8月に訪問しているが、2009年はこれまでで一番緑が少なかった。前年十月からの小雨季、3月からの大雨季がともに雨不足であったため、赤茶けた圃場が広がっている。トウモロコシが十分に育たず刈り跡放牧をできなかったため、家畜飼料が不足しており、マンゴ、イチジク、インドセンダン等の大木を枝打ちして、木の葉を家畜に与えていた。

乾季のキリスィ集落の圃場 [2006年8月13日]

1990年代と比べると数が減ってはいるが、乾季灌漑作の圃場が広がる。2006年3～6月の大雨季には大雨であったため農産物の作柄が悪かったが、山が十分に保水したためか、乾季灌漑作の用水には事欠かなかった。写真で黄緑色に見えるのは乾季灌漑作のインゲンマメ畑、写真手前等で褐色に見えるのは収穫後に圃場に残された大雨季作のトウモロコシである。

アフリカワシミミズク (*Bubo africanus*) [2005年8月10日. キリスィ集落近く]
集落にほど近い大木に, つがいで棲んでいた. クチバシやツメを見ると猛禽であることがわかる, かなり大型のミミズクである. 「まえがき」に書いたように, 生息場所としていた大木を誰かが枝打ちしたために, 身を隠せる木陰がなくなり, 翌年にはいなくなっていた. これまで, ムワンガ県内ではこのつがい以外のミミズクを見かけていない.

踊る女性たち［2006年7月29日．キリスィ集落］
長子が中等学校に入る時期になってようやく結婚披露宴を行うと言い出した．キリスィ集落の夫婦宅へ，山間部の村からも平地部の村からも親戚・知人が集まった．男性はあまり変わり映えしない洋装なのに，女性は申し合わせたように全員一張羅である．迫力のあるママを中心に，彼女たちは奇声を発しながらタムタム（小型の太鼓）に合わせて踊り出した．その勇姿を，隣家のトタン屋根に梯子でおそるおそる登って，撮らせてもらった．

まえがき

　2000年紀を迎えるにあたって，国際連合はミレニアム開発目標（MDGs）を高らかに打ち出しました．開発目標の1番目には「極度の貧困と飢餓の撲滅」が掲げられており，そのなかでも1番目の課題として「2015年までに1日1ドル未満で生活する人口の割合を1990年の水準の半数に減少させる」ことが挙げられています（外務省ホームページ http://www.mofa.go.jp/Mofaj/gaiko/oda/doukou/mdgs.html　2009年6月24日閲覧）．現在の国際的な開発援助体制は，貧困削減を中心的な課題として展開されているといっても間違いないでしょう．貧困率が高いアフリカ地域，なかでもアフリカの農村地域は，貧困削減のための主たる援助対象地域と見なされています．このような中長期の開発目標である貧困削減に取り組んでいる最中に，国際的に穀物の価格が高騰する事態が最近発生しました．いまや食糧問題が，貧困削減の中心的な課題，あるいは貧困削減に先立って取り組まれるべき課題となっています．2008年5月に横浜で開催されたアフリカ開発会議（TICAD IV）でも，同年7月に開催された北海道洞爺湖サミットのG8会合でも，アフリカの食糧問題が重要な懸案事項として指摘されています．

　アフリカ諸国の多くは農業国であり，国民の多数は農業に従事し，農産物が重要な輸出品となっています．なぜ農業生産依存国で食糧問題が発生するのでしょうか．それを解明するためには，アフリカの食糧問題の背景にある農村・農業問題を検討する必要があるでしょう．検討にあたっては，アフリカという地域が共有する特性を析出するだけでは食糧問題の核心には到達できないでしょう．アフリカ大陸は広大であって，農業生産のための生態条件も多様であれば，各国が歴史的に形成してきた政治・経済・社会的な条件も千差万別だからです．そして，農業・食糧問題に対応を迫られているのはアフリカ各国の政府であって，アフリカという抽象的な行為主体が存在しているわけではないからです．

　さらに，アフリカ各国の国別の分析についても，おそらくは国レベルの分

析にとどまっていては十分ではないでしょう．国レベルの食糧不足は，国内の多数の食糧生産者の動向のいわば集計値であって，なぜ不足するのかという原因は，生産者により近づいて検討する必要があります．もちろん，旱魃や洪水といった天災，内戦のような政治不安，国際的な農業投入財価格・食糧価格の高騰といった，生産者が制御しえない外生的でかつ広域で作用するような変動要因も存在します．しかしながら，外在的な要因のみを並べて食糧問題，農業問題の原因と見なすことは，かなり皮相的な分析といえるでしょう．そのような分析は，アフリカの農民を外在的な要因に翻弄される存在として過小評価することにもなりかねません．

　農業・食糧問題の解決は，アフリカの各国政府が独立以来一貫してめざしてきた目標であったはずです．それを国家がいまだに達成できない，あるいは状況を悪化させているのであれば，国民は国家に信を置けず，自ら生き抜く方策を探らねばなりません．アフリカ各国内の諸地域では，世帯のような個別の社会経済主体がこれまで国家を当てにせず自立的な生存戦略を模索してきたと考えるほうが実情に合っているように思います．このように考えれば，アフリカの農業・食糧問題の解明のためには，国家レベルの分析だけでは不十分であり，国内諸地域に立ち入った丹念な実証研究も要請されているといえるでしょう．

　アフリカ農業・食糧問題に関する我が国のこれまでの研究を振り返ってみると，一方でアフリカという大陸レベルや国家レベルでの農業・食糧問題を対象としたマクロ分析が行われており，農業・食糧事情の将来に対し多くは悲観論が提示されてきました．最近の穀物の国際価格の高騰は，悲観論をさらに深刻にさせています．他方で，このようなマクロ分析とは対象を異にして，個別の農村社会に焦点を当てたミクロ分析も行われており，社会・政治・経済・生態環境の変化に巧みに対応する地域社会・農民像が提示され，農業・食糧問題に対する相対的に楽観的な議論が展開されてきました．マクロ分析とミクロ分析，そして悲観論と楽観論と大別しうる2種類の研究は，これまで棲み分けており，ほとんど接点を持ってきませんでした．

　悲観論に基づく国家の食糧増産政策は，もし農村住民が食糧確保に楽観的であるなら，現場との温度差があるために，必ずしも受け入れられるもので

はないでしょう．逆に，農村での食糧問題への楽観的な対応は，もし国レベルでの食糧不安が本当に深刻化しているのであれば，国益を阻害する愚行と見なされかねません．しかしながら，悲観論と楽観論という相反する結論を導いてはいますが，マクロ分析とミクロ分析のいずれか一方が実態の認識を誤っているとは，私には思えません．両者をつなぐような環，いわゆるミクロ・マクロ・ギャップを埋める作業が，理論的にも実践的にも要請されているように思います．

　本書は，このようなアフリカ諸国で見られる農業・食糧問題に関するミクロ・マクロ・ギャップを架橋する作業に多少なりとも貢献することをめざしています．最貧国の１つである東アフリカのタンザニアを対象に取り上げ，農業・農村政策を含む国家開発政策の動向を一方で捉えながら，他方でそれだけでは完全には説明できない国内諸地域における農村社会経済変動を見ていくことによって，両者の関連を具体的に例証していくことを本書で試みてみます．本書の題名を「アフリカ農村の貧困削減」ではなく「アフリカ農村と貧困削減」としたことには，一方でアフリカ農村の具体像を実証的に提示しながら，他方で国際的な開発援助体制によって大きく規定されている国家開発政策を分析するという，農業・食糧問題そして貧困削減への本書の複眼的なアプローチを含意しています．

　日本においては近年，若手のアフリカ研究者の成果に目をみはるものがあります．にもかかわらず，農村を対象とした経済学分野での実証分析の蓄積はいまだ希薄といわざるをえません．農村をいかに分析するのかという分析手法に関して，またその成果としての実証データの提示においても，本書が我が国のアフリカ研究にいささかなりとも学術的な貢献をなしうることを期待しています．タンザニアの国家開発政策の変遷に関する詳細な分析，地方行政府の作成したスワヒリ語資料を活用した地域経済動向の把握，農村社会での十数年にわたる参与観察に基づく社会経済変動の動態認識等は，これまで類を見ない本書の学術的な意義であると自負しています．

　本書で事例研究の対象としたのは，キリマンジャロ・コーヒーの産地として名が知られているキリマンジャロ山の南東30kmほどに連なっている北パレ山塊とその周辺地域です．北パレ山塊が存在するムワンガ県は，タンザニ

アのなかでは人口規模がこじんまりとした県で，開発援助とは無縁ではありませんが，目を引くような開発プロジェクトが展開されている地域ではありません．それだからこそ余計に，住民は自らの創意工夫をより必要としてきたといえるでしょう．

ムワンガ県は1979年に新設され，県の農業・食糧に関する報告書は1980年代半ばぐらいから次第に整備されてきています．精粗はあるものの，現在ほぼ四半世紀分の文献情報を利用できます．また，1986年にタンザニア政府はそれまでの国家開発政策を根本的に変更するような構造調整政策を導入し，その後は経済自由化の名の下にタンザニア国内の諸地域がグローバリゼーションにさらされるようになり，すでに四半世紀近くを経ています．そして，本書で紹介する調査地一帯を私が初めて訪れたのは四半世紀前の1983年であり，1995年から継続的に実態調査を続けています．このような複数の意味で，本書は四半世紀のタンザニア，とくに農村部における社会経済変動を分析対象としたものといえます．以下の本文では，目立ったところがないアフリカ農村の「普通の」地域が，この四半世紀にどのような社会経済変動を経験してきたのかを，事例を通して紹介していきたいと思います．

さて，ある年，ムワンガ県庁で調査許可の書類を作成してもらう間，屋外で待っていると，3階建ての県庁の建物の屋上からマリン・ブルーの羽が色鮮やかな鳥が急降下してきて，バッタを咥えてふたたび屋上に舞い上がりました．ライラックニシブッポウソウ（*Coracias caudata*）でした．個人的な趣味ではありますが，そのときから，調査地にはどんな鳥がいるのだろうかと興味をもっています．印象的であったのは，アフリカワシミミズク（*Budo africanus*）です．2005年の調査時に，定点観測している集落のはずれにある大木につがいがいることを，調査助手のサイディ君に教えられました．木漏れ日を通して見ると，眠そうな目つきをした2羽がいます．翌年の調査の折にふたたび見に行ったところ，枝がかなり切られており，大きな木は日差しがよく通るようになっていました．2006年3～6月の大雨季は雨が多すぎて農産物の作柄が悪く，食糧を購入する資金を手に入れる目的でレンガを焼くために薪として伐採したのかもしれません．アフリカワシミミズクは，すでにいずこかへ飛び去っていました．まさしく生物が人間の経済活動の指標

まえがき

なのだ，と感じました．それ以来，人間活動の指標や観光資源という観点から鳥にますます関心をもって，写真を撮りためては鳥の図鑑で名前を調べています．山地，平地，湖と生態環境が多様なムワンガ県は鳥の種類も多く，すでに 200 種以上を見かけています．県の天然資源局では鳥の調査はしていないので，素人の私の調査も多少は現地の役に立つでしょう．本書の余白に写真のいくつかを掲載したのは，そんな思いからです．本文の内容と合わせて，鳥の写真を楽しんでいただければ，幸いです．

カンムリカワセミ (*Alcedo cristata galerita*)

[2008年8月25日．ニュンバ・ヤ・ムング・ダム湖]
日本のカワセミに色・形が似た小さなカワセミである．和名はそっけないが，英名はマラカイト・キングフィッシャーといい，光沢のある緑色の貴石の名前が冠せられている．日本のカワセミのようにオスがメスに魚をプレゼントして求愛するが，別の機会に水田地帯（魚はいない）で見たオスは蛙をプレゼントしていた．

目　次

口　絵　i
まえがき　v

序　章　アフリカ農村研究の残された課題 ──────── 1
ミクロ-マクロ・ギャップの架橋

1 開発をめぐる国家と地域　3
　1-1．生存戦略を模索する「地域」　6
　1-2．アフリカ農村・農業研究のミクロ-マクロ・ギャップ　7
　1-3．重層する「地域」── 2つの研究対象 ──　10
　1-4．タンザニア農村分析の前提　16
2 事例とする北東部タンザニアの2つの地域　26
　2-1．キリマンジャロ州ムワンガ県　26
　2-2．キルル・ルワミ村ヴドイ村区キリスィ集落　40
3 本書の構成　52
4 ミクロ-マクロ・ギャップを埋める手法　56

第2章　タンザニアの国家開発政策の変遷 ──────── 61
アフリカ社会主義の夢から世銀・IMF主導の開発体制へ

1 アフリカ社会主義体制の挫折　65
　1-1．民間主導の近代化路線 ── 第1期 ──　65
　1-2．ウジャマー社会主義下の国家開発 ── 第2期 ──　71
　1-3．ウジャマー社会主義の行き詰まり　78
2 グローバル化のもとでの国家開発体制の転換　80
　2-1．世銀・IMF主導の構造調整政策 ── 第3期 ──　80
　2-2．構造調整政策は成功したか？　84

　　　　2-3. 開発思想のパラダイム・シフト　88
　　　　2-4. タンザニアの貧困削減政策 ── 第4期 ──　91
　　3　国家開発体制の政治経済学　100

第3章　ムワンガ県の農業・食糧問題 ─────────── 105
　　　　併存する換金作物の不振と食糧不足

　　1　ムワンガ県のコーヒー経済の低迷　112
　　　　1-1. タンザニア全体と北部高地のコーヒー経済　112
　　　　1-2. ムワンガ県のコーヒー経済　126
　　　　1-3. 山地村2村の事例　133
　　2　ムワンガ県の食糧問題　139
　　　　2-1. タンザニアの食糧事情　139
　　　　2-2. ムワンガ県の食糧不足の創造　153
　　　　2-3. 食糧配給と農村世帯の自衛策　171

第4章　キリスィ集落での乾季灌漑作 ─────────── 179
　　　　生活自衛のための新たな営農活動

　　1　在来灌漑施設 ── 溜池と用水路　184
　　　　1-1. 山間部に設置された小さな溜池　184
　　　　1-2. 巧みに張り巡らされた用水路　189
　　　　1-3. 在来灌漑施設の建造者と管理者　191
　　2　灌漑作圃場と圃場耕作者　195
　　　　2-1. 灌漑作圃場の耕地保有者　195
　　　　2-2. 灌漑作を実践する圃場耕作者　198
　　3　開放的な組織化と柔軟な用水利用　207
　　　　3-1. 乾季灌漑作全般に関わる組織　208
　　　　3-2. 山地村の用水利用者集団との取り決め　212
　　　　3-3. 同一日に用水を利用する番水グループ　218
　　　　3-4. 柔軟な用水利用　220

4　在来灌漑施設改良計画（TIP）の試み　223

第5章　ムワンガ町の拡大と懸案　――――――――――― 231
地域経済の牽引を期待される地方都市

　1　ムワンガ県経済の中心地移動　235
　　　1-1.　ムワンガ県の人口動態からの検証　235
　　　1-2.　ムワンガ町の拡大とキリスィ集落への波及　247
　2　地域経済の方向性 ── 農村インフォーマル・セクターに着目して ── 259
　　　2-1.　農村インフォーマル・セクターの概念規定　260
　　　2-2.　農村におけるインフォーマル・セクターの存在形態　265
　　　2-3.　農村インフォーマル・セクター振興の必要性と検討課題　277
　3　対抗的な社会資本整備 ── ヴドイ村区の水道新設事業 ── 284
　　　3-1.　ムワンガ町周辺の水道施設　290
　　　3-2.　クワ・トゥガ水道計画　295

終　章　地域と開発の交接点を求めて　―――――――――― 311

　1　地域の主体性 ── 事例からの示唆 ──　313
　2　ミクロ-マクロ・ギャップを架橋するために　321
　　　2-1.　地域研究と開発諸学の協業は可能か？　321
　　　2-2.　地域理解の共通認識　323
　　　2-3.　ミクロ-マクロをつなぐ試み　324
　　　2-4.　国際的な開発理念の見直し　327
　　　2-5.　地域独自の論理　329
　3　ミクロ-マクロ・ギャップの架橋 ── まとめと課題 ── 334

あとがき　343
文献リスト　351

序章

アフリカ農村研究の残された課題

ミクロ−マクロ・ギャップの架橋

扉写真

山間部の農村風景［2009年8月26日．ヴチャマ・ンゴフィ村］

平地部と比べて山間部は冷涼で，写真のように乾季にも霧が発生する．在来種の樹木だけでなく，植林されたユーカリ，ブラック・ワトル，ブラベリマ・ロブスタ等の大木が生い茂り，バナナ（とコーヒー）に囲まれた家屋群が広がる．北パレ山塊の最北端に位置するこの村には，雨季に道路がぬかるんでバスが入ってこられないこともある．

1 開発をめぐる国家と地域

　アフリカ大陸の東部に，日本の2.5倍の国土面積（94万2784km^2）を有し，3350万人（2002年人口センサス時）が居住するタンザニア連合共和国（United Republic of Tanzania）がある（図表1-01）．国土の北東部には万年雪を戴くアフリカ大陸最高峰のキリマンジャロ山（5895m）がそびえ，北西部にはアフリカ大陸最大のヴィクトリア湖が広がり，国内各所に野生動物の宝庫である国立公園・鳥獣保護区が点在し，インド洋上にはアラブ風の町並と海洋スポーツで観光客を魅了する風光明媚な島々が連なっている．多彩な自然資源に恵まれ，キリマンジャロ・コーヒーなどの多様な農産物を産出する同国は大きな発展の可能性を秘めた国である．

　しかしながら，同国は1970年代後半より経済危機に陥り，1980年代以降にそれ以前にもまして大規模な国際的な支援を要請するに至った．まずは経済活動に関する国家統制を廃し民間部門の活力を生かすべく，世界銀行（以下，世銀と略す）と国際通貨基金（以下，IMFと略す）が推奨する一連の構造調整政策（Structural Adjustment Programme）[1]を国家開発政策として1986年に導入して，経済政策の抜本的な改革に着手した．その結果，マクロ経済指標で見るかぎり同国経済は1990年代中期以来好転しつつある．にもかかわらず，構造調整政策の後継政策として2000年に導入された貧困削減政策（Poverty Reduction Strategy）[2]においても，タンザニアは多大な対外援助を必要としている．同国はいまだ堅調な回復・発展に至っていないと，国際社会も認識しているのである．

　タンザニアで最近の四半世紀に展開されてきた構造調整政策と貧困削減政策のための一連の政策文書には，オーナーシップ（ownership）やイニシア

---

[1] Structural Adjustment Programmeを直訳すれば「構造調整計画」となるが，それらの政策文書に基づいた一連の国家開発政策という意味で，本書では「構造調整政策」という名称で言及していく．
[2] Poverty Reduction Strategyも直訳すれば「貧困削減戦略」となるが，その政策文書である『貧困削減戦略書（Poverty Reduction Strategy Paper）』に基づく一連の国家開発政策という意味で，本書では「貧困削減政策」という名称で言及していく．

凡例）●州庁所在都市

図表 1-01　タンザニアの行政区分図（州区分）

注）インド洋上のザンジバル島は，北ウングジャ，南ウングジャ，西部都市部の3州に，またペンバ島は北ペンバと南ペンバの2州に区分されているが，境界線を省略した．なお，それらの南に位置するマフィア島はプワニ州（コースト州）に含まれている．

ティヴ（initiative）という魅力的な用語がちりばめられており，被援助国であるタンザニアの国家としての当事者意識，主体性が謳われている．これは，従来の援助がタンザニア政府の意向を十分に考慮していなかったものであること，ならびにタンザニアが援助諸国・国際機関に依存してきたことを暗に表明していることになるが，ともあれ両者ともに改善をめざそうとしているものと評価したい．構造調整政策と貧困削減政策については，実際

には援助諸国・国際機関が押しつけた処方箋をあたかもタンザニアが主体的に構想し実践しているかのように装っているという批判も枚挙にいとまがないが，他方でタンザニアを含むアフリカの被援助国がパートナーシップ（partnership）というフレーズによって新たな援助体制・枠組みを模索し，主体性を確保したいと自ら望んでいることも事実である．タンザニアでは，1995年のヘライナー（G. K. Helleiner）らによる報告書［Helleiner et al. 1995］などを受けて，2000年に『タンザニア援助戦略——現地のオーナーシップと開発パートナーシップを促進するための中期枠組み——』［Tanzania 2000b］という援助協調の枠組みが打ち出された[3]．また，2001年7月に第37回アフリカ統一機構（Organization of African Unity．現在のアフリカ連合African Unionの前身）首脳会議において表明された「新アフリカ・イニシアティヴ（New African Initiative）」は，同年10月に「アフリカ開発のための新パートナーシップ（New Partnership for Africa's Development：略称NEPAD）」に改定され，アフリカ諸国による開発への主体的な取り組みと援助のための枠組みに対する要望として表明された．

このように援助側・被援助側双方が強調する主体性であるが，主体性は開発援助という状況下でのみ発揮されるものでもなければ，国家のみが主体性を発揮する行為主体でもない．構造調整政策の導入にやや遅れて，国際的な開発潮流となった政治的民主化・良き統治（good governance）のスローガンのもとに，タンザニアを含むアフリカ諸国は複数政党制を導入し，地方分権化を促進するという政治・行政改革を断行した．まさに，地方の時代を迎え，国民はきめ細かい行政サービスを享受でき，自らの声を複数の経路で国政にも反映できる体制作りが始まっている．もちろん，現実はなかなか理想どお

---

3) 高橋基樹によれば，1990年代以降にアフリカでは，「比較的政治経済的に安定し，行政機構の機能をある程度維持し得た一部の『優等生』の国々には，選別の結果，多数のドナーが多数の案件を抱えて集中するようになった．……（中略）……殺到する多数の援助案件を吸収できず，『援助の氾濫』と呼ぶべき現象に見舞われることになった」［高橋 2008：27］．「こうした例の典型はタンザニアであり，1995年には，援助の氾濫により生じた行政の混乱と，同時に深刻化した腐敗にドナーの厳しい批判が起こった．その結果として，事態解決の方策を提示するために，5人のタンザニア内外の有識者によってまとめられたのが，有名な『ヘライナー・レポート』」［高橋 2008：40 注12］である．

りには進まないことも否めないが，1国内の諸地域にも主体性が求められ，また諸地域が主体性を発揮しうる環境整備が進みつつある．

1-1. 生存戦略を模索する「地域」

　国内諸地域は，それまでの時期には主体性・独自性を発揮してこなかったのであろうか．現行の開発政策によって自立的な国内諸地域が創成されるのではなく，すでにそのような存在である国内諸地域の主体性・独自性がより問われ，生かされる，政治的・経済的環境が整備されようとしていると認識するほうが妥当であると，私は考えている．

　アフリカ諸国，なかでもタンザニアにおいては，独立後の国家統制が強かったといわれる時期にも，国家統制が国のすみずみまで行き渡っていたとはいいがたい．アフリカ諸国の国家機能を検討する場合，大きな政府，小さな政府という国家の担うべき行政内容の多寡に関わる議論と並んで，強い政府，弱い政府という国家の行政遂行能力の高低を問う議論が必要であろう．独立以来，多くのアフリカ諸国は，国家の標榜する開発指針が自由主義であるか社会主義であるかを問わず，経済活動への国家介入を常態とする大きい政府をめざし，国家機能の肥大化が進行した．1980年代に構造調整政策が導入されて市場経済化が推進されたために，現在は小さい政府へと劇的に方針転換されつつある．しかし，行政が効率的に国内すみずみまで把握しえているかといえば，アフリカ諸国の場合は，現在に至るまで一貫して行政能力が乏しい弱い政府といわざるをえない．この点に関して，アフリカ諸国での構造調整政策に批判的であったムカンダウィレ (T. Mkandawire) らは，「『包括的開発計画』に関して公式表明がなされることと，効率的な計画作成が制度化されていることとは同義ではない．『拡張しすぎた国家 (overextended state)』，『軟性国家 (soft state)』あるいは『足の不自由な怪物 (lame leviathan)』といった悪名を奉られているように，国家の掌握範囲 (reach of state) は限られている．その結果として，中央管理された諸経済（引用者注：ソ連・東欧諸国）と比べてアフリカにおいては，自由化はさほど破壊的ではなく，またすでに広範な市場—フォーマル，インフォーマルあるいは並行市場—が存在していたため

に，アフリカの多くの地域で市場の創生・復活・効率化に対して自由化が限定的な効果しか持ち得なかった」[Mkandawire & Soludo 1999: 18] と，皮肉な分析を行っている．タンザニアも，もちろん例外ではない．たとえば，主要な農産物の流通が国家管理下に置かれていた時期にも，最重要な主食作物であるトウモロコシの国内流通量の4分の1から5分の1程度しか国家は掌握できていなかった [池野 1996a：172-173] のであり，ムカンダウィレらの主張は説得力を持つ．他の事象についても十分に国家の掌握下にあったことは少なく，国家の意思とは必ずしも合致するとは限らない諸地域の独自の動向が見られたと考えられる．アフリカ諸国が独立後にめざした国家建設 (nation building) とは，十分に政治的・経済的に統合しきれていない国内諸地域の国家への統合をめざしたスローガンであり，諸方策の実施であったと位置づけることも可能であろう．

　一方，国内諸地域の側から見れば，従来の開発体制下では，力関係でいえばはるかに強大な植民地政府や独立後の中央政府の意向に対応して，それらを積極的に受け止めるか消極的に拒否するか，つまり受容か抵抗かという選択肢の範囲内で，国内諸地域は主体性を発揮し独自性を維持してきたと考えられる．それは，弱体な国家に依存していたのでは生存が危うい地域住民が，国内諸地域に賦存する社会的，経済的，政治的，文化的，生態的な諸条件のなかで，独自の生存戦略を模索してきた結果である．国家の政策に対して，国内諸地域が画一的な反応を示すわけではなく，また1地域においても時期によって，当該地域の内外の諸条件の変化から反応は同一とはいえまい．

　1990年代以降の開発政策で謳われることが多くなった「地方分権化」「住民参加」「社会開発」等々の概念には1国内の諸地域が多様であることが前提とされているはずであり，国際社会や国家が国内諸地域の意向を積極的に受け止めようとする意識変革が見て取れる．これは，諸地域が変化したというよりは，外部者が地域への眼差しを改めたというべきである．

1-2. アフリカ農村・農業研究のミクロ-マクロ・ギャップ

　私は，タンザニアという国家単位，あるいはサハラ以南のアフリカという

亜大陸単位を分析対象とした議論に対して，少なからず違和感を抱いてきた．もちろん，これらの単位での分析が必要とされる検討課題が存在することを私も十分に承知しているが，本来は国レベルを脱集計化した小さな範囲に分析対象を絞るべき事象に関しても，せいぜい国レベルでの分析にとどまっている状況が続いており，欧米諸国と比べて日本ではいまだに社会科学分野でのアフリカ研究の蓄積が薄いと，私は感じている．植民地期の史料等の収集面で日本の研究者は不利であるという研究状況には現在でもさほど変化はないものの，現状分析を核とした現地調査という手法での研究については不利である面はそう多くはないはずである．にもかかわらず，国内諸地域にまで踏み込んだ研究は，少なくとも経済学，法学，政治学，行政学といった社会科学分野ではいまだ限定的である[4]．その結果として，本来は検証の対象とすべき国レベルのマクロ・データに無批判に依拠した分析を行う危険性を孕むことになる．そして，それはしばしば，自ら収集したミクロ・データを基にして分析を進める地域研究者が対象社会に抱く現状認識と一致しない．

　アフリカ研究におけるマクロ・データに依拠した分析とミクロ・データに基づく研究の不整合に関して，ナイジェリアとザンビアの農村で臨地研究を行っている島田周平は，「アフリカ農業とアフリカ農民像をめぐって存在する大きく異なる2つの見方」があるとして，「アフリカ農業生産を，技術的・制度的に『遅れた』農業であるという見方」と，「アフリカの農業が長期的にみて総じて環境適合的で持続的であると評価する見方」とを指摘し，

---

[4] 近年はアフリカの貧困削減に関わる多くの著作が出版されるようになったが，本文で述べた印象はいまだぬぐい去れない．「停滞のアフリカ」と「成長のアジア」という対比のもとに編まれた論文集に所収された［松本・木島・山野 2007］では，ウガンダの広範な地域から94村940世帯，ケニアの「比較的恵まれた地域」である中央部および西部地域から99村934世帯，エチオピアの「比較的所得水準が高い地域」である中央部および南部地域の40村420世帯を対象とした家計・村落調査に基づいて分析がなされているが，サンプルは各国内の諸地域の地域特性を析出するためにではなく，各国の総体としての農村を代表するものとして扱われている．また，［二木 2008］では，筆者である二木光が実務に関わった参加型持続的村落開発（PASViD）手法を用いたザンビア参加型孤立地域村落開発（PaViDIA）を，村落開発のモデルとして，ザンビアのみならずアフリカ諸国へ普及することを推奨しているが，ザンビアの孤立地域の農村の社会・経済・生態的な多様性にはほとんど関心は払われていない．いずれも意欲的な著作であるが，国内諸地域の独自性に対する関心の薄さが，私には残念である．

両者の相違は，マクロな食糧生産のデータに依拠して描かれたものであるか，ミクロな観察で明らかにされたものであるかという研究手法の違いを背景としていると述べている［島田 2007a：iv］．島田の指摘よりもはるか以前の 1960 年代末に，タンザニア北西部の地方政治史の実証分析を行ったハイデン（Goran Hyden：スウェーデン出身であり，初期の著作はヨラン・ヒーデン Göran Hydén 名で発表しているが，以下ではすべてハイデンと記す）は，「社会科学調査において『ミクロ–マクロ・ギャップ』の架橋の試みはほとんど見られなかった」［Hydén 1969: 30］とミクロ–マクロ・ギャップの存在をすでに指摘している．ミクロ–マクロ・ギャップは，なにも日本における研究に特異な問題点ではなく，アフリカに関する社会科学的な研究全般に当てはまる状況であった．その後も，少なくとも日本においては十分な取り組みがなされてきたわけではなく，日本の社会科学分野でのタンザニア研究の先駆者である吉田昌夫も，「農村・都市双方において，住民社会のあり方に大きな影響を与えてきた外部世界との関係，本書において『国家による土着社会の包摂』と呼ぶようなマクロとミクロの接合関係などは，あまり扱われてこなかった」［吉田 1997：ii］と，10 年前の著作で言及している．まさに，ハイデンの指摘から島田の指摘まで 40 年近くを経ても課題は解決に至っておらず，「両方がともに一面の真理を含むと仮定して，それをどのように整合的に理解するか」［島田 2007a：iv］ということが，今もって問われている．研究者同士の認識ギャップあるいは研究の空隙とはややニュアンスが異なるが，末原達郎も，構造調整政策によって大きな影響を受けたアフリカ農村を見て，同種の感慨を吐露している．「生活世界にいる村民には，国家と世界経済を単位とする市場経済のせめぎ合いは，理解することができない．一方，新しい経済システムを導入しようとしたエコノミストは，実際の農村における生活の変化をよく知らない．両者の間には，深い断絶がある．互いに相手の世界や相手の論理を知らないところに，大きな問題があるとわたしは考える．地域研究者としては，この結びつきをどう理解し，どう研究し，どう関係していくかということが課題となってくる」［末原 2009：236］と，末原は指摘する．

　このようなミクロ–マクロ・ギャップをいかに架橋していくのかという問題関心が，本書で具体的に事例を検討していく背景にある．この課題に取り

組むにあたっては，マクロ分析とミクロ分析の両者から完全に中立的な立脚点は存在しない．本書は基本的に「地域」に対するミクロ分析を行う地域研究に軸足を据えながら，国家レベルの開発政策というマクロ分析との接合の可能性を探るという立場をとりたい．

1-3. 重層する「地域」── 2つの研究対象 ──

　ミクロ分析を志向する地域研究という視座を明示したが，その対象とすべき「地域」が何を指し示しているのかは必ずしも自明ではない．民族的，政治的，経済的，文化的，生態的な関連を基準として1国を越える地域ももちろん想定しうるが，本書で対象としようとする地域とは，国家の開発政策と同調・緊張関係を持っている1国内の諸地域である．地域研究において「地域とは何か」という問いは研究の前提であり，また検討の対象であり続けている．

　そのような根源的な問いかけに正面切って答えることは，本書の守備範囲を超える．農村社会経済の変動を扱おうとする社会科学的な問題関心から，本書での「地域」とは，社会的ならびに経済的になんらかのまとまりが想定される地理的空間ならびにそこに関わる人間集団であると，緩やかに定義しておきたい．そのような存在としての地域は，種々の社会経済活動の単位となる個人・世帯のような行為主体が多様な活動をその内部で展開する空間・場であり，また地域は，内部の社会経済単位主体による集団的意思の発露として，それ自体が広義の社会経済行為主体としてその内部の種々の単位行為主体の活動を条件づけるとともに，より上位に位置する国家等の組織体・システムと単位行為主体との中間に位置して緩衝として機能することが，想定されうる．個人・世帯等の社会経済活動の単位行為主体と地域とは相互規定的な関係にあり，単位主体の行為の結果が地域の変動の一因となり，変動した地域の存在形態が個々の単位主体の行為を規制し方向づけるという関係にある．個人・世帯は地域の慣行・規範に完全に埋没し従属しているわけではなく，また当該地域の慣行・規範から完全に自由でもないということが，本書の議論の前提である．そして，地域はそれ自身が一個の意思を持った存在

であるかのように，より上位の組織体・システムである国家やグローバル化する資本主義システムに対峙し，その内部の単位主体は地域という緩衝を通して国家やグローバル資本主義と向き合うことになる．ただし，地域がいかなる緩衝となりうるか，あるいはいかなる制約となりうるのかは，時期によって変遷し，また事象に応じて異なるであろう．農村社会経済の変動とは，地域とその構成要素である社会経済単位主体との相互作用，また地域間の相互作用，地域と上位の組織体・システムとの相互作用の結果として現出する，種々の位相の移行過程である．

　論題を中断することになるが，ここで触れておきたいのは，前の文節で使用した用語である「変動」についてである．本書では，上記のような移行過程を，「発展」「開発」あるいは「変容」ではなく，「変動」と表現することにしたい．種々の論者によって用法に相違があろうが，「発展」「開発」は，なんらかの基準で見て望ましい方向への変化を意味し，とくに「開発」には外部からの介入を伴った他動的な変化という含意があると，私は認識している．それに対して「変容」は，望ましいか否かという価値判断を含まず，なんらかの変化という意味合いが強い．ただし，「変容」には不可逆的な変化という含意がつきまとい，変化の可塑性を強調しにくいきらいがあると感じる．そのため，本書では，善悪の価値判断を含まず，自動的か他動的かを問わず，また可塑的であることを留保して，なんらかの社会経済的な変化を言い表す用語として「変動」を採用した．ナイジェリアとザンビアの農村を比較分析して島田は，「アフリカ農民は，積極的に変貌しているようにみえて他方でまったく変わらない基層部分を保持しているという2面性をもっている……（中略）……ただし，……（中略）……表面的変化も，累積することによって言わば基層の一部を成すに至ると考えており，その新たな累積が基層部分に変化をもたらす契機を探ることが今後の農業研究，農民研究にとって重要である」[島田 2007a : 248-249]と，私が自らの調査地に対して抱いている印象に近い見解を示している．また，島田はザンビア農村を扱った別の著作の結論部分で，農村社会変容の捉え方に関して，「もしC村で見てきた変化が，農民たちのブリコラージュ性（引用者注：島田によれば，ブリコラージュ性とは，人々の制度間の流動性の高さや組織再編・組み替えのうまさといった才覚を意味

する）や（引用者補：資源へのアクセスをめぐる）休みのない働きかけの姿を映すものであったとすると，それはこの村の社会変化を表すものでなく，単に農民の行動に見られる多様性の幅を示したものにすぎない……（中略）……農村社会の変化を見るためには，農民たちのブリコラージュ性や休みない働きかけがみせる見せかけの変化に惑わされることなく，その変化のなかに潜在する質的変化に注目する必要がある」［島田 2007b：164］と，行動の多様性と質的変化との識別を主張している．「基層」や「質的変化」という概念については慎重な検討を要するが，島田の論理に忠実に従うなら，「変わらない基層部分」は超歴史的に不変であったわけでなく，それまでの「質的変化」が累積したものである．それはいわば一定時点でのアフリカ農村の原状であり，それに新たに加わる揺らぎ，島田の表現では「行動に見られる多様性の幅」が，次第に累積して「基層」に「質的変化」をもたらし「基層」の一部となっていくものであるのか，あるいはふたたび原状へ復帰・解消してしまうような「見せかけの変化」にすぎないのかは，にわかには判断しがたい．このような揺らぎを，本書では「変動」と表現しておきたい．1980年代半ばの構造調整政策導入後にタンザニア農村で起こっている変化も，いまだ方向性を定めがたい「変動」にすぎないと，私が判断しているためである．

　さて，本題に戻りたい．上記のように「地域」を概念的に定義することはひとまず可能ではあるが，実際には，どのような地理的空間ならびに人間集団がそれに該当するのかを一義的に確定することはきわめて困難であり，また固定的に地域を想定することは柔軟な境界領域を有するであろう地域の変容・変動過程を見誤る危険性すら孕んでいる．タンザニアという国家のなかには，緩やかに外枠を想定しうるような複数の地域が並立的そして重層的に存在していると考えるのが妥当であろう．むしろ，アプリオリに地域を設定するのではなく，問題関心に応じて適切な対象としての地域なるものをそのつどに切り取るべきであると，私は考える．ヨーロッパの農村共同体の存在形態を再検討する論攷の中で平井進がより一般的な提言として指摘している，「少なくとも近世に関して農村社会の共同性の存在をとらえる場合，例えば『村落』や土地占取団体といった空間的・人的に特定の範囲で諸機能が集中した農村共同体の存在を自明の前提とせずに，現実にいかなる単位を基

礎にしていかなる機能領域及び空間的・人的範囲でどのような共同性・地域団体が形成され，いかに機能していたのかを検証することを出発点とするのがより生産的である」[平井 2009：57] という見解は，現代アフリカ農村研究においても妥当する．

　基本的にはそのような考え方に立ちながらも，本書では主要な分析対象として，2種類の地域を取り上げていきたい．1つは現行の地方分権化政策のもとで開発の中核的な推進者と措定されている県に相応する地域であり，もう1つは集落のような生活圏ともいうべき，空間的に狭く人間関係が親密であると想定される地域である．

　現在タンザニア本土には地方行政単位として，21の州 (region, スワヒリ語では *mkoa*. 以下では，region/*mkoa* のように英名，斜字体でスワヒリ語名の順に記す．あるいは，スワヒリ語名のみを斜字体で記す) があり (図表1-01)，その下に県 (district/*wilaya*)，郡 (division/*tarafa*)，郷 (ward/*kata*)，そして町 (town/*mji*) あるいは村落 (village/*kijiji*) がある (州庁所在地のような大都市は郷の上位に位置し，内部に複数の郷を含んでいることもある)．町の下には街区 (block, street/*mtaa*)，村落の下には村区 (sub-village/*kitongoji*) が最末端の行政単位として位置づけられている．村区が1つの集住単位となっていることもあるが，村区内に正式の行政単位になっていない集落 (humlet/*mtaa*：タンザニア国内で地域によって名称が違うようであるが，私の調査地である北東部タンザニアでは，これらも街区と同一の *mtaa* と呼ばれている) と呼びうるような複数の集住単位が存在することもある．

　タンザニアでは2000年に始まる貧困削減政策の導入に先立って，1998年には地方分権化を推進するための『地方政府改革政策書』(Policy Paper on Local Government Reform, 1998) が発表されている [吉田 2007：43]．中央政府―州―県―郡―郷―村落―村区とつながる行政組織のうち，県の権限を強めようとする政策である．タンザニアにおいては1970年代初頭にも地方分権化が打ち出されたが，その折には中央政府から州への権限委譲が課題とされた．今回の地方分権化では州の権限は著しく縮小され，タンザニア本土部分だけでも120以上存在する県に，政策の策定・実施の役割を担わせようとしている．これは，現地の事情に詳しい県が中心的な役割を担うことで，きめ細

かい行政サービスを提供できるという発想に基づいている．その意味で，県行政府は，国家開発政策の大枠を決定する中央政府とその政策の裨益者に措定されている農村社会とを結ぶ重要な環に位置づき，具体的な実行計画の策定・実施においてその役割が大いに期待されている．しかしながら，ほとんど自主財源を持たず中央政府に財政的に大きく依存しているだけでなく，職員数も不足しがちであり，またこれまでは上意下達式に中央政府の政策を遂行することを任務としてきたことから，現状では県は自主的に政策を策定・実施する資質をいまだ欠いている．

　地域の主体性という問題意識を持ちながら，国家が設置した枠組みである行政区画の県に焦点を当てることは，一見奇妙に思われるかもしれない．逆説的にいえば，地域開発に関わる重要な存在と位置づけられながら，上記のように十分に機能を発揮できていないからこそ，研究対象として取り上げる価値があると私は考える．また，私が関心を持つのは，県行政そのものではなく，その管掌下にある県に相応する地理空間と人間集団である．調査対象として取り上げようとしている北東部タンザニア，ムワンガ県（Mwanga District/*Wilaya ya Mwanga*）は，単に上から設定された行政区画というだけでなく，潜在的に地域社会経済圏としての要素を持ち合わせている．現在でも県民の圧倒的多数はパレ（Pare）人というエスニック・グループに属しており，19世紀末の植民地化以前からの社会経済的な諸関係が同県内に張り巡らされているものと想定している．もちろん，現在のムワンガ県にはパレ人以外も居住しているが，県全体の社会経済動向をパレ人社会の動向で推し量っても，大きく誤ってはいないと判断している．かつて大塚久雄が提起したような局地的市場圏［大塚 1969a；1969b；1969c；1969d］が展開されうる空間，あるいは岡田知弘［2005］が日本の地方行政を対象としながら唱えている地域内再投資力が展開されるべき空間として，ムワンガ県を取り上げたい．現在のムワンガ県は，大塚が局地的市場圏で想定していたような自給的な空間ではなく，岡田が地域再投資力を見いだそうとしている行政域よりはるかに大きな地理範囲ではあるが，両説に共有されている内部生産に立脚したような地域社会経済圏という発想に，グローバリゼーション下でのアフリカ農村の活路，より積極的にいえば内発的発展の萌芽を見いだしうるのではないか

という，私の希望が込められている．ただし，過度の期待は慎むべきであり，本書で示すのはあくまで同県域で見られたほぼ四半世紀の「変動」であって，必ずしも明確な方向性を持つものではない．

　ムワンガ県において植民地化以前からの社会経済的な諸関係が張り巡らされているとしても，住民個々人あるいは個別世帯は，日常的にそのような広域を生活空間としているわけではない．彼らが日常的に関わっている空間は，意外と狭い．毎年のように訪れる調査地の人々の社会経済活動を見ると，集落が濃密な関係の展開されている場として自ずと抽出されることになった．そして，集落が含まれる村区も場合によっては同様の性格を持ちうることがあり，それがまさに生活圏といいうるものではないかと私は推定している．集落／村区（以下，集落と略す）は日常的な生活圏であるが，必ずしも構成員は固定的ではなく，若年層を中心として就労・就学等の事由で移出していき，また帰還してくる．集落は，外部の社会経済環境に呼応して，内部の経済活動も人口構成も変動するような存在である．

　このように，本書で事例を紹介しようとしている地域とは，地方分権化政策のもとで中心的な担い手と措定されている県と，最小の行政単位をも下回る集住集団ならびにその日常的な生活圏ともいえる空間である集落である．

　集落も県も，最小の社会経済行為主体ともいうべき世帯／個人と国家／国際社会との間，すなわちミクロとマクロとをつなぐ種々の中間項として存在している「地域」である．1980年代半ばに大転換されたタンザニアの国家レベルの開発政策に対して，そのような県と集落という地理的空間のなかで，それらの構成要素である個別の農村世帯が主体的に対応してきた結果として発現する農村の社会経済変動を跡づけていくことを，本書はめざしている．

　最後に，2点付記しておきたい．まず，問題関心の揺れについてである．本書で扱う県と集落という2つの地域のうち，より大きな空間的広がりを有する地域である県は，開発政策との同調・緊張関係は顕在的であるが内部の行為主体については分析の焦点がぼやけ，逆に空間的に狭隘な地域である集落については，内部の行為主体の活動を分析対象として捉えやすいが開発政策との同調・緊張関係は背景に退いてしまう．すなわち，種々の位相の地域に対して，地域の社会経済の構造への関心と，その内部で活動する世帯等の

社会経済活動の単位行為主体への関心とは，対象とする地域の範囲ならびに検討課題の設定によって強調点は異なっている．もう1点付記しておきたいことは，地域の等質性についてである．地域に具現されている社会経済的な一体性とは，必ずしも変動に対する平等性・同質性を意味していないことである．むしろ，その内部で差異化が発生する場合にも，そのような変動を組み込み一体として分析対象としうると考えている．

1-4．タンザニア農村分析の前提

すでに述べたように，本書においては複数の地域の事例を取り上げてミクロ－マクロ・ギャップを架橋するための足がかりを示したいと考えているが，そもそも多様な地域の存在に関心を抱くに至った背景には，第1に1970年代末からタンザニア研究を継続している私が置かれた研究の時代環境ならびに資料・先行研究の利用可能性の制約と，第2に既存の農村社会経済分析のために想定されている農村像に対する私自らの実証研究に基づいた懐疑とが存在している．本書の問題関心に対する理解を助けると考え，この2つの事情について，ここでやや詳しく説明しておきたい．

研究の時代環境 —— 資料と研究史の制約 ——

第1に，研究の時代環境ならびに利用しうる資料・先行研究の制約についてである．県の上位に位置する最大の地方行政単位である州が，1970年代後半にタンザニア農村研究を始めた折に私が捕捉しえた「地域」であった．このような地域を研究の対象に捕捉しようとしたのは，地域内部の個々の単位行為主体の活動状況よりも，地域が総体としていかなる社会経済的「変容」を経験しているのかに強い関心があったことにもよる．当時は，低開発論や従属論といったネオ・マルクス主義的な手法による世界規模での社会経済構造分析がいまだ有力であった．資本主義の発生以来，中心部による収奪によって周辺部は構造的に「低開発」(underdevelopment)に陥ってしまっているという彼らの主張は，南北問題に関して北の諸国を鋭く糾弾するものであり，中心部による収奪構造に関心が集中し，収奪されていると見なされ

ていた南の内部構造を等閑視するものであった．それに対して私は，赤羽裕［1971］が主張していた「共同体の内発的発展の契機」といった農村社会自体を研究対象にすることに，より魅力を感じていた．しかしながら，地域内部の行為主体の個別の活動ではなく総体としての社会経済構造を解明するという当時の社会科学の問題関心のあり方，スワンツ（M-L. Swantz）の言葉を借りれば，「行為は構造的に規定されており，個人であれ集団であれ，行為主体の役割が構造的・体系的な決定因とは別途に分析されることはなかった」［Swantz 1998: 3］という研究関心のあり方を，私や赤羽も，低開発論者たちと共有していたことになる．地域の単位行為主体の活動を析出するための村落調査を実施することが当時のタンザニアでは容易ではなかったことも，総体としての社会経済構造を解明する方向へと私を向かわせた．

　この間のタンザニアの研究環境について，私がこれまでもう 1 つの研究対象国としてきた隣国ケニアと対比しながら紹介しておきたい．いわゆる白人入植型の植民地であったケニアは 1963 年にイギリス植民地から独立し，当初より親欧米的・自由主義的な経済開発路線を指向して，1970 年代初期には都市フォーマル・セクターの雇用機会の増加をはるかに上回る都市人口の急増を経験していた．すでに 1960 年代から農村・都市労働移動の格好の調査対象地と考えられ，国際的に有名なトダロ（Michael P. Todaro）による労働移動モデルが提起されるとともに，同国の雇用問題に関する 1972 年の ILO 調査団報告書［ILO 1972］は「インフォーマル・セクター」という概念を世界的に広める契機となった．これらと並行して，都市に人口を排出する農村部の実態調査が盛んに行われており，両極分解と中農平準化という古くて新しい農民層分解論の定式が，種々の研究者によってケニア各地の農村での実証データを伴いながら広く議論され，あたかもケニア資本主義論争という様相を呈していた．

　それに対してタンザニアは，後述するように 1960 年代末に独自の社会主義政策を採用して，1970 年代に多くの発展途上国で採用されることになった「総合農村開発」（integrated rural development）を先取りしたようなウジャマー村（*Ujamaa* Village/*Kijiji cha Ujamaa*）建設に着手していた．この開発路線に欧米の社会科学分野のアフリカ研究者が強い関心を示し，この時期のタン

ザニアの国家レベルでの社会経済開発に関する研究は，ケニアや他のアフリカ諸国のそれらと比べて相対的に厚い．しかしながら，農村社会経済変容に限れば，研究関心はウジャマー村建設の成否に集中していたきらいがある．独自の社会主義政策による国家開発の成功を強調する政治イデオロギーを喧伝するために，国内諸地域の実態調査がむしろ敬遠された傾向も見て取れる．そして，ケニアにも同様の研究潮流が存在したが，農村社会経済研究の背景には，タンザニアの社会科学分野を席巻していた低開発論・従属論的な認識論が潜んでいた[5]．タンザニアの「低開発」状態の主因はタンザニア内部にあるのではなく，世界資本主義体制のもとでの中心部による収奪構造にあるという発想である．換言すれば，農村開発問題の解決策は，農村自体の調査によってではなく，中心部による収奪構造の廃棄に糸口を見つけ出すべきであるという見方であり，研究関心が広域の構造問題に振り向けられ，実証的な農村社会経済調査にはあまり向かわなかったのである．

そして，1980年代以降にも，タンザニアでは農村研究に関する研究環境は好転しなかった．タンザニア，ケニアを含むアフリカ諸国は，その標榜する経済開発路線の違いにかかわらず，1970年代末より経済危機を経験し，1980年代以降に，世銀とIMFの提唱する構造調整政策を一様に実施していく．構造調整政策で主たる関心が払われたのは，国内総生産，政府財政，国際収支，インフレ率といったマクロ経済指標の改善である．そのような経済政策のもとで，ケニアでもタンザニアでも，農村実態調査に代表される地域経済への研究関心は優先順位が低い課題と位置づけられるに至った．

アフリカ諸国の開発指針は1990年代に路線変更が進められた．独立から構造調整政策まで重視されてきたのは経済開発であり，経済側面以外の社会・政治・文化側面を組み込んだ開発政策の構築・実践が必要であるとして，1990年代以降には社会開発という開発理念が国際的に提唱されるよう

---

[5] ケニアを低開発論の視角から分析した[Leys 1975]は，一時発禁処分を受けていた．そして，全般的な印象として，ケニアでは，学術的な分析であっても政策批判は拘禁される危険を伴う行為であったが，タンザニアにおいては，学術的な分析としての政策批判に対しては自由な環境が保持されていた．

になり[6]，1990年代後半以降に，とくに21世紀に入ってから，「貧困削減」が開発の大目標となっている．タンザニアにおいても経済開発から社会開発へと政策転換がなされつつあり，貧困削減に関するさまざまな政策文書が作成されている．

　理念としての社会開発は，経済開発よりも開発の意義を広め深めるものである．しかしながら，多面的な開発を同時並行的にめざす社会開発の達成度をいかなる指標で計測すべきかについて，いまだ十分な合意が得られていないように思われる[7]．そのため，小中学校数や乳幼児死亡率のように容易に定量化し国際比較しうるものが，指標として採用されることが少なくない．皮肉にも，このような社会開発の計測指標の設定は，住民参加型での開発を標榜することによって地域社会に配慮しようとする社会開発の基本理念との自己矛盾を起こすことになりかねない．なぜなら，定量的な数値の大小による国際比較が可能な指標の設定は，その前提として対象地域の独自性を軽視し，単線的な発展経路上での位置づけを問うことになりかねないからである．種々の批判を浴びながらも実質的に独立以来めざされてきた「近代化」，すなわち単線的な発展観に依拠した開発実践としての経済開発政策と，このような現行の社会開発は，軌を一にしているといわざるをえず，社会開発を経済開発と差異化する根拠を失うばかりか，社会開発が経済側面以外の近代化

---

[6] 西川潤は1990年代後半の論文で，「社会開発」概念の発展過程を検討している．1960〜70年代の社会インフラストラクチャーの整備を社会開発と見なした時期を第1期，1970年代後半に「人間の基本的ニーズ」(Basic Human Needs)の概念が登場して貧困克服が開発援助の課題となり，また1980年代後半に公共政策としての福祉供与に重点を置く「人間の基本的ニーズ」概念よりも個々の人間の社会参加の側面を重視した「人間開発」(Hman Development)という概念が打ち出されて，経済優先の開発路線を是正する試みとしての社会開発政策が登場した時期を第2期，1990年代以降に経済成長・開発の実現のためにも社会改革・開発が必要条件であると提起され，「人間開発」を開発の中心目標とするようになった時期を第3期と，彼は区分している［西川 1997：3-10］．「経済開発」や「社会開発」の概念定義が本書と相違するようであるが，西川のいう1990年代以降の第3期の社会開発を，本書では社会開発として言及していきたい．

[7] 貧困の存在形態を把握するために種々の社会調査が実施されていることは，逆説的に社会開発の成果に関する合意が十分に形成されていない証左ともいえる．開発・貧困問題に関わる1990年代以降の社会調査の変遷については，［西村 2008］に簡潔に取りまとめられている．

あるいは現行のグローバリゼーションのもとでの世界標準化を促進する契機ともなりかねない．

　もちろん，あらゆる側面で近代化，世界標準化を拒むことは不可能であるだけでなく，無意味でもあろう．しかしながら，社会開発にはもともと，数値化によって単線的な発展経路に還元してしまう指向性の強い経済開発に対するカウンター・プロポーザルという，より積極的な意味合いが込められていたはずである．敷衍すれば，まずもって経済現象として立ち現れるグローバリゼーションに対して，地域社会の独自性を尊重する開発という視点が盛り込まれているはずである．そう考えるならば，これまで以上に当該地域社会に対するきめ細かい洞察が要請されている．残念ながら，少なくともタンザニアの現行の社会開発には，そのような実践がいまだ乏しいように感じられる．国家主導型の経済開発を脱却するために，やはり国家主導の社会開発が提唱・実践されており，地域社会の独自性に対する配慮は乏しい．国家の善導に従う大衆という発想が，社会開発においても連綿と維持されているように感じられる．そして，1980年代の国内諸地域に関する研究の空白とそれ以前の研究蓄積の相対的な薄さが，この傾向を助長している．

　ただし，独立以来タンザニアで農村研究がまったくなされてこなかったわけではない．なかでも，北欧アフリカ研究所 (Scandinavian Institute of African Studies：現在は Nordic Africa Institute に改名) を拠点として，北欧諸国の研究者が実証研究を継続してきたことに触れておくべきであろう．1960年代後半からタンザニアの主要な開発援助国になる北欧諸国は，援助に先立ち十分な学術調査を行う方針であったようであり，数多くの優れたモノグラフが公表されている．たとえば，ヴィクトリア湖西岸のハヤ人居住地域を1960年代末に調査し，のちに「捕捉されない小農層」(uncaptured peasantry)，「情の経済」(economy of affection) 等の魅力的な概念を提起してアフリカ農村研究全般を牽引するようになるハイデン [Hyden 1969, 1980, 1983]，1970年代初期に同地域の土地保有・土地利用問題について分析したスウェーデン研究者のラルド夫妻 [Rald & Rald 1975]，インド洋に流れ込むタンザニア最大の河川であるルフィジ川流域の農村での生態環境，経済条件を背景とした生業多様化に関する研究を1970年代より継続しているノルウェー人研究者ハヴネヴィ

ク［Havnevik 1980, 1983, 1993］，小農によるタバコ生産の詳細な調査を行ったボーセンら［Boesen & Mohele 1979］，独立以前からタンザニア研究に取り組み，村落開発問題，ジェンダー問題等に関して精力的に活動し，タンザニア人研究者の養成にも貢献したフィンランド人人類学者スワンツ［Swantz 1985, 1989, 1998; Swantz & Tripp eds. 1996］の名前を容易に挙げることができる．

そして，社会開発への関心への高まりに呼応するかのように，1990年代中期から次第に農村研究への関心も起こりはじめている．精力的に活動しているのは，1994年に設立されたタンザニアのNGO組織REPOA（Research on Poverty Alleviationの略）を拠点とするタンザニア人ならびに欧米人の研究者グループであり，実証的な調査報告書を相次いで出版している（若手研究者が多いのか，種々の研究課題を強引に貧困削減に関連づけようとしていること，実証データの分析が未熟であることも目立つが）．また，北欧研究者による研究も継続されており，たとえばタンザニア南部地域を対象として文化資本への投資等も組み込んで農村の社会的分業を分析したセパラ［Seppälä 1998; Seppälä & Koda eds. 1998］，人口増加という長期変動要因と構造調整政策による経済自由化という短期変動要因がどのように農村社会経済変容をもたらしているかを，レーニン対チャヤノフという古典的な農村社会経済変容の論争にまで遡って理論的な系譜を跡づけながら，北東部タンザニアのメル山農村を分析したラーソン［Larsson 2001］といった，意欲的な研究者が輩出している．すでに引用したスワンツ［Swantz 1998: 3］の指摘のごとく，1970年代には個人は社会に埋没した存在と見なされ，社会の構造的な変化が農村研究の対象とされたが，1990年代には相対的に自由に意思決定する行為主体としての世帯・個人が重視されるようになっており，セパラやラーソンの研究は，まさにそのような研究動向を反映している．

以上のような研究動向を踏まえて，タンザニア国内諸地域に関する分析が現在要請されているという発想のもとに，本書は，国家の開発政策が実践される客体ではなく，相対的に独自性を発揮しうる主体として国内諸地域を措定し，その社会経済変容過程，正確には変動の過程を考察することを課題としている．

独立性の高い世帯が構成する農村社会

　ついで，本研究で多様な地域を想定しようとする第2の背景である，既存の農村社会認識に対して私自らの実証研究から導き出された懐疑について触れたい．私はこれまで，ケニア東部のカンバ(Kamba)人居住地域と本書で触れるタンザニア北東部のパレ人居住地域とを対象として，定着農耕民社会に関する聞き取り調査を中心的な調査手法とする実証的な社会経済調査を実施し，自ら収集したミクロ・データの分析を行ってきた［池野 1989, 1998a, 1999, 2000；Ikeno 2007］．両エスニック・グループの居住地域はともに山間部と平地部を域内に含んでいるが，主として調査を行った平地部の農村は，主食作物であるトウモロコシの栽培を中心として天水農業を主要農耕期に行っている農村地帯である．調査地の個別世帯は，夫婦と未婚の子供，そして場合によっては息子夫婦一家を含んで構成されていることもあるが，巨大な複婚大家族ではない．このような世帯が生産・消費の基礎的単位であって，日常的な経済活動を営んでいる．私のいう日常的な経済活動には，広義の農業すなわち農耕および牧畜だけでなく，農村部での非農業就業，そして都市部などへの移動労働も含まれている．すなわち，世帯の経済活動空間は農村に限定されておらず，都市部をも含んでいるということである．多就業形態は個人にとっても世帯にとっても所得安定化のために有効な生計戦略であり，それゆえにできうるかぎり多就業がめざされることになる．このように活発に経済活動を展開しようとしている個別世帯の集合体である調査地の農村内部においては，経済活動の基礎単位である個別世帯を超える経済的な集団的営為が日常的にはほとんど存在せず，「共同体」あるいは近年多用されている「コミュニティー」という用語で想起されるような地域社会での経済的な共同性を見いだすことが，はなはだ困難であった．これらの調査結果を踏まえ，従来考えられていたよりは相対的にはるかに自立した個別世帯によって調査地の農村社会が構成されているという印象を，私は抱くに至っている．このような農村社会経済構造は，19世紀末に始まる植民地化以前にカンバ農村社会とパレ農村社会とがそれぞれに有していた個性に，植民地期と独立以降の社会経済変動要因が複合的に作用して形成されてきたものと思われる．前述の島田の表現を借りれば，農村社会の基層部分に世帯の個別化

序章　アフリカ農村研究の残された課題

が織り込まれているように感じる．現状の農村社会経済構造が最終形態ではなく，今後も変動を経験し変容を遂げていくであろうことは言を要さない．

私のこの農村社会認識は，濃厚な血縁関係に基づき土地占取・経営の共同性が強固なアフリカ農村共同体という赤羽の認識とはかなり異なる．すでに触れた［赤羽 1971］は，アジア的生産様式論争の復活と低開発論の台頭という西欧経済史学を取り巻く時代背景のもとで，1960年代に執筆された諸論文を中心とする遺稿集である．共同体内部から共同体を解体しようとする動き，すなわち共同体の内発的発展の契機が存在しないかぎり，外観を転じながらも共同体の社会経済構造とそれを支える精神構造（エートス）は残存するという赤羽の分析は，現在でも一定の有効性を維持しており魅力的である．しかしながら，同氏の想定したアフリカ農村共同体像を前提として私の調査地の農村社会経済構造の現状分析を行うのは困難であるとも感じている．

同種の疑問は，赤羽とはまったく異なる論調で展開されつつある近年の共同体論に対しても抱いている．たとえば，「村落や部族など伝統的な共同体は，前近代的な組織として意識され，近代的発展の桎梏と見なされがちであった．だが実際には，これらの共同体は，市場と国家の失敗を補正し，近代的な経済発展を支えるに不可欠な組織の原理を提供している．……（中略）……途上国の経済開発に必要な経済体制は，市場と国家という2つの組織のみの組合わせではなく，共同体という組織を加えた3者の組み合わせとして構想されねばならない」［速水 1995：254］という速水佑次郎の認識は，近年の開発経済学における共同体認識を代表するものであろう[8]．速水は東南アジアを事例としているが，高橋［1996b, 1998］はアフリカについて同種の見解を表明している．赤羽の認識とはまさに対照的である．まず第1に，赤羽が共同体から資本主義へという段階論的な発想に立っているのに対して，速水は共同体が資本主義と共存すると認識している．それに関わって第2に，赤羽が

---

8) 速水は，農村共同体のみを対象としているわけではない．彼の想定している共同体とは，「濃密な人的交流によって形成される信頼関係で結ばれる集団」であり，「途上国において，それは典型的に村落や部族を単位とする地縁や血縁で結ばれた小集団として観察され」るが，「発達した経済にあっても，共同体的な関係は，職場や出身校などのつながりを通して形成され，経済的取引や政治活動にきわめて大きな影響を与えている」［速水 1995：254］．

共同体否定的であるのに対して，速水は国家，市場と並ぶ第3の組織として共同体肯定的である．

　誤解のないように付記しておけば，赤羽，速水はともに，共同体は不変であると主張しているわけではない．赤羽は植民地体制下でのアフリカ人からの土地収奪や換金作物栽培の導入，そして出稼ぎ労働の常態化を共同体の外発的な変容要因として指摘しており，速水も収穫労働に関する慣行の変化を指摘している．にもかかわらず，資本主義の浸透による変動要因のもとでも経済的な共同性を体現する領域集団としての共同体が一面で強固に残存していることを自明であるかのように想定している点で，両者は共通している．

　私自らの東アフリカ農村における調査経験からは，赤羽が否定し速水が評価するような明確な農村共同体の輪郭がいまだに見えてこない．私には，経済的共同性を体現する単位という意味での共同体を形成している範囲あるいは境界が実感できない．たとえば，「村落」を分析対象とした場合も，それは分析者がなかば恣意的に切り取り設定した意味空間であり，そこに居住する被調査者にとっては，なんらかの特別の意味合いを持つ社会経済空間になっていないのではないかという漠然とした不安を払拭できない[9]．調査対象とした東アフリカの村落が，植民地期以降に形成された行政村，すなわち地域社会の既存の社会経済関係とはひとまず単位を異にする行政上の構築物であることが原因であるのではなく，調査対象地を大きく設定しても，あるいはより小さく設定しても，おそらくこの印象を免れないように思う．換言するなら，なんらかの社会的経済的一体性を示す農村共同体として措定しうる，他を圧倒するような存在感のある単一の集合体は見いだしにくい．

　しかしながら，世帯・個人のような社会経済行為主体が国家開発政策と直接的に対峙しているという想定も，私には受け入れがたい．農村社会経済変動を理解するうえで，両者の間には中間項としてなんらかの緩やかな集合体

---

[9] 日本やヨーロッパを研究対象とする社会経済史家から近年，村落における「共同性」を理論的・実証的に再考する議論が提起されている．[小野塚・沼尻編 2007]ならびに[日本村落研究学会編 2009]を参照されたい．人類学の分野における共同体・共同性に関する学説史を丹念に追い，新たな認識枠組みを提示した[松田 2009]も，非常に示唆に富む．

を想定するほうが，妥当であると考える．本書では，そのような中間項として機能するような多様で緩やかな集合体を「地域」という操作性の高い概念で一括している．

　検討課題ごとに意味内容が揺れ動く危うい存在である「地域」を鍵概念に据えようとすることには，共同体やコミュニティー等の既成概念の内実を検証する必要があるという私の問題提起も込められている．たとえば，「村落」という共通の用語を用いることで，同一の対象を扱っているかのごとき錯誤が混入する危険性がある．すでに触れたごとく，タンザニアにおいて村落は州―県―郡―郷に次ぐ第5位の地方行政単位であるが，タンザニアと同じく旧イギリス領東アフリカに属し植民地期には同様の地方行政組織階梯を採用していたケニアでは，州（province）―県（district）―地方（division）―郡（location）―郷（sub-location）―村落（village）という順となっており，村落は現在第6番目の地方行政単位である．タンザニアは1970年代中期に社会主義的な村落建設にあたって250世帯以上をもって1村落を形成するよう指示したために，それまでの数カ村が合体して新たに1村落に再編された事例が少なくなく，タンザニアの村落は単にケニアと行政組織階梯での順位が違うというだけでなく，人口規模，行政上の役割も大きく異なると考えられる．私がかつて調査した東部ケニアの5つの郷は1980年代初に215～837世帯，1313～4552人という人口規模［池野 1989：26］であり，タンザニアの「村落」と相応していた．また，大山修一が調査したザンビア北部のムレンガ・カプリ村は，1983年当時には13世帯53人で構成されており［大山 2002：10］，杉村和彦が調査したザイール（現コンゴ民主共和国）東部のクム人地域では，「日本の中の一つの自然村の趣」のある「ロカリテは，100内外の世帯が複数集まって形成され，今日だいたい400～600人の人口規模を有して」［杉村 2004：129-130］いたのであり，タンザニアよりはるかに小規模である．このように，同一の用語を用いることであたかも同一の対象を扱っているかのような錯誤が生じうることに，自覚的であるべきである．「地域」という単語を用いることでこの問題が解決されるわけではないが，そのつどに対象とするおおよその地理的空間ならびに人間集団を確認することで，無用な混乱は回避できよう．

2 事例とする北東部タンザニアの2つの地域

2-1. キリマンジャロ州ムワンガ県

　本書で事例として紹介するムワンガ県は，タンザニア北東部にあるキリマンジャロ州（Kilimanjaro Region/*Mkoa wa Kilimanjaro*）を構成している6県の1つである[10]．同県は，1979年にパレ県がサメ（Same）県とムワンガ県とに分離されて新設された，かなり新しい県である．図表1-02に示したように，北はキリマンジャロ州モシ（Moshi）県，南は同州サメ県と県境を接し，東にはケニアとの国境が走っており，また西はニュンバ・ヤ・ムング（*Nyumba ya Mungu*：スワヒリ語で「神の家」の意）ダム湖を挟んでマニャラ（Manyara）州スィマンジロ（Simanjiro）県と接している．ムワンガ県は県面積2641km^2（ちなみに東京都は2188km^2），県人口11万5145人（2002年）[TP024Mwanga: 3]であり，タンザニアのなかでも面積，人口規模ともに小さな県の1つに数えられる．ムワンガ県の県央をキンドロコ山（Kindoroko：2113m）を最高峰とする北パレ山塊が南北に走っており，県土は，冷涼で降水量の多い山間部（*Milimani*）808km^2 と，北パレ山塊の東部と西部それぞれに広がる暑く降水量の少ない平地部（*Tambarare*）1833km^2 とに，農業生態的に2分される．平地部は，北パレ山麓の東部に広がる東部平地約1230km^2 と西部に広がる西部平地約600km^2 に下位区分される．居住する主要なエスニック・グループは南隣のサメ県とともにパレ人[11]であり，東部と西部の平地部にはマーサ

---

10) 本章と次章で対象とする1980年前後から2000年代までは，キリマンジャロ州は5県で構成されてきたが，2005年にスィハ（Siha）県がハイ（Hai）県から分離新設され，ムワンガ県，サメ（Same）県，ロンボ（Rombo）県，モシ（Moshi）県と合わせて，キリマンジャロ州は6県となった．なお，モシ県は，モシ市を行政域とするモシ都市（Moshi Urban）県，それ以外の農村部を行政域とするモシ農村（Moshi Rural）県に下位区分される．図表1-02にはスィハ県が記載されておらず，ハイ県に含まれているのは，2009年8月段階でスィハ県の境界を示す地図を入手できなかったためである．

11) ［Omari 1990: 24］によれば，パレ人居住地域の人口は，1931年5万6431人，48年8万5599人，57年10万8436人，67年14万9635人と増大しており，1988年人口センサスのムワンガ県とサメ県の人口の合計値を近似値と見なせば，1988年には26万

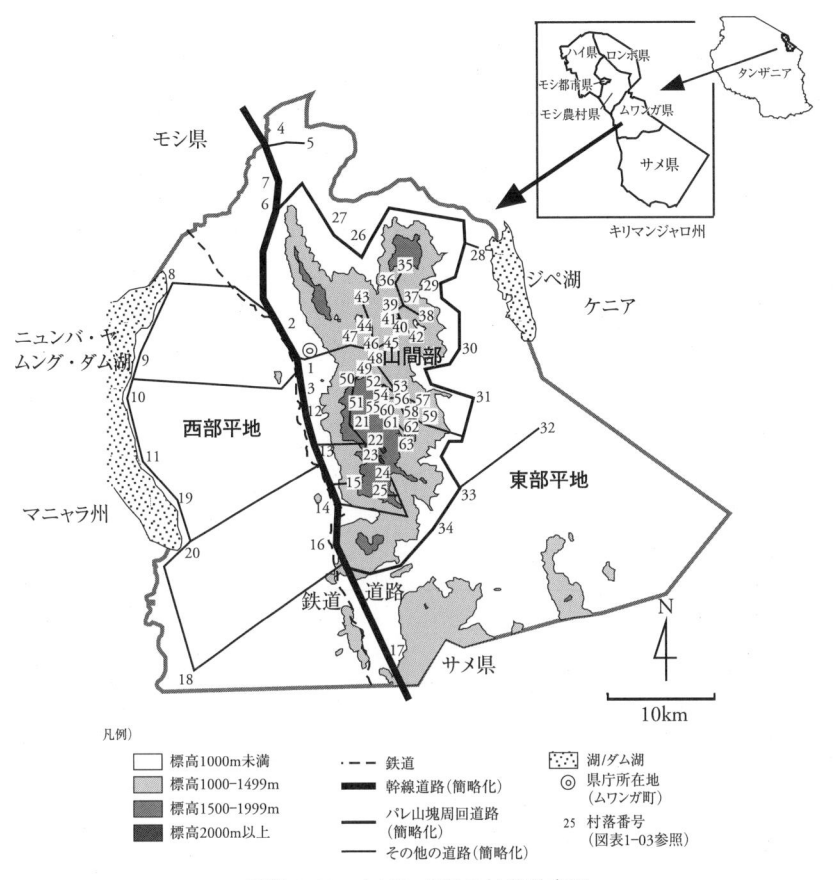

序章　アフリカ農村研究の残された課題

図表1-02　ムワンガ県の村落分布図

出所）地図原図：Tanzanian-Finnish Multidisciplinary Research Project. n. d.
　　　村落（役場）所在地および道路網：GPSを用いた池野調査（2004年8月）．
注）本図の村落番号と，本章図表1-03の村落番号は対応している．

イ（Maasai）人も居住している．県庁所在地であるムワンガ町（Mwanga Town/ *Mji wa Mwanga*. 図表1-02および図表1-03の村落番号No. 1は旧市街地，現在はNo. 2, No. 3も行政域に含まれている）は，首座都市ダルエスサラーム市か

6737人［TP88Kilimanjaro］，2002年人口センサスについても同様の推定をすれば，2002年には32万6883人［TP024Mwanga: 3, TP024Same: 3］となる．

27

図表 1-03　村落レベルで見たムワンガ県のコーヒー生産動向，人口動態

郡名	郷名	村落名	村落番号 No.	地帯区分*	定期市	出作先 No.	コーヒー生産面積 (ha) (年度あるいは年) 1978/79	1986/87	1990	人口 (人) (年) 1978	1988	2002	単位地域(UA)*** の人口成長率 1978-88	1988-02
ムワンガ	ムワンガ	ムワンガ	1	平地・西	木					2,303	4,471	8,635	○	○
		キサンギロ	2	平地・西							1,043	1,364	○	△
		キルル・ルワミ	3	平地・西						1,237	1,763	2,330		
	キファル	キレオ	4	平地・西		5				2,507	3,221	2,973	△	
		キヴリニ	5	平地・西								1,597		
		キファル	6	平地・西						2,439	3,002	2,963	△	
		キトゥリ	7	平地・西								2,933		
	ランガタ	ハンデニ	8	平地・西		モシ				461	809	1,592	○	○
		ランガタ・ボラ	9	平地・西						1,260	1,687	2,647	△	○
		ランガタ・カゴンゴ	10	平地・西		18, モシ					1,742	2,314		
		ニャビンダ	11	平地・西						2,113	787	1,266	△	△
レンベニ	レンベニ	キルル・イフェイジェワ	12	平地・西						624	1,280	1,746	○	△
		キサンガラ	13	平地・西	日		7			2,990	4,003	5,441	△	△
		レンベニ	14	平地・西	水	15, 16	15					2,677		
		ムバンプア	15	平地・西		16				3,375	3,904	980	▲	△
		キヴェレンゲ	16	平地・西								1,373		
		ムガガオ	17	平地・西	金					2,749**	2,249	3,167		
	キリャ	キリャ	18	平地・西						1,436	1,217	3,828		
		キティ・チャ・ムング	19	平地・西									△	△
		ンジア・パンダ	20	平地・西						917	1,564			
	ングジニ	ソンゴア	21	山		13	10	95	34.8	897	516	614	▼	▲
		ングジニ	22	山	毎日	13	104	92	184.1	1,421	1,518	1,667	▲	▲
		チャンジャレ	23	山		13	71	56	62.3	631	769	726	△	▼
	キロメニ	キロメニ	24	山	日	33, 34	63	94	73.7	1,850	2,144	2,443	▲	▲
		ソフェ	25	山		14, 15	122	106	80.9	1,500	1,666	1,798	▲	▲
ジベンデア	ジベ	キヴィスィニ	26	平地・東	土					400	862	885	○	▲
		クワニャンゲ	27	平地・東										
		ジベ	28	平地・東		29					990	961		
		カンビ・ヤ・スィンバ	29	平地・東	火					1,049	534	541		
		ブトゥ	30	平地・東	木						609	738		
	クァコア	キゴニゴニ	31	平地・東	土					980	1,632	2,153	○	△
		トロハ	32	平地・東						830	1,573	1,932	○	▲
		クワコア	33	平地・東	火							1,413		
		ングル	34	平地・東						2,070	2,668	1,742	△	▲
ウグウェノ	ムワニコ	ヴチャマ・ンゴフィ	35	山		26, 28, 29	239	260	261.4	2,317	2,823	2,794	△	▼
		マンギオ	36	山		26, 29	93	109	173.6	1,361	1,549	1,528	▲	▼
		ムワニコ	37	山	毎日	26, 29			225.4			1,907		
		ムリティ	38	山	毎日	29	146	189		2,731	3,136	1,237	▲	▲
	キフラ	ラア	39	山		26, 27, 28	93	121	120.6	1,611	2,054	2,024	○	△
		キサンジュニ	40	山		30			99.6			1,541		
		ランガア	41	山	毎日	43	111	111	127.1	2,730	2,955	940	▲	▲
		マスンベニ	42	山	毎日	30	79	78	117.4	3,019	3,502	3,237	△	△
	ムサンゲニ	スィンボム	43	山		27	23	76	74.1	1,248	1,620	1,670	△	▲
	ルマ	ムルマ	44	山		26, 27	49	60	57.5	1,505	1,696	2,058	▲	▲
		ムサンゲニ	45	山	火	30	64	114	69.6	1,834	2,162	1,958	○	△
		マンバ	46	山	土,水	30, 47	35	74	53.0	1,073	1,278	1,033	△	▲

	シガティニ	ランボ	47	山			22	96	37.6	1,587	2,139	2,338	○ ▲
		シガティニ	48	山			44	175	49.8	2,020	2,436	2,090	△ ▼
		ムフィンガ	49	山		3	⎫39	⎫57	60.7	⎫1,998	1,654	1,229	○ ▲
		ムクー	50	山		3	⎭	⎭		⎭		636	
		ヴチャマ・ンダンブウェ	51	山			43	107	53.0		1,155	1,349	
ウサンギ	キガレ	キガレ	52	山		31	25	30	60.3	1,375	1,550	1,313	▲ ▼
		ンダンダ	53	山		31	13	24	20.2	1,662	2,047	2,024	△ ▼
		キラウェニ	54	山	毎日	31	10	38	9.3	1,496	1,663	1,596	▲ ▼
		キロンガヤ	55	山			28	40	36.8	1,096	1,112	1,048	▼ ▼
	キロンゲ	キリチェ	56	山	毎日	31	4	56	5.7	969	1,017	940	▲ ▼
		ムボレ	57	山		31	9	20	23.5	1,328	1,657	1,423	△ ▲
		ロームウェ	58	山	月,木	33	10	45	11.7	1,404	1,370	1,185	▼ ▼
		ヴアガ	59	山		31	15	38	13.8	847	810	767	▼ ▼
	チョンヴ	キンバレ	60	山		31	15	43	14.2	1,223	1,421	1,396	△ ▼
		チョンヴ	61	山		33	25	57	27.1	1,387	1,532	1,604	▲ ▲
		ムシェワ	62	山		33	31	44	45.7	1,832	2,222	2,589	△ ▲
		ンドルウェ	63	山		33	43	47	57.5	1,619	2,221	2,252	○ ▲
		合計					1,700	2,532	2,342.0	77,311	97,002	115,145	

出所)
1) Mwanga, AGR/MW/FP/VOL.IV/2; AGR/MW/FP/VOL.V/16.　　2) Mwanga, KI/S40/18.
3) Mwanga, C/GENERAL/VOL.I/9; C/GENERAL/VOL.I/128.　　4) TP782: 87-94.
5) TP88Kilimanjaro: 256-265.　　6) TP027Kilimanjaro: 17-30.
7) ムワンガ県全村社会経済調査（池野．2004 年）

注)
　＊地帯区分：平地・東＝村落の主体部分が東部平地にある村落．平地・西＝村落の主体部分が西部平地にある村落．山＝村落の主体部分が北パレ山塊にある村落．
　＊＊1978 年のムガガオ村の人口には，現在のサメ県ンジョロ村の人口が含まれている．
　＊＊＊単位地域 (UA) は，1978 年，1988 年，2002 年センサス時の行政区分の変更を補正して人口比較しうるよう想定した，本書の分析上の地域区分である．
　　人口成長率：○＝ 3.0%／年以上，△＝ 1.5%～2.9%／年，▲＝ 0%～ 1.4%／年，▼＝ 0%／年未満．

ら北東部の主要都市であるモシ市（キリマンジャロ州の州都），アルーシャ市（アルーシャ州の州都．北東部最大都市）につながる幹線道路と，それと併行して鉄道が南北に走る東部平地に位置し，2002 年時点で人口 1 万 2329 人（旧市街地である図表 1-02 の村落番号 No. 1 は 8635 人，新たに編入された地域である No. 2 と No. 3 とは合わせて 3694 人）であった．ムワンガ県内の舗装道路は上述の幹線道路のみであり，ニュンバ・ヤ・ムング・ダム湖方面の道路，北パレ山塊の周回道路，平地部と山間部を結ぶ道路はいずれも未舗装である．平地部と山間部を結ぶ道路のうち，ムワンガ町から延びる道路は道幅が広くバスも始終往来しており，基幹道路の役割を果たしている．東部平地から山間部に延びる道路は 1 本しかなく[12]，しかも雨季の通行はかなり危うい．

---

12) 2009 年 8 月の調査時には，東部平地と山間部とを結ぶ既存の道路より南と北に，それぞれ新たな道路が完成間近であった．

県庁所在地であるムワンガ町が平地部と山間部を結ぶ唯一の結節点であるかのような道路整備状況にある．

ムワンガ県農政局（正確には，農業・畜産振興局．Department of Agriculture and Livestock Development/*Idara ya Kilimo na Maendeleo ya Mifugo*）は，同県内に存在する村落あるいは都市（以下，村落と略する）の数を 63 と見なしてきた．図表 1-02 にはこれらの村落の役場の所在地を番号で示してあり，同一の番号を用いた図表 1-03 で村落名を確認しうる．しかしながら，県農政局の 63 の村落区分は，『2000 年地方自治令』（Local Authorities Order 2000）［Tanzania 2006］に掲載されている 63 の村落名とは一致せず，また 2002 年に実施された人口センサスの 58 の村落区分［TP027Kilimanjaro: 17-30］とも異なる．県農政局の村落区分は，同県で食糧援助を行う場合に対象者に関する情報を収集し，援助食糧を配給する単位である．そのために，現在はムワンガ町の行政域に組み込まれている旧キサンギロ村（Kisangiro：図表 1-02 のおよび図表 1-03 の村落番号 No. 2. 以下，図表 1-02 No. 2 のように表記していく）と旧キルル・ルワミ村（Kiruru Lwami：同 No. 3）も，独立した単位として扱われている．本書では県農政局の資料を利用することが多く，また同局の村落区分と『2000 年地方自治令』ならびに 2002 年人口センサスの村落区分の対応関係がわかっているため，ひとまず同局の区分に沿って 63 村落と見なして分析していきたい[13]．この区分によれば，ムワンガ県では 2009 年 8 月時点で，北パレ山塊の山間部に 34 村，西部平地に 20 村（ムワンガ町を含む），東部平地に 9 村存在していることになる．また，2002 年人口センサス時の県人口 11 万 5145 人は，それぞれ 5 万 4954 人，4 万 9826 人，1 万 365 人と分布していたことになる［TP027Kilimanjaro: 17-30］．

ムワンガ県の産業分類別の県内総生産額は不明であるため，就業人口数で見ると，ムワンガ県の基幹産業は農業であり，ついで県の東西に存在するニュンバ・ヤ・ムング湖とジペ湖での漁業や山間部での製材業，そして商業とな

13）県農政局を含む県行政組織を統括する県行政長（District Executive Director/*Mkurugenzi Mtendaji wa Wilaya*）が 2009 年 8 月 5 日付で県内全村の村落行政官（Village Executive Officer/*Afisa Mtendaji wa Kijiji*）に発信した食糧支援に関する公信［Mwanga, DED, 2009/08/05］でも，県農政局と同一の 63 村の区分が用いられている．

る．2002年人口センサスによれば，県総人口11万5145人のうち，5歳以上の人口は9万9859人であった．5歳以上の人口（関連する表では，総数が9万9859人ではなく9万5857人と記されている）のうち定常的な経済活動人口（usually economically active population）は5万2099人（就業者5万700人，失業者1399人）であり，産業別の就業者数（関連する表では，総数が5万700人ではなく5万1914人と記されている）は，農業3万659人，林業・水産業等1万809人，鉱業・採石業132人，製造業386人，電力・ガス・水道業70人，建設業432人，（未加工）食品販売業473人，商業5062人，運輸・通信業217人，金融・保険業24人，公務・教育関連1749人であった（合計すると5万1914人ではなく5万1919人となる）．一方，5歳以上の定常的に経済非活動人口（usually economically inactive population）4万3760人の内訳は，就学者2万9161人，家事従事者6671人，就労不能者7762人，不明166人である．就学者（関連する表では，総数が2万9161人ではなく3万2930人と記されている）のうち，小学校就学者は2万8290人，中等学校就学者2806人（うち，中学校に相当するフォーム1～4の就学者2769人，高等学校に相当するフォーム5～6の就学者37人），大学等の就学者176人であった［TP024Mwanga: Table 1.8, 6.7, 7.6, 7.21］．ただし，人口センサス実施時は学校の休暇期間にあたっており，帰省等のために学校種別の就学者数は他の時期の数値と異なっている可能性が高い．

　さて，基幹産業である農業に関連する説明を続けたい．ムワンガ県農政局によれば，同県の耕地面積は4万3800haであり，分類基準が定かではないが，このうち灌漑可能な面積は，13本の用水路での灌漑で1389ha，27の溜池での灌漑で200haである［Mwanga, A/FAM/Vol.II/8］．ただし，農政局の実態把握能力には疑問があり，たとえば第4章で触れる乾季灌漑作は，本局の所在するムワンガ町に近接している地域で展開されているにもかかわらず，2003年の文書［Mwanga, AGR/MW/GEN/VOL.I/12］で初めて，そして唯一，触れられているにすぎない．農政局の別の資料によれば，土地利用区分は，森林120km^2，森林保護区207km^2，鳥獣保護区445km^2，耕地443km^2，宅地119km^2，農耕に不適な放牧地1207km^{2}である［Mwanga, AGR/C/EST/VOL.III/88］（合計すると2541km^{2}となり，前述の2641km^{2}とは一致しない）．2002年

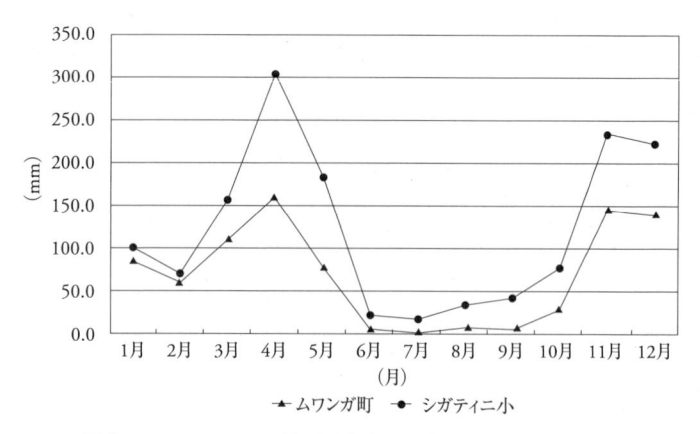

図表 1-04　ムワンガ県平地部と山間部の月別平均降水量
出所）Mwanga, A/FAM/VOL.II, AGR/MW/MET/VOL.I, VOL.II, 新 VOL.II, および DIVS/MON/REPT 所収の各種文書

　センサスの県人口 11 万 5145 人を耕地と宅地を合わせた 562km² で除して人口密度を求めれば 205 人/km² となり，タンザニアのなかでもかなり人口稠密な県である．

　同県では，山間部でも平地部でも 3～6 月の大雨季（Long Rains/*Masika*）と 10～1 月の小雨季（Short Rains/*Vuli*）があり，平地部では大雨季作（*Kilimo cha Masika*）が，山間部では小雨季作（*Kilomo cha Vuli*）が主要農耕期となっている．大雨季と小雨季の間の 7～9 月，1～3 月はそれぞれ乾季（*Kiangazi*：ただし，気温の低い 7～8 月を寒季 *Kipupwe* とも呼ぶ）である．図表 1-04 に，1980 年 1 月から 2009 年 7 月までの利用可能なデータを用いて，平地部の例としてムワンガ町（図表 1-02 No. 1）の月別平均降水量を，また山間部の例としてシガティニ小学校（Shighatini：図表 1-02 No. 48）の月別平均降水量を示した．降水量データは農業生産等に関わる重要な情報を提供するはずであるが，ムワンガ県においてはその収集は不十分である．上記の 2 つの測候地がムワンガ県のなかで最もデータが豊富な地点であるが，ムワンガ町については 1986 年 2 月以降からのデータしかなく，一方シガティニ小学校については 1999 年以降データが断片的となる．このように両者の月別データは収集時期が異なるため厳密には比較できないものの，月別平均降水量を合計した年間降水

量はムワンガ町 817.3mm，シガティニ小学校 1459.0mm となり，降水量で見るかぎり，山間部のほうが農耕に適している．上記のような平地部と山間部の主要農耕期の設定にもかかわらず，大雨季作が主である平地部のムワンガ町では大雨季に関わる 3 〜 8 月の月別降水量の合計は 362.1mm，小雨季に関わる 9 〜 2 月の降水量の合計は 459.7mm で，小雨季のほうが降水総量が多く，逆に小雨季作が主である山間部のシガティニでは 3 〜 8 月合計 755.3mm，9 〜 2 月合計 745.4mm となり，わずかながら大雨季のほうが降水量は多い．後述するキリスィ集落 (Kirisi Hamlet/*Mtaa wa Kirisi*) はムワンガ町に隣接しているが，その住民も大雨季のほうが雨は安定していると認識しているために，平均で見れば降水量が少ない大雨季を主要農耕期と見なしている．他方，山間部においては気温も農耕に影響しているために，次第に気温が下がる大雨季よりも，気温が上昇していく小雨季が主要な農耕期になっているのではないかと推察される．

　しかし，このような平均値の検討は，実態を見誤らせる危険性を孕んでいる．上記の 2 つの測候地での月別降水量データを 1 年分（少なくとも 11 ヶ月分）が利用可能な年の実際の年間降水量と年間平均降水量を図示した図表 1-05 を用いて，説明しておきたい．第 1 に，年較差の大きさを覆い隠してしまうことである．ムワンガ町の場合は，1986 年〜 2008 年の 23 年間に 361.2 〜 1739.7mm で変動しており，シガティニ小学校の場合は 1980 〜 98 年（1991 年は欠落）の 18 年で 881.0 〜 2122.0mm の幅がある．第 2 に，上記のような大幅な変動のために，ムワンガ町の場合はデータを利用可能な 23 年のうち 16 年の年間降水量が平均値の 817.3mm を下回っており，平均値から平年をイメージすることは誤りである．ちなみに，第 3 章で触れるごとく，2000 年代に入ってから県による食糧援助の回数が増えているが，これをムワンガ町の降水量の動向から読み取ることは困難である．

　そして，年間降水量データに関してもう 1 点指摘おきたいことは，ムワンガ町とシガティニ小学校で年間降水量の多寡が連動していないことである．たとえば，図表 1-05 でムワンガ町の年間降水量が最も多かった 1993 年には，シガティニ小学校では平均を下回る 1168.1mm の降水量を記録しており，平地部のムワンガ町のほうが降水量が多かった．逆に，シガティニ小学

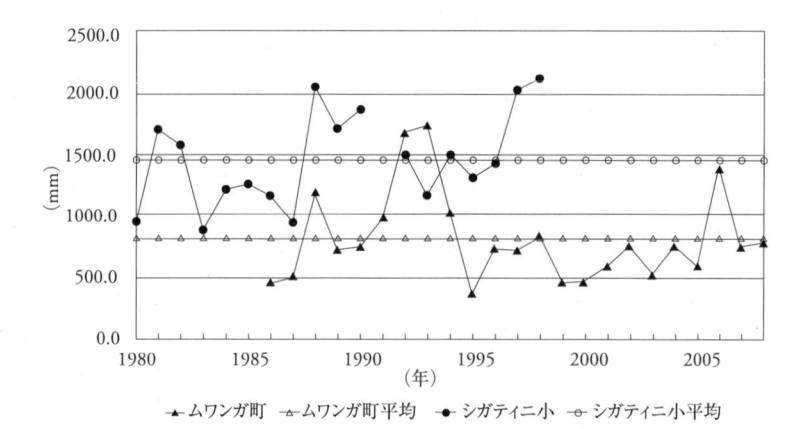

図表 1-05　ムワンガ県平地部と山間部の年間降水量

出所) Mwanga, A/FAM/VOL.II, AGR/MW/MET/VOL.I, VOL.II, 新 VOL.II, および DIVS/MON/REPT 所収の各種文書

注) ムワンガ町については，1986年1月と2002年8月のデータが欠落しており，両年については11ヶ月間の数値である．ただし，8月には降雨がほとんどないため，2002年のデータは年間の数値に近いと推定される．

校の年間降水量が2122.0mmと最も多かった1998年には，ムワンガ町では839.7mmと平均をわずかに上回る降水量を記録しているにすぎない．同一年で降水量の多寡が異なることは，県内各所で継続的に降水量を測候する必要性があることを示しているが，それにはほど遠いのが現状である．

　ともあれ，基本的には山間部のほうが降水量が多く，また気温が低い．そのために，図表1-06に，山間部のムシェワ村（Mshewa：図表1-02 No. 62）26世帯と平地部のキルル・ルワミ村（図表1-02 No. 3）19世帯の事例で示したように，同じくパレ人であるにもかかわらず，山地村の農家と平地村の農家では栽培作物にはかなりの相違が見られる．山地村の農家は料理用バナナ，サツマイモ，サトウキビ，コーヒー，カルダモンを山間部の圃場で栽培し，主として大雨季に平地部の圃場に出作りに出向き，トウモロコシ，マメ類，そして北パレ山塊東麓ではイネを栽培している．一方，平地村の農家が山間部に圃場を保有していることは，多くはない．歴史的に見て，パレ人は山間部が人口稠密となって平地部に居住するようになったのであり，現在平地部に居住している住民あるいはその祖先は，山間部に圃場を確保すること

図表1-06　ムワンガ山地村（ムシェワ村26世帯）と平地村（キルル・ルワミ村19世帯）の作物別に見た栽培世帯比率

(栽培世帯数/調査世帯総数，％)

	山地村中心			対等			平地村中心		
		山地村	平地村		山地村	平地村		山地村	平地村
穀類				イネ	27	11	トウモロコシ	69	100
							モロコシ	0	16
根茎類	サツマイモ	100	11				キャッサバ	0	63
	バナナ	92	42						
	ヤウティア	42	0						
	タロ	46	11						
	ヤム	23	0						
豆類				インゲンマメ	92	84	ササゲ	8	90
							ラッカセイ	8	47
							グラム	8	37
蔬菜	トマト	54	32	キャベツ	27	11			
				葉菜	15	26			
				オクラ	15	21			
工芸作物	コーヒー	65	0	サトウキビ	65	74	ココヤシ	15	68
	カルダモン	65	0				ワタ	0	26
							ヒマワリ	0	26
							ヒマ	0	26
果樹	アヴォカド	81	11	オレンジ	31	16	マンゴ	42	74
	パイナップル	50	0	グアヴァ	35	21	ライム	0	11
	サワーソップ	50	0	レモン	46	42			
	カスタード・アップル	39	5	パパイヤ	35	37			
	ジャック・フルーツ	31	0						

出所）池野調査（1990～1992年）．
注）1）山地村と平地村での栽培世帯比率を比較して，山地村での栽培世帯比率が平地村のそれを20％以上上回っているか，あるいは平地村で栽培されていない作物を，「山地村中心」の作物と見なした．「平地村中心」の作物は逆の場合であり，「対等」は栽培世帯比率の差が20％未満の作物である．なお，山地村の場合，山間部で栽培されていた作物以外に，平地部の圃場で栽培されていた作物も含んでいる．
　　2）バナナには，料理用だけでなく生食用も含む．

が困難となり，やむなく平地部に移住してきた可能性が高い．このような事情を勘案すれば，平地部の農家が山間部に圃場を保有していない事情も理解できよう．平地部の農家は山間部に圃場を持っていないために，料理用バナナを自家生産できず，また有利な換金作物であるコーヒー，カルダモンも栽培できない．平地部では自給用食糧作物としてトウモロコシ，モロコシ（Sorghum/単 *Mtama*，複 *Mitama*），キャッサバ，ササゲ，落花生，菜豆（Gram/*Choroko*）が栽培されている．平地部向きの換金作物はワタ，ヒマワリ，ヒマ

(Castor/*Nyonyo*)であるが，いずれもコーヒー，カルダモンと比べて単価が安く，現在は流通経路も十分に整備されていないために，実際に栽培している農家は少数にとどまっている．なお，インゲンマメ，蔬菜，地酒醸造用のサトウキビ等は，山間部でも平地部でも栽培されている．

　ムワンガ県においては，農耕と並んで家畜飼養も重要な生業となっている．家畜飼養においても山間部と平地部とで違いが見られる．ムワンガ県の平地部にはウシ，ヤギ，ヒツジを大量に飼養している遊牧の民マーサイ人も居住しているが，平地部のパレ人農家では，数頭の在来種のウシ，数頭〜十数頭のヤギ，ヒツジが飼養されており，日中は未耕地，山の斜面あるいは収穫後の圃場で放牧あるいは繋牧され，夜間は家屋の近くに作られた家畜囲いに入れられることが多い．家畜囲いに溜まる家畜糞は，厩肥として使用される．農耕に畜力が用いられている事例を私は見聞したことがないが，2頭立てのウシに荷車を牽引させている光景は県内でときどき見かける．平地部では上記の家畜以外に，ニワトリ，アヒル，ホロホロチョウといった家禽が飼養されており，放し飼いであることが多い．一方，山間部では，1〜2頭の改良種（外来種あるいはそれらと在来種との交雑種）の乳牛が舎飼いされていることが多い．改良種の乳牛は在来種のウシよりも良質の家畜飼料を必要とし，バナナの擬茎，サトウキビ，トウモロコシ等の作物残滓あるいは適当な野草を採集して束ねたものを人力で運び，家畜飼料として与えている．ヤギ，ヒツジといった小家畜，また家禽は平地部と比べてはるかに数が少ない．平地部，山間部いずれにおいても，パレ人農家では荷駄運搬用にロバが飼養されていることは少ない．また，ムワンガ県のパレ人の過半はイスラーム教徒であり，少数派のキリスト教徒がブタを飼養している事例も多くはない．それぞれの家畜・家禽の頭羽数については，あえて数値を挙げない．少なくとも1984年と2005/06年度にタンザニアでは全国規模の家畜センサスが行われており，ムワンガ県農政局にはムワンガ県のセンサス結果が所蔵されているが，それらには手書きで修正が加えられており，なかには桁数まで違う修正があることから，数値に重大な疑義があると判断したためである．

　上記のように，家畜飼養まで含めた営農形態がムワンガ平地部と山間部で異なっているが，両地域は分断されているわけではなく，下記のような交流

が見られる.

　2004年に，ムワンガ県の63村全村において，社会経済状況について村役人に対する聞き取り調査を実施した．図表1-07にはムワンガ県を模式的に描き，その調査によって得た出作り耕作と定期市の情報を示している．出作り耕作については，同図表に矢印で「出作りに行く村落」と「出作り民が来る村落」をつないであるが，山間部と山麓に位置する平地部の特定の村落が結びついており，出作り耕作圏といえるものが形成されていることが見て取れる．本書で対象とするキリスィ集落が含まれるキルル・ルワミ村（Kiruru Lwami：図表1-07の左方中央）については，山間部のムフィンガ村（Mfinga），ムクー村（Mkuu），ヴチャマ・ンダンブウェ村（Vuchama Ndambwe：以下，ヴチャマ村と言及．図表1-02，1-03のNo.35のヴチャマ・ンゴフィ村に触れる場合は，つねにヴチャマ・ンゴフィと記す）の住民が出作りにやってきている．

　出作り耕作圏はムワンガ県内の1つの地域編成の形態であるが，それと並んで定期市が別種の編成を生み出している[14]．県内各所で開催されている定期市では，衣類，靴，農機具，食器等の工業製品だけではなく，農産物あるいはニュンバ・ヤ・ムング・ダム湖やジペ湖からの魚の売買も行われている．図表1-03の「定期市」欄には，定期市が開催される村落に開催曜日を記してある．ムワンガ県63村のうち20村で，開催曜日をずらしながら定期市が開催されている．毎日開催されている村落もあるが，これらは近隣農家の主婦が農産物を扱っている小規模なものである．ムワンガ県で最も大きな定期市は，ムワンガ町で木曜に開催されるものである．ムワンガ町の定期市には，他県からも商人が販売に訪れ，購入客は近隣村落からだけでなく，ニュンバ・ヤ・ムング・ダム湖岸や山間部の諸村からもやってきており，ムワンガ県の63村のうち図表1-07に①として四角で囲った22村の住民が利用していた[15]．山間部からのバナナが持ち込まれる特別の区画が設けられ

---

14) ムワンガ県の定期市については，すでに坂本邦彦［2001：153-188］が詳細な分析を行っており，ニュンバ・ヤ・ムング・ダム湖産の魚が貨幣代わりに使用されていることを指摘している．

15) 2004年の調査以降に，これら22村のうちキトゥリ村でも定期市が開催されるようになっている．

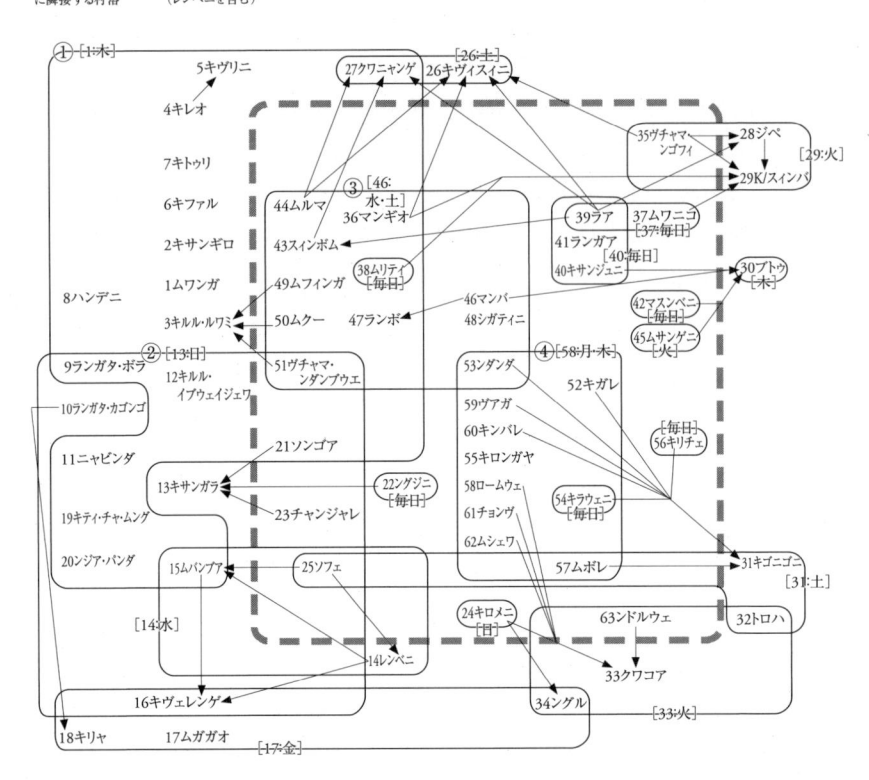

図表 1-07　ムワンガ県の出作り耕作圏と定期市圏

出所）ムワンガ県全村社会経済調査（池野, 2004 年）

ており，料理用バナナを産しない平地部の諸村落の住民に貴重な購入機会を提供している．また，ニュンバ・ヤ・ムング・ダム湖からのティラピア，ナマズ等の漁獲物もこの折に購入できる．ムワンガ町の定期市以外で大きい定期市として，西部平地のキサンガラ町（Kisangara）で日曜に開催される定期市（図表1-07の②）を13村の住民が利用し，ムワンガ町から山間部への道がウグウェノ方面とウサンギ方面に分岐するT字路にあるキクウェニ（Kikweni：マンバMamba村内にある）で火・土曜に開催される定期市（同③）を11村の住民が利用し，山間部のウサンギ郡ロームウェ村（Lomwe）にある定期市区画で月・木曜に開催される定期市（同④）を11村の住民が利用していた．東部の平地部では，カンビ・ヤ・スィンバ村（Kambi ya Simba）で火曜，キゴニゴニ村（Kigonigoni）で土曜，クワコア村（Kwakoa）で火曜に開催されているが，いずれも4村の住民が利用しているにすぎない小さな定期市である．それ以外では，幹線道路に面したムワンガ県最南端のムガガオ村（Mgagao：同⑰）で金曜に開催される定期市には5村から人が集まり，図表1-07には図示していないが，県北では隣県モシ県のヒモ町（Himo）の定期市を7村の住民が，同チェケレニ村（Chekereni）村の定期市を4村の住民が利用していた．定期市は商品売買だけでなく，情報交換の場でもあり，同一の定期市を利用する諸村落民が定期市圏ともいいうる交流の場を形成していると考えることが可能である．図表1-07から明らかなように，定期市圏④がやや孤立し，東部平地の諸村落が分断されているが，①〜③の定期市圏は排他的ではなく，重複しながら存在している．

　さて，山間部と平地部の特定の村落間で見られる出作りをめぐる耕作圏，あるいは定期市の開催村とそれらを利用する村落という定期市圏についてやや詳細に触れてきたのは，本書で地域として扱う予定である県と集落の間にも，分析視角によっては地域と見なしうるような存在が重層的あるいは並立的に存在していることを示したかったからである．図表1-07の出作り耕作圏と定期市圏を見比べても，境界が同一ではなく，錯綜した状態にある．それらの緩やかな組み合わせとして，漠然とした地域なるものが存在しているのではなかろうか．

2-2. キルル・ルワミ村ヴドイ村区キリスィ集落

集落の地誌

　キルル・ルワミ村は北パレ山塊の西麓にあり，ムワンガ県の県庁所在地であるムワンガ町に隣接した村落である（図表1-02と図表1-03のNo. 3）．同村の総人口は，1988年時点で1761人であった［TP88Kilimanjaro: 256］．行政区分のうえでは，キルル・ルワミ村は現在消滅している．調査地であるキリスィ集落が位置するヴドイ村区（Vudoi Sub-village/*Kitongoji cha Vudoi*）は1990年代初期まで，ムカメニ（Mkameni）村区，ルワミ（Lwami）村区，ムタランガ（Mtalanga）村区とともにキルル・ルワミ村を形成していた．その後，キルル・ルワミ村全体がムワンガ町一帯を行政域とするムワンガ郷（Mwanga Ward/*Kata ya Mwanga*）の行政管轄下に置かれることとなり，村落政府を有する独立した村落ではなくなったために，ヴドイ村区を含む同村の4村区はムワンガ郷の下位行政単位に位置づけられることになった．タンザニアでは1992年の複数政党制導入まで，単一政党であったCCM党の党組織と行政組織が渾然一体となっていたが，複数政党制への移行に伴って，両者の明確な分離が求められた．ムワンガ県の場合，それに伴って行政区画の組み替えも行われたようであり，少なくともキルル・ルワミ村は，それまでの独立した村落の地位から，ムワンガ郷の行政域に組み込まれてしまったのである．

　郷行政官（Ward Executive Office/*Afisa Mtendaji wa Kata*）が管轄するムワンガ「郷」は，2006年7月に町行政官（Small Township Executive Officer/*Afisa Mtendaji wa Mji Mdogo*）を首長とするムワンガ「町行政府」（Mwanga Small Township Authority/*Mamlaka ya Mji Mdogo Mwanga*）が管轄する行政区画に改組された．ただし，今のところ，行政区画の名称変更にとどまり，実質的な変化は見られない．たとえば隣接するモシ県は，人口規模の大きな地方都市であるモシ市を抱えているために都市部と農村部それぞれに別個の行政組織が存在しているが，ムワンガ町はモシ市のような相対的に独立した行政組織を持っておらず，ムワンガ県の指揮命令系統に属している．ムワンガ郷の12の村区はそのままムワンガ町行政府に引き継がれ，旧キルル・ルワミ村を形成していた4つの村区も2009年2月時点では存続していた．

このように行政上はキルル・ルワミ村は現在消滅しているが，住民の意識のうえではムワンガ町の旧市街地（図表1-02と図表1-03 No. 1）とキルル・ルワミ村とは今でも別個の単位として認識されている．その一因は，ムワンガ県で今でもCCM党の勢力が強く，ムワンガ町には，ムジ・ムピャ・ボマニ（Mji mpya bomani），レリ・ジュー（Reli juu），キサンギロ（Kisangiro），キルル・ルワミの4支部があり，旧キルル・ルワミ村に該当する地区の支部長がおり，村落代表の役割を一部果たしていることである．また，ムワンガ県の農政局によって集計されている食糧事情調査，作物生産推計等では，ムワンガ町とキルル・ルワミ村とは今でも別の地域として処理されている[16]．以下では煩雑を避けるため，キルル・ルワミ村が消滅したあとの時期についても，キルル・ルワミ村という名称で同地域に言及していきたい．なお，旧キルル・ルワミ村相当部分の2002年人口は，2330人であった[TP027Kilimanjaro: 18]．

　図表1-08に，キルル・ルワミ村とムワンガ町ならびに隣接する諸村落の位置を示した．5万分の1の地図では同定困難なため，同図には村境が記入されていない．ムワンガ町との境界は小径である．同図の1000mと1200mの等高線の間あたりに，山間部の諸村落，ムフィンガ村，ムクー村，ヴチャマ村との境界がある．道路・河川等の明瞭な境界は存在しないが，山間部への小径を登っていくと，ここまでがキルル・ルワミ村であるという標識となる樹木と小径があり，村民は境界を認識している[17]．南に隣接するキルル・

---

16) 第3章で触れる県行政府による食糧援助も，ムワンガ町の旧市街地部分と旧キルル・ルワミ村とは別個に実施されてきたが，2009年2月と7月の食糧援助の折には，ムワンガ町行政府事務所で一括して実施されるようになっていた．

17) 2009年8月の調査時に，境界線が変更される可能性があることをキリスィ集落住民に知らされた．ムワンガ町行政府に隣接するウグウェノ郡シガティニ郷が，境界を下方に修正することを主張しているとのことであった．キリスィ集落について見れば，ヴドイ丘陵の山裾を巻いている道路の下方に家並みが連なっているが，その道路より上方はシガティニ郷であると主張しているという．これでは，キリスィ集落が含まれるヴドイ村区の地名の由来となっているヴドイ丘陵もシガティニ郷に含まれてしまうことになる．ヴドイ丘陵を含めて，家畜を放牧していた山間部が領域から剥奪されることになるため，当然のこととしてキリスィ集落住民は反発している．中国系企業による銅採掘権に関わる収入をめぐって境界変更が提案されているとの風聞を現地で聞いたが，境界変更が提起された理由，「係争」の行方については，今後さらなる調査が必要である．

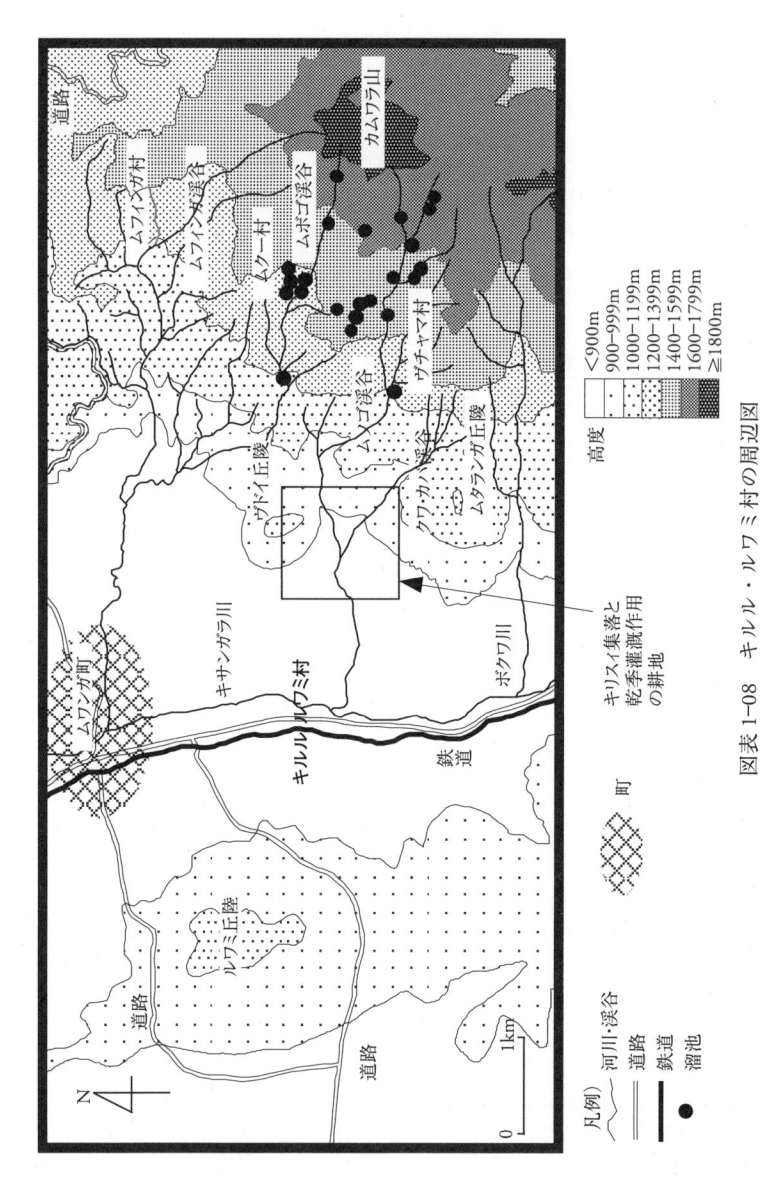

図表 1-08 キルル・ルワミ村の周辺図

出所) 等高線図は、TMAP73/1 より作成。ムソゴ渓谷とムボゴ渓谷の溜池の位置は、GPSを用いた池の野調査 (1998, 2000, 2001, 2003, 2004, 2005, 2006 年). なお、ムフィンガ渓谷とポクウリ川の溜池については、記載していない。

イブェイジェワ (Kiruru Ibweijewa) 村との境界は，ボクワ (Bokwa) 川である．西側の境界は涸れ川であり，湖岸に向かう道路に設置された橋で境界が認識できるが，周辺には人家がなく，西に隣接するランガタ・カゴンゴ (Lang'ata Kagongo) 村との間に乾燥した灌木林地帯が広がっている．

キルル・ルワミ村の中央部を，キサンガラ (Kisangara) 川，幹線道路，鉄道が並行して南北に貫通している．これらによって，同村は2つの部分に分けられる．これらの東側にあり北パレ山塊に近いキルルと，西側のルワミである．より正確にいえば，両者が合体して，キルル・ルワミ村となった．北パレ山塊に近いキルル東部が最も高度が高く，キサンガラ川に向かって下がっていく．キサンガラ川，道路，鉄道の西側で高度が緩やかに上がり，ルワミ丘陵の西側からふたたび下がって，そのまま隣村のランガタ・カゴンゴ村，そしてニュンバ・ヤ・ムング・ダム湖へと高度を下げ続ける．

3種類の農耕地

　この微妙な高度差によって，キルル・ルワミ村の農耕地は，以下のように合計3つに分類できる．

　A) 高地畑 (*shamba la juu*)

　　キルル，ルワミ双方に存在する．高地畑では大雨季作，小雨季作の折に天水農業が行われ，そして一部は乾季灌漑作にも利用される．高地畑は，灌漑可能か不能かで，2つに下位区分される．

　　a-1. 灌漑可能畑

　　　キルルの北パレ山塊に近い部分に存在する．山間部に設けられた溜池から用水路で流された用水が到達可能な耕地である．用水は大雨季作末期，乾季灌漑作，小雨季作前期に利用されるが，乾季には用水路の末端まで到達しうる水量がないため，第4章で取り上げる乾季灌漑作に利用されている耕地は，灌漑可能畑の一部のみである．

　　a-2. 灌漑不能畑

　　　ルワミの耕地と，キルルの北パレ山塊から遠い耕地では，灌漑用水は利用できない．これらの耕地は，天水に依存した農耕地である．

　B) 低地畑 (*shamba la kitivo*: *kitivo* はパレ語．スワヒリ語では *bondeni* となる)

キサンガラ川に沿った低地では，土壌水分が高いために，サトウキビ，生食用バナナ，マンゴ，ココヤシが栽培されている．これらの作物を高地畑で栽培することは困難である．また，キサンガラ河岸では蔬菜の栽培が近年さかんに行われている．

　キルル・ルワミ村の内部では，低地畑が最も農業生産条件が優れている．そのために，低地畑はすでに不足気味である．年長の世帯主は，高地畑と低地畑をともに保有していることが多い．しかし，若年の世帯主や村への新規参入者の場合，低地畑を持てない．キルル・ルワミ村の村域内には一見すると未耕地が多いが，多くは休閑中の耕地であり，若年層が村落に留まって農業で生計を立てていくために新たに耕地を取得することは，次第に困難となりつつある．

　さて，第4章で扱う乾季灌漑作は，上記の高地畑の灌漑可能畑(a-1)の一部で行われており，該当する地域は図表1-08に四角で囲って「キリスィ集落と乾季灌漑作用の耕地」として示したように，ヴドイ丘とムタランガ丘に挟まれた，ムソゴ渓谷(*Korongo la Msogho*)とクワ・カバ渓谷(*Korongo la Kwa Kaba*)の2渓谷の合流地点一帯である．この地域は，キルル・ルワミ村のヴドイ村区の一画に当たる．村区が最末端の正規の行政単位であるが，ヴドイ村区について見ると，そのなかにキリスィ集落(*Mtaa wa Kirisi*)とムランバ集落(*Mtaa wa Mramba*)の2つの集落が存在する．両集落の家並は道路沿いに列状でつながっているが，山間部のムクー村やヴチャマ村の下方の山腹から降りてきて現在の居住地に住むようになったのがキリスィ集落居住者であり，一方ムフィンガ村方面から降りてきて現在の居住地に住むようになったのがムランバ集落居住者であるといわれる．そのような違いから，住民たちは2つの集落と認知している．ちなみに，ヴドイ村区の住民が山腹から降りてきたのは，散居形式で居住する住民を集村化させようとしてタンザニア政府が1970年代に実施したウジャマー村政策による．現在はウジャマー村政策は放棄されているが，70年代初期に現在の居住地に集住するようになった住民は，かつての居住地に帰らず，小径に沿った列状集落を維持している．キリスィ集落の古老にその理由を尋ねたところ，現在の居住地では政府の設

置した水道施設が利用でき，子供の通う小学校も近くで便利であるからとの回答を得た．

　キリスィ集落はムワンガ町の旧市街地から徒歩40分ほどに位置し，同集落の家屋群は図表1-08のヴドイ丘とムタランガ丘の高度900mの等高線にほぼ沿って逆「く」の字状に連なっており，詳細に示せば図表1-09のようである．ムソゴ渓谷とクワ・カバ渓谷によって家屋群は3つの固まりに分断されているが，両渓谷は乾季に水が流れておらず，また雨季でも水量はわずかであるため，往来は容易である．家屋群より高度が低い位置に乾季灌漑作に利用される圃場群が広がっている（図表1-09の左上に示したムランバ集落の耕地も乾季灌漑作に利用されたことがあったが，例外的であったため，同図では省略した）．そして，複数の溜池からの用水路網が圃場群の間を走っており，いずれの用水路に依存するかによって，圃場群をキリスィ・カティ耕区，ンガンボ耕区，ムソゴ北耕区，ムソゴ南耕区の4つの耕区に分類できるが，これらについては第4章で触れたい．

　キリスィ集落に隣接する圃場の多くは，先の分類でいえばA）高地畑の〈a-1．灌漑可能畑〉であるが，住民が「キリスィの畑」として認識している耕地は図表1-09の左方にも広がっており，それらはA）高地畑の〈a-2．灌漑不能畑〉に分類されるものである．灌漑可能畑と灌漑不能畑の広がるいずれの地域にも，耕地に利用している地片以外に草地や灌木林が存在する．すでに触れたように，草地や灌木林も無主地ではなく，現在は耕地として使われていないだけで，土地保有者が存在する．かつてキリスィ集落一帯はファンガヴォ（Fangavo）クランの土地と見なされており，ファンガヴォ・クランの長老が土地分配を担っていた．「キリスィの畑」と認識されている，道路・渓谷等を境界と定めて周辺地域から切り離したキリスィ集落周辺の土地について，父親が土地分配を担っていたという古老をインフォーマントとして，現在の各地片の耕地保有者[18]の属するクラン名と居住地を確認していった．

---

18) アフリカにおける土地制度の複雑さは，［吉田 1998；1999］，［児玉谷 1999］で詳細に指摘されているとおりである．本書では耕地保有者と称することとしたのは，完全な私的所有権を有していないという意味である．土地は世帯単位で利用されているが，土地売買等の処分には父系出自集団による規制が働くと思われる．

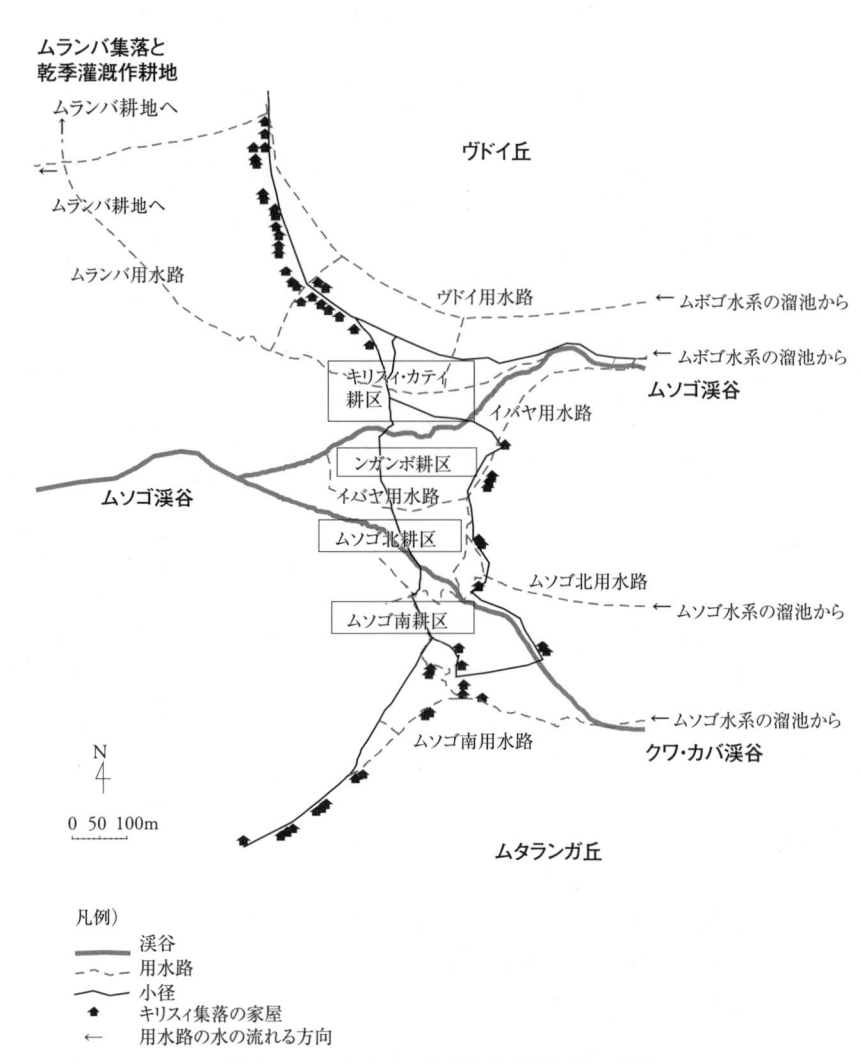

図表 1-09　キリスィ集落と乾季灌漑用の耕地

出所) 池野調査（1995, 1996, 1998, 2003, 2005, 2006 年）

目印となる樹木，サイザル麻，蟻塚，地割れ等が地片の境界となっており，同じ地片について複数回尋ねることによって回答にブレを生じないかを確認したが，インフォーマントの古老は驚くほど正確に境界と保有者を記憶していた．個々の地片はクラン，リネージ，拡大家族等の血縁集団によって集団的に保有されているのではなく，かなり核家族化した世帯の男性世帯主である個人によって保有されていた．

土地保有の「細分化」と「混在化」

　この調査結果で興味深かったことの第1点目は，「草分けのクラン」といえるファンガヴォ・クランが排他的に土地を占有しているわけではなく，灌漑可能畑と見なせる圃場群について見ても，現在ではむしろ他クランの保有地の地片数のほうが多く，面積で見ても大きい状態となっている．すでに「キリスィの畑」には無主地が存在せず，ファンガヴォ・クランの若者に新規に分け与える土地が不足している状態であるが，他クランに割り当てた土地の返却を要求できないという．今後は父親から息子たちへと，相続を通じて土地が細分化 (sub-division) されていくほかない．

　興味深かった2点目は，図表1-10に示したような「キリスィの畑」の耕地保有者の居住地である．キリスィ集落周辺の地片の保有者がキリスィ集落居住者ではないという事態が往々にして発生している．同図の右側に点在しているキリスィ集落の家屋に近い土地はキリスィ集落在住者が保有者であるが，同図の中央から左側にかけてはキルル・ルワミ村内の他地域居住者あるいは他村落の居住者が保有する圃場が過半を占めている．キリスィ集落の含まれているキルル・ルワミ村全体について見ても，村域内に他村落の住人の農地がモザイク状に広がっている．すでに触れた山間部の村落民が平地部の村で出作りを行っているという説明の傍証となろう．モザイク状の農地の存在はキルル・ルワミ村に特異な現象ではなく，極論すればタンザニア全体で見受けられることではなかろうか．それと対をなす形で，キリスィ集落居住者はキリスィ集落周辺以外，時にはキルル・ルワミ村外にも複数の耕地を保有している．このような耕地の分散 (fragmentation) は，労働力や農業投入財の集約的な利用には不利であるとも見なされているが，不安定な天候のもと

東経37°35′25.0″
南緯3°40′35.0″

東経37′36°05.0″

キリスィ集落の家屋群

ムソゴ渓谷

キリスィ集落の家屋群

クワ・カバ渓谷

キリスィ集落の家屋群

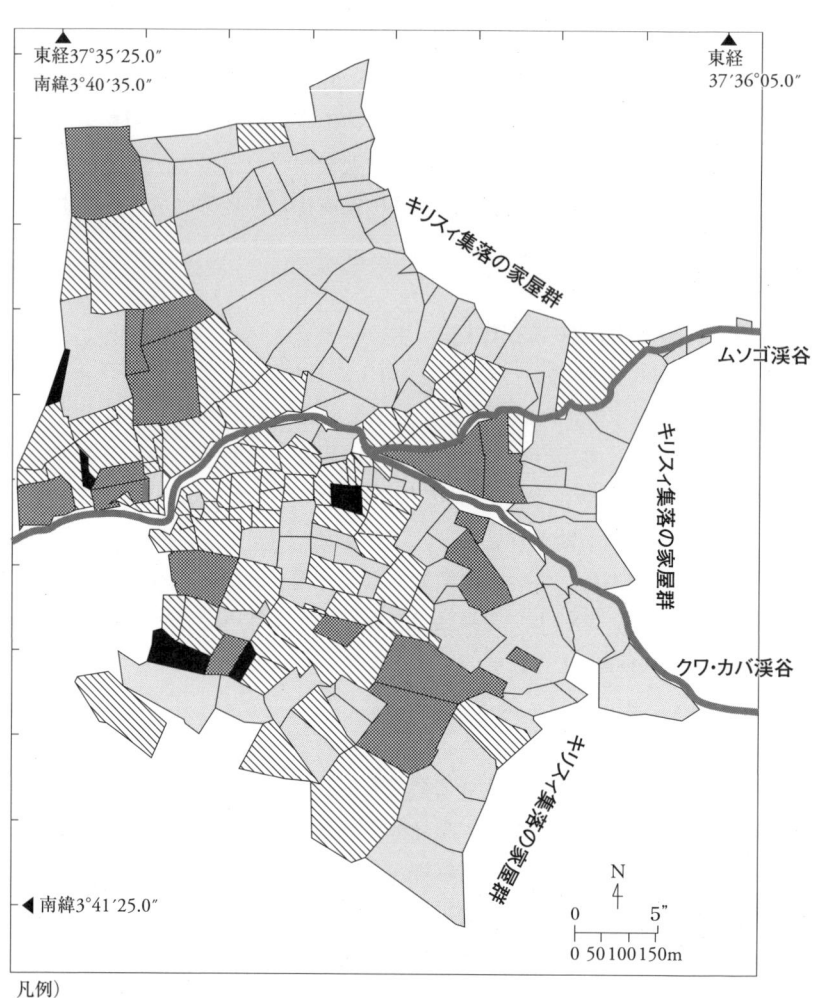

◀南緯3°41′25.0″

N
0   5″
0 50 100 150m

凡例)
耕地保有者の居住地
　　キリスィ集落
　　キルル・ルワミ村内の他地域
　　他の村落
　　不明

図表 1-10　保有者の居住地別に見たキリスィ集落周辺の耕地

出所）池野調査（2001 年 3 月に GPS で計測）

での農業生産の危険分散のためには有効である．

　耕地群に他村落の住民の土地が混在していることから，村落当局が村民を対象として土地保有・土地利用に関するなんらかの取り決めを行おうとしても困難であることは，容易に想像できる．とくに，家族労働を主体として手作業による天水畑作を主な営農形態としているキルル・ルワミ村周辺地域では，各個別世帯が経済的に独立性の高い土地利用の単位となっており，少なくとも土地利用に関して村落政府は無用の長物である．次章で触れるように，タンザニア政府は1960年代末から社会主義政策を打ち出し農業集団化を構想したが，その政策期においても，血縁集団による土地保有とそのもとでの土地利用が連綿と生き残ってきた．ただし，少なくとも現在は拡大家族のような人口規模の大きい集団が経営単位となっているのではなく，夫婦と未婚の子供とで構成された小規模な家族が世帯を形成し，それら個別家族が経営単位・生計単位となっている．こうした土地保有・土地利用の個別化を象徴する「事件」が，2007年末に発生した．「キリスィの畑」の耕地を保有していた山間部在住の人物が土地を売却し，それを購入した別の山間部の人物が豚舎を建設したのである．購入した人物はキリスト教徒であるからブタを飼育することになんら問題はないが，周辺のキリスィ集落の住民は全員イスラーム教徒である．キリスィ集落在住のインフォーマントと調査助手に「なぜ止めないのか」と尋ねたところ，「個人の土地売買，土地利用に口を挟めない」とのことであった．

　さて，経営単位・生計単位である世帯は，1999年8月時点でキリスィ集落には46世帯が存在していた．ここでいう世帯とは，同一の所得源（現金所得ならびに現物所得）に依存する生計単位を形成する集団である．パレ人は基本的には父系での男子均分相続制を現在は採用しており，妻帯した息子は父親から土地を譲り受け，父親の世帯とは別個に自らの世帯を形成する．通常は年長の男性が世帯主となり，同一家屋（群）に居住し，食事を共にする諸個人が世帯構成員（世帯構成員には世帯主も含む）となる．夫が世帯主となり，妻と未婚の子供が世帯構成員となっている場合が多い．

　しかしながら，上記のような標準的な世帯ばかりではない．たとえば，在村しておれば世帯主と見なされるべき既婚男性が，移動労働に従事するた

めに不在にしている場合である．このような場合，政府の実施する人口センサス等においては調査時に調査対象地に居住している人物を捕捉することになっているために，この世帯は妻である女性が世帯主である世帯と見なされることになる．本書の調査地では，このような形態の移動労働はそう多くはないが，移動労働が多い地域では，上記のような捕捉方法では，女性世帯主世帯（Female Headed Household）の存在が必要以上に強調されることになりかねない．また，農村部での経済活動よりも高い所得を稼得しているような移動労働に従事している夫を持つ世帯と，寡婦が世帯主となっているような男性労働力を欠いている世帯を，ともに女性世帯主世帯と見なしてしまうことになるため，場合によっては極端に経済状況の異なる世帯を同一範疇に仕分けして分析するということにもなりかねない．

　もちろん人口センサスにはそれ自体の目的があり，それに沿った情報収集を行っているのであろうから，ここで異を唱えるつもりはない．しかしながら，農村の社会経済的な変動を扱おうとする本書においては，調査地に居住しているか否かという基準よりも，生計単位という基準を優先して世帯を定義したほうが望ましいと考える．たとえば上記の事例では，在村しておれば世帯主と見なされる男性が移動労働に従事するために不在とされているのであるから，当該人物は世帯の所得におそらくは貢献しており，世帯構成員に含めるほうが妥当である．同様に，他所にある寄宿学校で就学して不在とされている息子・娘は，出身世帯の支出に依存していることから，当該世帯の世帯構成員に含めるほうが妥当である．共住・共食・協働を基本的に実践している在村の構成員と，調査地であるキリスィ集落を日常的には不在としている世帯構成員とを区別するため，前者を在宅（世帯）構成員，後者を不在（世帯）構成員と下位区分した．他所で就業・求職している息子・娘も，未婚の場合に限り送金の有無にかかわらず出身世帯から切り離されていないと判断し，当該世帯の不在構成員に含めた．また，本来世帯主であるべき男性が不在構成員である場合，当該人物を不在の世帯主と見なし，キリスィ集落に残留している妻を世帯主とは見なさなかった．ただし，キリスィ集落あるいは他所に複数の妻を有する年配の男性も複数名存在したが，いずれも日常的には1人の妻と居住しており，他の妻は夫に割り当てられた自らの囲場で独自

に農作業を行って生計を別個としているか，すでに妻帯している息子の世帯に組み込まれていたため，当該の男性を日常的に共住する妻の世帯の世帯主と見なし，他の妻を女性世帯主と見なすか，あるいは息子を世帯主とする世帯の世帯構成員と見なすかして，当該男性は世帯構成員からも除外した．

　上記のような定義に従えば，キリスィ集落の46世帯のうち，40世帯は世帯主である男性が在村する男性世帯主世帯，1世帯は世帯主である男性が不在世帯構成員である男性世帯主世帯，3世帯は夫が他の妻と居住しているため独自の生計単位を形成している女性世帯主世帯，2世帯は夫が死亡しており寡婦が世帯主となっている女性世帯主世帯であった．これら46世帯の世帯構成員数（世帯主を含む）については，キリスィ集落に在住する在宅構成員は男性117人，女性166人，キリスィ集落を不在にしている不在構成員は男性28人，女性13人であり，合計324人であった．世帯主の職業については，同一人物が複数の職業に従事していることが往々にして見られるが，ひとまず世帯主の主たる職業（主業）に限って見ると，農業従事者が30人と圧倒的に多い．ただし，在村で非農業活動が主業であると回答する男性世帯主が15人もおり，さらに単身移動労働している男性世帯主1人も非農業部門で就業していることから，非農業就業もかなりの比重を占めている．在村での非農業就業率の高さは，キリスィ集落がムワンガ町に隣接しているという地理的な特殊性を反映している．ただし，職業を尋ねた場合には，労働投入時間の多寡よりも現金所得の高低で判断する場合が多いために，農業生産が自家消費を中心としたものであれば農業からの現金所得は乏しく，非農業部門に従事しているとの回答が多くなる．非農業活動を主業と回答した15人の世帯主の世帯も含めて，すべての世帯がキリスィ集落に隣接する「キリスィの畑」に耕地を保有している．また，22人の世帯主は山間部にも耕地を保有し，19人の世帯主はキサンガラ川沿いの低地畑を保有していた．

　ムワンガ県の他の平地部と同様に，キリスィ集落の全世帯は，主要な農耕期である3〜6月の大雨季ならびに補完的な農耕期である10〜1月の小雨季に天水に依存した畑作を行っているために，天候不順によって収穫が激減することも少なくない．生計の安定のために非農業就業が活発であるわけであるが，家畜飼養も重視されている．2000年8月に当時の総世帯数49のう

ち46世帯を調査したところ，キリスィ集落の家畜数は以下のようであった．ウシ雄成獣6頭（うち1頭は改良種．飼養世帯数5），ウシ雌成獣101頭（うち改良種4頭，交雑種19頭．飼養世帯数36），ウシ未成獣65頭（うち交雑種13頭．飼養世帯数31），ヤギ285頭（飼養世帯数29），ヒツジ64頭（飼養世帯数19），その他に1世帯でロバ4頭が飼養されていた．ニワトリ，アヒル，ホロホロチョウ等の家禽については，数が多くて飼養世帯も把握しておらず，数は不明である．

さて，キリスィ集落の全世帯主はすべてパレ人であり，父系出自集団である40余りのクラン（*ukoo*）のいずれかに属しているが，キリスィ集落の世帯主（女性世帯主の場合には［亡］夫のクラン）については，フィナンガ（*Finanga*）クラン24人，ついでファンガヴォ・クラン11人と，この2つのクラン構成員の割合が高い．詳しい親族関係図は第4章の内容に関わるため図表4-02に示すが，同一クランに属する世帯主の間の親族関係は近く，とくにフィナンガ・クランの場合，親族関係を跡づけられない3人の世帯主を除けば，他の世帯主たちは1人の男性を父・祖父あるいは曾祖父とする一族である．さらに，キリスィ集落の世帯主は婚姻関係を通じてつながっており，キリスィ集落出身者同士の6組の婚姻関係が確認できた．このように，キリスィ集落の住民は，近い親族関係にあるばかりか姻族関係でも結びつき，いうまでもなく地縁的にも近い関係にある集団である．

第3章以下で触れている事例の中核をなすのは，このような農業生態条件，社会経済条件下にあるキリスィ集落およびこの集落が含まれるヴドイ村区である．

3 本書の構成

本書の課題をあらためて簡潔に述べれば，第1に県ならびに集落の具体的な事例を素材として地域の主体性について検証すること，第2は第1の作業を通じてアフリカ農村社会経済認識におけるミクロ－マクロ・ギャップを埋めるよう努力すること，である．

序章　アフリカ農村研究の残された課題

　この課題に向けて，本書は以下のような章構成となっている．
　まず第2章では，独立後のタンザニアの国家レベルの開発政策の変遷を明らかにする．1961年の独立（第2章で後述するように，独立したのは正確には現在のタンザニアの本土部分）から現在までのタンザニアの国家開発政策は，大きく4期に区分できる．最初の画期となったのは，1967年に北東部にあるアルーシャ市で発表されたアルーシャ宣言（Arusha Declaration/*Azimio la Arusha*）である．この宣言によって，国家開発政策による区分の第1期である1961〜66年とは異なり，第2期として社会主義的な国家建設が推し進められていくことになる．そして，次の大きな画期は1986年の「経済再生計画」（Programme for Economic Recovery）の開始である．この計画は，タンザニア政府が世銀・IMFと合意した最初の構造調整計画である．国家開発政策の第2期が終わり，1986年からはその3期である構造調整政策期となる．そして，2000年に新たな転換点を迎える．同年にタンザニアは『貧困削減戦略書』（Poverty Reduction Strategy Paper）を策定し，貧困削減を国家開発の中心的な課題とすることを明らかにした．第3期の構造調整政策期が終了し，第4期の貧困削減政策期が始まることになる．
　このような4期の区分は，大きく2期にまとめることが可能である．すなわち，国家開発政策の策定においてタンザニア政府の自由度が高かったと思われる前期（第1期と第2期）と，国際的な開発援助方針に基づく外部からの介入が顕著になった後期（第3期と第4期）である．この3期以降とは，世界的にはグローバリゼーションが進行したと見なされている時期である．大きく2分した前期から後期へと，タンザニアだけでなく国際的にも開発政策が転換されたと私は見なしており，この開発政策転換期以降，すなわち第3期，第4期におけるムワンガ県とキリスィ集落の具体的な事例を本書で紹介していくことになる．
　ついで第3章では，ムワンガ県の農業・食糧問題に焦点を当てた．タンザニアの多くの県と同様に，農村部が主体のムワンガ県では農業が基幹産業となっており，その盛衰が県経済を大きく左右する．ムワンガ県の場合は，コーヒーが主要な換金作物となっている．構造調整政策によってタンザニアの農産物流通制度は，輸出用の換金作物についても国内市場向けの食糧作物につ

いても改変され，国家管理から民間業者が主導するようになっている．コーヒー流通への民間業者の参入は当初は好意的に受け入れられたが，1990年代後半からの国際的なコーヒー価格の下落も一因して生産者価格が下がり，ムワンガ県を含むタンザニア北部高地のコーヒー農民は次第にコーヒー離れを起こした．第3章では，タンザニア全体のコーヒー生産動向について触れたのちに，ムワンガ県の状況とコーヒーを生産している2村で実施した事例研究について紹介したい．

　換金作物であるコーヒーと並んで取り上げるべきは，食糧作物である．まずは，タンザニア全体の食糧事情を概観する．同国で最も重要な主食作物であるトウモロコシの生産は，独立以来かなり順調に伸びているにもかかわらず，1970年代以来トウモロコシの輸入・対外支援を必要としてきた理由について検討した．国全体が食糧自給できない状況では，食糧供給地と本来位置づけられるべき農村での食糧不足は看過されることになりかねない．ムワンガ県はまさにそのような困難を抱えた県であるかのように，同県の農政局は毎年のごとく，トウモロコシ，インゲンマメ生産が足りず，食糧不足に陥っていると報告している．たしかに，降水量の年変動が大きく，トウモロコシが立ち枯れとなっている畑を見かける年も少なくない．しかしながら，調査に訪れたキリスィ集落の住民は，不作だとはいいながらも悲壮感に襲われることもなく，淡々とその年をやり過ごしている．大量の食糧不足者が発生しているという県農政局の報告書には，重大な錯誤が潜んでいるのではないか．県農政局の報告書を丹念に検討するという文献調査を試みた．併せて，実際に食糧配給が行われた1999年に，キリスィ集落ではどのような基準で配給食糧が分配されたのかも，聞き取り調査に基づいて分析した．

　第4章では，キリスィ集落周辺の耕地で実践されている乾季灌漑作について検討した．第3章で触れた食糧問題と関連する検討課題である．降水量不足がしばしば発生するムワンガ県平地部では，農業生産を増大して食糧自給を図るよりも，非農業就業によって稼得した現金によって食糧を購入するほうが優位な生計戦略である．キリスィ集落においてもそのような戦略が志向されてきた．しかしながら，構造調整政策により政府の財政赤字の解消が目標とされ，それに資するために教育費・医療費の受益者負担の原則（cost

序章　アフリカ農村研究の残された課題

sharing)が導入され，個別世帯の支出が増加する事態に至った．キリスィ集落も例外ではない．このような事態に対して，それまで顧みることのなかった在来灌漑施設の活用が図られることになった．少しでも食糧自給率を高め，食糧購入費を抑えようという発想であろう．彼らの在来灌漑施設は，山中に設置した小規模の溜池に湧水を半日強貯水したのち平地に放水するものである．個別世帯が勝手に灌漑施設を利用できるわけではなく，灌漑農業のための組織化がなされる．この組織化は，私にとって非常に興味深い事象である．すでに述べたごとく，東部ケニアでの農村調査と本書で紹介する北東部タンザニアでの農村調査を踏まえ，少なくとも両調査地においては，農村社会といっても基礎的経済活動単位である個別世帯の独立性が高く，世帯を超える集団的営為は希薄であると私は認識している．しかし，そのような認識に対して，キリスィ集落周辺で展開されている乾季灌漑作は世帯を超える組織化を必要とする例外的な事例だからである．いかなる組織化がなされ，いかに用水が利用されているのかを，1995年からほぼ毎年のように訪問して，その経年変化を踏まえて明らかにした．

　第5章においては，第3章で明らかにしたムワンガ県のコーヒー経済の停滞がどのような影響を県経済全体に与えているのかを検討しようと試みた．しかしながら，県の経済活動を的確に把握しうる資料は皆無に近く，この検討課題に直接的に答えることは困難である．本章では，人口動態から間接的にこの課題に迫ることとした．最近のムワンガ県の人口増加率は，キリマンジャロ州の諸県のなかでも低く，県外への人口流出を窺わせる．そして，山間部と平地部に分けてみると，コーヒー産地である山間部では人口減少が発生しており，上記の推定が立証されたかに思えた．しかしながら，山間部の人口流出の主因は過度の移動労働の発生にはなさそうであることが，人口センサスの比較検討から明らかになる．また，平地部のなかでもムワンガ町の人口増加が突出しており，ムワンガ県において，山間部のコーヒー経済から平地部の都市経済に県経済の主導権が移りつつあるようである．このように活性化するムワンガ町に隣接するキリスィ集落（正確にいえば，行政区分上はムワンガ町に組み込まれている）においても非農業就業機会等が増大し，その効果は教育支出の増大に反映されている．一方，そのような事態は，第4章

で検討した乾季灌漑作の衰退とも表裏一体の関係にある．

　地方都市のこのような拡大をどのように評価すべきであるのか．本章では，農村インフォーマル・セクター論を取り上げ，タンザニア全体での農村部のインフォーマル・セクターの存在形態を明らかにするとともに，その展開過程ならびに懸案事項について検討を加えた．この農村インフォーマル・セクター論は，ミクロ－マクロ・ギャップを埋めるために有用であると，私は考えている．近年は生計戦略アプローチ（livelihood approach）による農村世帯の多就業形態の肯定的な分析（つまり，専業化の優位性が主張されない）がなされているが，個々の世帯の生計戦略をより深く理解するためには，地域の社会経済的な変動過程を把握しておくことが肝要であろう．個々の世帯の生計戦略の変化の集計として地域の社会経済変動が立ち現れてくるわけではなく，後者は外部要因にも大きく影響されており，変動の原因ともなっているからである．

　さて，ムワンガ県における都市化の進展は，それに伴う問題も発生させることを，水道給水問題から明らかにした．紹介する事例は都市給水問題そのものではなく，それに絡んでキリスィ集落を含むヴドイ村区の住民が新たな水道施設建設の計画を策定し，実践していることである．ムワンガ町水道公社の意向に反する彼らの動きは，地域の主体性が発揮された1事例といえよう．官尊民卑の伝統のあるタンザニアにおいて，地域住民が行政当局に反発して，いかに水道敷設事業を展開しつつあるのかを検討してみた．

4 ミクロ－マクロ・ギャップを埋める手法

　以上のように第2章から第5章で，地域の主体性の析出とミクロ－マクロ・ギャップの架橋を試みる．本書の課題に必要な情報収集にあたっては，聞き取り調査や参与観察という臨地調査手法と合わせて，日本のタンザニア研究ではこれまであまり試みられていない現地資料による文献調査という手法を用いた．種々の現地資料の存在を明らかにするとともに，それらを利用して文献調査による地域研究という研究手法の可能性を示すことも，本書の眼目

序章　アフリカ農村研究の残された課題

の1つである．

　利用した文献資料の第1は，独立後に政府が出版している各種の政策文書であり，独立以来の国家開発政策の内容等を知るうえで不可欠の資料である．近年の諸政策文書の多くはタンザニア連合共和国の公式ウェブサイト（http://www.tanzania.go.tz/）からダウンロードすることも可能となっているが，独立初期の政策文書を日本で系統立てて所蔵している機関は皆無に近く，アジア経済研究所（現在，日本貿易振興機構アジア経済研究所）に所蔵されている資料は貴重であった．

　第2は，タンザニア中央政府の統計局や農業省が刊行している統計資料類である．タンザニアでは政府財政が逼迫した時期に，統計資料が出版されない，あるいはスワヒリ語版のみしか発行されないこともあったが，基本的には英語版も出版されており，分析の素材として利用できる．政策文書と同様に，近年の統計資料の多くは公式ウェブサイトからダウンロードできるようになっているが，独立初期のものは日本で閲覧することが困難であるだけでなく，たとえば出版元であるタンザニア統計局の図書室においても所在不明となっているものが少なくない．これらの資料についても，アジア経済研究所の所蔵資料が役立った．近年の資料でもウェブサイトにアップロードされていないものもあるが，1990年代以来，私は毎年のようにタンザニアで現地調査を行っており，関連する資料の多くを現地で入手している．

　第3の文献資料は，独立後の地方行政府の各種報告書である．本書では，ムワンガ県農政局の種々の報告書に所収されている文書を紹介する．これらの文書の多くは，スワヒリ語で作成されている．このような報告書の文書に目を通すことなくしては，第3章で指摘するようなムワンガ県の食糧問題について立ち入った考察は行えなかったであろう．私は報告書の問題点についても忌憚のない意見を記した調査中間報告書をムワンガ県農政局にも提出し，同農政局と良好な関係を維持しながら資料の閲覧を許可してもらっているが，県によっては閲覧を拒否することもあるため，管見のかぎり，このような資料を活用した分析はこれまで皆無に近い．

　上記の諸文献資料がこれまであまり利用されてこなかった理由は，研究者が「地域」レベルの資料を必要としてこなかったことにある．日本における

アフリカ研究の現状を見ると，遊牧民，狩猟採集民，農耕民調査等のミクロ・レベルの実態調査に基づいた研究を行っている人類学者を筆頭とする研究者群と，経済学，教育学といった専門分野の理論的な分析枠組みにより国際機関等が公表している資料を用いてマクロ・レベルの動向を分析対象としている研究者群に二分されているように感じる．前者は調査地を越える範囲の資料，たとえば国家レベル，州レベルあるいは県レベルの資料にほとんど関心を示さず，後者も国家レベルより下位の地方行政単位レベルの資料の所在すら把握していない状況にあり，いわば中間に位置するような資料は宙に浮いた状態にある．私は，ミクロ－マクロ・ギャップを架橋するためには，まずもって共通のデータに基づいた現状認識が必要であると考えており，そのために種々の資料の存在を紹介するとともに，その利用に努めた．

　上記の2種類の研究者群いずれもが現地資料ともいうべき地域レベルの資料を利用してこなかった理由は，単に研究関心の所在だけではなく，このような資料の信憑性には重大な疑義が存在するためでもある．国家レベルのものも含めて，とくに統計資料に関しては信憑性に深刻な問題がある．加減計算の誤りは日常茶飯事であり，合計値が一致しない資料は枚挙にいとまなく，生産量，流通量に関して，何年にもわたり同一数値が記されていることも珍しくない．現地資料，とくに統計資料の利用にあたっては，かなりの注意を必要とする．この状況は，国際機関が公表している資料を用いても，おそらくは解消されない．なぜなら第1に，国際機関が公表している資料も原資料はタンザニアの現地資料であることが少なくなく，データに整合性を持たせるために，なんらかの加工がなされているにすぎないと考えられるからである．第2に，国際機関自らがタンザニアにおいて収集した資料についても，

---

19) 末原［2009：221-222］も，「日本のアフリカ研究では，統計的手法による研究は進展せず，より小さな社会集団を単位とした実態調査の手法による研究が強い影響を与えてきた．このことは，当初から自然科学と人文・社会科学との共同研究が行われてきたこととともに，アフリカにおける統計的資料がたいへん少なく，また精度に疑問がある場合が少なくない，という事情も関係している．……（中略）……わたし自身の経験からも，統計数字の意図的な改竄や，単なる計算間違いをそのまま基礎データとして積み上げ，地域単位，国家単位の数字に組み込まれていっている例を知っている」と，指摘している．

危うさを感じる．私が実際に経験したところでは，ムワンガ県農政局で閲覧したファイルには国際機関からの食糧不足に関するアンケート用紙が資料として綴じ込まれていたが，県の調査能力からして回答不可能と思われる事項にも回答が記入されているものを多々散見した．これでは，「下からの積み上げ」で集計的な数値を割り出しても精度が高まらないことは，いうまでもない[19]．

このように問題を孕んだ現地資料，国際機関の公表資料を用いないことも，1つの選択肢ではある．他方，現地資料を利用しなければ，タンザニアの州レベル，県レベルの概況を把握できない状況にあることも，否定できない．本書においては，利用できる現地資料を精査のうえ，できうるかぎり提示することを心掛けた．このような資料を活用し，その不備の是正を求めていくことも，研究者に求められている役割であると考えたからである．

ハイガシラショウビン (*Halcyon l. leucocephala*)

[2006年8月10日．キリスィ集落近くの河岸畑]
魚ではなく虫を食べる内陸にいるカワセミの仲間．木に止まっていてもカラフルだが，飛ぶと羽がきれいなマリン・ブルーとなる．調査地のキリスィ集落近辺では一番よく見かける．私が好きなカワセミである．

第 2 章

タンザニアの
国家開発政策の変遷

アフリカ社会主義の夢から
世銀・IMF主導の開発体制へ

扉写真

高層化するダルエスサラーム市［2009 年 8 月 6 日］

私が 3 年間住んでいた 1990 年代初期には，ダルエスサラーム市はかつての栄華をかろうじて留める古色蒼然とした低層の建物が建ち並ぶ町であった．その後に始まった高層ビルの建設ラッシュは 2000 年代にも継続しており，写真に見える高層ビルの半分は現在建設中である．4 輪駆動車が必要であった穴ぼこだらけの道路は片道 2 車線の快適な道路に衣替えされ，高級ホテルや巨大なスーパーマーケットが相次いで開業しているダルエスサラーム市を見るかぎり，タンザニア経済は上向いているという印象を受ける．

第2章　タンザニアの国家開発政策の変遷

本章ではまず，日本ではなじみが薄いタンザニアの独立後の国家開発政策の変遷について，時期区分して紹介していく．前章で述べたミクロ・マクロ・ギャップの一方の当事者ともいえる国家がどのような政策を展開してきたのかを理解しておかないと，地域の社会経済変動の意味も十分に認識できないと考えるからである．

以下では独立後の国家開発政策の変遷に触れていくが，時期区分と主要な政策文書等を示した図表 2-01 を随時参照されたい．序章で述べたとおり，1961 年の独立以来のタンザニアの国家開発政策は，4 期に時期区分することが可能である．新規の政策文書の発表という 1 時点をもって国家開発政策が明確に転換されるわけではなく，それ以前に転換に向けた胎動期間が存在するであろうし，また政策発表後にも調整期間が必要であると思われるが，ひとまずは象徴的な政策文書の発布をもって画期と見なしておきたい．そのような政策転換を示す画期的な政策文書は，1967 年の「アルーシャ宣言」，1986 年の『経済再生計画』，2000 年の『貧困削減戦略書』である．独立当初の経済成長重視の国家開発路線は，1967 年の「アルーシャ宣言」によって，独自の社会主義路線へと方向転換される．内外の要因によって社会主義路線が行き詰まり，1986 年にタンザニア政府は世銀・IMF が推奨する構造調整政策を採用して，その最初の政策文書である『経済再生計画』を発表した．そして，2000 年に『貧困削減戦略書』を作成して，十数年継続した構造調整から貧困問題へと国家開発政策の焦点を移行することになる．このような 4 期区分は，図表 2-01 の最下欄に示した国際的な開発潮流と同調している．換言すれば，タンザニアの国家開発政策は独立以来つねに国際的な開発理念と無縁ではなかったのである．さらにタンザニアの国家開発政策と国際的な開発潮流との関係を検討すれば，タンザニア政府が政策作成に独自性を発揮しえた第 1 期および第 2 期と，国際機関等が実質的に開発政策を決定するようになった第 3 期および第 4 期というように，この 4 期区分は，大きく 2 期にまとめ直すことが可能である．

本書で主として対象としようとしている時期は，タンザニアの独自性が失われた第 3 期以降の時期にほぼ相当している．序章の冒頭で述べたごとく，開発における国家の主体性が問われるようになる時期であるが，それは多分

図表 2-01 タンザニアの国家開発政策の推移

タンザニア	1961 経済成長重視期	1967 ウジャマー社会主義期	1986 構造調整政策期	2000 貧困削減政策期
画期となった政策文書		1967「アルーシャ宣言」	1986/87「経済再生計画」(ERP)	2000「貧困削減戦略書」(PRSP)
他の主要な政策文書	1961/62「3ヶ年開発計画」 1964/65「第1次5ヶ年計画」	1969/70「第2次5ヶ年計画」 1974/75「第3次5ヶ年計画」 1975「村落・ウジャマー村法」 1981「国家経済回生計画」(NESP) 1982「構造調整政策」(SAP) 1983 (新)「農業政策」	1989/90「経済・社会行動計画」(ESAP) 1992/93「経済政策大綱」 1998「国家貧困撲滅戦略」 1999「タンザニア2025年開発目標」	2005 成長と貧困削減の国家戦略 (NSGRP)
特記すべき事項		1977 革命党 (CCM) 結成 1977 東アフリカ共同体解体 1978 対ウガンダ戦争	1992 複数政党制導入	1998 地方政府改革
主要な統計整備		1967 人口センサス	1967「社会主義と農村開発」論文 1978 人口センサス	1988 人口センサス 1990/91 総合労働力調査 1991 インフォーマル・セクター調査 1991/92 家計調査	2002 人口センサス 2000/01 総合労働力調査 2000/01 家計調査 2002/03 全国農業センサス 2007 家計調査
大統領	1962 ニエレレ		1985 ムウィニ	1995 ムカパ	2005 キクウェテ
	1960	1970	1980	1990	2000	
国際的な開発援助理念	経済成長 輸入代替工業化	貧困撲滅 基本的生活充足 (BHN) 総合農村開発	構造調整 経済自由化	良き統治、民主化、地方分権化 社会開発、人間中心の開発、住民参加 1990	貧困削減、協調 主体性、セクター別アプローチ 1日1ドル 2000「ミレニアム開発目標」

出所) 池野作成.

に開発政策の策定において国際機関が主導し国家の主体性が無視された時期でもある．本書では，このような時期における主体性の問題を，地域に焦点を当てて検討しようとしているわけだが，それに先立って，本章では国家開発政策の変遷について見ておきたい．

1 アフリカ社会主義体制の挫折

1-1. 民間主導の近代化路線 ── 第1期 ──

本節では，4期区分した第1期と第2期について紹介していく．まず第1期の独立初期については，タンザニアの独立前史と絡めながら，触れていきたい．

アフリカ大陸内にある現在のタンザニア本土部分とその行政域内に属するインド洋上の一部の島嶼部は，かつてタンガニーカ（Tanganyika）と称され，1961年12月9日にイギリス信託統治領から独立した．この地域は，1885年の欧米列強によるアフリカ分割で，現在のルワンダ，ブルンディとともに，ドイツの特許会社であるドイツ東アフリカ会社の支配地域となり，1890年にドイツが直轄統治するようになった．ドイツが敗戦した第1次大戦後に国際連盟のもとでイギリス委任統治領となり，第2次大戦後には国際連合のもとでイギリス信託統治領となっていた．タンガニーカは独立した1961年から1年間は首相制を採用し，独立運動を中心的に担ったタンガニーカ・アフリカ人民族同盟（Tanganyika African National Union：略称 TANU）の党首であったニエレレ（Julius Kambarage Nyerere）が初代首相に就任した．しかしながら，独立に伴う経済利益を求める独立運動期の諸勢力の過度の要望に対してニエレレは反発し，一時首相職を辞している．

この時期にニエレレが発表した論文が，「ウジャマー ── アフリカ社会主義の基礎 ── 」［Nyerere 1966b］である．アフリカ社会主義についてはアフリカ諸地域の民族独立運動期にさかんに議論されており，ニエレレも有力な論客の1人と見なされていた．アフリカ各地の置かれた社会・政治・経済

状況の差異や論客の思想的背景の相違から，アフリカ社会主義の意味内容にはかなりの幅が存在していた［小田 1971：161-190；犬飼 1973］が，ニエレレは独立当初に自らの意図するアフリカ社会主義の意味内容を上記の論文で国民に示したのである．ウジャマー（*ujamaa*）とは，タンザニアの国語であるスワヒリ語で，家族的な連帯感・一体感を意味する．端的にいえば，ニエレレは同論文において，植民地期に物心両面で資本主義的なるものに侵された社会から，植民地化以前の友愛に満ちた「伝統」社会に復帰するとともに，前植民地社会の弱点を是正することによって，新たな平等主義的な社会主義国家の建設をめざすべきであると主張した．1962年末にタンガニーカは大統領制に政体を転換し，ニエレレが初代大統領に就任することとなる．

一方，インド洋上のウングジャ島（Unguja：別名，ザンジバル島）とペンバ（Pemba）島を中核とする島嶼群はザンジバル（Zanzibar）と総称され，古くから環インド洋交易の要衝であったが，19世紀に入ってオマーン・アラブの勢力が伸張し，1804年にオマーン王国の王位に就いたサイード・ビン・スルタン（セイド・サイードと表記されることもある）がザンジバルに王都を建設し，1840年の6度目の訪問後に11年間滞在したことから，マスカトからザンジバルに本拠地を移したといわれる［吉田 1990：24；富永 2001：54, 75, ix］．1856年にサイード王はオマーンからザンジバルに向かう海上で死去し，王位継承をめぐる争いが始まったが，その収拾を委ねられたイギリスは，マスカトとザンジバルそれぞれに王を即位させた［富永 2001：77］ために，ザンジバルは1861年にオマーンから分離独立することになり，1890年にはイギリスの保護領化された．ザンジバルは1963年12月10日にアラブ系住民を中心とする政権のもとでイギリス保護領から独立したが，これに不満を抱くアフリカ系住民は1964年1月11日にザンジバル革命と称される流血クーデターを起こして政権を奪取した．そして，ザンジバルの革命政権はタンガニーカとの合邦を希望し，1964年4月26日に両国は合邦してタンザニーカ・ザンジバル連合共和国となり，同年10月29日に現在のタンザニア連合共和国を新たな国名とした．面積・人口規模いずれも本土部分が圧倒的に大きいが，合邦後も，ザンジバルは軍事・外交を除く自治権を維持して現在に至っている．合邦にあたって，タンガニーカ大統領であったニエレ

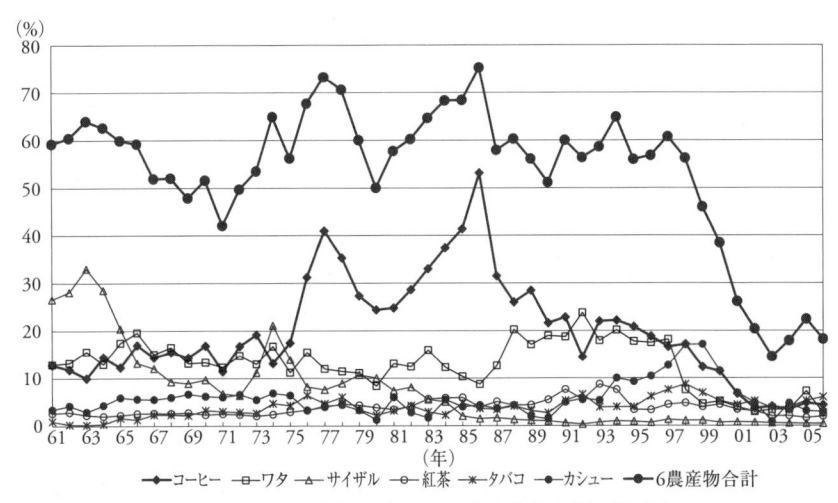

図表 2-02 輸出総額に占める 6 農産物輸出額の構成比

出所）TSS5194: Table 11.3（1961～84 年分，百万 TShs. 表記），TET091: Appendix table 4（1985～90 年分，百万 US$ 表記），TES05W: Table 17（1991～2005 年分輸出総額，百万 TShs. 表記）より，算出．

レが初代タンザニア大統領に就任したが，タンザニア本土部分（かつてのタンガニーカ）では TANU が，ザンジバルでは ASP（Afro-Shirazi Party）が，政権与党として存続した．両党は 1977 年に合併して，新たに CCM（Chama cha Mapinduzi：革命党）を結党し，ニエレレ大統領が初代党首に就任した．

タンザニア（正確にはタンガニーカ．以下でも同様に，タンザニアと記す）が 1961 年の独立時に有していたのは，農産物輸出に特化した植民地経済であった．植民地期に導入されたサイザル麻を筆頭として，コーヒー，ワタ，紅茶，タバコ，カシューナッツといった 6 大輸出農産物の輸出額の合計は 1961 年には輸出総額の 60％を占め，その後 1970 年代初期にかけて低落傾向を示すものの，需要・価格が低迷したサイザル麻に代わってコーヒーが輸出を主導する形で，1998 年までほぼ 50％を割ることなく推移している（図表 2-02）．1999 年以降に輸出総額に占める農産物輸出額の構成比が急落し，タンザニアの輸出品構成が大きく転換しつつあるが，これは独立以来の悲願であった製造業部門が伸張した結果ではなく，鉱産物輸出の急増によるところが大きい．

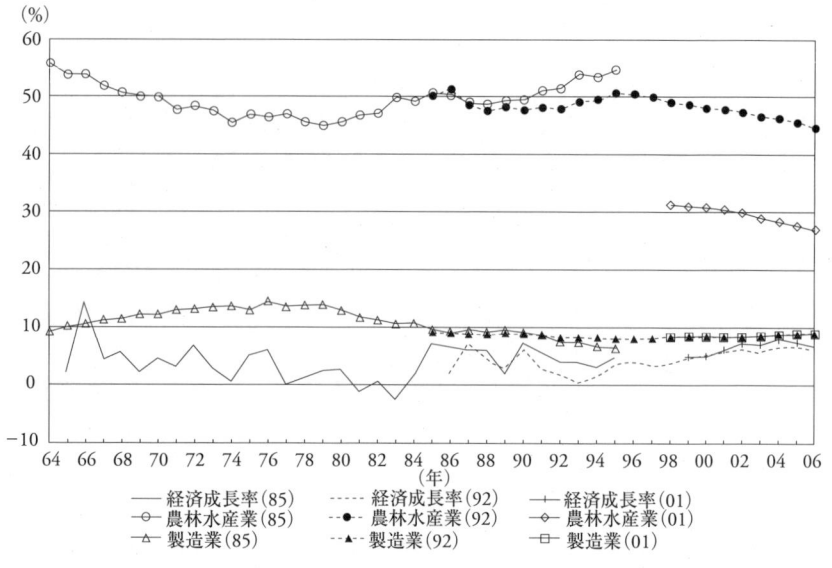

図表 2-03 タンザニアの実質経済成長率と農工業の GDP 構成比

注）(85), (92), (01) はそれぞれ，1985 年固定価格表示のデータ，1992 年固定価格表示のデータ，2001 年固定価格表示のデータを意味している．
出所）資料によって数値の相違が大きく，ひとまず以下の資料の数値を比較秤量して算出した．
　　Bryceson [1993]; TSA90; TAS89; THU92; TSS5194; TSA95; TSA06; TET041; TET051; TET053; TET061; TES04W; TES05W; TES06W.

　輸出用の換金作物生産を担っていた農業に比して，製造業の発展は独立時に著しく遅れていた．独立当時，製造業部門は GNP の 4.3％で，就業者数約 2 万人は労働力総人口の 0.4％にすぎなかった [Kahama 1986: 28]．植民地期の労働移動は，自給的な小農地域から輸出用換金作物地帯への国内農村間移動が主流であり，2002 年に 233 万 6055 人 [TP022: table 5B] に達した首座都市ダルエスサラーム市の人口も，1957 年時点で 13 万人弱にすぎなかった [TDD67: table 1; TSA92: table C7]．タンザニアの都市化と製造業部門の拡大は独立後の現象であるといっても過言ではない．第 3 章で後述するごとく，独立後のタンザニアの食糧問題は一義的には，急増する都市人口にいかに安定的に廉価な食糧を供給するかという問題にほかならなかった．
　タンザニアが独立後にめざした経済自立とは，このような農産物輸出に依存したモノカルチャー的構造から脱却して産業構造の多様化を図ろうとす

るものであった．しかしながら，図表 2-03 に示した 1985 年固定価格表示のデータと 1992 年固定価格表示のデータによるかぎり，製造業部門は 1970 年代後半まで GDP 構成比を緩慢に増大させたのちふたたび低落し，その後は一向に GDP 構成比を増大できていない．一方，それと相反する形で，農業は 1970 年代後半にかけて重要性を減じたのちふたたび増大に転じて，1980 年代中期にかけて微増し，その後は漸減傾向にあるものの，基幹産業の地位を維持している．1986 年の構造調整政策の導入後に経済成長率はプラス成長を続けているが，農工業に関するかぎり独立以来大きな転換が見られない[1]．図表 2-03 でまことに奇妙なのは，2001 年固定価格表示での農林水産業の GDP 比の激減である．1992 年固定価格表示のデータと比べて 20 ポイント程度低い水準で推移して，2003 年には 30％を下回るまでになっており，もはやタンザニアを農業国と見なすことがはばかられる数値である．構造調整政策導入後の 1990 年代以降に農業部門は順調に成長してきたというタンザニア政府の評価とは矛盾することになる．農産物の計算単価が劇的に下落したのか，あるいは開発政策の成功を印象づけるような数字の操作がなされているか等々の疑問があるが，残念ながら，そのからくりについては，私はいまだ十分には解明できていない．

　タンザニア政府は，農林水産業の GDP 構成比の大幅な下落を説明する文書を用意はしている．『タンザニア本土の国民勘定推計の改訂―基準年，2001 年―』[Tanzania, NBS 2007] には，以下のような 3 つの理由が挙げられている．

　①タンザニア政府が 1992 年を基準年としてきた国民勘定は，国連による 1968 年の国民勘定体系（System of National Account. 以下，SNA と略す）と一部は 1993 年国民勘定体系に準拠していたが，2001 年を基準年とする国民勘定は 1993 年 SNA に準拠して集計するよう改訂された．1968 年 SNA と 1993

---

[1] タンザニアにおいては，構造調整政策によって自由貿易体制が推進された時期以降に製造業部門が伸びていないわけであるが，この事態を理解するにあたって，「貧困国が中・先進国との間で貿易の自由化を実施した場合には，農業部門のような低成長部門に資源がより多く配分され，近代的な産業の開発が阻害される可能性が高い」という福井清一 [2008：125] の指摘は興味深い．

年 SNA とでは対象項目が相違している．

　②基準年とした 2001 年には農産物価格が安かった．

　③近年に種々の統計が整備されてきており，他の経済分野の活動がそれまでの想定以上に活発であることが判明しており，それらを国民勘定に反映させたところ，農林水産業以外の産業部門がそれぞれ GDP に占める比重を高めた．

　上記のような事情が連動して農林水産業の構成比が下落したわけであり，同書によるかぎり，単一の産業部門（たとえば鉱業・採石業）が急激に拡大した結果ではない．図表 2-03 で見ても，製造業部門が急激に伸びている訳ではない．

　同書では 2001 年時点の農林水産業の GDP 構成比（要素費用）を，1992 年の固定価格ならび計算基準では 44.70％，2001 年の固定価格ならびに計算基準では 33.10％としている．また，今後は要素費用ではなく市場価格に基づいて計算するように改訂する意図があり，その計算基準である 2001 年固定価格（市場価格）を用いれば，農林水産業の構成比は 28.97％となる［Tanzania, NBS 2007: Table 2, Annex l Table 3］．しかしながら，図表 2-03 の 1992 年固定価格表示（48.0％）と 2001 年固定価格表示（30.7％）とはいずれも数値が一致していない．

　さて，独立当初のタンザニアのジレンマは，植民地経済から脱却するための資金源を輸出農業部門に依存せざるをえず，結局は植民地経済構造を強化することになりかねないことであった．当時この点は強く意識されることなく，まずは経済成長することで国民の生活水準が全般的に向上すると楽観的に考えられていた．独立直前の世界銀行報告書とリトゥル（Auther D. Little）による米国国際開発庁（USAID）報告書の提言に従って，タンザニアは成長重視の開発政策を独立当初の「3 ヶ年開発計画」（1961/62 〜 63/64 年度）として採用し，フランス人経済学者チームが計画案策定に起用された「第 1 次 5 ヶ年計画」（1964/65 〜 68/69 年度）でも基本方針を踏襲した［Rweyemamu 1973: 48-49; Kahama 1986: 27, 72; Shivji 1992: 47］．

　独立初期のタンザニアは経常的な国家財源を農産物輸出から確保しえたとしても，開発政策を大規模に展開できるほどの資金を有していたわけではな

第 2 章　タンザニアの国家開発政策の変遷

い．同国政府は，第 1 次 5 ヶ年計画の政府開発投資額のうち 78％を対外資金に依存し，国内借入は 14％，税収はわずかに 8％を予定していたにすぎない［Rweyemamu 1973: 50］．しかしながら，1964 年にザンジバルとの合邦に伴って東ドイツを承認したために，タンザニアへの西ドイツの 3 万 3600 万米ドルの援助計画は中止された．また，ローデシアの白人少数政権による一方的独立宣言（1965 年）に対して宗主国のイギリスが強硬姿勢をとらなかったことに，英連邦（Commonwealth）構成国としてタンザニアは抗議し，ついにはイギリスと国交断絶の事態に至り，7500 万英ポンドの融資が凍結された．さらに，ザンジバルにおける破壊活動を理由にアメリカ合衆国外交官 2 名の国外退去を求めたため，国交断絶には至らなかったものの，アメリカからの援助は停止された［Kahama 1986: 26, 29; Pratt 1976: 127-171; 吉田 1990：247］．独立当初に主として依存していたイギリス，西ドイツ，アメリカからの援助資金の途絶は開発資金の大幅な不足をもたらし［Kiondo 1992: 23］，タンザニア政府に対外資金に依存した開発戦略について再考を促すことになった．開発資金の不足に加えて，農業開発に関しては農村近代化を意図した入植村計画が多額の赤字を累積しており［Hydén 1969: 49; Msambichaka, Ndulu & Amani 1983: 50; Kahama 1986: 27］，また工業開発に関しては外資系の民間部門の活動が大量の資金の国外流出をもたらしていた［Kahama 1986: 29］ことから，タンザニアは早晩，開発方針を方向転換せざるをえなくなっていたのである．

1-2. ウジャマー社会主義下の国家開発 ── 第 2 期 ──

　タンガニーカとザンジバルが合邦した 3 年後の 1967 年に，北部の中核都市アルーシャ市で開催された TANU 党大会で，社会主義化路線を打ち出した「アルーシャ宣言 ── 社会主義と自力更生 ── 」(Arusha Declaration: Socialism and Self-reliance/*Azimio la Arusha: Ujamaa na Kujitegemea*) が採択され，タンザニアは社会主義国としての歩みを始める．同宣言のなかでニエレレ大統領は，「我々の犯した誤りは，開発は工業から始まると考えたことである．それは誤りであって，我々は我が国に近代的な工業を設立する手段を持って

いない．我々は，必要な資金も技術も持ち合わせていない」[Nyerere 1968b: 241] として，外資依存，工業重視，都市偏重の開発戦略の見直しを表明した．そして，同年9月にニエレレ大統領は，「社会主義と農村開発」[Nyerere 1968c] と題する論文を発表し，農村における社会主義化構想であるウジャマー村（Ujamaa Village/*Kijiji cha Ujamaa*）建設を提言した．

上記の1961年のタンガニーカの独立から1966年までを，民間部門の活動を容認して経済成長をめざす近代化路線を採用した国家開発の第1期と見なせば，1967年の「アルーシャ宣言」は社会主義的な国家開発をめざす国家開発の第2期の起点である．

タンザニアの社会主義はマルクス・レーニン主義ではなく，アフリカの伝統を尊重しながら平等社会を達成していこうとするアフリカ社会主義（African Socialism）の1種であり，ニエレレが1962年に発表した「ウジャマー」論文にちなんで，1967年以降のタンザニアの社会主義的国家開発路線はウジャマー社会主義（Ujamaa Socialism）と称されている．ニエレレは，植民地化以前にタンザニアの諸社会が有していた家族的連帯感（＝ウジャマー）に満ちた良き社会を復活させることによって，平等主義的な国家を建設しうると主張したのであるが，タンザニア政府関係者は「社会主義の目標は，過去への感傷的な回帰ではなく，現状の低開発を清算することにある」[Rweyemamu 1973: 73] とも認識していた．

1967年9月の「社会主義と農村開発」論文 [Nyerere 1968c] でニエレレは，ウジャマー村の建設について以下のような段階を構想していた．ウジャマー村の設立は，第1段階として散村形式で居住する住民が集村化し，第2段階として耕地の一部を共同農場としそこで村民による共同労働を行い，第3段階として屋敷畑以外の全耕地を共同農場化する，という方式で進められる．ニエレレ論文では，3段階で展開される農業集団化は村民の自発的な意思に基づいて推進されることが構想されていたが，実際には村民の自発的意思に基づくウジャマー村化は遅々として進まず，タンザニア政府は，ウジャマー村の進展度に応じた社会サービス等の提供といった飴と鞭を用いた住民への説得，さらには大量強制移住といった強制的なウジャマー村建設へと，

1970年代半ばまでに対応を変化させていった[2]．

　ウジャマー村政策があまりにも有名であるために，タンザニアのこの時期の政策の中心課題は，農村開発であったと見なされてきた．実際，地方行政を担った行政官たちはウジャマー村建設に躍起となっており，その意味でこの見方は十分に支持されるものである．しかしながら，「アルーシャ宣言」の直後に政府が最初に行った措置は，主要な製造業企業，流通企業，金融機関の国有化あるいは多数株取得である．政府は1965年に国家開発公社（National Development Corporation）を設立しており，国有化した製造業企業をその傘下に置いた．タンザニア政府は，政府主導による官営工業化という方針を明確に打ち出したのである．また，国家予算に目を転じると，第1次5ヶ年計画では農業部門が政府計画投資額の27.1％を占め，工業部門の13.5％を圧倒していた［Rweyemamu 1973: 49］が，第2次5ヶ年計画（1969/70～73/74年度）と第3次5ヶ年計画（1976/77～81/82年度）では政府計画投資額の直接生産部門への投資比率が16.5％から43.1％へ急増しているにもかかわらず，農業部門への投資比率はそれぞれ13.3％と13.5％にとどまり，この時期には農業開発への予算配分が予想外に少ない［Msambichaka, Ndulu & Amani 1983: 41-42］．ウジャマー村建設は，村民の自発的意思に基づくものであれ強制的なものであれ，結局のところ，政府の財政支出は極力抑えられ，住民の自助努力によるところが大きかった．外資系の民間企業が主導する工業化から官営工業化に方針転換したタンザニア政府は，農業部門への予算配分を削減してでも工業開発の資金を必要としていたのである．

　第2次5ヶ年計画で工業開発と農業開発の連携を謳ったタンザニア政府は，その最終年度の1973年になってようやく，主として農村部の中小工業振興を目的とする公企業，小規模工業開発機構（Small Industries Development Organization）を設立した．にもかかわらず，政府は同年にハーヴァード大学国際開発研究所（Harvard Institute for International Development）の経済学者を招いて長期工業化戦略を諮問し［Kahama 1986: 43］，その答申に基づいて小規模農村工業戦略，基本工業戦略，工業成長極大化戦略，東アフリカ3国協

---

[2] ウジャマー村の意義と実践については，小倉［1982：117-159］，吉田［1997：183-235］で緻密な分析がなされている．

調戦略，それらの混合戦略の 5 戦略案を比較秤量の結果，国内賦存資源を用いて資本財・中間財・消費財すべての輸入代替を一挙に達成しようとする基本工業戦略（Basic Industry Strategy）を 1975 年から 20 年間の長期工業化戦略として採用した［Skarstein & Wangwe 1986: 8, 28-52］．実質的に，農村部の小規模農村工業よりも，都市に立地する大規模工業を重視する戦略である．付加価値額で見た資本財・中間財・消費財の生産比率は，1961 年の 3％，23％，74％から，1982 年にはそれぞれ 11.8％，34.5％，53.7％と資本財・中間財の生産比率が増大しており，また製造業部門に占める公共部門の比率も，1967 年には付加価値額で 14％，就業者数で 15.5％であったものが，1982 年にはそれぞれ 56.8％，52.7％に増大している［Skarstein & Wangwe 1986: 15, 19］．

　これらの数値を見るかぎりは基本工業戦略が成功裡に推移しているように思えるが，実際には輸入投入財・交換部品を調達するための外貨の手当が十分にできなかったために，製造業部門の稼働率は 1982 年には 30％を割るほどに低落していた［Skarstein & Wangwe 1986: 208］．工業開発のための外貨稼得源である農産物輸出が低迷し，また恒常的に食糧輸入が必要となっていたため，製造業部門へは外貨を十分に振り向けられなかったのである．図表 2-04 に示したように，独立当初に最大の輸出額を誇ったサイザル麻は輸出量が壊滅的に減少し，1960 年代に輸出量を伸ばした他の主要輸出作物は 1970 年代中期からは輸出量が全般的に停滞・減少している．輸出量を激減させていたサイザル麻と輸出量のさほど多くない紅茶は，大規模農場主体の農産物であるが，他の 4 主要輸出農産物は小農生産が大半である．生産の主たる担い手である小農層が暗黙理にウジャマー村政策に反旗をひるがえし，輸出作物生産ならびに国内市場向け農産物生産から撤退しつつあったとの解釈も有力であり，シヴジ（I. G. Sivji）によれば，「換金作物から自給用の食糧作物へ作目転換するか，あるいは（引用者注：公的流通経路ではなく）並行市場に生産物を流すことによって，概して無抵抗であった小農層が抵抗しはじめた」［Shivji 1992: 48］のである．そして，1960 年代にはわずかながら出超が常態であったといわれる貿易構造は，図表 2-05 に示したごとく 1970 年に入超となり，次第に輸出入額の較差が拡大して，国際収支の改善も，大目

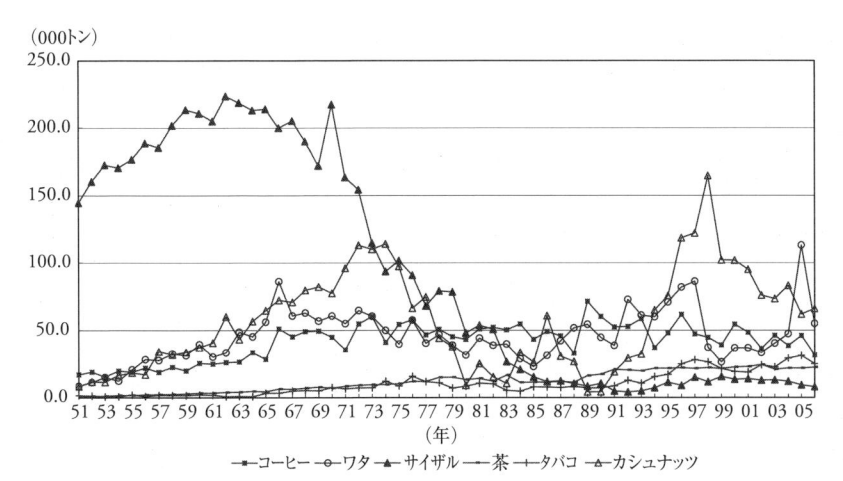

第 2 章　タンザニアの国家開発政策の変遷

図表 2-04　主要 6 輸出農産物の輸出量（1951 〜 2006 年）
出所）1951〜90 年：TSS5194: Table 11.2.
　　　1991〜99 年：TES02W: Table 18.
　　　2000〜06 年：TES06W: Table 18.

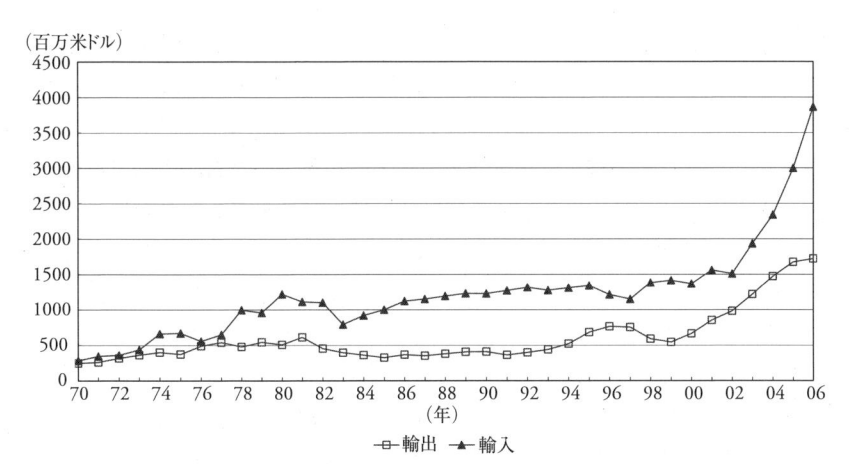

図表 2-05　タンザニアの輸出入額（1970 〜 2006 年）
出所）1970〜80 年：Stein 1992: Table 4.1.
　　　1981〜89 年：World Bank 2002: Appendix table 3.5.
　　　1990〜2006 年：TES06W: Table 24.
注）2006 年は暫定値．

標である構造調整政策を導入した 1986 年以降も較差は解消せず，2006 年まで一貫して入超が継続している．なお，これに関連する食糧輸入については，第 3 章で触れたい．

ともあれ，この時期には農業重視の政策が採用されていたというタンザニアに対する通説の解釈は必ずしも正しくはない．タンザニア政府に対する対外的な認知と実態とには乖離があった．「ウジャマー社会主義はその理念と裏腹に工業化に重点」[池上 1998：49] を置くものであった．総体として，タンザニアはこの時期に内向的な経済政策を採用した．それによって，国内諸産業間の有機的連関による経済開発をめざしたのではなかろうか．図表 2-03 で見たように，1970 年代に GDP に占める製造業部門がわずかながら伸長していることに，基本工業戦略の成果を読み取れなくもないが，「基本工業戦略によっては自力更生が実現されず構造変革も推進されず，外国資本への依存が高まり，1980 年代初期には脱工業化が進展した」[Economic & Social Research Foundation 1998a: 20] のである．

1970 年代後半からタンザニアが次第に経済危機に陥った原因として，開発政策の失敗が問われてしかるべきであるが，それのみに帰するのは公平を欠いており，相次いで発生して直接的・間接的に国家財政を圧迫した他の諸要因にも言及が必要であろう．列挙すれば，(1) 1973 年の第 1 次石油ショックに伴う石油輸入代金の高騰，(2) 同年前後の旱魃による食糧輸入費の急増，(3) 旧イギリス領東アフリカ諸国の協調をめざしてタンザニア，ケニア，ウガンダの 3 国で 1967 年に設立した東アフリカ共同体 (East African Community) の崩壊 (1977 年) に伴い，ケニアからの輸入に代えて域外から輸入せざるをえなくなった製造業製品の割高な輸入代金支払い，(4) ヴィクトリア湖西部のカゲラ川河岸まで領域侵犯し領有を主張するアミン政権下のウガンダ軍を撃退した対ウガンダ戦争 (1978 〜 79 年) に要した戦費 (当時のタンザニアの輸出総額のほぼ 1 年分に匹敵する 5 億米ドル [Maliyamkono & Bagachwa 1990: 4])，(5) 1979 年の第 2 次石油ショックによる石油輸入代金の高騰，(5) 同時期から 1980 年代初期にわたる東アフリカ大旱魃である．

一見奇妙に思われるが，この時期の内向的な経済政策にもかかわらず，国際社会でのタンザニアに対する評価は予想外に高かった．1970 年代とくに

中葉より，国際的な開発思想の潮流は，基本的生活充足（Basic Human Needs）をスローガンとする平等主義的な方針が主流となっており，そのための施策として貧困層の滞留する農村部を対象とした総合農村開発計画（Integrated Rural Development Programme）が，途上国各国で展開されていた．そしてタンザニアのウジャマー村政策は，まさにその潮流の先駆けともいえる政策だったためである．住民参加型の開発あるいは農業生産増大という面では失敗に終わったが，学校・水道・医療施設といった社会資本整備の面では，ウジャマー村政策は，2000年以降の国家開発方針である貧困削減の観点から現在あらためて高く評価されるべきである．

　タンザニアは世界銀行から「数百万にのぼる貧農を新しい計画村に定住させるため3億1000万ドルの借款を受け」，ある世銀職員によれば「世銀が将来やろうとしていることの多くが，いまタンザニアで行われている」と評価されていた［ジョージ，サベッリ 1996：301］．そして，敬虔なクリスチャンであり清廉な人格者と見なされていたニエレレの指導下にあるタンザニアは，キリスト教社会主義的な背景を有する北欧諸国を中心に2国間協力を取り付けることにも成功していた[3]．ちなみに，1970年代の中央政府予算に占める対外贈与・借入の比率は15％前後で推移し，タンザニアが打ち出した自力更生のスローガンとは裏腹に，スウェーデン，ノルウェー，デンマークといった北欧諸国を主要な援助国に加える［Kiondo 1992: 23］ことで，

[3) スウェーデンの1969～86年の対アフリカ諸国2国間贈与額について見ると，1973～86年にはタンザニアがその1割前後を供与された最大の被援助国であった［吉田 1988a：100］．ちなみに，日本の対アフリカ経済協力について，有償資金協力，無償資金協力，技術協力の1986年度までの累計額7031.71億円のうち，タンザニアが762.55億円で，ケニアに次いで2番目に多くなっている［吉田 1988b：126-127］．また，タンザニアに対する1992～96年の有償資金協力と無償資金協力について見ると，1992年には13億4300万ドルのうち世銀グループのIDA 2億2900万米ドル，EU 1億1200万米ドル，デンマーク9500万米ドル，スウェーデン9300万米ドル，ノルウェー8200万米ドル，日本7300万米ドルの順であるが，その後IDA，EU，スウェーデンの比重が低くなり，逆に日本の比重が高まって1994～96年には最大の2国間援助供与国となっており，1996年の8億9400万米ドルの構成は，IDA 1億2100万米ドル，日本1億600万米ドル，デンマーク9100万米ドル，オランダ7500万米ドル，スウェーデン6500万米ドルの順で，EUは4400万米ドルにとどまっている［Economic Intelligence Unit 1998: 54］．

「対外援助への依存を減じるというよりは，資金源を多様化した」［Kahama 1986：35］にすぎなかったのである．ただし，自力更生という目標を達成しえなかったものの，北欧諸国の援助を取り付けて援助資金源を多様化したことに，タンザニアの国際政治に関するバランス感覚の良さを読み取ることも可能である．1960年代半ばに相次いで西ドイツ，イギリス，アメリカが援助を中断した折に，タンザニアとの友好関係の樹立を図ったのは，対ソ関係が悪化し国際的な孤立を経験しつつあった中国であった．中国はその後，タンザニアのダルエスサラームとザンビアのカプリ・ムポシを結ぶタンザン鉄道の建設に全面協力している．それにもかかわらず，タンザニアは中国偏重路線を採用せず，北欧諸国との関係を強めることで，全方位外交を維持したのである．

1-3. ウジャマー社会主義の行き詰まり

　国際的な高い評価と支援にもかかわらず，上記のような種々の開発阻害要因によって，1970年代後半以降にタンザニアの経済危機は深刻化していった．タンザニアはさらなる対外支援を求めて1979年にIMFと協議に入った．高橋によれば，「戦後，ドル基軸体制のもとで固定為替相場制が維持されており，また国際的な資本取引が未発達であった間は，IMFの国際収支補填機能は先進加盟国の国際収支のやり繰りにとって重要なものであった．しかし，1970年代初めに先進国通貨が変動相場制に移行し，一方で国際資本取引が活発化すると，先進加盟国の国際収支の赤字は国際的な民間資本の移動によって自動的に調整されることとなった．そのため，民間資本の流入による自動的調整の困難な途上国が，先進国に代わってIMFの国際収支支援の主要対象になっていった」［高橋1996a：181］のである．1979年の交渉では，IMFは政策条件（conditionality）として，平価の大幅切り下げ，賃金の凍結，価格統制の撤廃，高金利の実現，輸入規制の緩和，政府歳出の削減を求め，タンザニア政府は開発戦略に抵触するとして拒絶した［Kiondo 1992：23-24；Stein 1992：64］．IMFは，タンザニア政府が内政干渉と反発するほどに経済政策全般にわたって介入しようとしたのである．

第2章　タンザニアの国家開発政策の変遷

　その後に経済状態がさらに悪化したタンザニアは，1980年にIMFとの交渉を再開し，9月には輸出変動補償融資制度（Compensatory Finance Facility）による1500万米ドルを含めて1億9500万米ドルのSDR（特別引出権）の3ヶ年のスタンドバイ供与の合意に達したものの，対外債務削減と国内信用創出の上限の遵守という融資条件をタンザニア側が遂行できなかったため，早くも同年12月に合意は破棄された［Stein 1992: 64］．1981年初頭にタンザニア政府はIMFと拡大信用供与制度（Extended Fund Facility）をめぐる協議を始めるが，またもや交渉は決裂し，IMF派遣団のスウェーデン人団長を「接受国にとって容認できない人物」（persona non grata）として48時間以内に国外退去を求めるほど，両者の関係は冷え切ったのである［Gibbon, Havnevik & Hermele 1993: 52］．

　一方，世銀は，ウジャマー政策期にもタンザニアに好意的であったマクナマラ総裁（R. S. McNamara. 1961～68年に米国国防長官を務め，1968～81年に世銀総裁）とタンザニアのニエレレ大統領の合意のもとに，1981年年末に設立されたタンザニア顧問団（The Tanzania Advisory Group：略称TAG）に国際開発協会（International Development Agency：いわゆる第二世銀）の技術支援信用（Technical Assistance Credit）を提供することで，タンザニアの経済再建に間接的な協力を続けた［Kiondo 1992: 41］．タンザニアはあまりにも希望的な目標を設定して1981年に開始していた国家経済回生計画（National Economic Survival Programme）を放棄し，TAG報告に基づく「構造調整計画」（Structural Adjustment Programme）を1982年に開始した［Kiondo 1992: 24; Stein 1992: 66］．ただし，この「構造調整計画」はIMFとの訣別のなかでタンザニア独自に実施したものであり，IMF・世銀が全面的に資金協力する構造調整政策ではない．タンザニアはこの計画のために友好諸国からの開発資金を期待していたが調達できず，むしろ1983年以降，西ドイツ，アメリカ，イギリス等はIMFとの合意成立を資金援助の条件に課すようになった［Kiondo 1992: 25］．最良の友好諸国である北欧からの資金協力についても，1984年11月にスウェーデン国際開発機構（SIDA）代表は，北欧諸国の援助はIMFとの合意によってもたらされるであろう資金援助を補完するものであり代替するものではないと発言し，IMFとの合意をタンザニア側に要望したのである

[Gibbon, Havnevik & Hermele 1993: 52-53].

　タンザニアは1980年代前半に，主要食糧であるトウモロコシを首座都市ダルエスサラーム市へ十分に供給できず，配給制を実施せざるをえないほどの深刻な事態に陥っていた．工業製品についても，都市部で石鹸やトイレット・ペーパーといった生活用品が欠乏していた．また，世帯主がフォーマル・セクターに就業する夫婦と子供4人計6人の標準都市世帯の場合，1986年に「2000シリングの月収では月間最低支出額5000シリングをとうてい賄えなかった」[Maliyamkono & Bagachwa 1990: 61] のであり，フォーマル・セクター就業者世帯でも，何人かの世帯構成員をインフォーマル・セクターに従事させて生計費を補填せざるをえない状況に陥っていた．

2 グローバル化のもとでの国家開発体制の転換

2-1.　世銀・IMF主導の構造調整政策 ── 第3期 ──

　本節では，国家開発政策の変遷で見た第3期と第4期を紹介する．上記のように，まさに四面楚歌ともいうべき事態に直面し，タンザニア政府は1986年にIMF・世銀と協議・合意した最初の構造調整計画である「経済再生計画」(Programme for Economic Recovery) [Tanzania 1986] を実施するに至った．同国は1986/87〜88/89年度の「経済再生計画」を皮切りに，1989/90〜91/92年度の「経済・社会行動計画」(Economic and Social Action Plan) [Tanzania 1989a]，そして1992/93年度に準備された「経済政策大綱」(Economic Policy Framework Paper) [Tanzania 1992] に基づく1993/94年度からの「転回・先行予算計画」(Rolling Plan and Forward Budget. 1993/94年度以降に各年度に見直されて，その年度からの3ヶ年計画) を実施してきた．

　1967年に始まる国家開発の第2期ともいうべきウジャマー社会主義体制が放棄され，構造調整計画を国家開発の指針とする第3期，構造調整政策体制に入ることになる．これに先立って，1985年末にニエレレは大統領を辞し，ザンジバル出身のムウィニ (Ali Hassan Mwinyi) が大統領に就任している．本

土出身のキリスト教徒であるニエレレからザンジバル出身のイスラーム教徒であるムウィニへの政権委譲は，タンザニアの絶妙な政治バランスを窺わせる．ただし，ニエレレはCCM党首にとどまり，党の指導下に政権運営がなされることになっていたタンザニアにおいて，ニエレレがいわゆる院政を敷いたともいえよう．ムウィニが名実ともにタンザニアのトップとなるのは，ニエレレがCCM党首を辞する1990年である．

同時期，構造調整政策を推進する政府のガヴァナンス（governance）を重視するようになった援助諸国・国際機関は，他のアフリカ諸国と同様にタンザニアに対しても，政治的民主化すなわち複数政党制再導入を強く要望するようになっていた．タンザニア政府は国内各地で単独政党制／複数政党制に関する公聴会を実施し，その結果は単独政党制維持の意見のほうが多かったといわれる．それに対して，国父としていまだ国民に人気の高かったニエレレはCCM党への支持が多い今だからこそ複数政党制に移行できるという巧みな論理を展開し，タンザニアは1992年に複数政党制に復帰した．なお相前後して，CCM党員であるのか，あるいは行政官であるのかが渾然一体としていた地方行政組織において，両者の分離が行われている．地域政党，宗教政党は認めないという条件下でも多数の政党が結成され，1995年に大統領選挙と国会議員の総選挙が実施された．国会議員選挙でCCM党が多数を占め，大統領選挙でもCCM党候補であった本土南部地域出身のキリスト教徒であるムカパ（Benjamin William Mkapa）が，任期2期で最長10年と規定されていた大統領職の満期を迎えていたムウィニに代わって大統領に就任した．

次の2000年の総選挙に先立って，1999年10月にニエレレが死去した．ウジャマー村政策の失敗にもかかわらず，1990年にCCM党の党首を引退したあともニエレレが政治的発言力を維持できたのは，彼の清貧な人柄にタンザニア国民が支持を惜しまなかったためであろう．大きな羅針盤を失ったタンザニアではあるが，2000年の総選挙ではCCM党が国会議員選挙で1995年以上に圧勝し，またムカパが大統領職を継続した．そして，2005年の総選挙でもCCM党は国会議員選挙で再度圧勝し，ムカパ大統領は任期10年を迎え，CCM党大統領候補であった本土出身のイスラーム教徒であるキクウェテ（Jakaya Mrisho Kikwete）が新たな大統領に選出されている．

構造調整政策に話を戻せば，タンザニアを含むアフリカ諸国の構造調整政策に対する融資には，政策条件として関税引き下げ等を伴う貿易自由化，農産物流通の自由化，平価切り下げ，金融制度改革，信用創出の制限，公営企業の民営化，公務員数の削減，公共サービスに対する受益者負担の原則の導入等が義務づけられていた．1980年代後半に債務危機を経験したラテン・アメリカ諸国に対する経済再建のための政策パッケージとしてウィリアムソン (J. Williamson) が提示した「ワシントン・コンセンサス」の10項目［秋元 2001：13-17］は，アフリカ諸国ではすでに，それに先立って構造調整計画の名のもとに実践されていたのである．

　経済成長重視の1980年代前半からの初期構造調整政策については，その実施方法をめぐって UNICEF, ILO, ECA（アフリカ経済委員会）等の国連機関が1980年代末に疑義を提起し，1990年代以降には「人間の顔をした調整」(adjustment with a human face) や「社会的側面」(social dimension) といったフレーズを伴った社会経済的弱者に配慮した構造調整政策へと修正が試みられる．そのような変化を経ながらも，構造調整政策は基本的には，新自由主義的な発想のもとに市場原理を重視して経済自由化を促進することにより，国際収支の改善，財政赤字の解消，インフレ抑制をめざすものとして，各国の特殊事情をほとんど考慮することなく，画一的に実施された．スーザン・ジョージらは，「それぞれの国に特殊条件があろうがなかろうが，微妙な修正を加えさえすれば，構造調整パッケージはすべての国に対する青写真として適用できる，と彼ら（引用者注：世銀スタッフ）は想定している．現地についての詳細な知識は，まったく必要とされていない」［ジョージ，サベッリ 1996：145］と酷評している．さらに，スーザン・ジョージらは，タンザニアのある政府高官の世銀の傲慢さに関する述懐を引用している．世銀の「専門家」は彼の同僚に，「われわれはタンザニアで何をすべきか，私にはわかっている．もちろんこれまで訪問したことは一度もない．近く訪問の予定だが，知る必要のあることすべてを学ぶのに十分な期間滞在するつもりである．おそらく二週間もあれば十分だろう」［ジョージ，サベッリ 1996：145］と語ったという．また，世銀の上級副総裁兼チーフ・エコノミストであった経済学者スティグリッツは，「IMFはクライアント国を訪問する前の標準的な手続

きとして，まず報告書の草稿を作成する．実際の訪問は，その報告書や提言の明らかな誤りを見つけ，修正を加えるためでしかない．草稿は実質的に定型文書で，ある国の報告書から借りてきた文章が別の国の報告書に使いまわされている」［スティグリッツ 2002：79］と，記している．

　しかしながら，自国の事情を必ずしも考慮せず，画一的な経済改革案として押しつけられた構造調整政策を，タンザニアをはじめとするアフリカ諸国が放棄することは容易ではなかった．世銀・IMF との訣別は，他の国際機関からの援助や2国間援助をも実質的に断念することを意味していたからである．

　タンザニアの構造調整政策では，平価切り下げによって輸出が促進されることが期待され，そのもとで輸出用換金作物生産が奨励され，外貨獲得がめざされた．一方，製造業部門では，公営企業の民営化や民間資本とのジョイント・ベンチャー化が図られ，1990年には新投資法が制定され，投資促進センター（Investment Promotion Centre）も設立されて，積極的な外国資本の導入が図られた．構造調整政策に伴う政策条件の実施によって，1970年代に相対的に内向的となったタンザニア経済が，国家主導から市場主導という転換を伴いながら，国際支援の名のもとにふたたび強制的に国際市場へ復帰させられたのである．大胆な政策転換がなされたように見えるが，スタイン［Stein 1992: 59-60］は，IMFの政策条件はそれまでのウジャマー社会主義期にタンザニアが国是としてきた「社会主義と自力更生」をないがしろにするものではなく，両者はなんら矛盾しないという．彼によれば，「社会主義と自力更生」に込められている経済に対する国家管理という枠組みを維持しながら経済危機に対処する方策は，理論的に2通り考えられる．第1は物的誘因と強制を併用する「統制方式」（directive approach）であり，第2は価格に象徴される市場シグナルを活用する「自由市場方式」（liberal market approach）であるという．すなわち，タンザニアがこれまで採用してきた第1の方式から，IMFは第2の方式への転換を提唱したにすぎず，経済に対する国家管理は揺るがないというのである．スタイン［Stein 1992: 60, 81］は，タンザニアにおける主要な対立は，国家対市場でも国家対 IMFでもなく，国家対直接生産者であり，構造調整政策導入以降も支配権力は交替していないと主張し，

今後経済自由化が停滞すれば国家はIMFを批判してふたたび「統制方式」を採用する余地を残しており，逆に経済自由化が成功裡に進めば国家が自発的に賢明な選択を行ったと喧伝するのであり，いずれにおいても直接生産者には恩恵が少ないと見ている．換言すれば，IMF・世銀が構造調整政策に伴う政策条件を一方的にタンザニアに押しつけているのではなく，タンザニアの支配層が階層的権益維持のために構造調整政策をしたたかに利用しているという見解である．

スタインの想定するタンザニアの支配層とはいかなる社会集団であるのかは，いまだ観念的であり明示的ではないが，1986年までIMFを痛烈に批判していたタンザニア人政治家・官僚層・経済学者が，1986年以降に構造調整政策の積極的な推進者になっているという戯画的状況は，スタインの主張を裏づけるものといえよう．まさに奇妙なことであるが，社会主義政権下で政府よりも上位に位置づけられていた政党TANU党ならびにその後継のCCM党が推進したウジャマー社会主義政策を否定する構造調整政策を導入したのはCCM党政権であり，「社会主義と自力更生」を党是とするCCM党を与党とする政権が，1992年の複数政党制復活後も安定的に成立しているのである．

2-2. 構造調整政策は成功したか？

構造調整政策が成功裡に推進されたアフリカ諸国の1つに挙げられるタンザニアであるが，構造調整政策でのマクロ経済指標の改善として大目標に掲げていた国際収支の改善，政府財政赤字の解消，インフレ抑制の達成に関して，前2者の成果には大いに疑問が残る．国際収支に関しては，すでに図表2-05で見たごとく，構造調整政策導入後にたしかに輸出が伸びたが，それと並行して輸入も伸び，入超状態は依然として継続している．また，政府財政赤字の解消に関しては，構造調整政策の実施に伴って2国間援助額が1985年の2億8700万米ドルから1986年には6億8000万米ドル，1989年には9億3500万米ドル，1992年13億4300万米ドルへと急増して，その後も1990年代は9億万米ドル前後で推移［Chachage 1993: 225; Economic

Intelligence Unit 1998: 54] し，中央政府予算に占める対外贈与・借入の構成比が 1987/88 年度から 30％を超えるまでに肥大し，財政健全化に逆行している．この間に，対外負債残高は絶対額で 1986 年の 43 億米ドルから 1993 年には 75 億米ドルに増大し，対 GDP 比も 1986 年の 103％から 1992 年の 285％へと増大を見ている［Wangwe et al. eds. 1998: 4］．また，2000/01 年度決算ベースで見ると，歳入総額は 9296.25 億タンザニア・シリング（TShs.: 以下，シリングあるいは TShs. と略す）であり，一方歳出総額は 1 兆 3072.14 億シリング（うち経常支出 1 兆 209.61 億シリング，開発支出 2862.53 億シリング）であり，3775.89 億シリングの赤字となっている．その補填は，対外調達額 3805.75 億シリングと国内調達額 204.26 億シリングでなされた（調達額は 234.12 億シリング過剰であった）．対外調達額の内訳は，贈与額 2934.36 億シリング，借款額 1674.87 億シリング，償還額 803.48 億シリングであった［TES01: 66］．対外贈与額だけでも，開発支出額を上回っている状態である．タンザニア政府は歳入のための課税対象の拡大と歳出削減を求められたが，後者の一環として教育費，医療費に関して受益者負担の原則を採用することとなった．当然のこととして一般世帯の支出増につながる方針であり，第 4 章で紹介する乾季灌漑作の事例は，このような支出増に対する対処策と見なせるであろう．

　さて，もし構造調整政策を実施しなければ経済状況はどうなっていたかという実施効果（with/without）分析を行えば，構造調整計画は不可避であったといえよう．しかしながら，実施前後（before/after）比較分析を行えば，経済の回復基調は足取りが遅々としたものであるともいわざるをえない．タンザニア経済に詳しいビッグステン（A. Bigsten）らは，指標として 1 人当たり所得の成長率の長期トレンドを用い，1961 年の独立から 1967 年の「アルーシャ宣言」までは年率 2.0％，1968 年から 1978 年までの危機以前の時期は 0.7％，1979 年から 1985 年までの危機の時期は－1.5％，1986 年以降の改革期は 1999 年までで 0.6％と算出し，「タンザニアの 1 人当たり所得の伸びは非常に緩慢であると結論せざるをえない」，「現在の 1 人当たり所得は，30 年前のアルーシャ宣言時よりわずかに 6％ほど高いにすぎない」［Bigsten & Danielson 2001: 22］と，構造調整政策期を経たタンザニア経済の停滞ぶりを

糾弾している[4]．

　そもそも，構造調整政策の背景にあった経済学の「新古典派アプローチは一方では『政府の失敗』論を展開しながら，他方では同じ政府に有能かつ合理的に改革を実施する政府を想定するという自己矛盾に陥った」[絵所1997：224]のであり，被援助国政府に政府機能の縮小という自己改革を効率的に実施することを強圧的に迫ることで，当該国政府の主体性を著しく喪失させてしまったのではなかろうか．また，ワングウェは「経済自由化への移行は，マクロ・レベルならびに部門別の政策に対する中央政府の弱体化も意味している．経済改革の遂行における最大の弱点は，経済改革の種々の要素を調整する基礎となる明確な政策を生み出すメカニズムが欠如していることである」[Wangwe et al. eds. 1998: 7]と指摘している．

　構造調整政策の実施過程で，予期せぬ状況も発生している．第1の懸案事項は，民間部門の活動によって活性化されるはずであった製造業部門が，図表2-03で示したようにGDP構成比をほとんど改善できていないことである．1990年の投資法改正にもかかわらず政府の思惑どおりには外国民間企業は流入してこず，公営企業は組織改編・民営化のために混乱に陥っており，また1992年後半から半年以上続いた全国規模での長期計画停電が端的に象徴しているように，老朽劣悪化したインフラストラクチャーの再建がいまだ十分でなく，製造業の安定的な生産基盤を保証できていなかったためであろう．「民間部門は投資環境にいまだ不安定さを感じ取り，投資は短期で資金回収の可能な商業部門」に向かった[Wangwe et al. eds. 1998: 6]．

---

4) 日本では少数派に留まっている，アフリカを長年調査対象としてきた経済学者の諸論文が，[北川・高橋 2004]に所収されている．構造調整政策の基本的な考え方に反対する立場をとる研究者ばかりではないと私は認識しているが，構造調整政策の成果に対する評価は厳しい．高橋基樹・正木響は「少なくともアフリカ全体の経済パフォーマンスを見る限り，この政策が，アフリカを経済危機から救い出すことに成功したとは言いがたい」[高橋・正木 2004：113]と評価し，また室井義雄は「世銀のやや楽観的な評価に対しては，世銀自身が提示した現実のデータから判断しても，やはりいくつかの疑問点を感じざるをえない．……（中略）……構造調整政策を実施した結果として，アフリカ諸国の経済成長率，国内投資，財政収支，輸出成長率，物価上昇率，および対外債務の負担など，大半のマクロ経済指標がむしろ悪化している」[室井 2004：136]と分析している．

さらに，公営企業の民営化について，対立の芽が見えることを付記しておきたい．第1に，公営企業を買い取るほどの資金力を持っている国内の個人・企業は，アフリカ系ではなく主としてアジア人系（＝インド・パキスタン系）であり，非アフリカ系が買収することにアフリカ系が心情的に拒否反応を示していることである．第2に，外国資本として南アフリカ企業が進出していることである．南アフリカ共和国の反アパルトヘイト闘争を積極的に支援してきたタンザニアは，南アフリカで1994年にマンデラ政権が成立したのちに，経済交流を活発化している．外資導入という点からは南アフリカ資本の進出は歓迎されるべきであろうが，アフリカ地域のGDP全体の40％を1国で占める域内超大国である南アフリカ［佐藤 1998：197］資本による東南部アフリカ支配が着々と進んでいるという危惧も捨て切れない．また，近年は中国系の企業の進出も著しいようである．どのような企業が進出しているのかについては，別途分析が必要であろう[5]．

第2の懸案事項を挙げれば，構造調整政策の目標とされたマクロ経済指標の改善が遅々として進まないなかで，公務員数の削減，公営企業の解体，教育・医療等の社会サービスへの受益者負担原則の導入等によって，タンザニア国民は期限が明示されない耐乏生活を強いられたことである．初等教育の就学率は学齢期児童の95％という1970年代の高水準［Kahama 1986: 45］から1999年には56％に低落 (The Guardian紙，2000年1月4日付) し，また清貧の国としてかつては高く評価されていたタンザニアは，トランスペアレンシー・インターナショナルの調査によれば1998年に85ヶ国中で汚職度ワースト4位に位置づけられている［Economic & Social Research Foundation 1998b: 16-20］．1980年代のタンザニアの構造調整政策について，スタイン (H. Stein) は「直接生産者の犠牲のうえに成り立っており」，「生活水準の低落傾向を増幅し深化させている」［Stein 1992: 78］と分析しているが，1980年代末からは社会経済的弱者に目配りした構造調整政策へと転換が図られ，貧困軽減が国際的な開発援助の中心的課題になっているにもかかわらず，タ

---

5) タンザニアについての言及は少ないが，南アフリカ企業，中国企業等のアフリカ進出に関しては，［平野編 2006］や［吉田編 2007］に所収された諸論文ならびに［平野 2009: 213-243］を参照されたい．

ンザニアにおいては，構造調整政策での「経済成長による貧困撲滅に対する効果は不明」であり，「生活水準は全般的には改善されてきたが，経済改革によって貧困の発生率が減少したという明白な証拠は存在しない」[Wangwe et al. eds. 1998: 7] のである．

2-3. 開発思想のパラダイム・シフト

　上記のワングウェの指摘のごとく，構造調整政策に対して「人間の顔をした調整」や「社会的側面」等の注文が付きはじめた1990年代初期から国際的な開発思想の潮流には変化が生じており，1990年代中期以降に次第に具体化していく．世銀が1990年の『世界開発報告』で貧困問題を課題として取り上げ，国連開発計画 (UNDP) が同年より人間開発指標に基づく報告書を刊行しはじめた．そして，1996年にはOECD開発援助委員会 (DAC) が『21世紀に向けて―開発協力を通じた貢献―』の中で「2015年までに極端な貧困のもとで生活している人々の割合を半分に削減すること」を最重要な指標として提案 [絵所 1998：3] し，貧困問題に対する一連の地均しがなされてきた．また，同年のリヨン・サミットで貧しい途上国への追加的な債務削減措置が合意され，世銀・IMFの年次協議で重債務貧困国 (Heavily Indebted Poor Country：以下，HIPCと略す) の債務救済措置であるHIPCイニシアティヴが承認された．世帯等の単位社会経済主体の抱える貧困問題と，基本的には国家という統治機構が抱える対外債務問題とが結合されて，対外債務救済のためには貧困削減を開発政策の中心に据えることが求められたのである．1999年のケルン・サミットでは債務救済策の拡大と具体化が合意され，この拡大HIPCイニシアティヴによる対外債務救済の適格国になるためには，当該国が『貧困削減戦略書』(Poverty Reduction Strategy Paper) を策定することが同年の世銀・IMFの合同開発委員会で義務づけられた [奥村 2000：335, 357；国際協力事業団国際協力総合研修所 2001：1-2]．すなわち，債務救済さらには新たな対外援助を得るためには，国家開発の中心課題を貧困削減に定め，その中核的な政策文書『貧困削減戦略書』を策定して世銀・IMFに承認されることが，前提条件となっているのである．そして，2000年に189ヶ国が

第2章　タンザニアの国家開発政策の変遷

国連ミレニアム宣言を採択し，その「宣言を受けて8分野にわたる『ミレニアム開発目標』(MDGs) がまとめられ，分野別の数値目標や政策の方向性なども盛り込まれた．先進国や世銀などが援助を進める際の目安とされているほか，開発途上国では国内政策を決める重要な尺度となっている」［朝日新聞 2005/3/27］．ミレニアム開発目標の「目標1」は，2015年までに極度の貧困と飢餓を半減することである．

タンザニアでは，貧困削減政策の基本政策文書として2000年10月に『貧困削減戦略書』［Tanzania 2000a］が発表され，それを更新する基本政策文書として2005年6月に『成長と貧困削減のための国家戦略』(National Strategy for Growth and Reduction of Poverty)［Tanzania, VPO 2005］が公表されている．そのため，タンザニアは2000年をもって国家開発の第4期である貧困削減政策体制に入ったと時期区分しておきたい．

ただし，上述したような国際的な潮流だけでなく，2000年以前からタンザニアにおいても次期の国家開発指針への胎動は始まっていた．すでに序章で触れた1995年のヘライナー (G. K. Helleiner) らによる報告書［Helleiner et al. 1995］のあとに，1998年の『国家貧困撲滅戦略』［Tanzania, VPO 1998］，1999年の『タンザニア2025年開発目標』［Tanzania 1999］といった貧困削減に焦点を当てた政府文書が公表されている．また，1992年前後の政党組織と地方行政組織の分離に次いで，1998年には地方分権化を推進するための『地方政府改革政策書』(Policy Paper on Local Government Reform, 1998) が発表されている［吉田 2007：43］．

併せて，この時期以降に，矢継ぎ早に政府統計ならびに関連資料の整備がなされていることを指摘しておきたい．1988年に10年ぶりに人口センサス（［TP88B］等）が実施され，2002年にふたたび人口センサス（［TP02GR］等）が行われた．1991/92年度，2000/01年度と2007年には，全国家計調査が実施されている［THB911; THB913; THB914; THB00; THB07］．ほぼ同時期の1990/91年度，2000/01年度と2006年には，全国労働力調査も実施されている［TLF901; TLF902; TLF00; TLF06］．また，インフォーマル・セクター就業者に焦点を絞って，1991年に全国調査［TIS91］が，1995年にはダルエスサラーム市で調査［TIS95］が実施されている．農業関連資料の整備も進

み，1987年から『農業畜産基礎データ』［TBDA??］が継続的に刊行されている．1986/87年度から農業サンプル調査（［TNA861］等）も毎年のように実施され，2002/03年度には，地方行政区分で州の下位に位置し地方分権化の中心的な担い手に措定されている，県レベルでのデータも利用可能となるような大規模な全国農業サンプル調査が実施され，現在も調査成果が刊行されつつある［TNA022; TNA023等］．

　また，貧困削減に関連する資料として，1999年11月に『貧困・福祉評価指標』［Tanzania, VPO 1999］，2000年5月に『タンザニアにおける貧困ベースラインの構築』［Tanzania, NBS & Oxford Policy Management 2000a］，2000年7月に『タンザニアにおける貧困ベースラインの改訂』［Tanzania, NBS & Oxford Policy Management 2000b］，2001年8月に『貧困削減戦略書―進捗報告書2000/01年度―』［Tanzania 2001a］，2001年12月に『貧困評価マスタープラン』［Tanzania 2001b］，そしてタンザニアにおける貧困関連の総合報告書である『貧困・人間開発報告』（Poverty and Human Development Report）が2002年版以降にほぼ毎年作成され，2009年9月段階で2007年版［TPHD07］が利用可能である．比較参照できる統計資料等が増えることは望ましいことではあるが，同一機関から公刊されている複数の資料においても数値の不一致等を散見でき，これらの資料の利用にあたってはかなりの注意が必要である．

　さて，タンザニアの国家開発政策の第3期で採用された構造調整政策はタンザニアが自発的に新たな国家開発政策として選び取った政策というよりも，国際的な開発援助の潮流のなかで外部から決定されてきたという性格が非常に濃厚であった．1990年代から次第に国際社会で醸成されてきた貧困削減政策も，タンザニアにとっては対外的に決定された全般的な国家開発戦略であり，その意味で構造調整政策を踏襲するものである．ただし，2000年に始まる国家開発の第4期である貧困削減政策体制については，その成果を検討することは時期尚早であると，私は考えている．もちろん，すでにタンザニア政府からはその成果を示す資料が公表されているが，その信憑性を検証する資料を私がまだ持ち合わせていないためである．このように慎重になる理由は，以下のような事情を念頭に置いているためである．

2-4. タンザニアの貧困削減政策 ── 第4期 ──

　国家予算のうち開発予算のみならず経常予算の一部まで対外援助に依存するようになっているタンザニアにとって，HIPCに指定され旧来の負債が軽減され，また新たな援助資金が得られるか否かは，死活問題である．この状況下でタンザニア官僚層にとっての最良の選択は，援助諸国・諸機関が合意しやすい種々の貧困削減政策文書を作成することである．対外公的債務救済と抱き合わせにされた貧困削減政策において，タンザニアが独自色を打ち出し，主体性を発揮できる余地はかなり狭い．「現政権が作成した『タンザニア2025年開発目標』において，政策策定と実施における自信は，主体性の最も重要な要素であると強調されている」にもかかわらず，「タンザニアの援助依存はあまりにも多大で，自力更生や持続的開発という目標と両立しえない」[Wangwe & van Arkadie eds. 2000: 107]と，タンザニア人経済学者ワングウェらは現行の貧困削減政策の矛盾を指摘している[6]．

　タンザニア政府は独立当初の「3ヶ年開発計画」以来，とうてい達成が困難と思われる計画目標を設定しつづけてきた．国民に夢を持たせるという思惑は理解できるが，計画策定時に冷静に判断すれば達成困難であることは政府当局者も十分承知していたものと思われる．そのような夢想的な数値目標であるために，計画終了時に目標が達成されなかった原因を厳密に精査することもなく，新たな社会経済開発計画に着手することが繰り返されてきたのである．貧困削減政策の作成にあたっても，これまでの国家開発計画の作成方針が根本的に改められたという印象は受けない．しかしながら，貧困削減政策の場合には，数値目標が達成されつつあることを示せないかぎり，

[6) 高橋によれば，重債務貧困国の債務救済のために『貧困削減戦略書』策定を条件化したことには「債務国・被援助国の政策，さらには財政資金の配分について深く関与しようというドナー側の強い意志」があり，「ずさんな財政管理・債務累積・支払い不能という事態の繰り返しを防止する」ために「債務国・被援助国に厳しい準則を課そうという点において，DFID（引用者注：英国際開発省）の提案した貧困削減戦略は構造調整政策と通底していた」[高橋2008: 32-33]．2000年代以降に貧困削減政策がアフリカ諸国で採用されるが，これらの政策がDFIDの基本方針を踏襲したものであるならば，タンザニアを含めアフリカ諸国の国家の主体性は限定された範囲でしか発揮されようがない．

HIPCイニシアティヴの適格国からはずされかねない．このような背景からか，貧困削減政策の開始を告げる 2000 年の『貧困削減戦略書』[Tanzania, 2000a] は，格調高いが内容は抽象的な従来の国家開発計画書の形式をまだ踏襲していたが，それを継ぐ 2 番目の包括的な開発計画文書である 2005 年の『成長と貧困削減のための国家戦略』[Tanzania, VPO, 2005] は，あたかも開発プロジェクトの仕様書のような形式となっている．そして，国家統計局が発行した 2008 年のパンフレット『なぜタンザニアは良質な統計を必要としているのか』の巻頭言において，キクウェテ大統領は，「タンザニア政府を含む世界中の多くの政府は今日，成果主義 (result-based agenda) に沿って国家開発を遂行している．……（中略）……成果主義は，開発目標の達成について明確で疑問のない体系的な計測と報告を必要としている．……（中略）……そして，注意深く厳格に分析された信頼に足る良質の統計によって裏打ちされた政策決定を要件とするような，証拠主義に基づく政策と意思決定 (evidence-based policy and decision-making) にますます関心が集まっている」[Tanzania, NBS, 2008: 3] と記している．この文は，開発の数値目標の設定とその検証がタンザニア政府に課せられていることを如実に示している．また，『2007 年全国家計調査』報告書の結論部分では，「統計学的に有意とはいえないが，所得貧困は 2000/01 年度より約 2% のわずかな減少が認められる．一方，1991/92 年度と比べると 2007 年はかなり減少しており，統計学的にも有意である」[THB07: 68] と，2000 年の貧困削減政策の導入後に所得貧困の世帯比率はほとんど減少しておらず，しかしながらミレニアム開発目標で基準値とされている 1990 年代初期の値と比較すれば改善が見られるという，私から見れば苦しい弁明をせざるをえなかったのである．

貧困削減政策の問題点 1 ── 達成時期の繰り下げ ──

　直前に引用した事例のごとく，貧困削減政策の数値目標の達成は必ずしも容易ではなく，そのためにタンザニア政府による数字合わせがなされているのではないかと疑わせる点がある．貧困問題の中核である所得貧困 (income poverty)[7]の削減に関わる2つの事例を紹介しておきたい．なお，同国の所得貧困は文書によって食い違いがあるものの2段階で定義されており，最低限の栄養を摂るために必要な食糧を入手できる所得・支出水準（食糧貧困線）を下回る人口が「食糧貧困」(food poverty：あるいは「極貧」abject poverty) であり，その額に最低限の生活を営むために必要な財・サービスへの支出額を加えた所得・支出水準（基本的生活貧困線）を下回る人口が「基本的生活貧困」(basic needs poverty) である [Tanzania, VPO 1998: 4-5; THB00: 78]．

第1の事例は，貧困半減を達成する時期の繰り下げである．タンザニア政府は，1995年にコペンハーゲンで開催された国連主催の世界社会開発サミットに参加し，そこで「各国の事情に応じて絶対的貧困を撲滅する目標期限を設定する」[UN 2000: Ch. 2] よう求められたことを受け，2010年までに「極貧層」を半減し，2025年までに撲滅することを，1998年の政府文書『国家貧困撲滅戦略』に数値目標として明記した [Tanzania, VPO 1998: vi]．これに対して，2000年7月の『タンザニアにおける貧困ベースラインの改訂』においてタンザニア統計局は，1991/92年度の全国家計調査と1990年代に行われた各種の調査結果に基づき，「基本的生活貧困」人口は1991/92年度の48.4％から2000年には56.0％に増大しており，貧困を半減させるためには「今後15年間に年率9.7％の経済成長が必要である．これは達成されそうにない．貧困削減の目標達成のためには，なんらかの所得再分配の方策が必要であろう」[Tanzania, NBS & Oxford Policy Management 2000b: 42] と分析している．

同書で言及された「今後15年間」とは2015年までを指しており，貧困半

---

[7] 周知のように，1970年代に提唱された絶対的貧困，相対的貧困が所得（あるいは消費）という経済的側面を重視していたのに対して，1990年代以降の貧困の定義は，アマルティア・センの一連の業績の影響を受けて，政治的，社会的，文化的要因をも含んでいる．しかしながら，貧困の定義の拡大は，必ずしも実務的な操作可能性を伴ってはいない．その結果，たとえば国連開発計画の人間開発指標は，センの貧困定義を矮小化したと非難されている．タンザニアの政策文書（たとえば [Tanzania 2001a]）においても，消費水準以外では教育，保健，給水等の定量的評価指標が設定しやすい分野に限定されており，また実際の貧困の測定においては主として所得貧困のみが対象とされている．なお，所得関連の数値よりも消費関連の数値のほうが年変動が少なく信頼性も高いという判断に基づき，タンザニア統計局は所得貧困を消費関連の数値で推定している．

減の期限がいつのまにか 2010 年から 2015 年に繰り下げられていることになる．2015 年までに貧困層を半減するという目標は，前述のように OECD によって 1996 年に表明されていた数値であり，2000 年の『ミレニアム開発目標』でも採用された期限である．タンザニア政府はそれよりも意欲的であった 2010 年という達成時期を 2015 年まで繰り下げたことになる．ただし，図表 2-03 に示したように独立以来タンザニアは年率 10％近い経済成長率を達成したことが皆無に近いことから，貧困層を半減させるためには期限延長だけでは不十分で，高所得層が嫌う所得再分配もやむなしと政府は判断せざるをえなかったのである．

第 2 の事例は，貧困人口・比率の圧縮である．国際的な貧困削減のキャッチフレーズである「1 日 1 ドル」という基準を適用すれば，2000 年に 1 人当たり年間 GDP が 222 米ドル［BEO01: 96］であったタンザニアでは，ほとんどの国民が少なくとも経済面で見て貧困層（所得貧困）に分類されることになる[8]．しかし，同国の所得貧困に該当する人口は，はるかに少なく見積もられている．

『2000/01 年度全国家計調査』で採用した所得貧困層の基準は以下のようである．まず，同家計調査の対象となった 2 万 2178 世帯のうち，成人男子

---

8) 本文ではタンザニアの 2000 年の 1 人当たり GDP と「1 日 1 ドル」というキャッチフレーズを象徴的に比較したが，実際には単純に比較はできない．『世界開発報告 2000/2001』には「1 日 1 ドルまたは 2 ドルの貧困は，グローバルな進歩の指標としてのみ有効であり，国レベルの進歩の評価，あるいは国策や国のプログラム計画の指針となるものではない．国それぞれの貧困線は各国の状況の中での貧困を意味するものであり，国際的な物価の比較に左右されず，国レベルの分析で使用されるものである．」［世界銀行 2002：32］と記されている．また，「1 日 1 ドル」という数値は，世銀が 1999 年 10 月に最新の標本データと価格情報を使い，1993 年度の世界銀行購買力平価（PPP）に換算した低所得国 10 ヶ国の中央値であり，正確には 1993 年度 PPP に換算して 1 日 1.08 ドルである［世界銀行 2002：31-32］．この計算方法に従えば，1999 年に名目価格表示で 1 人当たり GNP が 240 米ドルであったタンザニアの数値は，1993 年度 PPP 表示で 478 米ドルであり，調査された 206 ヶ国中 205 位であった．しかしながら，「1 日 1 ドル以下の人口」については，タンザニアの 19.9％（1993 年調査）という数値は，ケニア（1 日 1 ドル以下の人口 26.5％— 1994 年調査．PPP 表示 1 人当たり GNP975 米ドル．以下同じ），ウガンダ（36.7％— 1992 年調査．1136 米ドル），ナイジェリア（70.2％— 1997 年調査．744 米ドル）等，PPP 表示での 1 人当たり GDP がタンザニアを上回る他のアフリカ諸国と比べて，必ずしも悪い数値ではない［世界銀行 2002：471-473，483-485］．

換算当たりで消費支出水準が低い下位 50％の世帯の摂取食品構成を集計した．ついで，その食品構成比を維持しながら，成年男子が 1 日最低限必要な栄養摂取量 2200 カロリー[9]を満たすために要する食糧を購入する場合に必要な支出額を，首座都市ダルエスサラーム市，他都市部，農村部の 3 地域それぞれで算出して，それぞれの地域の食糧貧困線とした．そして，3 区分された地域それぞれで食費に最低限の必需品支出額を加えて，基本的生活貧困線と定めた．全国平均すれば，食糧貧困線は月（28 日換算）額 5295 シリング（月額 TShs. 5295 は，2001 年 6 月レートで換算すれば 1 日当たり 0.213 米ドルとなる）であり，基本的生活貧困線は月額 TShs. 7253（同 0.292 米ドル）であった [THB00: 78][10]．いずれにしても，国際的な基準である「1 日 1 ドル」を大きく下回っている．

　さらに，貧困人口・比率の圧縮が図られる．2000 年 10 月に発表された『貧困削減戦略書』では，種々の推計から判断すれば 2000 年には貧困人口は優に 50％を超えているとしながらも，『1991/92 年度全国家計調査』の 48％の世帯が基本的生活貧困層，また 27％の世帯が食糧貧困層であるという数値を採用して，それに基づいて貧困削減の目標を設定した [Tanzania, 2000a: 5-6]．それに対して，2002 年に刊行された『2000/01 年度全国家計調査』では，同家計調査の手法で再計算すると，『1991/92 年度全国家計調査』の貧困比率はそれぞれ 38.6％と 21.6％になるとして，1990 年代初期の貧困比率が大きく下方修正された．さらに，2000/01 年度の基本的生活貧困層は全人口の 35.7％，食糧貧困層は 18.7％であり，1991/92 年度と比べて貧困層はせいぜい横ばいで増大はしていないと，発表した [THB00: 78-81]．

　『1991/92 年度全国家計調査』においても『2000/01 年度全国家計調査』とほぼ同一の基準を用いているはずであるが，なぜ再計算すれば貧困比率が低くなるのかは，必ずしも明らかではない．貧困比率の圧縮の結果として，

---

9) 正確にはキロ・カロリーであるが，同報告書ではカロリーと記載されている．

10) この計算の対象となった食品は 108 品目で，単純に総計すると 5512 カロリー，支出額 TShs. 1 万 3226 となる．これは食事内容に地域差があるためであり，2200 カロリー摂取に必要な食糧貧困線は，TShs. 1 万 3226 ×（2200/5512）で算出されている [THB00: 138-140]．

先に引用した 2000 年 7 月の『タンザニアにおける貧困ベースラインの改訂』では所得の再分配が必要であるとされていたが，『2000/01 年度全国家計調査』は，所得再分配は必要なく，急成長したダルエスサラーム市と比べ成長の鈍かった農村部の成長を促進することで対応が可能であることを示唆している．

このような数値の読み替えによって，タンザニアの貧困人口は圧縮され，所得再分配を行わなくとも，農村開発のための対外援助を増大してもらえれば，タンザニアの貧困問題は軽減するという数字合わせが行われているのではないであろうか．これを，タンザニア政府のしたたかさと解釈することも可能である．ちなみに，弱小国であるタンザニア政府の外交戦略であると，私は「したたかさ」を好意的な意味で使用していることを付け加えておきたい．

貧困削減政策の問題点 2 ── 冷淡な農村と都市・農村格差 ──

このような政府の対応と並んで私が身近に感じているタンザニアの貧困削減政策に関するもう 1 つの問題点は，主要な裨益者であり重要な利害関係者 (stakeholder) であるべき農村の冷淡な反応である．

今回の貧困削減政策においては，貧困の定義が経済的側面だけでなく政治・社会・文化的側面まで含むように拡大されたことと相俟って，政策の対象として特定の集団・地域が措定されていない．すなわち，地方行政の中核を担う県行政府が現地に適切な貧困対策をそれぞれ考案し，村落が最末端でその実施を担うことが構想されている．たとえば，構造調整政策期の受益者負担の原則を放棄して，貧困削減政策期には中央政府は初等教育就学率を高めるために教育費を無償とし，各県で小学校の教室を増設することを奨励している．また，地方分権化政策の一環として，村落政府は県当局より独自の財政委員会と治安委員会を創るように求められている．

このような一連の動きは，農村住民にとってまさに 1970 年代のウジャマー村を彷彿させるものである．タンザニアにおいて貧困削減が国家開発政策の中心課題とされるのは，独立以来 2 度目である．最初は，1967 年の「アルーシャ宣言」以降に農村を基盤とした独自の社会主義路線に踏み出した 1970

第2章　タンザニアの国家開発政策の変遷

年代であった．この時期には,学校,水道施設,医療施設の提供と引き換えに,農業集団化をめざすウジャマー村建設が,当初は農村住民の自発性を尊重し,そして次第に強制的に推し進められた.村落政府の自治を高めるため,治安・防衛，生産・流通，計画・財政，教育・文化等の常設委員会を設置することが，村落政府に求められた［オマリ 1980: 80］．そして，1970年代に，タンザニアの農産物の生産と流通はともに大きく打撃を受けることとなった．ウジャマー村政策には，地方分権化を促進することを通じて，実は中央政府の統制を末端まで行き渡らせる側面があったことは否定できないであろう．このような「上からの改革」であるウジャマー村政策に対して，少なくとも結果から判断するかぎり，農村社会は応じなかったのである．

1970年代は国家統制経済下での経済開発であり，現在の貧困削減政策は市場経済化路線のもとでの社会開発であるという相違は，農村住民にとって実感できるものではなく，彼らは現在の貧困削減政策を1970年代の再来と認識しかねないことは容易に想像できる．農村住民は正面を切って反発することはなく，おそらくは面従腹背という戦略に出る可能性が高い．たとえば，ジェンダーの観点から女性の発言権を重視する必要があること，民主的かつ主体的な開発のために住民参加型で開発行為が行われることは，かなり普及しているようにも見受けられるが，そのような発想は内面化されているとは思えない．個別プロジェクトの計画期間終了をもって，雲散霧消しかねない[11]．「上から」の，そして「外から」の強制に対して，農村住民はしたたかに対応しているように思われる．

[11) 「参加型開発とは，いかに対象者を参加させるかが議論の中心にあるべきでなく，いかに外部者が他者の社会に関与するのかが議論の中心にあるべき」という佐藤の見解［佐藤 2003：30］は傾聴に値する．近年は，地域社会主導型開発（Community Driven Development）という発想が有力となってきており，参加するのは開発介入側であると見なされるようになってきている．箱山富美子によれば，「オーナーシップ［引用者注：当事者意識］を培うのに適したアプローチとして『住民参加』が喧伝されてきた．しかし，……（中略）……住民の集会を二，三回開いただけで『住民参加』とするプロジェクトがほとんどであった．オーナーシップはそんなぐらいで得られるほど簡単な代物ではない．その苦い経験を踏まえ，もっと踏み込んで『住民主導』でなければ，真のオーナーシップも『持続性』も得られないというアプローチをとるプログラムが増えてきた」［箱山 2008：140］ということである．

このような農村住民の抵抗は，村落政府に対しても向けられうる．なぜなら，村落はおそらくは行政単位という以上の社会経済的機能をいまだ持ち得ていないためである．現在の村落は，1970年代のウジャマー村政策期に250世帯以上で構成するよう政府から指示されて，それまでの数ヶ村が合体して新たに創設されたものも少なくない．もちろん植民地期や独立初期の村落も自然村とはいいがたいが，1970年代に創設された村落は凝縮性に乏しい．村民は，村落政府を最末端の行政組織[12]と認識しており，自分たちの意見代表であるという認識は薄いようである．凝縮性が乏しい村落政府の発案になる開発プロジェクトに対して，村民は自分たちの計画であるという意識が薄く，あくまでも「上から」の開発であると認識しかねない．そこには，真の住民参加も，地域の主体性も見いだしにくい[13]．

　これまで官尊民卑の風潮が強かったタンザニアにおいて，行政・住民双方の意識改革はあまりなされておらず，住民参加型の貧困削減政策も上意下達式に展開されようとしている．地方分権化政策のもとで，タンザニア中央政府は県行政府に，そして県行政府は村落に，村落は村民に，貧困削減政策に

---

12) 現在のタンザニアの地方行政においては，村落に下位行政単位として「村区」（*Kitongoji*）が設置されているが，種々の決定は村落レベルで行われており，村区が独自に何らかの決定・活動を行うことは少ない．

13) 二木光は，「ウジャマアを完全な失敗であると結論づけるより，むしろ現在行われている農村開発の原則と比較する慎重な態度が望まれます．……（中略）……今日の開発においても有意義な共同作業の訓練と，共同体運営の教訓を得られた点は評価できます」［二木2008：113］と分析しているが，私はこの説には賛同しかねる．公共事業のための労働奉仕はウジャマー村政策以前から存在しており，少なくとも北パレにおいては，植民地期に，幹線道路に面した西部平地のムワンガ町から山間部まで車両が通行可能な道路を，独自に建設している．そのための労働奉仕はムサラガンボ（*msaragambo*）と称され，本来はパレ語であるといわれるが，現在はスワヒリ・英辞書にも記載され，volunteer workあるいはcommunal workと英訳されている．農業生産に関する共同労働はウジャマー村期にもほとんど展開されておらず，「共同作業の訓練」がなされたとは思えず，また共同農場で生産が行われていた場合にも生産性が低く，農村住民は評価していないと思われる．さらに，ウジャマー村期に設置された行政村は，私の認識ではあくまで行政組織であり，「共同体」とは思えない．

　なお，近年の公共事業への労働奉仕も必ずしも自発的とは言い切れず，罰則規定を伴う法律（地域社会奉仕法［The Community Service Act, 2004］および地域社会奉仕条例［The Community Service Regulations, 2004］）で義務づけられている．

主体的に取り組むよう強制するという政策の本来の意図とは逆行するような取り組みがなされているのである．タンザニアという国家に国際社会から貧困削減政策が突き付けられているのと同じ構図は，タンザニア国内の中央と地方で再現されている．

　独立時に政府が約束したはずの豊かさは40年経っても実現されておらず，さらには構造調整政策のもとで医療費・教育費の受益者負担の原則によって生活難は深まった．今回の貧困削減政策にしても，対象地域・集団が措定されておらず，実効性があったとしても薄く広く恩恵が及ぶにすぎない．おそらくは農村住民は政府に対して不信感を抱いており，政府が笛を吹いても踊らなくなっている．農村住民は，所得源の多様化や社会関係資本を活用して，密かに自らの生存戦略を探っている．貧困削減政策が画期的な成果を出さないかぎり，彼らは主体的に参画しようとはしないであろう．しかしながら，現在の貧困削減政策は，彼らの主体的な参画を政策が成果を出すための前提としている．ここに，貧困削減政策の実践上の矛盾が存在する．

　別種の矛盾も存在しているように，私には感じられる．首座都市ダルエスサラーム市では高層ビルの建築ラッシュが続き，南アフリカ資本の巨大なスーパーマーケットが営業を始めている．調査地の農村においても携帯電話が普及し，テレビを購入する世帯も現れている．このような現象をもってタンザニア経済が上向いていると見ることも可能である．しかし，貧困削減政策の背景にも構造調整政策と同様に新自由主義的な経済原則が潜んでおり，上記の現象はそのような経済原則によって中央—地方間そして農村内部の階層格差が拡大していることを象徴するものと見ることも可能である．格差の拡大をもたらすような現行のグローバリゼーションの進行と貧困削減という政策とはそもそも両立しうるのであろうか．

　そして，タンザニアを含む多くのアフリカ諸国において主要な援助国となっている我が国では，所得格差が拡大しているとの議論が有力である．労働力人口の3分の1が低賃金の非正規雇用という状況下にある我が国が，アフリカ諸国の貧困削減になんらかの見識を示しうるのであろうか．これは，上記の第2の矛盾と絡まる第3の矛盾のように思われる．

　この第2と第3の矛盾に関わって，タンザニアの『2007年全国家計調査』

の結果は示唆的である．同調査によれば，前述したように 2000/01 年度と 2007 年とでは所得貧困率は統計学的に有意な差と認められないぐらいの減少しか示していないが，その一方でジニ係数や消費支出総額に占める支出階層別の構成比で見た所得（消費支出）格差も，2000/01 年度と 2007 年で拡大が認められない [THB07: 51-52]．つまり，この間にタンザニアにおいては，国家開発政策として貧困削減政策を実施したにもかかわらず貧困は減っていないが，グローバリゼーションのもとで先進各国で懸念されているような所得格差・不平等も拡大していないということになる．しかしながら，この結果に対して，「とくにダルエスサラームにおける経済活動の明白な増大や相当程度の開発実践にもかかわらず，これらの動向は驚くべきことである．開発の恩恵は，家計調査で捕捉しがたいような少数の世帯が享受しているのかもしれない」[THB07: 52] と，この調査を実施したタンザニア国家統計局自身が同書で率直に疑義を提示している．

3 国家開発体制の政治経済学

以上，1961 年の独立から約 50 年間のタンザニアの国家開発を振り返ってみると，まずもって，他のアフリカ諸国と比較して安定した政権運営が特徴的である．他国に先駆けて 1957 年に独立国となったガーナでは，アフリカ諸国から支持の高かったンクルマ政権が早くも 1966 年には倒れている．同じく西アフリカのナイジェリアでは，民政と軍政の交替が始終発生している．政権が安定的していたザンビアやケニアでは複数政党制導入に伴って，野党が政権を握るに至っている．一方，タンザニアはニエレレという理想家肌の希有の指導者を戴いただけでなく，彼の影響力のもとで実務に長けたムウィニ，ムカパ，さらにはキクウェテという大統領が巧みに政権を引き継いできた．注目すべきは，ニエレレはタンザニア北部を居住地とするザナキ (Zanaki) 人，ムウィニはザンジバル島出身，ムカパはタンザニア南東部を居住地とするマクワ (Makua) 人，キクウェテはタンザニア本土東部を居住地とするクウェレ (Kwere) 人であり，いずれも人口規模の小さいエスニック・グループ

出身者である．あえて人口規模の小さなエスニック・グループから大統領を選出しているわけではあるまいが，エスニック・グループの人口規模にかかわらず，評価されれば大統領にも選出されるという政治風土にある．ともに2007年末の大統領選挙をめぐって人口規模が大きいエスニック・グループが対立した隣国ケニアや南部アフリカのジンバブウェとは，かなり状況が異なっている．タンザニアにおいてはアフリカ系住民が120余のエスニック・グループに分かれており，それぞれの人口規模が大きくないことも幸いしているのかもしれない．ともあれ，タンザニアの中では裕富な農村地帯である輸出用換金作物生産地に居住している相対的に人口規模の大きなエスニック・グループから大統領が選出されていないこと，またキリスト教徒とイスラーム教徒が交互に大統領に就任していることに，タンザニア人のバランス感覚の良さが見て取れる．

　社会主義的な国家開発を標榜してきた政党TANU党の後継であるCCM党が，その大転換を図った構造調整政策以降も安定的に政権を掌握していることは，考えてみれば奇妙である．国家開発体制を時期によって「社会主義」「自由主義」等に色分けするのはあくまで外からのレッテルにすぎない．タンザニアの政治家そしてそれを支える官僚層は，国際情勢を巧みに読み取りながら，柔軟に，そしてしたたかに対応してきた．

　しかしながら，タンザニアの相対的な政治的安定は，経済面での成功には結びついていない．現在のタンザニア本土部分であるタンガニーカが1961年に独立してからの約50年を，重要な政策文書の公表を指標として開発政策を時期区分すると，すでに触れたように4期に区分することが可能である．第1期は1961年から1966年までで，独立直後に官民ともに近代化へ大きな期待を抱いていた時期である．第2期は1967年から1985年までで，1967年の「アルーシャ宣言」によって社会主義的な国家建設の方針が打ち出され，主要企業の国有化と農村部での集団化が進められたウジャマー社会主義体制期である．1970年代後半から経済危機が深刻化していくタンザニアは1980年代前半から経済再建に着手しはじめる．第3期は1986年から1999年までで，世銀・IMFの支援する構造調整政策の第一弾として「経済再生計画」が提示された1986年をもって始まる．1990年代に入ると，国際

的な動きと連動して，タンザニアは複数政党制を復活し，また地方分権化にも着手しはじめる．同時期に，開発理念に関して国際的な論調は，経済開発から社会開発，人間中心の開発へとシフトが見られ，住民参加型の開発が大々的に喧伝されるようになる．それらに関連する形で，貧困問題に対する国際的な関心も高まりつつあり，タンザニアにおいても1990年代後半から種々の政府文書が公表されるようになるが，国際標準に合致した政策として打ち出されるのは2000年の『貧困削減戦略書』である．これをもって第4期が始まり，現在も第4期である貧困削減政策期が継続中である．

　注意を喚起しておきたいのは，この時期区分はあくまで主要な政策文書の公表時期で見た便宜的な区分であり，実際には開発政策の移行は1時点で急になされるものではないことである．たとえば，ウジャマー社会主義への移行は1967年の「アルーシャ宣言」以前の種々の政治的・経済的事件に起因しており，労働組合や農業協同組合への規制は「アルーシャ宣言」以前に始まっていた．また，1986年の構造調整政策期への移行前の1980年前半には，構造調整政策と内容が類似するタンザニア独自の経済改革案がすでに打ち出されていた．さらに，2000年の『貧困削減戦略書』公表に先立って，1998年には『国家貧困撲滅戦略』，1999年には2025年までの開発指針を示した『タンザニア2025年開発目標』が公表されており，構造調整政策から貧困削減政策への軸足の移行は明示されている．

　上記のような時期区分をさらに，タンザニア政府が実質的に国家開発政策を主体的に決定できたかのかどうかを判断基準にして，タンザニア政府の主体性がより強かった第1期と第2期を合わせて構造調整政策導入以前，そして主体性が減退した第3期と第4期を合わせて同政策導入以後と大別することが可能である．ただし，構造調整政策導入以前においても，国際的な開発思想の潮流から無縁であったわけではない．タンザニアの独立後50年間の国家開発政策は，揺れ動く国際的な開発理念を程度の差はあれ反映してきたものであった[14]．独立当初の3ヶ年開発計画は世銀報告書等を背景とし

---

14) チェンバースは国際的な開発援助政策の歴史的な展開過程を，① 1950年代から1960年代にはインフラ整備のプロジェクト（灌漑プロジェクトを含む）が盛んに行われ，② 1970年代には総合農村開発プロジェクトのような多面的な地域開発がめざされ，③

ており，続く第1次5ヶ年開発計画はフランス人経済顧問団に諮問しており，1975年の基本工業戦略にはハーヴァード大学国際開発研究所の経済学者が関わっており，1980年代初期の自力の経済再建期にも世銀によるタンザニア顧問団の助言を受け，1986年以降は世銀・IMFの支援する構造調整政策を遂行し，2000年より全世界的な支援体制のもとに貧困削減政策を展開してきた．

　独自の農村社会主義化であったウジャマー村政策にしても，基本的生活充足重視という当時の国際的な開発潮流に合致するものとして，国際社会から高い評価を得ていたのである．1970年代にウジャマー村政策の一環として農村部で展開された小学校，診療所，水道施設の充実は，タンザニアの最新の国家開発政策である貧困削減政策でも展開されている施策である．1980年代の国際的な開発潮流の担い手である構造調整政策推進派は，「経済成長こそが，その波及効果を通じて貧困を除去できるという立場」をとっており，タンザニアのウジャマー政策も含まれる1970年代の基本的生活充足アプローチによる貧困撲滅政策に対して，「貧者救済のための政府支出の肥大化が肝心の経済成長力を減殺してしまって，逆に貧困を加速する」と批判していた［本山 1995：7］．構造調整政策の時代を経てふたたび貧困削減を開発の課題としなければいけないとすれば，構造調整政策に問題があったというほかない．そして，構造調整政策推進派がいうように1970年代の基本的生活充足アプローチによる貧困撲滅政策が政府財政悪化の一因であったとするなら，援助資金に過分に依存している現在の貧困削減政策がその轍を踏まないという保証は何もない．現行の貧困削減政策を含めて，タンザニア政府の政策遂行能力に問題があることを無視しえないにしても，独立後の経済開発の失敗の責任をひとりタンザニアのみに帰するべきではないであろう．

　このようにタンザニアは独立以来つねに国際的な開発思想の潮流に影響

1980年代から1990年代には構造調整プログラムが全盛となり，さらに④1990年代にはセクター別プログラムや直接的な予算援助，債務救済，良い統治，参加型や人権政策に重点が移り，⑤21世紀に入って，融資機関や援助機関はプロジェクトから撤退して，政策立案に重点を置くようになっていると要約している［チェンバース 2007：65］が，本書の時期区分とほぼ重なる．

されてきたが，1986年の構造調整政策導入以降にその傾向が格段に強まる．それは国際的な開発援助体制が強化されて国家の主体性が弱まったことを意味しているが，同時に国家が相対化されて国内諸地域の種々の社会経済主体が「開発」の前面に出てくることも意味している．1961年の独立から2009年までで，タンザニアは構造調整政策導入以前と導入以後の時期をほぼ同じ年数だけ経験していることになる．本書では構造調整政策期以後，とくに1990年代以降に見られた農村社会変動の具体的な事例を，次章以下で見ていくことにしたい．

ギンガオサイチョウ (*Bycanistes brevis*)

[2009年8月20日．西部平地のキレオ村]
写真はオス．クチバシの上の突起はもう少し前まで尖っているはずだが，折れてしまったのであろう．イチジクの実が熟し，ちょうど食べ頃である．この時は鳴かずに果実をついばんでおり，調査助手が気づかなければ，見過ごすところであった．ムワンガ県では，この種類が一番大きく，それ以外に数種類のサイチョウを見ることができる．

第3章 ムワンガ県の農業・食糧問題

併存する換金作物の不振と食糧不足

扉写真

ムワンガ町の定期市で農産物を販売する女性［2005年7月28日．ムワンガ町新市場］
西部平地にあるムワンガ町で毎週木曜日に開催される定期市には，山間部の村からも暗いうちに歩きはじめて2時間ほどをかけて女性がやってくる．彼女たちは，自宅で穫れた農産物を販売し，帰りには砂糖，茶葉，魚や日用雑貨を買ってふたたび歩いて帰宅する．小型のバス便もあるが，わざわざバス代を払おうとはしない．その一方で2009年には，オートバイの荷台に顧客を乗せて運ぶバイク・タクシーを町近辺の住民が利用するようになっていた．

1986年に導入された構造調整政策には，農産物流通ならびに農産物価格の国家管理を廃止することが盛り込まれている．農産物流通を担う政府関係機関への政府補助金が中央政府の財政を圧迫していることと，政府関係機関よりも民間資本に任せたほうが効率的な農産物流通と高い生産者価格を達成できるという判断が背景にあった．

この政策によって，独立以来タンザニアの輸出を長らく主導してきた農産物であるコーヒーの買付制度も変更された．それまでは，各州に1～2の割で存在している協同組合連合会（cooperative union）は，その傘下にあってそれぞれ数ヶ村を担当している単位協同組合（primary cooperative：調査地では，rural cooperative society という名称が用いられる）を通じてコーヒーを買い付けていた．しかし，1994/95年度の買付年度からタンザニア・コーヒー公社（Tanzania Coffee Board）と県行政府の認可を受けて民間業者の買付への参入が認められるようになり，民間買付業者は次第に協同組合を駆逐して市場を席巻するようになった［上田 1998；辻村 2004；辻村 2009］．タンザニア北部高地のコーヒー産地の一画を形成しているムワンガ県においても，コーヒーの買付に民間業者が参入するようになる．このような制度改革は，国際的なコーヒー価格の総体的な下落傾向のなかで実施された．1989年に国際コーヒー協定が失効して以来，国際的な出荷・価格取り決めは機能しておらず，2000年代初期に「コーヒー危機」と称される歴史的な低価格が現出したことは記憶に新しい［オックスファム・インターナショナル 2003；ボリス 2005］．コーヒーを主要な輸出産品とするタンザニアも大打撃を被っている．国際的なコーヒー価格の下落傾向と，外資系企業の子会社であることが多い民間業者が談合しているのではないかと疑わせる買付価格の安値での推移によって，タンザニア国内の他のコーヒー産地と同様に，ムワンガ県ではコーヒー生産者価格の上昇はほとんど見られなかった．また，それまでは協同組合組織の買付を通じて提供されていた農業投入財の入手が困難となったことから，コーヒー樹の管理を行いにくくなった．このような状況に直面して，ムワンガ県においてはコーヒー離れが発生している．主要な移出産品であるコーヒー生産の低落は，個別農家のみならずムワンガ県全体としてもコーヒー経済からの転換が求められる事態を招来している．具体的にはどのよう

な事態が進行しつつあるのかについて，第1節で検討していきたい．

　本書を脱稿する直前の2009年8月に訪問した折に，それまで3年連続の不作に見舞われていたムワンガ県では同年3度目の食糧支援が実施されつつあった．ムワンガ県の食糧作物生産については，慢性的に食糧不足が発生していると，同県の県農政局（Department of Agriculture and Livestock Development/ *Idara ya Kilimo na Maendeleo ya Mifugo*：正確には，県農業畜産振興局．かつては中央政府の農業に関連する省の県レベルでの業務を統括する県農業畜産振興事務所であったが，その時期も含めて以下では，県農政局と略す）は報告してきた．タンザニアの農村部は総体として見た場合には食糧供給地であるが，構造調整政策以降にも，少なくともトウモロコシに関するかぎり，流通自由化に伴った生産構造の大幅な変化は見られず［池野 1996a］，地域・時期あるいは世帯によって，従来通り食糧不足が継続していると推定される．アマニら［Amini & Maro 1992: 47-48］によれば，1986年の農村調査では，シニャンガ州の調査世帯の64％，ムトゥワラ州とザンジバルの43％の世帯の食糧作物の貯蔵量は6ヶ月分未満であり，1989年のルクワ州の農村調査でも，同州がタンザニアの市場向け4大トウモロコシ供給州の1つであるにもかかわらず，3分の1の世帯では自家生産分では自給しえなかったという．構造調整政策による農産物流通の自由化のもとで，農村地域での食糧不足がなおざりにされつづけていると推察される．ムワンガ県もそのような問題を抱えていると県農政局の作成した文書では表明されており，その実態について第2節で検討していく．

　地方分権化が進められつつある現在，県行政府は管轄領域の現状把握と現地に適した政策の施行をこれまで以上に求められている．農業部門ももちろん例外ではなく，その中心的な役割を担うことが期待されているのは，各県の農政局である．本章では，これまで研究の対象資料としてほとんど顧みられることがなかった県行政府資料としてムワンガ県農政局の種々の報告書を取り上げ，それらも重要な情報源としながら，コーヒーと食糧作物の問題を検討していく．

第3章　ムワンガ県の農業・食糧問題

ムワンガ県農政局と所蔵する文書ファイルについて

　ここで前もって，ムワンガ県農政局と，その所蔵する文書について説明しておきたい．

　地方分権化政策以前の 1980 年代までは，農業と畜産振興をともに担当する中央省庁として農業畜産振興省が存在し，その下位組織として州農業畜産振興事務所，県農業畜産振興事務所（District Agriculture and Livestock Development Office/*Makao Makuu ya Wilaya ya Kilimo na Maendeleo ya Mifugo*：本書ではこの時期の組織についても，県農政局と言及する）が配置されていた．県農業畜産振興事務所は，まずもって所轄する州事務所ならびに農業畜産振興省に報告義務を負っており，県行政府に対しては報告書の写しが提出されていた．1990 年代末の地方分権化政策によって県の行政権限が強められた結果，県農業畜産振興事務所は県農業畜産振興局に衣替えされて，県行政府の 1 部局となった．同局の長である県農業畜産振興官（District Agriculture and Livestock Development Officer/*Afisa wa Kilimo na Mifugo*：通常 DALDO と称されている．本書では，県農政局長と言及する）は県行政長（District Executive Director/*Mkurugenzi Mtendaji wa Wilaya*：通常 DED と称されている）の管轄下に置かれて，基本的に県行政長に報告義務を負っているが，県内の 16 郷（Ward/*Kata*）それぞれから選出された県評議員（District Councillor/*Diwani*）が構成する県評議会（District Council/*Halmashauri ya Wilaya*），対外的に県を代表する県長官（District Commissioner/ *Mkuu wa Wilaya*：通常 DC と称されている）あるいは県長官のもとで事務を統括する県事務次官（District Administrative Secretary/*Katibu Tawala wa Wilaya*：通常 DAS と称されている）にも報告を求められることがある．また，県農政局の報告の一部は，上位の行政組織である州の州事務次官（Regional Administrative Secretary/*Katibu Tawala ya Mkoa*：通常 RAS と称されている）や州農業畜産振興局（州農政局）にも提出され，そこで州レベルでの報告書に取りまとめられて，地方自治，農業および畜産振興を担当する中央政府の省庁に提出される．2009 年時点では，農業と畜産振興を担当する中央省庁は異なるようになっており，県農政局長が農業と畜産振興をともに担当している県レベルと中央省庁レベルとで，不整合が起きている．

　県農政局には種々の文書ファイルが保管されており，本章の主要な情報源

となっている．

　文書ファイルについて，県農政局が毎月作成している（正確には，作成することになっているが，しばしば欠落している）『農業普及月例報告』(Extension Advisory Monthly Report/ *Taarifa za Mwezi <Kilimo>*) [Mwanga, AGR/MW/MON] を例に取り上げて，説明したい．ムワンガ県農政局に実際に保管されている『農業普及月例報告』ファイルの表紙には，"AGR/MW/MON/VOL.III"のように，第何巻目のファイルであるのかまでを示すファイルの略号が記載されている．そして，それぞれのファイルに収められている文書の右肩には，手書きで文書番号が記載されている．本文の以下で引用する，たとえば [Mwanga, AGR/MW/MON/VOL.III/2] とは，ムワンガ県農政局の『農業普及月例報告』ファイル第3巻の文書番号2の文書を意味している．ムワンガ県農政局の文書整理担当官によれば2008年5月19日にファイル整理方式が変更されたそうであり，それに伴い混乱が発生している．『農業普及月例報告』の場合，VOL.IIIが2冊存在する．本書で引用する場合には，"AGR/MW/MON/VOL.III" と "AGR/MW/MON/新VOL.III" のように区別した．なお，かつて中央省庁の出先機関である県農業畜産新興事務所であった時期にも，現在の『農業普及月例報告』の前身にあたる『農業普及進捗報告』(Monthly Report/ *Taarifa ya Maendeleo ya Ushauri na Kilimo*) [Mwanga, AGR/MON] と称される報告書が作成されており，県事務所から上位組織である州農業畜産振興事務所に毎月提出されていた．

　本章では，『農業普及月例報告』ならびに『農業普及進捗報告』以外に，以下のような文書ファイルに所蔵された文書を利用した．

　第1節で扱うコーヒーに関しては，『コーヒー全般』ファイル (Coffee General：ファイルの略号に変更があり，C/GENERAL, AGR/C/GEN あるいは AGR/MW/C/GEN．最新のファイル略号である AGR/MW/C/GEN には VOL.V が2冊ある．引用する場合に，VOL.V，新 VOL.V と区別する），『コーヒー流通』ファイル (Coffee Marketing：ファイル略号は AGR/MW/MK/COF．VOL.II が2冊あるため，VOL.II，新 VOL.II と区別する），そして『センサスおよび統計』(*Sensa na Takwimu*：ファイル略号は KI/S40 で，巻番号がないため，引用する場合は [Mwanga, KI/S40/18] のようにファイル略号に文書番号が続く），『農業全般』ファ

イル（Agriculture General：ファイル略号は AGR/GEN あるいは AGR/MW/GEN）を，主として参照した．

また，第 2 節で扱う食糧問題に関しては，不定期に文書が作成されている『作物生産推計』ファイル（Crop Estimates/*Masikio ya Mazao*：ファイル略号に変更があり，C/EST，AGR/C/EST あるいは AGR/MW/CEST．最新のファイル略号である AGR/MW/CEST には VOL.IV が 3 冊ある．引用する場合に，VOL.IV，新 VOL.IV，再 VOL.IV と区別する），そして食糧不足時に毎週あるいは 2 週間間隔で文書が作成されることが多い『食糧事情』ファイル（Food Position/*Upungufu wa Chakula*：ファイル略号は A/FAM あるいは AGR/MW/FP．最新のファイル略号である AGR/MW/FP には，VOL.VI が 2 冊あった．引用する場合は，VOL.VI，新 VOL.VI と区別する．さらに，新 VOL.VI は 2009 年 8 月の調査時には VOL.VII にファイル名が変更され，所収されている文書番号も付け替えられていた．このファイルを引用する場合は，新 VOL.VII とする）が，主たる情報源である．食糧不足の現状は，県農政局から県行政府の県長官，県行政長に報告され，また州農政局にも一部報告され，それぞれのラインを通じて中央政府まで至る．平常時には『農業普及月例報告』と『作物生産推計』がムワンガ県の食糧事情に関する公式資料となり，非常時にはそれらと合わせて『食糧事情』がより具体的な状況を記載した公式資料となる．

　上記のようなムワンガ県農政局の種々のファイルに所蔵されている文書のほとんどは，県農政局内の担当部署がタンザニアの国語であるスワヒリ語で作成した報告書であるが，ファイルには県農政局が外部から受信した公信も含まれている．上記のようにファイル略号に混乱が見られるだけでなく，ファイルに所蔵された文書についても，文書番号が欠落したり重複したりしていることが少なくない．毎月作成されるべき報告書が数ヶ月欠落することも往々にして発生している．概して，1990 年代末に導入された地方分権化政策以前に州農政局に報告していた時期のほうが，文書の書式が統一されており，文書の整理もしっかりしていたように感じる．

1 ムワンガ県のコーヒー経済の低迷

1-1. タンザニア全体と北部高地のコーヒー経済

輸出への過剰依存 ── コーヒー生産と市場の特徴 ──

　ムワンガ県の事例に触れる前に，タンザニア全体のコーヒー生産について簡単に触れておきたい．

　1989年の国際コーヒー協定の失効，2000年代初期の国際的な価格危機にもかかわらず，世界のコーヒー生産量は，1976〜80年平均の450万トン/年から，2001〜05年の650万トン/年へと，着実に伸びてきている．むしろ，嗜好品であるコーヒーのこのような増産が長期的に見て価格低落の主因であるというべきである．上記の時期区分に，中南米地域では281.9万トン/年から413.5万トン/年へ，アジア・太平洋地域では49.0万トン/年から160.7万トン/年へと生産量が増大している[1]一方で，アフリカ地域のみが112.6万トン/年から87.0万トン/年へと減産を示した．しかしながら，同

[1) アジア地域での増産の主因は，ベトナムでのロブスタ・コーヒー生産の急増である．輸出用作物生産を飛躍的に伸ばしえたベトナムの対応能力の高さを評価すべきであるが，この事実はタンザニアをはじめとする脆弱なアフリカのコーヒー輸出国を苦しめることにもなっている．これは，新自由主義的な発想のもとに輸出振興をめざす開放経済体制への移行を各国で奨励し，輸出用作物生産の増産を推し進めた世銀の画一的な経済改革の処方箋の結果といえる．ベトナムはうまく対応でき，タンザニアは失敗したことになる．しかしながら，「ベトナムにおけるコーヒー生産の大幅な拡大の責任は，その大部分が世界銀行にあるが，世界銀行はいかなる関与も必死に否定して，自分たちには非がないと身の証を立てるための，激しい論調のプレスリリースを発表」し，「1999年に，元チーフ・エコノミストのジョゼフ・スティグリッツは，世界銀行はアプローチを緩めるべきだと勇敢にも提言したことで追放されてしまった」［ワイルド 2007：204-305］という．
　もちろん，「世界銀行の介入だけではベトナムの台頭は説明できない．ベトナムの台頭は，何よりもベトナム政府の幹部たちによる熱意の賜物」であり，2000年代初期の歴史的なコーヒーの低価格による「コーヒー危機の責任を，ベトナムだけに押しつけるのはあまりにも物事を単純化している．他の生産国どうしが諍いを起こしたため，その隙を突いてベトナムが国際市場に参入することができた」［ボリス 2005：26, 29］ことを十分に認識する必要があろう．

時期にアフリカのすべての国が生産量を減じているわけではなく，国際コーヒー機構（International Coffee Organization）に加盟する25ヶ国のうち，タンザニアを含む16ヶ国が生産を減じる一方で，2001～05年平均で輸出量がアフリカ諸国のなかで1位と2位のエチオピア，ウガンダを含む9ヶ国が増産を達成しており，概して生産量の多い諸国と少ない諸国の生産量格差が拡大している状況にあった．ただし，2006年以降には生産動向は流動的となっており，アフリカにおいて必ずしも二極化が進行しているわけではない．

タンザニアの生産量は，1976～80年平均5.2万トン/年（世界全体の生産の1.17％），1981～85年平均5.3万トン/年（同0.99％），1986～90年平均5.0万トン/年（同0.90％），1991～95年平均4.7万トン/年（0.82％），1996～2000年平均4.5万トン/年（同0.70％），2001～05年平均4.3万トン/年（同0.65％）と，世界生産に占めるシェアは一貫して減少し，また生産量は構造調整政策が導入された1980年代中期以降に徐々に減りつつあった．幸い，2006～08年にかけては5.1万トン/年と生産回復の兆しが見え，2006～07年における世界生産に占めるシェアも0.67％とわずかながら上向いている［ICO 2009/05/07］．

タンザニアのコーヒーについてもう1点指摘しておきたいことは，国内消費量の少なさである．国際的に見て生産量の多い中南米諸国は国内消費量も少なくなく，またアフリカ諸国のなかで最大の生産国であるエチオピアでは生産量の48.5％（2001～05年平均）が国内消費されているが，タンザニアの場合1986～90年平均の0.8％から改善されたものの，2001～05年平均でもわずかに4.2％が国内消費されているにすぎなかった［ICO 2006/07/12］．北部タンザニアのコーヒー産地においてすら，ミルクと大量の砂糖，香辛料（カルダモン，クローヴ，シナモン）といっしょに煮出した紅茶，チャイ（*chai*）が好まれる．結果として，コーヒーの国内消費量が少なく，多くを輸出に頼っているタンザニアは，国際価格の変動をより直接的に受けることになる．以上のような状況から判断すれば，アフリカ地域は全体として，国際的なコーヒー市場で次第に周縁化されつつあり，なかでも生産量ならびに国内消費量の少ないタンザニアのような国は，ますます価格交渉力を喪失しつつある．タンザニア北東部に位置するキリマンジャロ山にちなんで「キリマ

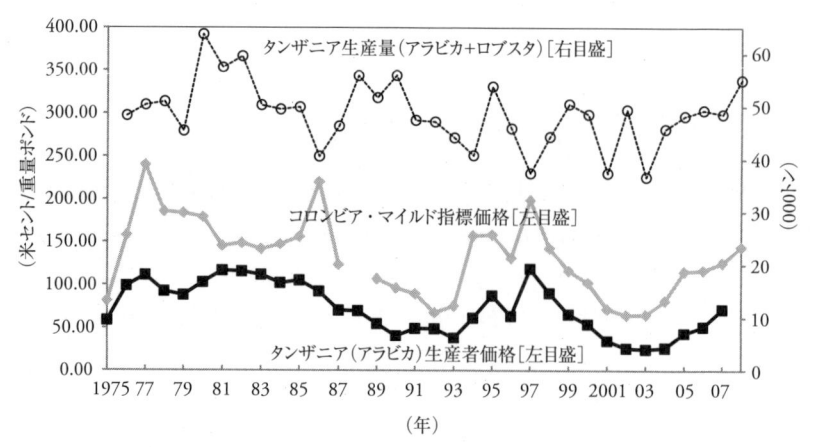

図表 3-01　タンザニアのコーヒー生産量と生産者価格の推移
出所）ICO 2009/05/07.

ンジャロ」と称されているタンザニア産の水洗加工したアラビカ種コーヒー（マイルド・アラビカ）は，日本では知名度が高いが，国際的にはコロンビア・マイルドと総称されるコーヒー群に分類され，そのなかでタンザニアが占める生産量比率はさほど大きくないためである．

　図表 3-01 には，国際コーヒー機構の資料を用いて，コロンビア・マイルドの指標価格（indicator price：2001 年 9 月期まではニューヨーク取引所価格，それ以降はニューヨークとドイツの取引所の価格を加重平均して算出．1988 年については数値が欠落．分類上はそれに含まれる「キリマンジャロ」コーヒーの生産者価格（price paid grower），そしてタンザニアのコーヒー生産総量（アラビカ種だけでなくロブスタ種の生産量も合わせた数値）を示してある．いずれも，概数であると理解したほうが妥当である．たとえば，タンザニア各地の協同組合連合会あるいは民間業者によって生産者に支払われる買付価格は同一年でも一様ではなく，図表 3-01 の生産者価格がどのように算出されたのかが明らかではないためである．

　同図表のコロンビア・マイルド指標価格とタンザニア生産者価格を比べると，1990 年代初期までは両者の連動は希薄であるが，1990 年代中期以降には明白な連動を見て取れる．この転換は，タンザニアのコーヒー流通に民間

業者の参入が認められた時期に起こっている．

　コーヒー流通が民間業者に開放される以前の時期には，コロンビア・マイルド指標価格とタンザニア生産者価格の乖離が大きい時期もあるものの，たとえば1980年代前半のように乖離が1990年代半ば以降よりもはるかに小さい時期も存在した．農産物流通を政府が管掌していた意義は，国際価格の変動に左右されることの少ない生産者価格の実現を図ることにあったはずであり，1980年代前半はまさにその理想が現実のものとなっていたともいいうる．しかしながら，生産者価格の安定化のための堅実な経営基盤の確立に公的流通機関は成功しておらず，その赤字補填にタンザニア政府は耐えられなかったのである．

　構造調整政策のもとで1994/95年度から民間業者が参入したコーヒー買付によって，タンザニア生産者価格は国際的なコロンビア・マイルド指標価格の変動を如実に反映するものとなった．コーヒー流通の民間業者への開放は効率的な流通と高い生産者価格の実現を目標としていたはずである．しかしながら，政策導入の目標であった流通マージンが圧縮されて高い生産者価格が実現されたとは，図表3-01からは考えにくい．むしろ，つねに一定程度の流通マージンが流通業者によって優先的に確保されており，国際価格の変動のリスクは一方的に生産者が負担させられていることを読み取ることができる．さらに，構造調整政策による為替レートの自由化は，輸入に多くを依存する化学肥料や農薬といった農業投入財価格の高騰をもたらしており，それらに対する補助金の撤廃によるコーヒー生産費の急増も，コーヒー農民の実質的な収入を減少させていた．追い打ちをかけるように，政府財政赤字の解消のために医療・教育費に受益者負担の原則が導入されるに及んで，家計支出が増大する状況となったことから，コーヒー農民は経済自由化の恩恵よりも被害を受けている．いかに生計を維持していくのか，いかに地域経済を立て直していくのかは，コーヒー農民ならびにコーヒー生産地域の焦眉の課題となったのである[2]．

---

[2] 辻村［2009：108-109］は，「最近になって，コーヒー産業においても，構造調整とは異質の政策や実践を確認できるようになってきた」として，「政治経済的弱者を守るための政府の役割の再生と，政治経済的弱者による自律・内発的努力」を評価している．

図表3-02　タンザニアの主要なコーヒー産地
出所）TNA98Kilimanjaro, TNA98Arusha, TNA98Mbeya, TNA98Ruvuma, TNA98Karega.

3つの産地とその特徴

　このような逆風にもかかわらず，タンザニア全体としてはコーヒー生産量がかなり維持されていたことが図表3-01から読み取れる．これは以下で説明するように，タンザニア内に分散するコーヒー産地で，各々異なった対応がとられた結果である．

　タンザニアには，3つの主要なコーヒー産地が存在する（図表3-02参照）．北部高地と南部高地はアラビカ種のコーヒー産地であり，主としてマイルド・アラビカ（水洗式で加工されたコーヒー）を出荷している．日本でブラン

　しかしながら，2000年以降の貧困削減政策の意義と，そのもとでのコーヒー農民（および農民組織）の自助努力については，辻村の調査地であるキリマンジャロ山西麓と私の調査地である北パレ山塊との地域差のためか，私はいまだ大きな転換がなされたとの認識を持ち合わせていない．

(000トン)

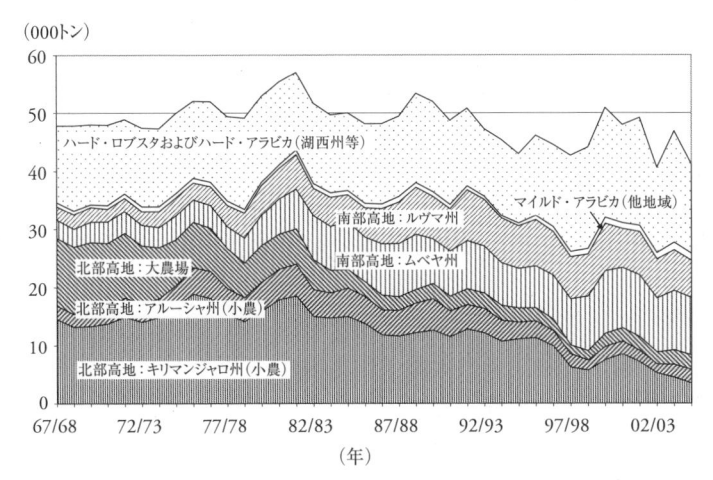

図表3-03　州別に見たコーヒー生産動向（1967/68～2004/05年度．3ヶ年移動平均）

出所）Tanzania Coffee Board 2006/08/11a.

ド名を確立している「キリマンジャロ」コーヒーの産地である．湖西地域は，主として乾式で加工されたロブスタ種のコーヒー（ハード・ロブスタ）を出荷している地域である．行政区分で見ると，北部高地のコーヒー産地は，キリマンジャロ州の6県全県（ロンボ，モシ，スィハ，ハイ，ムワンガ，サメ県）とアルーシャ州アルメル県にまたがり，アフリカ人小農による生産だけでなく，大農場での生産も行われている．南部高地では産地が分散しており，主産地はムベヤ州のムボズィ県とルングウェ県，ルヴマ州のムビンガ県であり，アフリカ人小農による生産である．湖西地域のコーヒー主産地はカゲラ州内のブコバ，カラグウェ，ムレバの3県で，アフリカ人小農による生産である．これらのコーヒー産地の長期的な生産動向を図表3-03に示したが，マイルド・アラビカに着目すると，1980年代初期まで圧倒的な構成比を占めていた北部高地（図表3-03の「北部高地：大農場」，「北部高地：アルーシャ州（小農）」，「北部高地：キリマンジャロ州（小農）」の合計値）は生産量がそのあと激減し，代わって南部高地（図表3-03の「南部高地：ルヴマ州」と「南部高地：ムベヤ州」の合計値）が生産を伸ばしている．近年は，キリマンジャロ山から遠く離れた南部高地がタンザニア産アラビカ種コーヒー，つまりは「キ

リマンジャロ」の過半を産する主産地となっている．タンザニアのコーヒー産出量は，国際価格の急落に連動して急落してはいないが，それは本来の主産地であった北部高地での生産量激減を南部高地の増産が一部相殺していることによる．

　農業投入財の入手が困難であるという条件のもとで，コーヒー生産者価格が下落した場合，コーヒー農家が採りうる「自衛策」は以下のようなものであろう．

　a）無策（ひたすらコーヒー価格の回復を待つ）
　b）コーヒー部門内での自衛策
　　b-1）コーヒー生産（栽培地，樹木数）の拡大
　　b-2）製品差別化（有機栽培コーヒー，フェア・トレード等）
　c）農業部門（畜産を含む）内での自衛策
　　c-1）コーヒー栽培地で他の作物へ作目転換（国内市場向けのトウモロコシ，料理用バナナ生産等）
　　c-2）農業部門の他の下位部門への主軸移行（酪農，蔬菜生産等）
　d）農業部門以外への主軸移行
　　d-1）村内および周辺地域での農村非農業就業の展開
　　d-2）都市部等での移動労働に従事（農村・都市労働移動：送金への期待）
　e）他地域での営農をめざしてコーヒー産地から挙家離村（農村間移住）

　おそらくは北部高地と南部高地ともに，a）を採用している農家がかなりの数に達すると思われるが，地域全体の生産動向から判断すれば，南部高地ではb-1）という対応が顕著であり，北部高地ではc）以下の自衛策が採用されたと見なせる．なぜ両地域で対応が異なるのかについては，その歴史的，社会的，経済的，地理的要因が複雑に絡み合っていると思われるが，容易に指摘できることは，北部高地がタンザニアと隣国ケニアの交通の要衝にあり他の経済活動へ参入しやすいのに対して，南部高地は相対的に辺境に位置していることである．また，北部高地はコーヒー栽培に適した開拓可能地がすでに消滅しているのに対して，南部高地では周辺部にコーヒー栽培が可能な

地域がいまだ存在していることである．このような条件から，北部高地ではコーヒー離れが起こり，南部高地では価格の減少を生産量の増大で補うためにコーヒー依存が強化されていると考えられる．ただし，南部地域については地域レベルで見て生産量が増えているということであり，生産農家レベルで見て生産量が増大していることを必ずしも意味しない[3]．

生産の激減する北部高地

　上記のようにタンザニアにおけるコーヒー産業は低迷しているが，2000年前後でも40万世帯がコーヒーを主たる所得源とし，180万人（全人口の5.5％に相当）がコーヒー産業に直接関わっていたと，タンザニア・コーヒー公社は推計しており，タンザニアにおけるコーヒーの重要性を強調している．そして，栽培適地65万haのうち25万haしか利用されておらず，マイルド・アラビカ種の生産性は249kg/haと世界の最低水準[4]にあることから，今後コーヒー生産を増大していく余地は十分にあると同公社は判断している[Tanzania Coffee Board, n.d.: 2]．そのような期待が実現される状況にあるのかどうかを，以下ではコーヒー生産量が激減している北部高地に焦点を当てて，検討を続けていきたい．

　北部高地はコーヒー生産のおかげで，タンザニアで最も裕福な農村地帯となってきた[5]．1998/99年度に実施された農業サンプル調査によれば，北部

---

3) 1990年代半ばのコーヒー流通自由化以降に南部高地のルヴマ州ムビンガ県においてもコーヒー生産農家が経済的に苦境に陥っていることを，［加藤2001］，［Mhando 2005］が明らかにしている．彼らの分析に信を置くならば，南部高地のムビンガ県では既存のコーヒー生産地でコーヒー生産が減少し，周辺地域に新開のコーヒー生産地が広がったために，県全体としては生産量が維持・増大されたと推定できる．

4) ［辻村2009：91］によれば，タンザニアのマイルド・アラビカの1993～97年の生産性は172kg/haで世界一低く，一方ブラジルの標高の低い平野部の大農園では農業機械を利用して世界一の生産性を実現しており，500haを超える大規模農園では，3000～4200kg/haにも達しているという．

5) 近畿大学の池上甲一教授と鶴田格助教授のご厚意により，私は2006年2月にタイのチェンマイ市から北方に車で1時間ぐらいにあるコーヒー生産農村を訪問する機会を得た．タイでは相対的に貧しいといわれる当該農村は，タンザニアで最も裕福なキリマンジャロ農村地帯よりもはるかに裕福であるとの印象を受けた．辻村［2009］が主張するキリマンジャロ州のコーヒー農家への支援の必要性に対して，私はタンザニアの農村

高地には14万9180世帯のコーヒー農家（小農）による6万haのコーヒー園が存在し［TNA98 2001: table 13D］，2002/03年度のサンプル調査では11万4102世帯，4万1573haであった［TNA022 2006: Appendix A2 Table 13D］．いずれのサンプル調査結果も信頼できるとすれば，1990年代後半から2000年代初期のわずかな期間にも，コーヒー農家数とコーヒー生産面積は相当減っていることになる．植民地期以来展開されてきたコーヒーを中心とした経済活動からの転換が図られていることが，これらの数値からも読み取れる．コーヒーからの収入はそれまで，投資を可能とする貯蓄を農家にもたらしてきた．消費支出を上回る余剰資金は，コーヒー部門に再投資されるだけでなく，他の農業部門，非農業部門そして教育へと投資された．とくに教育への投資は，北部高地から高学歴者を輩出し，都市部のフォーマル・セクターでの就職を容易とした．都市への移出が土地に対する人口圧の増大を軽減し，また都市居住者による出身農村への所得移転を可能としてきた[6]．このような経済活動の好循環の起点に位置してきたのが，コーヒー生産であった．
　しかしながら，北部高地のコーヒー農民は，過度にコーヒーに依存して

間での地域間格差を拡大する危険性があると考えると同時に，国際的に見て必ずしも恵まれていないと思われるタンザニアのコーヒー農家への支援は必要であるとも感じている．

6) キリマンジャロ州に関する統計資料［Tanzania, NBS & KRCO 2002: x, 20］には，同州の中等教育と人口移出に関して以下のように記されている．「教育部門について，キリマンジャロ州は独立以来つねに諸州のなかで最大の中等学校数と職業訓練校数を維持してきた」，「1978年から1988年の10年間に，12万4383人の純人口移出（negative net lifetime migration）があった．この数値は，タンザニア本土部分で最大の純人口移出数である．……（中略）……人口に対して肥沃な可耕地が不足しているために，キリマンジャロ州の住民を州外に押し出す傾向が続いている．州内で代替的な生計手段がないことも，原因である」．
　この時期以降に，キリマンジャロ州の人口移出は加速化されたようである．同州は，人口センサスが実施された1988年，2002年のいずれの年においても，純人口移出が最も多い州となっている．州の「純」人口移出入は出生州と人口センサス時点での居住州が相違する人口で計測され，（移入人口―移出人口）という計算式で算出されている．1988年時点でキリマンジャロ州は移入人口9万3040人，移出人口21万7423人で，12万3765人（この数値は上記の12万4383人と一致すべき数値と思われる）の純人口移出州であり，2002年時点では移入人口14万8016人，移出人口41万6038人で，26万8022人の純人口移出州であった［TP025A: Table 9.1］．1988年と2002年を比較すれば，移出人口の増大が顕著である．

きたわけではない．彼らはすでに 1960 年代後半にコーヒー価格の下落を経験していた．その折には，タンザニア政府が酪農を奨励している．スミス (C. Smith) によれば，「タンザニア政府はコーヒー経済の不況を認識し，1968 年に第 2 次 5 ヶ年計画の一環として全国的に脱コーヒー計画 (coffee diversification programme) を，国際コーヒー協定の支援のもとに開始した．国際コーヒー協定は，コーヒー栽培地に他の作物を導入することを奨励する脱コーヒー基金 (Coffee Diversification Fund) をすでに設立していた．キリマンジャロ山地域での農家経営の多角化として，政府は改良種の乳牛（主としてジャージー種とガンジー種）を導入して商業的酪農を開発することを試みた」[Smith 1980: 33]．おそらくはその成果と思われるが，1984 年，1994/95 年度，1998/99 年度，2002/03 年度のいずれの家畜センサスにおいても，タンザニア本土部分の乳牛の半数以上が北部高地で飼養されている [TBDA81 1987: Table 12.1; TBDA94 2002: Table 10.1; TNA023 2006: Appendix II Table 18.6]．北部高地でコーヒー生産量が伸びていた 1960 年代後半にすでに，北部高地ではポスト・コーヒー経済が模索されていたのである．図表 3-03 を子細に検討すれば，北部高地とくにキリマンジャロ州の小農によるコーヒー生産量は，構造調整政策が導入された 1986 年よりも早い 1980 年代初期から下落傾向を示している．構造調整政策による経済自由化は，少なくとも北部高地にとっては，生産減の直接的な契機であったというよりは，下落傾向を促進した要因であったと見なしたほうが妥当であろう．

　コーヒー以外の現金所得源を模索した結果として，2000/01 年度にはキリマンジャロ州では「換金作物販売を主要な現金所得源とする世帯」は全体の 12％にすぎず，タンザニア本土平均の 17％をも下回っており（図表 3-04），食糧作物販売に主として依存する世帯が 40％を超えるまでになっている．おそらくはコーヒー栽培を継続している農家も多いと思われるが，それが主たる所得源とは位置づけられないようになっているということであろう．ルヴマ州（州内にタバコ産地も抱える）を除くコーヒー産地である他州においても，換金作物販売依存世帯の比率が少ないことが特徴的である．キリマンジャロ州については，前述したように乳牛飼養がさかんに行われているはずであるが，この資料では家畜販売依存世帯 5％，畜産物販売依存世帯 1％と意外

図表 3-04　主要現金所得源別に見た世帯の分布（2000/01 年度）

(%)

州名 主要所得源	キリマンジャロ	アルーシャ	ルヴマ	ムベヤ	カゲラ	本土全体
食糧作物販売	42	32	24	50	55	41
家畜販売	5	17	0	0	2	3
畜産物販売	1	1	1	0	0	1
換金作物販売	12	10	56	12	21	17
事業所得	10	11	6	15	6	13
賃金／俸給	6	16	6	6	5	9
臨時雇現金所得	8	7	3	9	5	6
送金	11	1	2	3	2	4
漁業	3	0	1	0	2	2
その他	2	5	2	4	2	4
合計	100	100	100	100	100	100

出所）THB00: Table C25.

と少ない．一見整合的でないように思えるが，おそらくは多くの世帯が関与しているものの，他の所得源を超えて主たる現金所得源とはなっていないということであろう．もう1点キリマンジャロ州について触れておくべきは，主として送金に依存している世帯が11％もあり，他のコーヒー産地諸州と比べても高率である点である．前述したような高学歴者の移出と出身農村への所得移転を窺わせる数値である．

キリマンジャロ州において主としてコーヒーと推定しうる換金作物販売への依存世帯の比率の低さは，逆説的であるが，これまでのコーヒー収入によってもたらされた投資資金の成果である．北部高地における現金所得源の多様化は，構造調整政策後のコーヒー経済の苦境に対する自衛策というよりも，より長期的な生計戦略という意味合いを持っている．しかしながら，その起点にはコーヒー収入が位置しており，コーヒー収入の減少が，コーヒー離れを阻害することも十分にありうる．キリマンジャロ州においてコーヒー以外の経済活動が，かつてのコーヒーほど地域を潤していないことは，図表3-05に示した諸指標から推察される．同表のA）〜H）の住居，教育，医療

第3章 ムワンガ県の農業・食糧問題

図表 3-05 キリマンジャロ州農村部に関連する社会経済指標

			キリマンジャロ州	本土諸州での順位	タンザニア本土農村平均
住居	A)	近代的な建材による家屋に居住する世帯	84%	1/19	31%
	B)	電灯線を引き込んでいると回答した世帯の比率	13%	1/19	2%
教育	C)	成人（15歳以上）の中等教育（Form1-6）経験	8%	1/19	2%
	D)	成人識字率	84%	1/19	67%
	E)	小学校までの平均距離	0.9km	1/19	2.1km
	F)	中学校までの平均距離	5.3km	1/19	15.4km
医療	G)	医療機関までの平均距離	2.0km	1/19	4.7km
	H)	水道を利用する世帯の比率	60%	1/19	28%
土地保有	I)	全農村世帯の平均保有面積	1.5エーカー	19/19	5.3エーカー
	J)	農牧用地を保有する農村世帯の比率	75%	19/19	89%
	K)	土地保有世帯当たりの平均保有面積	2.1エーカー	19/19	6.0エーカー
所得	L)	世帯あたりの平均月収	TShs. 12,917	12/19	TShs. 14,128
	M)	成人換算で見た平均支出	TShs. 11,060	4/19	TShs. 10,064
	N)	食糧貧困ライン以下の世帯（農村＋都市）の比率	11%	5/20	19%
	O)	基本的生活貧困ライン以下の世帯（農村＋都市）の比率	39%	7/20	36%

出所）THB00: Table C2, C3, C9, C13, C15, C17, C18, C26, C27, C28, C29.
注）ダルエスサラーム州は都市主体の州であり，多くの指標で除外されているため，多くの指標で母数が20州（当時）ではなく，19州となっている．

に関する指標で，キリマンジャロ州農村部は他州の農村部よりも良好な状況にあるが，これらの指標は過去の経済的繁栄の残滓ともいうべきものである．現在の経済状態を反映するL)～O)の指標においてキリマンジャロ州は最上位ではない．そして，タンザニアのなかでも土地不足がとくに深刻であることは，I)～K)の指標で示されており，土地保有世帯の比率も土地保有世帯当たりの保有面積もタンザニア諸州のなかで最低となっている．

123

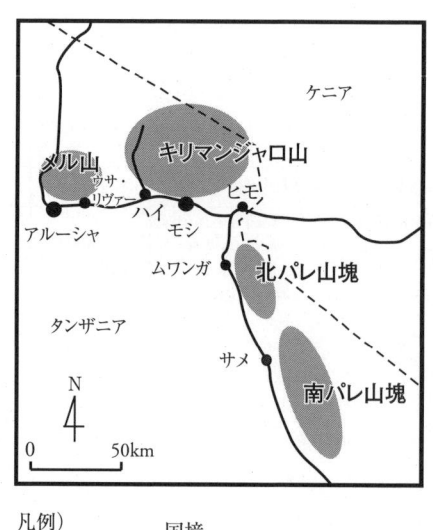

図表 3-06　タンザニア北部高地の山岳と都市
出所）池野作成．

　さて，すでに第 2 章で触れたように，まさに国際的なコーヒー危機の時期である 2000 年に，タンザニアでは新たな国家開発計画として貧困削減政策が採用された．この政策転換に呼応して，なんらかの集団的な対応が試みられる 1 個の存在として，タンザニア北部高地を措定することは，いささか困難なようである．図表 3-06 に示したように，北部高地はメル山，キリマンジャロ山，北パレ山塊，南パレ山塊の 4 つの山岳部とそれらの周辺に位置する平地部から構成されており，各山岳地帯と周辺平地とをそれぞれ 1 個の域内社会経済圏と見なして分析するほうが，より適切であると判断した[7]．地理的空間による区分のみならず社会経済的にも別個の単位と見

---

7) このキリマンジャロ・コーヒー産地を中心とするコーヒー経済の研究は，2004～06 年度に「東アフリカ諸国におけるコーヒー産地をめぐる地域経済圏に関する実証的研究」と題して科学研究費助成金・基盤研究（A）（研究代表：池野旬．2004 年度 16252005）として実施し，研究成果は [Ikeno ed. 2007] にまとめた．

図表3-07　北部高地地域の域内社会経済圏

	1	2	3	4	5	6
山岳	メル山	キリマンジャロ山 西部	中南部	東部	北パレ山塊	南パレ山塊
行政区分						
州名	アルーシャ	キリマンジャロ				
県名	アルメル	ハイ*	モシ	ロンボ	ムワンガ	サメ
民族集団						
山間部	メル人/アルーシャ人	チャガ人			パレ人	
平地部	メル人/アルーシャ人/チャガ人/パレ人/カヘ人/マーサイ人					
中心都市	アルーシャ市/ウサ・リヴァー町	ハイ町	モシ市	ヒモ町	ムワンガ町	サメ市
協同組合連合会 (CU)	アルーシャ CU (ACU)	キリマンジャロ原住民 CU (KNCU)			ヴアス CU (VCU)	

出所）池野作成．
注）＊2005年に北部地域はスィハ県として分離されたが，本表ではまとめてハイ県と表示した．

なしうる理由は，図表3-07にまとめたような事情による．行政区分で見ると，メル山のコーヒー産地はアルーシャ州アルメル県，キリマンジャロ山のそれらはキリマンジャロ州ハイ県（2005年に分離されたスィハ県を含む），モシ県，ロンボ県，北パレ山塊は同州ムワンガ県，南パレ山塊は同州サメ県に属している．タンザニア国内で国民は移動の自由を保障されているが，それぞれのエスニック・グループは今でも主要な居住地域を有しており，メル山はメル人（Meru）とアルーシャ人（Arusha），キリマンジャロ山はチャガ人（Chagga），北パレ山塊と南パレ山塊はパレ人の居住地域と認識されている．そして，後述するように1993/94年度までコーヒーはすべて協同組合組織を通じて買い上げられていたが，メル山ではアルーシャ協同組合連合会（Arusha Cooperative Union），キリマンジャロ山ではキリマンジャロ原住民協同組合連合会（Kilimanjaro Native Cooperative Union），北パレ，南パレ山塊ではヴアス協同組合連合会（Vuasu Cooperative Union）が買付を担当し，買付価格は必ずしも同一ではなかった．このような地理的，行政的，民族的，組織的な分断が，

北部高地全体としての対応を阻害し，地域ごとの差異を生み出していると想定される．以下では，ムワンガ県，すなわちコーヒー産地である北パレ山塊と周辺の平地部を，北部高地というより広い地理的空間のなかに形成された1個の域内社会経済圏として検討していきたい．

1-2. ムワンガ県のコーヒー経済

　1978/79年度，1986/87年度ならびに1990年については，村落レベルの詳細なコーヒー栽培面積の推計値を利用しうる（図表1-03の「コーヒー生産面積」欄）．1978/79年度には，山間部の31村と平地部の2村[8]に5987人のコーヒー農民がおり，1700haの面積で229万5000本のコーヒー樹を栽培していた[Mwanga, C/GENERAL/VOL.I/9]．1986/87年度には，山間部の5981人のコーヒー農民が2532haでコーヒーを栽培していた[Mwanga, C/GENERAL/VOL.I/128]．1990年4月に実施されたコーヒー・センサスによれば，山間部の34村の6635人のコーヒー農民によって2342haで307万3582本のコーヒー樹が栽培されていた［Mwanga, KI/S40/18］[9]．コーヒー農民1人あたり0.36haのコーヒー栽培面積となる．北パレ山塊の山地村のなかでは，北端部のウグウェノ郡の諸村落と南端部のレンベニ郡の諸村落でコーヒー栽培が盛んである．両地域はムワンガ県内では交通の便が悪い地域である．交通の便のよいタンザニア北部高地でコーヒー離れが進行し，交通の便の悪い南部高地でコーヒー依存が強まっているという，タンザニア全体でのコーヒー生産動向の相違を彷彿とさせる．

　図表3-08は，ムワンガ県農政局と1993/94年まで独占的に同県のコーヒーを買い付けていたヴアス協同組合連合会の推計値に基づいて，コーヒー生産の動向を示したものである．出所によって数値に相違が存在するもの

---

8) 平地部でコーヒーを栽培していたわけではなく，村域の主体部分が平地部に位置している村落の山間部で栽培されていたということである．

9) 原資料の合計値の欄には農民数6841人，コーヒー樹307万3578本と記されていたが，これらの数値は個々の村落の数値の合計値と一致しない．本文では，村落の数値の合計値を示した．

第 3 章　ムワンガ県の農業・食糧問題

図表 3-08　ムワンガ県におけるコーヒー生産の動向

年度	生産面積 (ha)	出所	(ha)	出所	生産量 (トン)	出所	(トン)	出所	(トン)	出所	VCU買付量 (トン)	出所	(トン)	出所
1977/78	1,700	(C1-9)			539	(C1-27)			363	(C1-9)				
1978/79					364									
1979/80					503									
1980/81	2,319	(C1-27)			725									
1981/82					706	(C1-69)								
1982/83					736	(C1-99)								
1983/84					675	(C1-115)								
1984/85					580				674	(C1-128)	675			
1985/86	2,100				687				680	(C1-230)	767			
1986/87	2,100		2,532	(C1-128)	392						385			
1987/88	2,100				518	(C4-43)					528			
1988/89	2,100				683						684			
1989/90	2,100	(E3-9)	2,342	(K40-18)	251						257			
1990/91	2,100		2,100		419						416			
1991/92	2,100		2,472	(E2-29)	509				519	(E3-9)	509			
1992/93	2,100		2,472		494						479			
1993/94	2,100		2,472		220						219			
1994/95			2,472	(E2-34)	500						65	(VCU)		
1995/96	2,374		2,472	(E2-44)	566						276			
1996/97	2,374		2,472		393						41			
1997/98	2,374		2,472	(E2-62)	94						19			
1998/99	2,478				163	(M2-72)	163				21			
1999/00	2,428	(E3-120)	2,374		220		220				13			
2000/01	2,428		2,374	(E3-79)	441		441				2			
2001/02	2,374		2,374		171		171				0			
2002/03	2,374		2,374		100		100	(C5-13)			95		100	(C新5-13)
2003/04	2,374		1,533	(E3-88)	75		102		72	(E3-120)	51		102	(C新5-13)
2004/05	2,374		1,533	(P4-156)	102		135		55	(E1-114)	34		69	(C新5-13)
2005/06					40		18		135	(M2-42)			47	(M2-67)
2006/07			1,056	(M2-67)	82		82						47	(C新5-13)
2007/08							24		24	(M新2-8)	13	(M新2-8)	13	(C新5-13)
2008/09			1,056	(E再4-11)			16		16	(E再4-11)				

出所）本表内に出所として記入した略号の内容は以下のとおり．
　E2-29, E2-34, E2-44, E2-62: Mwanga, AGR/C/EST/VOL.II/29, 34, 44, 62.
　E3-9, E3-79, E3-114, E3-120: Mwanga, AGR/C/EST/VOL III/9, 79, 114, 120.
　E 再 4-11: Mwanga, AGR/MW/CEST/ 再 VOL IV/11.
　M2-42, M2-67, M2-72: Mwanga, AGR/MW/MK/COF/VOL.II/42, 67, 72.
　M 新 2-8: Mwanga, AGR/MW/MK/COF/ 新 VOL.II/8.
　C1-9, C1-27, C1-69, C1-99, C1-115, C1-128, C1-230: Mwanga, C/GENENERAL/VOL.I/9, 27, 69, 99, 115, 128, 230.
　C4-43: Mwanga, AGR/C/GEN/VOL.IV/43.
　C 新 5-13: Mwanga, AGR/MW/C/GEN/ 新 VOL.V/13.
　K40-18: Mwanga, KI/S40/18.
　P4-156: Mwanga, AGR/MW/FP/VOL.IV/156.
　VCU: Vuasu Co-operative Union (1984) Ltd. 2006: 3.

の，同県農政局は1980/81～2004/05年度のコーヒー栽培面積は2100～2532haで推移し大きな変化はなかったと推計している．2003/04年度に面積がかなり減少しているという別の数値が提示され，2006/07年度に栽培面積が1056haとなっていると，大幅な面積の減少が公式に表明されるようになった．また同年度には，1416人のコーヒー農民が137万2300本のコーヒー樹を栽培していると推定されており [Mwanga, AGR/MW/MK/COF/VOL.II/67; Mwanga, AGR/MW/FP/VOL.VI/44]，栽培面積だけでなく，栽培農民数，栽培本数も激減していることになる．ムワンガ農政局の資料をつなぎ合わせれば，栽培農民数については1978/79年度5987人，1986/87年度5981人，1990年6635人から2006/07年度には1416人に減少し，栽培本数については1978/79年度229万5000本，1990年307万3582本から2006/07年度には137万2300本に減少している．

　県農政局が作成したデータ以外では，全国規模で実施された1998/99年度農業センサスがコーヒー生産に言及している．同資料によれば，ムワンガ県には全農家数の33.6％にあたる3323のコーヒー栽培農家があり，884.43ha（同県の耕地面積の8.1％）でコーヒーが栽培されており，栽培農家当たり0.27haであった [TNA98Kilimanjaro: Appendix A2, Table01, 09, 13D, 75]．栽培農家数については，上記の栽培農民数が1990年から2006/07年度にかけて減少しているという数値と合致するが，栽培面積については，県農政局が2006/07年度に下方修正した推計値1056haよりも1998/99年度段階ですでに低い．この資料によれば，北部高地の他県と比べてムワンガ県は，農家比率や栽培面積が少なく，コーヒー生産への編入のされ方が北部高地のなかで最も弱いと判断される．

　さて，コーヒー生産面積に変化はないと長らく表明してきた同県農政局も，コーヒー生産量は1980年代後期の600～700トン（コーヒーの果実から外皮等を除去したパーチメント・コーヒーでの重量換算）から2000年代中期には100トンを切るまでに激減していると，認識している．図表3-08の2005/06年度には40トン [Mwanga, AGR/MW/MK/COF/VOL.II/72]，135トン [Mwanga, AGR/MW/MK/COF/VOL.II/42] と著しく異なる2つの数値が同一ファイルに収録された別の文書に示されており，さらに別のファイ

ルの文書［Mwanga AGR/MW/C/GEN/ 新 VOL.V/13］には「極度の旱魃」と注記されて18トンと，驚くべく低い生産量が記されている．買付業者の買付量を示した他の資料［Mwanga, AGR/MW/MK/COF/VOL.II/67］と照合すれば，135トンが妥当な数値とも思われるが，県農政局は40トンを引用することが多い．実際にはそれよりも少ない18トンであったこともありうる．2005/06年度の生産量を18トンと記した文書では，2007/08年度も24トンとそれに次ぐ低生産量を記録している．そして，2008/09年度には16.4トンという最低値を記録するに至った［Mwanga, AGR/MW/CEST/ 再 VOL.IV/11］．

　コーヒー生産が落ち込みつつあった時期に，1993/94年度までムワンガ県内の8つの単位協同組合[10]を通じてコーヒーを独占的に買い付けてきたヴアス協同組合連合会は，以前にもまして経営基盤が危うくなっている．1993/94年度まではヴアス協同組合連合会の買付量とムワンガ県の生産量はほぼ一致していた（制度上，一致しないことのほうがおかしい）が，1994/95年度に民間業者がコーヒー買付に参入し，ヴアス協同組合連合会も1買付業者にすぎなくなり，1994/95年度以来ヴアスの買付量が激減しているためである（図表3-08）．すでに述べたように，構造調整政策の一環として実施されたコーヒー流通の自由化では，流通制度の効率化と高生産者価格の実現とが期待されていた．しかしながら，2000年代初期の「コーヒー危機」と称された歴史的な低国際価格と国内的な要因が相俟って，高生産者価格は達成されていない．その一方で，為替レートの自由化と政府補助金の撤廃によって，多くを輸入に依存していた農薬や化学肥料といった農業投入財価格は急騰し，農民の使用量は激減した．その結果，コーヒーの生産性が落ち，さらに生産総量も落ち込むという悪循環に陥ってしまった．2006年に聞き取りを

---

10) ヴチャマ・ンゴフィ農村協同組合 (Vuchama Ngofi Rural Cooperative Society. 図表1-02と図表1-03の村落番号35のヴチャマ・ンゴフィ村所在)，ムワキママ (Mwakimama) 農村協同組合 (同37)，ラア (Raa) 農村協同組合 (同39)，カムワラ (Kamwala) 農村協同組合 (同45)，キンドロコ (Kindoroko) 農村協同組合 (同62)，ングジニ (Ngujini) 農村協同組合 (同22) ならびにキノコ (Kinoko) 農村協同組合 (同24) である．2006年8月に単協の聞き取り調査を実施したが，ムワキママ農村協同組合は数年来閉鎖されているということであった．

行ったヴアス協同組合連合会幹部は,「高い生産者価格を実現しうるフェア・トレードに興味があるが,開始できずにいる。担当しているムワンガ県とサメ県で高品質のコーヒーを必要量調達できる保証がないためである」と回答した[11]。

ムワンガ県経済を支えてきたともいうべきコーヒー生産の激減に対して,ムワンガ県はコーヒー経済の再建を最優先した農業政策を展開しようとしている。地方分権化のもとで策定を求められていた県農業開発計画（District Agriculture Development Programme）において,ムワンガ県農政局長は2003年4月23日付の公信でキリマンジャロ州事務次官に対して,以下のような優先順位での予算配分を要望している［Mwanga, AGR/MW/GEN/VOL.I/20］。

1. コーヒー改良計画　　　　　　TShs. 35,490,000/＝（初年度分,以下同じ）
2. 園芸作物生産の拡大　　　　　TShs. 27,806,900/＝
3. 灌漑計画地の補修　　　　　　TShs. 7,712,600/＝
4. 普及活動の強化と技術移転の増進　TShs. 29,000,000/＝
5. ウシの薬浴場の補修（2ヶ所）　TShs. 9,258,950/＝
6. ウシ繁殖センターの建設（3ヶ所）　TShs. 6,469,600/＝
　　　　　　　初年度合計　　　　TShs. 115,738,050/＝

本章の後段との関連で指摘しておけば,慢性的な食糧不足を報告していながら,食糧作物増産に資するような計画案はようやく4番目に位置づけられているにすぎない。ともあれ,この計画に沿って,ムワンガ県農政局は5ヶ年コーヒー再生計画を2004年に開始した。この政策文書［Mwanga, AGR/C/GEN/VOL.IV/147］の要約には,以下のように記されている。

---

11) 2006年8月1日,サメ県サメ市にあるヴアス協同組合連合会本部での聞き取りによる。
　キリマンジャロ山ルカニ村産のコーヒーのフェア・トレードに実践的に関わっている辻村も,フェア・トレードのためには「収穫量と品質が低下しないという条件が必要」であり,「本格的なフェア・トレードがはじまっているが,病虫害や異常気象のために,相変わらず輸出可能量の変動が著しい。農産物のフェア・トレードの最大の限界はここにある」［辻村 2009：150］と指摘している。

過去50年にわたって，キリマンジャロ州ムワンガ県は唯一の換金作物としてコーヒーを栽培してきた．しかしながらこの5年間は，異常に低い国際価格，コーヒー投入財の価格高騰，古くて収量の少ないコーヒー樹ならびに不十分な農業普及サービスのために，著しい困難に見舞われてきた．

このような問題点にもかかわらず，コーヒーは県経済の再生と住民の貧困削減に対して最も潜在力を有している．それゆえ，県は5ヶ年のコーヒー再生計画を策定し，
(i) コーヒー生産面積を2008年までに現在の2375haから4100haに拡大すること
(ii) コーヒーの収量を現行の190kg/haから500kg/haに増大すること
(iii) 競売にかけられるコーヒーの品質を向上すること
をめざす．

この目標の達成のために，古い樹木の植え替え用と新たな栽培地用として毎年33万8000本のコーヒーの苗木を配布し，8つのコーヒー加工場 (central pulpery) を開設し，農業普及サービスと農業投入財の適時配送の改善について模索する．

このように，県農政局はコーヒー再生を県農業の再建の中核と見なし，すでに計画に着手している．しかしながら，おそらくは国内外の原因によって5年以上前から減少傾向にあったと容易に推定されるコーヒー栽培面積に関して，この時点でも県農政局は2375haと非常に甘い推計を行っている．上述したごとく県農政局は2006/07年度には栽培面積を1056haに下方修正することになるが，それはすなわち，県農政局が考えている以上にコーヒー離れは深刻であり，農民はコーヒーを見限りつつあることを示している．よほど魅力的な提案がないかぎりは，農民はコーヒーに戻ってこないように思われる[12]．

---

12) ムワンガ県農政局もこの点を十分認識しているようであり，コーヒー再生計画と並んで，農民に代替的な作物の栽培を奨励しようとしている．2004年10月5日付のキリマンジャロ州事務次官から管轄下にある5県の県行政長 (DED) 宛の公信において，

同様のことは，タンザニア全体についても指摘しうる．2006年6月に首相が招集した会議において，コーヒー生産を2005/06年度の5万トンから2009/10年度には12万トンに引き上げるために，年度ごとに適切な増産計画を作成することが決定され，2006年7月16日付でタンザニア・コーヒー公社からコーヒーを生産する42県の県行政長宛に公信が発せられた．その文書によれば，タンザニア・コーヒー公社は，ムワンガ県の2005/06年度時点での「平均」生産量（「平均」をどのように算出したのかは文書から不明）を200トンとし，2006/07年度220トン，2007/08年度264トン，2008/09年度343トン，2009/10年度650トンという増産を予定している[Mwanga, AGR/MW/C/GEN/VOL.V/17]．図表3-08によれば，2005/06年度の生産実績は40トン（あるいは135トンか18トン），2006/07年度は82トン，2007/08年度は24トンであるから，目標値を大きく下回っている．2009/10年度に650トンという目標値は，タンザニアの国家開発計画全般に見られる過大な数値目標を彷彿させるものであり，その達成には大きな疑問が伴う．

タンザニア・コーヒー公社は，2008年10月23日付で同じ目標値を記した公信を再度発信している[Mwanga, AGR/MW/C/GEN/新VOL.V/18]．今回の文書には，各県の2005/06～2007/08年度の実績値も記されているが，ムワンガ県の実績値は，2005/06年度27トン，2006/07年度134トン，2007/08年度144トンであり，県の推計値と異なるこれらの数値がどのように割り出されたものであるのかは不明である．2007/08年度実績144トンとされたムワンガ県には，2008/09年度343トン，2009/10年度650トンという，とうてい達成困難な目標値が課せられたままである．

なお，ムワンガ県農政局の『作物生産推計』ファイルには，上記のタンザニア・コーヒー公社からの公信よりもあとの時期に，キリマンジャロ州

「ヴァニラはコーヒー・バナナ栽培地でよく育つ」ためにヴァニラ栽培を奨励するよう指示されている[Mwanga, AGR/C/EST/VOL.III/103]．これを受けてムワンガ県行政長から指示を受けた同県農政局長（DALDO）は，2004年11月2日付のDED宛の公信において，11の山地村においてヴァニラ栽培実験を開始する旨，回答している[Mwanga, AGR/C/EST/VOL.III/105]．さらに，2005年5月20日付のDALDOからDED宛の公信においては，ヴァニラ，パプリカ，ブドウ，アーテミシア（Artemisia：マラリア薬の原材料）栽培の可能性について言及している[Mwanga, AGR/C/EST/VOL.III/113]．

行政府が管轄下の6県の作物生産を推計したと思われる表(作成者に関するデータが欠落している)が所蔵されている．その表では，2008/09 年度のムワンガ県のコーヒー生産面積は 1060ha，生産量は 340 トンと推定されており [Mwanga, AGR/MW/CEST/ 再 VOL.V/8]，上記のタンザニア・コーヒー公社の数値とほぼ近い．それに対して，ムワンガ県行政長はキリマンジャロ州事務次官宛に 2009 年 4 月 28 日付で公信を発し，2008/09 年度のコーヒー生産面積は 1056ha，生産量は旱魃のために 16.4 トンに激減したと実績値を報告している [Mwanga, AGR/MW/CEST/ 再 VOL.V/11]．

1-3. 山地村2村の事例

以下では，ムワンガ県におけるコーヒー離れの現状について事例をもって紹介していく．私は 1992 年にムシェワ (Mshewa) 村 (図表 1-02 と図表 1-03 の村落番号 62) で聞き取り調査を実施し，2005 年にはムクー村 (同 50) で同様の調査を行った．両村は山間部に位置しており，コーヒー栽培地域の一角をなしている．ムシェワ村は北パレ山塊の東斜面に位置する村落であり，1992 年 11 月，すなわちコーヒー流通自由化以前に，無作為に 26 世帯を抽出し社会経済状況について調査した．一方，ムクー村は，私の主たる調査地であるキルル・ルワミ村キリスィ集落に隣接する，北パレ山塊の西斜面に位置する村であり，1993 年にムフィンガ村から分離新設された村である．同村においては，コーヒー危機のあとの 2005 年 7 月に，低迷するコーヒー経済への対応策を探るために，18 世帯で聞き取り調査を行った．ムクー村での調査対象世帯は，村長 (Village Chairperson/*Mwenyekiti wa Kijiji*)，村落行政官 (Village Exective Officer/*Afisa Mtendaji wa Kijiji*)，村区長 (Sub-village Chairperson/*Mwenyekiti wa Kitongoji*)，10 軒組長 (10 Cell Leader/*Balozi wa Nyumba kumi-kumi*) といった村役人[13]の世帯である．それまでにムクー村を何度も訪問しており，

---

13) 村長と村区長は村民の選挙によって選出される役職であり，村落行政官は政府によって任命される役職である．また，10 軒組長は 10 軒程度の世帯の代表である．1992 年の複数政党制の導入までタンザニアでは行政組織と党組織が不可分に結合されており，10 軒組は行政組織ならびに党組織の最末端の単位であった．同年に両者が分離されて，10

これらの対象世帯は必ずしも村落内で経済的に上層にはないとの印象を得ており，調査結果の上方偏向はないものと思われる．

さて，生産者レベルでコーヒーに関連する資料を収集することは至難の業である．幸いにも1992年の調査においては，ムシェワ村に所在するキンドロコ農村協同組合（Kindoroko Rural Cooperative Society）の組合員の個票を閲覧することができた．当時，ヴアス協同組合連合会は傘下にある単位協同組合を通じてムワンガ県のコーヒーを全量買い付けており，そのような単位協同組合の1つであるキンドロコ農村協同組合には，担当地域であるウサンギ郡12村の協同組合員の個票を収納したファイルが整備されていた．個票には，コーヒーの買付日，買付量，金額が記録されていた．ムシェワ村の組合員を抽出し，組合員それぞれの1990/91年度と1991/92年度のコーヒー出荷総量を個票から集計した結果が図表3-09である．同表からは興味深いことが読み取れる．

第1に，コーヒー出荷世帯数の少なさである．図表3-09では，1990/91年度に160人，1991/92年度に180人の組合員がコーヒーを出荷していた．複数の組合員が同一世帯の世帯構成員になっていることがあるため，1990/91年度の160人について精査したところ，137世帯となった．現地調査によれば1991年にムシェワ村の世帯総数は354であったので，同村の半分以下の世帯しかコーヒーを出荷していなかったことになる．ムワンガ県農政局の記録 [Mwanga, C/GENERAL/VOL.I/9, 29, 115] によれば，ムシェワ村のコーヒー出荷量は1978/79年度9926kg，1980/81年度9927kg，1983/84年度1万4312kgであり，図表3-09に示した1990/91年度1万1360kg，1991/92年度1万3788kgからは出荷量が減少していないことがわかる．生産農家世帯数についても，おそらくは変化は少なかったのではないか．生産が少量の世帯のコーヒーを他の世帯がまとめて出荷していたかもしれないことは否定できないが，数値を額面通りに受け取れば，コーヒー経済が悪化する以前からコーヒー生産地である同村でも，半数以上の世帯はコーヒー収入

軒組は現在でも政権を担当しているCCM党（*Chama cha Mapinduzi*．1977年結党）の最末端の組織と位置づけられたが，ムワンガ県では（他の多くの県でも）10軒組長が現在でも実質的に行政組織の最末端を担っている．

第 3 章　ムワンガ県の農業・食糧問題

図表 3-09　ムシェワ村におけるコーヒー出荷量[1]（1990/91，1991/92 年度）

kg/ 年	出荷者数 (人)		出荷量 (kg)		平均出荷量 (kg/ 人)		出荷額 (TShs.)		平均出荷額 (TShs./ 人)	
	90/91	91/92	90/91	91/92	90/91	91/92	90/91	91/92	90/91	91/92
≧ 500	2	0	1,381	0	690.5	0.0	214,055	0	107,028	0
≧ 400	2	3	859	1,276	429.5	425.3	133,145	293,480	66,573	97,827
≧ 300	3	6	982	2,070	327.3	345.0	152,210	476,100	50,737	79,350
≧ 200	7	15	1,710	3,673	244.3	244.9	265,050	844,790	37,864	56,319
≧ 100	21	22	2,808	3,048	133.7	138.5	435,240	701,040	20,726	31,865
≧ 50	31	29	2,099	1,892	67.7	65.2	325,345	435,160	10,495	15,006
≧ 25	24	33	833	1,091	34.7	33.1	129,115	250,930	5,380	7,604
≧ 10	32	37	509	573	15.9	15.5	78,895	131,790	2,465	3,562
≧ 5	19	17	128	113	6.7	6.6	19,840	25,990	1,044	1,529
＜ 5	19	18	51	52	2.7	2.9	7,905	11,960	416	664
合計 / 平均	160	180	11,360	13,788	71.0	76.6	1,760,800	3,171,240	11,005	17,618

出所）キンドロコ農村協同組合のコーヒー買付記録より作成．［池野 1995：46］より再引用．
注）1）ルター派教会およびキンドロコ農村協同組合農場の出荷分を除く．

に直接的には依存していなかったことになる．換言すれば，コーヒー農家のコーヒー収入が村内の他世帯にも恩恵を与えていたのではないかと推定できる．

　図表 3-09 から読み取れる第 2 の点は，コーヒー出荷者の間で出荷量に大きな差があることである．1990/91 年度の 160 人による総出荷量 1 万 1360kg のうち 1381kg は 2 人によって出荷されたものであり，200kg 以上を出荷した 14 人で全出荷量のほぼ半分に達する．1991/92 年度についても状況に大差はなく，3 人が出荷総量の 9％を占め，200kg 以上出荷した 24 人で出荷総量の半分に達している．

　第 3 点目は，コーヒー収入の少なさである．1991/92 年度の公務員最低賃金は月額 3500 シリングであり，年額にすると 4 万 2000 シリングとなる．同年度にコーヒーを販売したムシェワ村の組合員 180 人のうち，200kg 以上を出荷した 24 人のみが上記の公務員最低賃金を上回る収入を手にしたこと

になる．都市部と農村部では物価水準に差があり，農村部では食糧のかなりの部分を自給できるものの，都市部のフォーマル・セクターの下位の職種と比べてもコーヒー生産は魅力的ではなさそうである．若年高学歴者の向都移出は妥当な選択として納得できる．

さて，タンザニアでのコーヒー流通自由化と国際的なコーヒー危機のあとのコーヒー産地の状況を探るため，2005年にはムクー村で調査を行った．このときには，単位協同組合の組合員の個票といった便利な資料を入手することはできなかった．ムクー村のコーヒー農民は，民間業者にも，またどの単位協同組合にもコーヒーを自由に出荷できるようになっており，さらには最低必要量を確保できれば自分たちで直接にモシ市にあるコーヒー処理工場(Tanzania Coffee Curing Company) に出荷できることになっていた．そのため，各単位協同組合では組合員の個票の管理はもはや意味がなくなり，存在すらしなくなっていた．以下で紹介するムクー村の事例は，定量的というよりも定性的なデータに依拠したものである．

ムクー村の調査対象18世帯のうち，17世帯はコーヒー栽培の経験があったが，2005年にコーヒー栽培を継続していたのは13世帯であった．また，この13世帯のうち，2004/05年度にコーヒーを出荷した世帯は9世帯にとどまった．出荷総量は744kgであったが，すでに見たムシェワ村の場合と同様に，出荷量に格差が大きく，7kgから300kgに分散している．調査対象世帯の多くは，農業投入財の不足を近年のコーヒー生産の落ち込みの理由として挙げていた．2004/05年度にコーヒーを出荷した9世帯すべてで厩肥を使用していたが，農薬・化学肥料を施用した世帯は1世帯のみであった．農業投入財を施用しない理由は，高価格と入手の困難さであった．近年はコーヒーをヴアス協同組合連合会傘下の単位協同組合に出荷した場合，コーヒー出荷量1kgに対して50シリングの農業投入財購入用の商品引換券が渡されることになっているが，この金額ではコーヒー1kgを生産するに十分な農業投入財を入手することはできない．また，近隣に農業投入財を在庫している商店が存在せず，時にはキリマンジャロ州の州都モシ市まで交通費をかけて購入しに行かなければならない．

調査18世帯のうち3世帯はバナナ，トウモロコシといった主食作物を販

第 3 章　ムワンガ県の農業・食糧問題

バナナとコーヒーが混作されている山地村の圃場 [2005 年 7 月 24 日]
ムワンガ県の北パレ山塊を含むタンザニア北部高地の山間部では，主食作物のバナナと換金作物のコーヒーが混作される．山間部の農家は，平地にも自ら保有するか借り受けた圃場を持っており，トウモロコシや豆類を栽培している．このような農業による食糧自給と現金稼得の両立は，1990 年代半ばに導入されたコーヒー流通の自由化とコーヒー価格の下落によって，大きく変わりつつある．

売し，10世帯はトマト，ピーマン等の野菜を販売し，4世帯はカルダモン，アヴォカド等のその他の収穫物を販売しているが，すべての世帯が，コーヒーに代わる有望な換金作物がないと不満をもらしていた．そのため，かつてと比べて比重が増したかどうかは不明であるが，少なくとも現在は，非農業所得が重要な現金所得源となっている．11世帯は，建設労働や農業労働のような日雇い労働に従事しており，6世帯は建材である砂利製造・販売を行っていた．所得額の推計は困難であるが，すでに多くの世帯が現金所得源を多様化し，コーヒーへの依存度は低いと思われる．2003/04年度の旱魃の影響が継続しているためか，あるいは平常年でもそうであるのかが不明であるが，調査時までの1年間に多くの世帯が主食であるバナナ，トウモロコシ，重要な副食であるインゲンマメを購入していた．農地がないわけではなく，調査18世帯合計で山間部に60筆を有し，また不在の親族の耕地も合わせて63筆を利用していた．

13世帯は平地部にも合計19筆の耕地を有していた．この大半（17筆）は，序章の図表1-10で触れたキリスィ集落周辺の耕地である．しかしながら，山間部と平地部とを耕作のために往復するのは重労働であり，高齢化が進む世帯が多いために，6世帯のみが平地部の耕地を利用していた．山間部と平地部に保有する耕地合計79筆のうち，77筆は相続によって入手したものであり，1筆は新規開墾，1筆は購入であった．土地市場はいまだ成立しておらず，土地不足が発生している一方で，若年労働力の不足も顕在化しつつあるという．マギンビ［Maghimbi, 1992］が指摘した，北パレ山間部での土地不足と労働力不足の同時発生が，ムクー村の調査世帯にも妥当しそうである．

上記のような聞き取り結果からすれば，コーヒー収入に代わる現金所得源は山間部で確保されていないようである．そのため，移動労働は，歴史的に展開されてきたように土地不足への対応として有効であるばかりか，若年高学歴者にとってはコーヒー生産よりも望ましい選択肢であると考えられる．しかしながら，実態として山間部からの移動労働は顕著には増えていないようである．この点については，第5章であらためて分析したい．

2 ムワンガ県の食糧問題

2-1. タンザニアの食糧事情

最重要主食作物トウモロコシの生産動向

　前節までで触れたコーヒーの場合と同様に，ムワンガ県の食糧問題を論じる前に，タンザニアの国家レベルでの食糧問題に簡単に触れておきたい．

　日本の 2.5 倍の国土面積を有し，農業生産の生態的条件も多様なタンザニアでは，トウモロコシ，コメ，コムギ，トウジンビエ，シコクビエ，モロコシといった穀物，キャッサバ，料理用バナナが主要な主食作物として栽培され，さらにはタロ，ヤム，サツマイモ，パンノキの実も主食になりうる．このうちトウモロコシ，コメ，コムギは選好主食作物（preferred staple）として政府が生産・流通を促進した主食作物であり，また耐干性の高いモロコシ，トウジンビエ，シコクビエ，キャッサバは救荒主食作物（drought staple）として雨不足の年に重視された．料理用バナナは，限られた地域でのみ栽培されている．調査対象のムワンガ県を含む北部高地の山間部は，その主産地の1つである．

　1990/91 年度農業サンプル調査の作付世帯数に関する推計によれば，タンザニアの農村世帯総数は 410.5 万世帯（holding）（1990/91 年度大雨季の作付面積 285.6 万 ha）であり，このうち農耕世帯は 282.3 万（同 196.5 万 ha），牧畜世帯 12.3 万（同 4.0 万 ha），農牧世帯 111.1 万（同 84.7 万 ha），その他 4.4 万世帯（同 4000ha），不明 4000 世帯（作付地なし）である．総世帯のうち，大雨季作のトウモロコシ作付世帯数は 275.6 万世帯，コメ 63.6 万世帯，モロコシ 69.8 万世帯，シコクビエ 20.8 万世帯，トウジンビエ 17.1 万世帯，コムギ 9.1 万世帯であり，またキャッサバについては 50.1 万世帯，バナナは 16.3 万世帯であった [TNA90: Table 1]．

　また，2002/03 年度調査では，タンザニアの農村世帯総数は 490 万 1837 世帯（household）（うち本土 480 万 5315 世帯，ザンジバル 9 万 6522 世帯）であり，このうち農耕世帯は 315 万 6060，牧畜世帯は 4 万 199，遊牧世帯は 1828,

農牧世帯は 170 万 2750 と推計されている [TNA022: 8]．大雨季作に限ると，トウモロコシ作付世帯数は 309 万 6707 世帯，コメ 75 万 6634 世帯，モロコシ 58 万 925 世帯，シコクビエ 15 万 4491 世帯，トウジンビエ 16 万 20 世帯，コムギ 6 万 5298 世帯であり [TNA022: Appendix II Table 7.0.4]，1990/91 年調査と比べると，トウモロコシとコメの作付農家数は増大しているが，それら以外の穀物では作付農家数は減少していることになる．キャッサバについても 42 万 5856 世帯と減少し，一方バナナ栽培農家は 67 万 2118 世帯に急増している [TNA022: Appendix II Table 7.3.2]．バナナ栽培農家が実際に急増したとは，にわかには信じがたく，調査方法の相違に由来するものではないかと考えられるが，ひとまず調査結果を尊重すれば，1990/91 年度調査以上にトウモロコシ（およびコメ）への集中が進んだといえよう．

　上述の複数の資料からも推察できるように，タンザニアにおいてはトウモロコシが最も重要な主食作物となっている．ただし，地域単位でみても世帯単位で見ても，単一の主食作物にのみ依存することは少なく，複数の主食作物を栽培している場合が多い．

　タンザニア政府が流通に特に関心を払ってきた主食作物であるトウモロコシ，コメ，コムギのうち，コメとコムギは 1961 年の独立時点ですでに市場向け生産が需要量に満たず，常に輸入を必要としていたが，最も生産・流通・消費量の多いトウモロコシは 60 年代には国内自給水準を維持していた．もちろん，生産が安定していたわけではなく，輸出入を繰り返していた[14]．ところが，70 年代前半からはトウモロコシも恒常的に輸入せざるをえなくなってしまった．図表 3-10 に，タンザニアのトウモロコシ純輸出入量（＝輸出量－輸入量）の暦年データと年度データを示した．横軸の 0 より下であれば純輸入状態，上であれば純輸出状態であったことを示している．かなりのデータの欠落があり，また両データに齟齬が認められるが，おおよそ以下のことが読み取れよう．1970 年代前半に大規模な純輸入を必要とし，一時

---

14) 後述する図表 3-10，図表 3-11 とは必ずしも整合的ではないが，[Matango 1984: 82, 84] によれば，輸入量が多かったのは 1961 年 6 万 4817 トン，1962 年 6 万 8904 トンであり，輸出量が多かったのは 1965 年 5 万 1177 トン（同時に 6608 トンを輸入），1969 年 5 万 1837 トン（同時に 2 万 2926 トンを輸入）である．

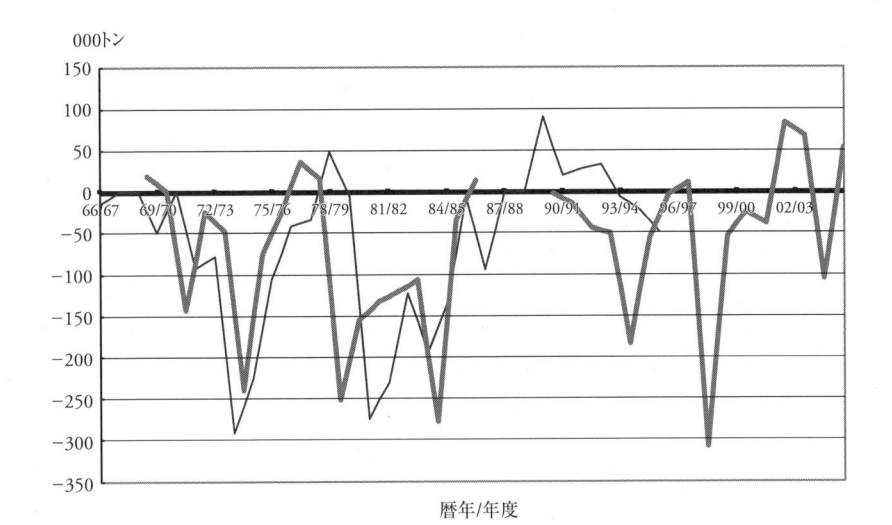

図表3-10　トウモロコシの純輸出入量

出所）年度表示資料：
　　　FAO/World Bank Cooperative Programme Investment Centre, 1987: Table 2.9.
　　　TRM96: Appendix 9.
　　　暦年表示資料：
　　　Bryceson 1993: Table IV.3.
　　　FAOSTAT003.
注1）X軸目盛りは年度と暦年の双方に対応している．暦年資料の折れ線グラフはやや遅れて始まっており，最初の値は1969年の数値である．また，1987～89年の数値は欠落している．
　2）メイズ粉については，メイズ（穀粒）1＝メイズ粉0.95の重量換算値で，メイズ（穀粒）に換算してある．

回復するものの，同年代後半から1980年代前半にかけてふたたび大規模な純輸入を必要とした．1986年の構造調整政策導入以降には農業部門は順調に成長しているといわれているが，トウモロコシの純輸出入について見るかぎり，1990年代以降も純輸入が頻繁に続いている．

　もしタンザニアに継続的に食糧輸入を行いうる経済的な余力があるなら輸入食糧をも含めて国内食糧需要を満たせばよく，食糧輸入をもってただちに食糧問題の発生を意味しない．しかしながら，輸入額が輸出額をはるかに上回り外貨不足に悩む同国にとって，商業ベースでの食糧輸入はできうるかぎり回避すべき事態であった．同国の場合には，食糧の国内生産と備蓄とによって食糧自給を達成することが望ましく，それが同国の独立以来の農業政策の

目標でもあったはずである．農業を基幹産業とし食糧自給を目指していたにもかかわらず，最重要な主食食糧であるトウモロコシすら恒常的に輸入せざるをえなくなったことを，タンザニアの食糧問題と規定できよう．

なぜこのような食糧問題が発生したのであろうか．天水に依存し農業投入財の使用も少ない小農世帯による生産が大半であることから，農業生産基盤が脆弱であることは否めない事実である．全般的に収量が低く，また毎年いずれかの地域が旱魃あるいは洪水による凶作に陥っているといっても過言ではない．しかしながら，タンザニア政府機関，大学，国際機関が提供するトウモロコシ生産統計からは，奇妙な事実が浮かび上がってくる．

図表3-11は，タンザニア（正確には，タンザニア本土部分のみ）のトウモロコシ生産量に関する38点の資料に基づいて作成した．これらの資料とは，ダルエスサラーム大学経済研究所（Economic Research Bureau, University of Dar es Salaam），タンザニア中央銀行（Bank of Tanzania），タンザニア国家統計局（National Bureau of Statistics：旧名はBureau of Statistics），タンザニア農業省（何度も改組・改名されており，現在は農業・食糧安定・協同組合省 Ministry of Agriculture, Food Security and Co-operativesとなっている）[15]傘下の流通開発庁（Marketing Development Bureau），同省計画・流通課（Planning and Marketing Division），同省食糧安定局（Food Security Department）といったタンザニア中央政府省庁諸機関，そして世銀，FAOによる文書および研究書・論文であり，いずれも出所として信頼すべきものである．これらの資料のうち，24点は年度[16]表示での生産量推計，14点は暦年表示での生産量推計であった．なかには，タンザニア国家統計局刊行の経済白書［TES］［THU］や統計年鑑［TSA］のように，1990年代までは年度表示であったが2000年代に入って暦年表示に切り替わっているものもある．

まず，年度表示の24点の資料を比較秤量して，主として最頻値を採用す

---

15) food securityは食糧（の）安全保障と訳されていることも多いが，そう訳すると対語であるinsecurityを訳しにくくなる．私は，それぞれ「食糧安定」，「食糧不安」と訳しておきたい．

16) タンザニアの会計年度は，7月1日より翌年の6月30日までである．各作物の作物年度は必ずしも会計年度とは一致していないが，以下で年度という場合，ひとまず会計年度を指している．

る形で各年度の数値を確定して,「採用値(年度)」の折線グラフを作成した.各年度で「採用値」とは異なる数値が見られ,最大で同一年度について6つの異なる数値が報告されていた.それらを「年度1」～「年度6」として図表3-11に●で示した.暦年表示の資料については,1961年から2007年までの数値を掲示している[FAOSTAT002]の生産量推計値を折線グラフで示し,最大で同一年について4つ存在した異なった推計値を「暦年1」～「暦年4」として△で示した.

「採用値(年度)」と暦年表示の[FAOSTAT002]の数値とは1990年代初期まで奇妙にもほぼ一致しているが,年度表示の資料間ならびに暦年表示の資料間それぞれで推計値にかなりの不一致がある.一致しない理由は,いずれかのデータに意図的な改ざんが加えられているというよりは,異なる機関でのデータ収集・処理の方法ならびに能力に差異があるためと推定される.なかには,同一機関が提供するデータが時期によって異なっていることすらあった.データ収集能力が高まったといわれる1990年代に入っても,状況は変わらないどころか,むしろ悪化している.「採用値(年度)」と暦年表示の[FAOSTAT002]が1990年代中期から,かなりの乖離を示しはじめたのである.

いずれのデータを信頼すべきかについて混乱を招き,所管省庁ですら農業生産を十分に把握できていない状況にある.たとえば,以下の事例はそれを象徴的に示している.1990年初に北部・南部の穀倉地帯がともに洪水に見舞われ,同年10月からの小雨季ならびに1991年3月からの大雨季は雨不足に終わったために,91年7月に当時のタンザニア農業畜産振興・協同組合大臣は91年度に49万トン以上の穀物輸入が必要であると発表した.人口増加があるために単純には比較できないものの,この数値は1970年代末から80年代初期の東アフリカ大旱魃そして80年代中期のアフリカ大旱魃時に記録した年間穀物輸入量最大値を上回っている.しかしながら,大臣の発表の2ヶ月前にはコメは国内在庫が十分であるとして主産地の協同組合連合会は輸出まで許可されていた.そして,91年度に実際に輸入されることになった穀物は予想値をはるかに下回っていた[池野1991a].国際援助を多めに獲得しようとする政治的な意図がなかったとすれば,穀物は自家消費

1000トン

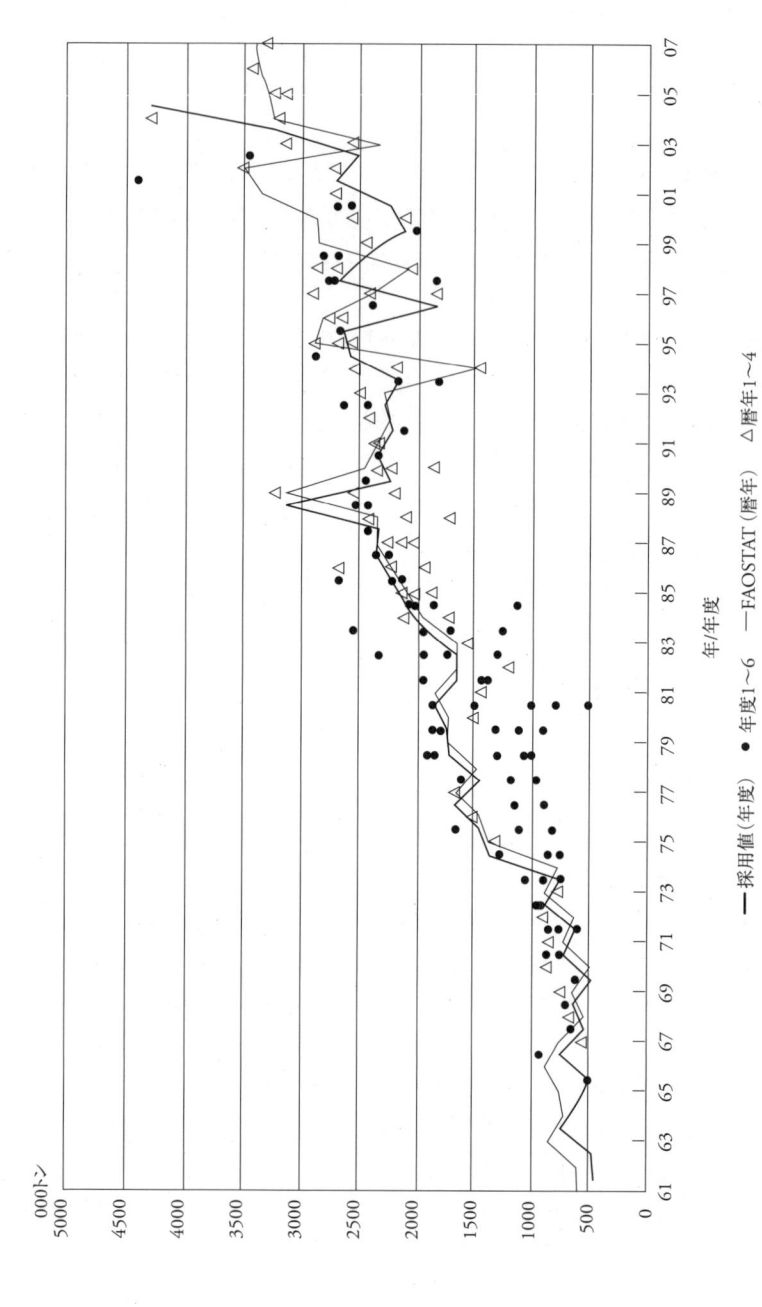

年/年度

―採用値(年度) ●年度1〜6 ―FAOSTAT(暦年) △暦年1〜4

第 3 章　ムワンガ県の農業・食糧問題

出所）38 の資料を利用した。うち、24 資料は年度表示の資料であり、14 資料は暦年表示の資料である。

年度表示の資料：ダルエスサラーム大学経済研究所による [TET061: Statistical appendix table 12a, 13] [1961/62〜1992/93 年度）、[TET091: Statistical appendix table 10, 11] (1970/71〜1996/97年度）、[TET111: Statistical appendix table 6] (1989/90〜1998/99年度）、[TET162: Statistical appendix table 11] (1994/95〜2001/02 年度）、タンザニア中央銀行による [BEO87: Table 2.3] (1967/68〜1986/87 年度）、[BEB9409: Table 3.9] (1977/78〜1993/94 年度）、[BEB0206: 30, Table 1.11] (1993/94〜2001/02 年度）、[BAR05W: 170] (1995/96〜2004/05 年度）、タンザニア政府統計局あるいは計画委員会による [TSEP89: Table EA3] (1983/84〜1987/88 年度）、[THU92: 102] (1989/90〜1992/93 年度）、[TES97: 105] (1993/94〜1997/98 年度）、[TES99: 109] (1994/95〜1998/99 年度）、タンザニア農業省諸部局による [TRM96: 4] (1984/85〜1997/98 年度）、[TBDA81: Table 5.1] (1981/82〜1985/86 年度）、[TBDA85: Table 5.2] (1985/86〜1991/92 年度）、[TBDA91: Table 4.1b] (1991/92〜1997/98 年度）、[TBDA95: Table 4.1] (1996/97〜2002/03 年度）、原典が農業省資料である [Msambichaka, Ndulu & Amani 1983: 26] (1965/66〜1980/81 年度）、[FAO/World Bank Cooperative Investment Centre 1987: Table 2.6 G1, G2, G3, G4] に引用されていた 4 種の資料（FAO 推計：1972/73〜1980/81 年度、タンザニア農業省推計：1972/73〜1983/84 年度、米国農業省推計：1977/78〜1984/85 年度、早魃早期警戒機構推計：1974/75〜1985/86 年度）、世界銀行による [World Bank 2002: Appendix table 7.1] (1980/81〜1998/99 年度）、[Msambichaka 1984: 58] (1965/66〜1980/81 年度）である。

暦年表示の資料：FAO による [FAOSTAT002] (1961〜2007 年）、[FAOSTAT001] (1961〜2005 年）、タンザニア政府統計局による [TSA02: Table G.1] (1992〜2002 年）、[TSA06: Table G.2] (2000〜2006 年）、[TES02W: Table 11.1] (2001〜02 年）、[TES03W: Table 11.1] (2002〜03 年）、[TES05W: Table 11.1] (2004〜05 年）、[TES06W: Table 11.1] (2005〜06 年）、[TES07W: table 11.1] (2006〜07 年）、世銀による [World Bank 2000: Table 5.4] に引用された 4 資料（農業省作物統計・早期警戒課推定：1984-1998 年、農業省統計推計：1984〜1998 年、国民会計資料推計：1984〜98 年、農業省サンプル調査推計：1987〜90 年）、および [Lofchie 1989: Table 4.9] である。

注 1）年度表示の資料の数値を比較検討し、本論で利用する「採用値（年度）」を選定した。それ以外の数値については、最大 6 つの異なる数値が存在する年度があり、上図に「年度 1」〜「年度 6」として示した。暦年表示の資料については、最大 4 つの異なる数値が存在する年が存在し、FAOSTAT の資料を基本として、「暦年 1」〜「暦年 4」として示した。
2）X 軸目盛り は年度と暦年の双方に対応している。最初の 61 という数値の上の FAOSTAT（暦年）の値は 1961 年の数値を意味し、上図いる採用値（年度）の折れ線グラフの最初の値は 1961/62 年度の数値を示している。やや遅れて始まって

分や公的なルート以外の流通経路も存在するために生産・流通動向を把握しにくいことを勘案しても，上記の事例は食糧流通の自由化のもとで所管省庁が実態を十分に把握できていなかったことを示しており，間接的に農業統計の信憑性にも大いに疑問を抱かせる．このような事情を国際機関も把握しており，引用した資料のうち，[FAO/World Bank Cooperative Investment Centre 1987: Table 2.6 G1, G2, G3, G4] と [World Bank 2000: Table 5.4] はいずれも出所の異なる4種のデータを示し，数値の相違に注意を喚起している．

ひとまず「採用値」と [FAOSTAT002] に信を置くならば，ウジャマー村建設という社会主義政策のもとで全般的に農業生産が落ち込んだといわれ，実際に大量のトウモロコシ純輸入を必要とした1970年代に，トウモロコシは順調に増産されていたことになる．そして，構造調整政策を導入した1986年以降に農業部門全般としては順調に成長を記録しているにもかかわらず，トウモロコシの増産率は鈍化している．年度表示の「採用値」によれば，1967/68〜1985/86年度の18年度間の年度平均増産率は8.03％，1986/87〜2004/05年度の18年度間は3.37％となり，暦年表示の [FAOSTAT002] については，1967〜85年の18年間の年平均増産率は5.87％，1986〜2007年の21年間は2.07％となる．人口センサスによれば，1967〜78年の年人口成長率は3.27％，1978〜88年は2.80％，1988〜2002年は2.92％である [TP02GR: table 1; TP022: table 5B] ので，1986年の構造調整政策導入以前は年度表示データでも暦年表示データでもトウモロコシの増産率は人口成長率を優に上回っていたが，導入以降に年度表示データではわずかに上回るにすぎなくなり，暦年表示データでは下回っていることになる．換言すれば，1970年代から1980年代前半にかけてトウモロコシの大量の純輸入が必要であった理由は国内生産の不足ではなく，生産について1980年代中期以降に深刻に考えねばならない状況になりつつある．

構造調整政策は食糧安定を達成したか？

なぜ1980年代前半までの順調な増産のもとで大幅な純輸入を必要としたのであろうか．それに1つの回答を与えてくれるのが，図表3-12である．同図表には，トウモロコシの暦年データを3ヶ年移動平均で均し，1965年

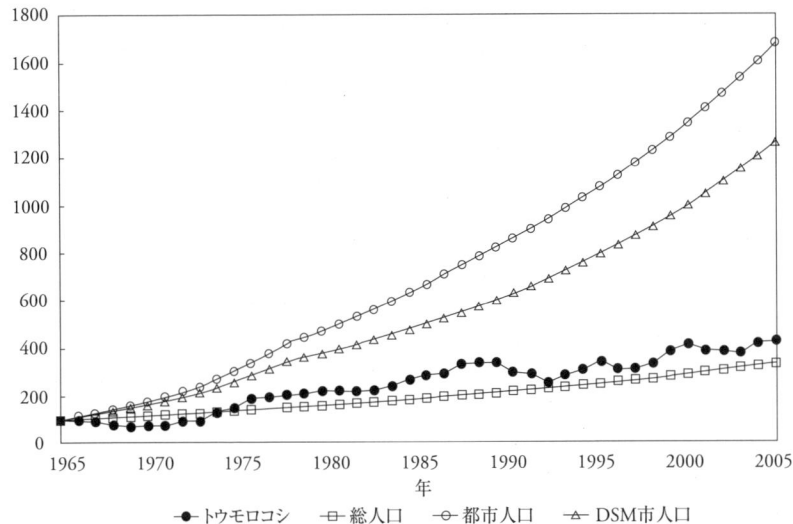

第3章 ムワンガ県の農業・食糧問題

図表3-12 タンザニアの人口成長とトウモロコシの増産（指数 1964～66年平均＝100）

出所）食糧生産量：[FAOSTAT02] に基づき，3ヶ年移動平均値を算出した．
総人口： 1957年：TDD67: Table 1. 1967, 78, 88年：TP02GR: Table 1.
2002年：TP022: Table 5B.
以上の資料を用いて，センサス年以外の年の数値を推計した．
DSM州人口：1957年：TDD67: Table 1. 1967年：TP02GR: Table 1.
都市総人口：1967年：Rafiq 1983: 210. 1978年：TP784: Table 2, 5.
1988, 2002年：TP022: Table 5A.
以上の資料を用いて，センサス年以外の年の数値を推計した．なお，1957年の都市人口は不明であったため，1967年人口と1967～78年の人口成長率を用いて推計した．
DSM市人口：1957年（DSM州）：TDD67: Table 1. 1967年：Rafiq 1983: 210.
1978年：TP784: Table 2, 5. 1988年：TSA92: Tabe C7.
2002年：TP022: Table 5B.
以上の資料を用いて，センサス年以外の年の数値を推計した．なお，1957年のDSM州人口は明らかであったがDSM市人口は不明であったため，1967年のDSM市とDSM州の人口比率を用いて推計した．
注）食糧生産については，表示年の前後各1年との平均値（3ヶ年移動平均）である．

値（正確には1964～66年の3ヶ年の平均値）を100とした指数で表示してある．そして，総人口，都市人口，人口規模が突出して大きいダルエスサラーム市人口についても，1957, 67, 78, 88, 2002年の人口センサスの数値に基づき，1965年推計値を100として指数表示してある．前の文節で触れたごとく，暦年表示データではトウモロコシの増産率は人口成長率を下回りつ

つあるが，これまでの増産率によって 2005 年段階でも総人口を上回っている．しかしながら，都市人口および首座都市ダルエスサラーム市人口の伸びは急激であり，トウモロコシの増産率をはるかに上回ってきたのである．この資料からは，都市への食糧供給という流通面での問題がトウモロコシの輸入をもたらしたことが推定される．

タンザニアでは，主要な食糧作物の流通を担当する国家農産物公社（National Agricultural Products Board：以下 NAPB と略す）が 1963 年に設立され，同公社の役割は 73 年に国家製粉公社（National Milling Corporation：以下 NMC と略す）に引き継がれ，90 年代初めまで公的食糧流通制度が機能していた．これらの機関の果たすべき使命である食糧安定供給とは，人口が急増する都市，なかでも産業が集中するダルエスサラーム市への十分な食糧供給であったといって過言ではない．

天候不順で食糧不足に陥った農村部の救済も必要ではあったが，各地で単発的に発生する食糧不足は，さしあたって，地域社会で解決されるべき問題であり，政府は短期的な対策を講じるとしても，同一地域に対する長期的な対応を必要とはしない．一方，慢性的に食糧自給ができない食糧大消費地であり，かつ組織労働者等が政府への圧力団体として機能している都市部，なかでも行政機関と各種産業が集中し都市全体の 3 分の 1 の人口を擁する首座都市ダルエスサラーム市への食糧供給は，政府が細心の注意を払う必要のある懸案事項であった．ダルエスサラーム市等の都市部の増大するトウモロコシ需要に対して，必要量を廉価で提供することを政府は最優先し，食糧流通機関もそのために機能を集中させていたと思われる．にもかかわらず，都市需要に見合うトウモロコシを公的食糧流通機関が国内買付で確保できなくなったために，食糧流通機関に独占的に認められていたトウモロコシ輸入が行われることになったのである．タンザニア・シリングの為替レートの過大評価が輸入を容易とし，いわば安易な食糧輸入を恒常化したことも否めない．

1980 年代前半までの社会主義政策下では，あたかも公的食糧流通機関がトウモロコシ等の主要主食作物の国内流通のすべてを取り仕切ってきたと誤解しがちである．しかしながら実際には，食糧流通機関による公的流

通と合法・非合法の民間流通とが，つねに併存していた．マリアムコノら[Maliyamkono & Bagachwa 1990: 73-75]は，5種類の合法・非合法の民間流通経路の存在を指摘している．生産者自らも常食としているトウモロコシの流通の全量を政府が掌握することは不可能であり，別の流通経路が併存することはやむをえないが，トウモロコシ増産という状況下で，公的流通は民間流通に競り負け，十分な量のトウモロコシを国内調達できなかったと考えられる．その詳細については別稿[池野 1996a]に譲り，ここでは公的流通機関が次第にウジャマー社会主義の実現のための政治的な装置とされていったことのみを指摘しておきたい．国内諸地域の平等発展をめざす政府は，僻地農村での市場向けトウモロコシ生産に有利な生産者価格制度を設定し，公的流通機関はそのような高輸送コスト地域からの買付を義務づけたのである．このような経済効率を阻害する足枷を課せられた食糧流通機関は，次第に経営が逼迫したばかりか，ついに都市部への食糧供給という任務すら遂行しえなくなる．

　中央政府からの多額の財政経営支援を必要とするようになった食糧流通機関は，政府財政の健全化を目標の1つとする構造調整政策のもとで，1990年代初期に解体されることとなった．さらに，構造調整政策は，公定価格を撤廃し，民間部門が効率的で流通マージンの薄い流通を実現することで，トウモロコシの増産と低廉な消費者価格の実現をめざしていた．各種資料によれば，生産者価格は公定価格時より高くなっている可能性が高い[池野 2008: 図表4-13]．しかしながら，農業投入財に対する補助金が廃止されたことから農業生産費が高騰することとなり，それまでも平均すれば投入財使用量が少なかったものの，生産農家の実質的な手取額（生産額―生産費用）が流通自由化以降に増えているかどうかは明らかではない．少なくとも，すでに図表3-11に示したトウモロコシ生産の推移から見れば，実質的な手取り額が増えていないか，あるいは生産者価格増大は増産のインセンティヴとして働いていないと推定できる．

　そして，低廉な消費者価格の実現という課題についても達成が危うい．図表3-13では，タンザニア国内主要都市におけるトウモロコシの1983年1月から2008年10月まで（2000年6月～2001年12月，2002年8月の数値は欠落）

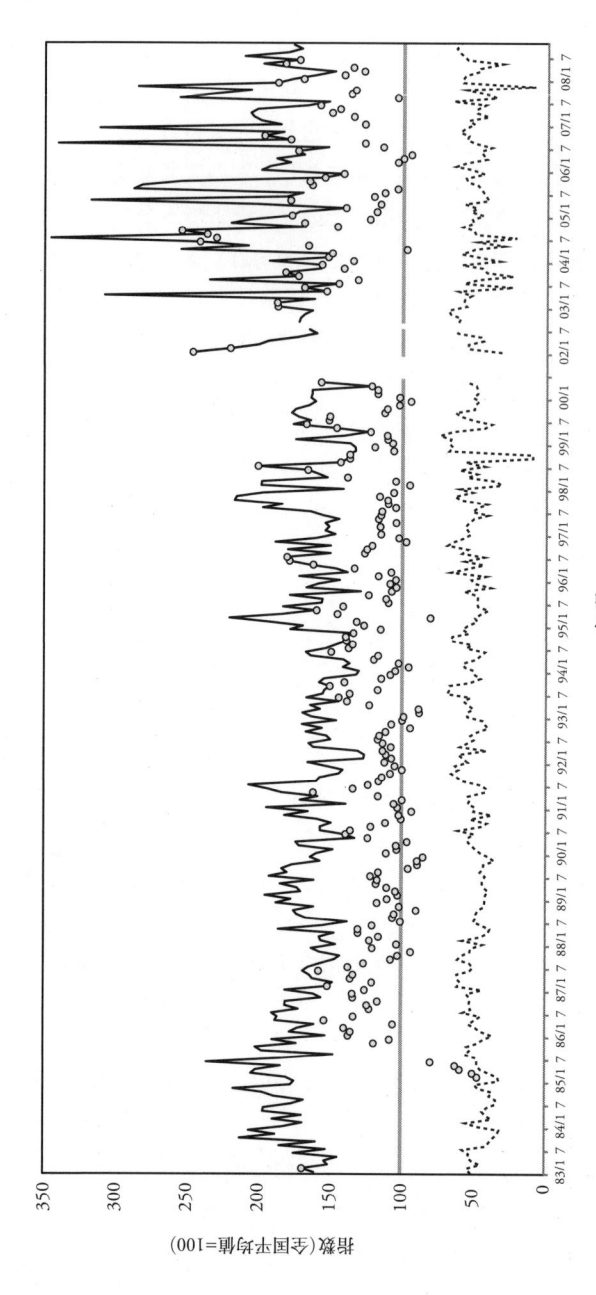

図表3-13 トウモロコシの市場小売価格の地域差（1983年1月〜2008年10月）（指数表示，全国平均値＝100）
― 全国平均値（＝100） ― 全国最高値 …… 全国最低値 ○ダルエスサラーム市

出所）1983年1月〜2000年5月：TRM00, 2002年1月〜2006年12月：TM0206, 2007年1月〜2008年10月：TM0708.
注1）2000年6月から2001年12月までと，2002年8月のデータは欠落．
2）2002年1月以降のデータは信憑性に疑問がある．原資料の明らかにおかしい数値を除外して，作表した．

の月別の市場小売価格について，全国最高値・最低値と，ダルエスサラーム市での月別価格変動を，全国平均値＝100として指数表示してみた．同図で用いた数値の原資料は，1983年1月から2000年5月までは農業畜産振興省流通開発庁で入手した［TRM00］であり，2002年1月から2008年10月までの数値は工業・交易・流通省（Ministry of Industry, Trade & Marketing）で入手した2つの資料［TM0206］［TM0708］である．異なる省庁が同種のデータを集めているわけではなく，省庁改編によって農産物流通を扱う部門が2000年当時の農業畜産振興省から2009年時点で存在していた工業・交易・流通省に移管されたものと思われる．それ故，両省の資料をつないで検討することが可能なはずである．同図からは，全国最高値と最低値の差の波動に1983年から2000年にかけては大きな変化はなく，2002年以降に振幅が拡大しており，流通自由化によってトウモロコシ市場の全国的な統合が進んでいるとはいいがたいことがわかる．また，ダルエスサラーム市での小売価格は概して全国平均より高く，またかなりの変動幅があることを見て取れる．農業畜産振興省流通開発庁も，「主要なトウモロコシ生産地域は国境周辺に偏在している．これらの生産地域のいくつかは，国内市場に相対的に接近しにくい遠隔地であり，むしろ市場は周辺諸国にある」［TRM93: 31-34, 47］と，国内市場への統合の遅れと公的に認知されていなかった国境貿易の存在とを認めている．また，上記の波動はトウモロコシ価格が年初と年末に地域間格差が拡大し年央に縮小するという季節変動を示しており，民間流通では在庫による端境期の解消が達成されていないことを見て取れる．このような特徴を読み取れるが，すでに触れたトウモロコシの生産統計と同様に，価格統計もかなり信憑性が疑わしいことを付記しておきたい．たとえば，以下のような問題点を指摘できる．第1に，価格調査対象地から報告される月別の数値には欠落が多い．農業畜産振興省データでは2000年5月段階で43ヶ所の調査対象地が設定されており，2000年代以降に進展しつつある地方分権化政策によって開発政策の中心的な担い手が県行政府となりつつあることに対応して，種々の県庁所在都市でのデータが追加されるようになり，工業・交易・流通省データでは2008年10月段階で93ヶ所の調査を行っている．全国レベルでより詳細な小売価格の収集が行われるようになったかのように

見えるが，農業畜産振興省の1983年1月～2000年5月のデータでは平均すれば毎月31ヶ所からしか数値の報告がなかったものも，工業・交易・流通省の2002年1月～2008年10月のデータでも毎月34ヶ所からの報告しかなく，農業畜産振興省管轄時よりサンプル数はさほど増えていない．調査対象地点が増えているにもかかわらず，実際のサンプル数にさほど変化がないということは，月々のデータ・セットに含まれる調査対象地のバラツキが大きくなっていることを意味しており，私が作成した全国平均値の算出根拠が薄くなっていることを意味している．さらに，工業・交易・流通省の資料では，明らかに誤っていると思われる数値が増大している．図表3-13の作成にあたっては，桁数が1桁違うような数値は除外したが，怪しい数値はまだ混入している．本章の後段で触れるムワンガ県を例に挙げれば，同県の周辺に位置しているサメ県では2006年8月にトウモロコシ小売価格がTShs. 165/kg，スィマンジロ県ではTShs. 225/kgであったのに対して，ムワンガ県ではTShs. 800/kgと報告されている[17]．しかしながら，ムワンガ県のみで極端にトウモロコシ価格が上昇している状況は想定しにくい．全般的に見て，1983～2000年を扱った農業畜産振興省資料よりも，調査対象地点を増やした2002～08年の工業・交易・流通省資料のほうが調査の精度が落ちている．2002年以降の全国最高値（おそらく最低値も）の振幅の増大は，このような怪しい数値の影響をかなり受けている．

　さて，以上で見てきたように，かなり危うい資料に基づいた立論ではあるが，構造調整政策以降の経済自由化によってタンザニア全体の食糧事情が改善されたとはいえず，むしろ流通問題に加えて生産問題も発生しそうになっている．このような状況下で，都市への食糧供給地として位置づけられる農村部にも，自らの食糧安定を達成できていない地域が存在し，そしてその救済について，タンザニア政府は十分な配慮を行えない可能性が，ますます高まっている．そのような地域の農村世帯は自ら食糧不足に対応する方策を編み出さなければならないことになる．おそらくは，そのような住民自助を支

---

[17] ムワンガ県農政局が作成した資料 [Mwanga, AGR/MW/MON/Vol. III /8] では，2006年8月のトウモロコシ小売価格は TShs. 3000～3500/debe となっており，TShs. 176～205/kg に相当する．周辺地域と比べて，妥当な数値である．

えるべき行政組織として近年期待されているのが，地方分権化政策で開発行政の中核に位置づけられるようになった，県であろう．はたして，県行政府は食糧問題を的確に把握できているのであろうか．次に，この課題についてムワンガ県を事例として検討していきたい．

2-2. ムワンガ県の食糧不足の創造

頻発する食糧不足と食糧援助

　東アフリカで一般的であるように，農業生産ならびに農業所得の観点から見て，ムワンガ県でも降水量が多く冷涼な山間部のほうが，平地部より地域全体として裕福であると推定できる．しかしながら，同県は山間部と平地部の別なく，近年頻繁に食糧不足に陥っている．

　県農政局が作成した報告書によって1990年以降の食糧不足を見てみると，90年の大雨季（3～6月）の洪水，1990/91年の小雨季（90年10月～91年1月）の雨不足のために，91年3月時点で県下全村に食糧不足が発生していた［Mwanga, A/FAM/VOL.I/115, 123］．

　1991/92年の小雨季も雨不足のために不作に終わって，食糧不足に陥った同県では，92年3～5月に61村4万6300人に対して540トンのトウモロコシが配布された［Mwanga, A/FAM/VOL.II/1/8］．同年の大雨季作が終わった9月時点でも，県人口の3分の2に当たる6万8727人が食糧不足の状態にあった［Mwanga, A/FAM/VOL.II/4］．ただし，この時点では食糧不足に陥っている人口の多くは，適正な価格で供給されるなら食糧を購入しうる能力を維持していた．

　1994年に食糧事情はふたたび悪化し，7月には同県の5万4510人が食糧不足であった．これは，同時期のキリマンジャロ州全体での食糧不足者16万2280人の1/3に当たる（図表3-14）．そして，ムワンガ県の食糧不足者のうち，4万7330人は食糧を購入する経済的能力を欠いていた．これはキリマンジャロ州全体の食糧購入不能者6万4259人の過半を占める数値である．ムワンガ県は，キリマンジャロ州のなかで，旱魃によって最も被災していた県といえる．

図表3-14　キリマンジャロ州の食糧不足状況（1994年7月）

県名	A) 総人口 (1994年7月推計) (人)	食糧不足人口			D/A	C/A
		B) 食糧購入可能者 (人)	C) 食糧購入不能者 (人)	D) 小計 (人)	(%)	(%)
ムワンガ	111,309	7,180	47,330	54,510	48.97	42.52
ハイ	226,715	9,899	5,494	15,393	6.79	2.42
ロンボ	227,534	18,600	3,670	22,270	9.79	1.61
サメ	192,636	36,649	4,071	40,720	21.14	2.11
モシ農村	388,045	23,768	3,119	26,887	6.93	0.80
モシ都市	109,698	1,925	575	2,500	2.28	0.52
州合計	1,255,937	98,021	64,259	162,280	12.92	5.12

出所) Kilimanjaro AGR/ANN/REP/1993.

　1994/95年の小雨季も降雨が少なく食糧不足状態が継続したため，1994年12月には世界食糧計画（World Food Programme：以下，WFPと略すこともある）よりトウモロコシ321トンの無償援助を受けた［Mwanga, A/FAM/VOL.II/33］。食糧不足は1995〜97年も継続し，97年10月段階で，県推定人口12万6140人のうち食糧不足人口は9万707人，そのなかで食糧購入能力を欠いている人口は3万2205人であった［Mwanga, A/FAM/VOL.II/88］。
　1998年の大雨季作と1998/99年の小雨季作には多雨，バッタや野ネズミの大発生によって凶作となり，99年1月にムカパ大統領がムワンガ県を訪問した折に，ムワンガ県の県長官は8万8268人が食糧不足に陥っており，このうち2万7748人は食糧購入能力を欠落していると食糧援助を陳情した［Mwanga, A/FAM/VOL.II/94］。その結果，1999年2月と4月に合計252トンのトウモロコシをアルーシャ市にある中央政府の戦略的穀物備蓄（Strategic Grain Reserve：以下，SGRと略す）倉庫より引き出し，食糧困窮者に無償配布することを中央政府から許可された［Mwanga, A/FAM/VOL.II/105］。次項で紹介するキリスィ集落での食糧配給とは，この折の無償配布である。
　県農政局の報告書によれば，2000年以降に食糧不足の状況はさらに悪化し，SGRからの引出が毎年のように行われている。SGRからのトウモロコ

シ引出は，1999/2000年度100トン，2000/01年度536トン，2003/04年度700トン，2004/05年度150トン，そして2005/06年度は4回に分けて引き出され，総量は335トンに及び，2008年にも136トンとなっている（[Mwanga, AGR/MW/FP]ほか県農政局各種報告書）．2008年末から09年初の小雨季が雨不足に見舞われた09年には，1月に第1回目の食糧援助として245トンがSGRから引き出された[Mwanga, AGR/MW/FP新VOL.VII/48]．そして，3月央から始まる大雨季作用の種々の播種用種子が同年3月に配布されたが，大雨季も雨不足に見舞われ，同年8月には540トンが食糧援助用にSGRから引き出された[Mwanga, DED]．これまで触れてきた1990年代以降の食糧援助についての県農政局の報告書から判断すれば，2009年の食糧不足は深刻であり，最大の食糧援助がなされつつあることになる．

　2000年代の食糧援助の多くは，困窮者に無償で配布することを目的とした1998/99年度のSGR引出252トンとは異なり，低廉な価格での販売用に引き出すことを中央政府が認め，ムワンガ県当局はSGR倉庫から村落までの移送費用については新たな予算配分を受けるが，指定された価格で販売した代金は，村落ごとに集金し，県がとりまとめて国庫に返納するよう求められている．たとえば，2009年1月の食糧援助245トンの場合，233トンが廉価販売，12トンが無償配布[Mwanga, AGR/MW/FP新VOL.VII/48]であり，同年8月の食糧援助540トンの場合，すべてTShs. 50/kgでの廉価販売[Mwanga, DED]である．また，県農政局の資料で確認できていないが，調査助手によれば，2009年10～11月にもキリスィ集落の全世帯に対して20kgがTShs. 50/kgで廉価販売されたという．

　ムワンガ県ではSGRからの引出だけでなく，世界食糧計画，キリスト教系団体（たとえばカソリック教会系のCARITAS）からの無償支援も受けており，1992年以降で数量が判明しているトウモロコシの支援量についてSGR引出分も含めて総量を見ると，1992年832.5トン，1994年1436トン，1997年998トン，2000/01年度1375トン，2003/04年度1153.5トン，2005/06年度789.9トンが際だって多い（[Mwanga, C/EST/VOL.II/73]ほか各種報告書）．そして，他の食糧援助量が不明の2009年もSGR引出分だけで，8月段階ですでに785トンに達している．

図表3-15　年度別に見たムワンガ県の食糧不足量

	県総人口(人)	食糧必要量(t)		推定生産量(t)		食糧不足量(t)	
		トウモロコシ	インゲンマメ	トウモロコシ	インゲンマメ	トウモロコシ	インゲンマメ
1992/93 年度	112,999	16,497.8	8,248.9	10,637.8	2,078.5	5,860.0	6,170.4
1993/94 年度	112,999	16,497.8	8,248.9	9,237.5	475.0	7,260.3	7,773.9
1994/95 年度	112,999	16,497.8	8,248.9	8,200.0	3,700.0	8,297.8	4,548.9
1995/96 年度	126,140	18,416.4	9,208.2	4,508.0	2,000.0	13,908.4	7,208.2
1996/97 年度	126,140	18,416.4	9,208.2	7,350.0	2,400.0	11,066.4	6,808.2
1997/98 年度	126,140	18,416.4	9,208.2	10,700.0	1,725.0	7,716.4	7,483.2
平均	119,570	17,457.1	8,728.6	8,438.9	2,063.1	9,018.2	6,665.5

出所）Mwanga, C/EST/Vol.II/73.
注）1人1日あたり食糧必要量は，トウモロコシ 400g，インゲンマメ 200g で計算されている．

県農政局の食糧統計に対する4つの疑問

　1980年代中期に開始された構造調整政策では，民間部門による流通の効率化が高い生産者価格を実現し，それに伴ってトウモロコシ生産が伸びることが構想されていた．しかしながら，ムワンガ県農政局の報告書によれば，同県では食糧が全般的に不足する状態が恒常化している．タンザニア全体では，1970年代から1980年代にかけてトウモロコシ生産は人口成長率以上の高率で増大していたにもかかわらず，恒常的にトウモロコシ輸入を必要としていたことをすでに前項で見たが，ムワンガ県の場合にも食糧不足をにわかには了解しがたい．以下では，食糧問題の担当部局であるムワンガ県農政局が，どのように食糧の過不足を算出しているのかを紹介していきたい．

　図表3-15は『作物生産推計』ファイル内の1文書［Mwanga, C/EST/Vol. II/73］に基づいて作成した，1992/93〜1997/98年度のムワンガ県の食糧不足状況である．かなりの変動があるものの，毎年「食糧必要量」をトウモロコシとインゲンマメの「推定生産量」が大幅に下回っている．6年度を平均して見ると，トウモロコシについては必要量の半分しか県内生産でまかなえず，インゲンマメに至っては4分の1しかまかなえないことになる．

　しかしながら，この表を子細に眺めれば，いくつかの疑問点が浮かび上がっ

てくる．第1に，前半の3年度と後半の3年度で，それぞれ「県総人口」がなぜ同じ数値なのか．第2に，なぜトウモロコシとインゲンマメという2種類の作物に限ってあるのか．第3に，もしトウモロコシとインゲンマメに限るとしても，前年度からの食糧の備蓄，あるいは作物の県内外の移出入も想定されるので，同一年度の県内生産量と食糧必要量をもって食糧の過不足を計算するのはおかしいのではないか．第4に，「食糧不足量」を割り出すための「食糧必要量」とは，どのような基準で算出されているのか．以下，この4つの疑問点について検討していきたい．

第1に，前半の3年度と後半の3年度で，それぞれ「県総人口」がなぜ同じ数値なのか．

タンザニアでは，ほぼ10年おきに人口センサスが行われていて，1990年代に利用可能であったのは，1988年人口センサスである．次の2002年人口センサスの結果が判明するまでは，1988年とその前の1978年人口センサスから割り出した人口成長率を用いて，1988年人口に上積みしていくことになる．図表3-15の1992/93年度の数値にも，1988年の数値にそれなりの上積みがなされている．しかしながら，その後2年間はそれを修正することなく利用し，1995/96年度になってようやく修正したものの，またその後2年間は修正を怠っていたというのが実情である．その結果，1994/95年度から1995/96年度にかけて一挙に1割以上も人口が増加したことになるので，あとの年度のほうが，トウモロコシ，インゲンマメともに生産量が減ったことと相俟って，食糧不足の深刻さが過大に申告されることになった．そして，2002年の文書［Mwanga, AGR/C/EST/VOL.III/82］では県人口137,124人という推計値が用いられているが，第5章で触れるごとく，ムワンガ県では1988年から2002年にかけて人口成長率が著しく低落しており，2003年3月の文書［Mwanga, AGR/C/EST/VOL.III/167］からようやく2002年人口センサスの結果に沿った11万5620人に人口が下方修正された（この数値は暫定値で，その後に11万5145人にさらに修正された）．それまでは2万人以上も多めに計上して，食糧不足を過大に評価していたことになる．

第2に，なぜトウモロコシとインゲンマメという2種類の作物に限ってあるのか．

タンザニアでは地域差を伴いながら複数の主食作物が存在するが，これらのなかでトウモロコシは最も生産量が多く，また相対的に流通制度が整備され，すでに触れたように国家がSGRとして備蓄対象とする作物である．また，インゲンマメは，マメ類のなかで最も生産量が多い作物である．そのため，これら2品目が食糧援助の場合に支給の対象となりうる．そして，後述するように，炭水化物摂取の対象食糧作物＝トウモロコシ，蛋白質摂取の対象食糧作物＝インゲンマメという単純化した栄養摂取の図式に基づき，食糧不足量がトウモロコシとインゲンマメに「換算」されて表示されることになる．これが，なぜトウモロコシとインゲンマメなのかという疑問点に対する回答である．

　しかしながら，すでに図表1-06で見たごとく，ムワンガ県では山間部と平地部で栽培作物がかなり異なり，炭水化物摂取に役立つ主食作物や植物性蛋白質摂取に役立つマメ科作物が多様であるため，トウモロコシ換算やインゲンマメ換算は工夫を要すると思われるが，あまりにも安易な方法が採用されている．1993年3～6月の4ヶ月間の食糧不足を計算した『食糧事情』ファイルの文書 [Mwanga, A/FAM/VOL.II/28] では，トウモロコシとインゲンマメ以外の作物も，ひとまずは検討対象に含まれてはいる．図表3-16に示したのは，ムワンガ県農政局による1992年10月～93年2月の小雨季の主要な作物の生産量推計である．これに続く1993年3～6月の食糧過不足量について，ムワンガ県農政局は，炭水化物摂取対象食糧は2944.8トン不足し，蛋白質摂取対象食糧は2008.0トン不足していると試算している．7月には，1993年3～6月の大雨季作の収穫物を利用できるようになるため，端境期である4ヶ月分の必要量を試算した数値である．ムワンガ県農政局が用いた計算式は以下のようである．

1) 炭水化物摂取対象食糧（穀物）について
　　a) 4ヶ月間の炭水化物摂取対象食糧の必要量
　　　8368.5トン≒県人口（9万8260人）×1人1日当たり必要量（700g）×4ヶ月（365日×4/12）
　　b) 炭水化物摂取対象食糧作物の直前の生産量
　　　1万1313.3トン＝トウモロコシ（9937.8トン）＋モロコシ（385.5ト

図表3-16 小雨季（1992年10月～93年2月）の作物別生産量推計

	作付面積 (ha)	生産予想量 (t)	推定生産量 (t)
トウモロコシ	4,968.9	14,906.7	9,937.8
モロコシ	257.0	514.0	385.5
コメ	495.0	1,237.5	990.0
インゲンマメ	2,255.0	2,255.0	1,578.5
サツマイモ	191.0	1,910.0	1,146.0
キャッサバ	261.0	2,610.0	1,827.0
バナナ	3,690.6	36,906.0	18,453.0

出所）Mwanga, A/FAM/Vol.II/28.

ン）＋コメ（990.0トン）

c）4ヶ月間の炭水化物摂取対象食糧の過不足量

2944.8トンの不足＝1万1313.3トン－8368.5トン　（過不足の認識については，原資料のまま）

2）蛋白質摂取対象食糧について

a）4ヶ月間の蛋白質摂取対象食糧の必要量

3586.5トン≒県人口（9万8260人）×1人1日当たり必要量（300g）×4ヶ月（365日×4/12）

b）蛋白質摂取対象食糧作物の直前の生産量

1578.5トン＝インゲンマメ（1578.5トン）

c）4ヶ月間の蛋白質摂取対象食糧の過不足量

2008.0トンの不足＝1578.5トン－3586.5トン

炭水化物摂取の対象食糧作物の生産量である1万1313.3トンとは，図表3-16に示したトウモロコシ，モロコシ，コメの推定生産量の単純合計値である．それに対して，4ヶ月間の炭水化物の摂取対象食糧の必要量は8368.5トンである．県民9万8260人が1日当たり700gの炭水化物摂取対象食糧を必要としていると試算し，それに4ヶ月（365日に4/12を乗じて計算）を掛け合わせた数値である．推定生産量と食糧必要量との2つの数値を比較し

て，県農政局は2944.8トンの食糧不足と判断した．明らかに誤っており，この計算式に基づいても2944.8トンの生産余剰である．蛋白質摂取の対象食糧についても同様の計算式が用いられたが，ムワンガ県で栽培されているインゲンマメ以外の豆類は計上されておらず，県民1人1日当たり300gの蛋白質摂取対象食糧を必要とするとして4ヶ月3586.5トンとなり，インゲンマメの推定生産量1578.5トンでは，2008.0トンの不足となった．

図表3-15とは県人口が相違しており，また炭水化物摂取の対象食糧と蛋白質摂取の対象食糧のいずれについても1日あたりの必要量が相違している．それをさしおいても，炭水化物摂取の対象食糧作物の生産量の計算式は，モロコシ，コメの生産量を単純に足し合わせているだけで，トウモロコシ「換算」とはとてもいえまい．そして，せっかく図表3-16に計上してあるにもかかわらず，バナナ，サツマイモ，キャッサバは穀物でないために，炭水化物摂取の対象食糧作物の生産量の計算式ではまったく考慮されていない．いずれも主食となりうる炭水化物含有作物であり，とくにバナナは，トウモロコシの2倍の生産量に達するムワンガ県山間部の主食作物である（ただし，バナナの生産量は生食用も含んだ年間の量であり，小雨季のみの生産量ではない）にもかかわらず，食糧不足の試算からは抜け落ちている．

その後，対象作物には変更が加えられている．1995年1〜6月間の食糧の過不足に関する試算 [Mwanga, C/EST/VOL.II/33]，1997年9月〜98年5月までの食糧過不足の試算 [Mwanga, A/FAM/VOL.II/88]，1998年5月〜9月の食糧過不足の試算 [Mwanga, C/EST/VOL.II/73] 等では計算式が後退しており，炭水化物摂取の対象食糧作物としてトウモロコシの生産量のみしか計上されていない．

1999年7〜12月の試算 [Mwanga, C/EST/VOL.III/16] でようやく，バナナとサツマイモが炭水化物摂取の対象食糧作物の生産量に組み入れられたが，今度はモロコシとコメが抜け落ちている．2000年7〜12月の試算 [Mwanga, AGR/C/EST/VOL.III/21] では，トウモロコシ，サツマイモ，タロ，キャッサバ，バナナが炭水化物摂取の対象食糧作物とされ，それらの生産量が考慮されている．さらに，2001年7〜12月の試算 [Mwanga, AGR/C/EST/VOL.III/52] では，炭水化物摂取の対象食糧作物としてトウモ

第3章　ムワンガ県の農業・食糧問題

ロコシ，コメ，サツマイモ，タロ，キャッサバ，バナナが検討され，蛋白質摂取の対象食糧作物としてインゲンマメ，ササゲが検討されている．そして，2003年9月に作成されたキリマンジャロ州農政局による食糧事情報告［Mwanga, AGR/C/EST/VOL.III/87］では，炭水化物摂取対象食糧作物を穀物（トウモロコシ，コメ，コムギ，モロコシ，シコクビエ），根茎作物（キャッサバ，ジャガイモ，サツマイモ，タロ，ヤム）とバナナと記しており，ムワンガ県農政局もこの基準に従って情報収集したものと思われる．

　上記の対象作物の変更とは必ずしも一致しないが，［Mwanga, AGR/C/EST/VOL.III/35］には1992/93 〜 2000/01年度のトウモロコシ，コメ，モロコシ，バナナ，サツマイモ，キャッサバの6品目の年間生産量が記載されており，それらを単純総計すると，1992/93年度3万4480トン，1993/94年度2万7498トン，1994/95年度2万5792トン，1995/96年度1万1495トン，1996/97年度2万119トン，1997/98年度3万1887トン，1998/99年度2万5375トン，1999/00年度1万446トン，2000/01年度2万1454トンとなる．これらの数値を図表3-15の「食糧必要量」欄のトウモロコシの数値と比較すると，下回っているのは1995/96年度のみとなる．つまり，毎年食糧不足であると申告されていたものが，生産量不足は6年に1度となり，状況が様変わりすることになる．上記の数値からは，1999/00年度にも食糧不足が発生していたことが推定される．そのような状況を示す数値は，［Mwanga, AGR/C/EST/VOL.III/120］に掲載されており，図表3-17に引用した．暦年表示であるために図表3-15や［Mwanga, AGR/C/EST/VOL.III/35］の数値と比較しにくいものの，それらの数値とは必ずしも整合していないようであり，また数値の欠落している部分があるが，図表3-17からは，1999，2001，02，04，05年に凶作に見舞われていることが推定できる．おそらくは1990年代よりも2000年代に入ってからのほうが，ムワンガ県の食糧作物の生産は不安定化している．

　ところで，ムワンガ県農政局の最初の食糧不足の試算である1985年7月〜86年7月の食糧過不足量の試算［Mwanga, A/FAM/Vol.I/66］では，トウモロコシ，モロコシ，コメ，キャッサバ，バナナの生産量が過不足量の試算に反映されていた．すなわち，その後にムワンガ県農政局は対象食糧作物を絞

図表3-17 ムワンガ県の主要農産物生産量

(t)

	トウモロコシ	米	バナナ	インゲンマメ	コーヒー	野菜	果実
1995年	3,600	205	14,763	800	566	440	418
1996年	6,900	99	11,072	2,000	393	440	418
1997年	6,925	300	14,763	1,401	94	440	418
1998年	6,925	215	14,760	1,401	163		
1999年	574	275	9,226	845	220		
2000年	6,750	275	11,070	938	440		
2001年	4,950	464	4,842	844	171	338	360
2002年	4,500			2,020	100	640	100
2003年	6,870	136	9,986	1,436	72		
2004年	716		11,090	67	94	2,520	1,962
2005年	360	235	5,320	153		1,430	1,210

出所) Mwanga, AGR/C/EST/VOL.III/120.

り，食糧不足を過大に評価する計算式を採用したことになる．ともあれ，いずれの場合もトウモロコシ「換算」ではなく，生産量の単純合計値である．このような食糧作物の生産量と併せて，上記の計算式の食糧必要量の試算にも疑問があるが，この点については第4の疑問点として後述する．

さて，図表3-15に抱いた第3の疑問点は，前年度からの食糧の備蓄，あるいは作物の県内外の移出入も想定されるので，同一年度の県内生産量と食糧必要量をもって食糧の過不足を計算するのはおかしいのではないか，ということである．

結論から先に述べれば，備蓄量，県内外移出入量ともに，食糧不足計算にはまったく考慮されていない．管見のかぎり，食糧の備蓄量に関するムワンガ県農政局の資料は存在しない．後述するキリスィ集落では，大雨季が主たる農耕期となっており，1年間に必要なトウモロコシの生産に努める．もし大雨季に十分収穫できなかった場合には，次の小雨季に追加の生産を行う．1992年の大雨季作についての情報を持ち合わせていないが，もし十分生産できていたなら小雨季にはほとんど栽培しておらず，図表3-16のよう

な 1992/93 年小雨季作の数値は小さいものとなってしまう．大雨季作の備蓄があるわけであるから，小雨季作の推定生産量でその後の 3～6 月までの食糧必要量をカバーできなくとも，食糧不足とは断定できない（しかも，図表 3-16 の場合には小雨季作でも十分カバーできている）．

また，県内外の移出入量についてもムワンガ県農政局はデータを持ち合わせていないと思われる．ただし，食糧不足に関して移出入量に間接的に代替しうる推計を行っている．図表 3-18 に示した食糧不足人口の推計が，それである．1979 年に新設された新しい県であるムワンガ県では，85 年 7 月の『食糧事情』ファイルの文書 [Mwanga, A/FAM/Vol.I/66] で初めて食糧不足量が報告され，翌 86 年 7 月に初めて食糧不足人口が報告された．しかしながら，同年の報告は県の全人口が食糧不足に陥っているという内実のないものであった．

1990 年 7 月時の文書 [Mwanga, A/FAM/Vol.I/123] でも県人口全体が食糧不足に陥っていると報告されているが，この時に初めて「食糧購入可能人口」と「食糧購入不能人口」の区分がなされた．食糧購入可能人口とは，県内の食糧不足による食糧価格の高騰が沈静化した場合に食糧を購入しうる資金を持っている人口であり，食糧購入不能人口とは食糧価格が下がっても資金を持っていないために食糧を購入しえない人口である．この区分に従って，92 年 7 月の文書 [Mwanga, A/FAM/VOL.I/164] で，ようやく県総人口とは異なる食糧不足人口が計上されている．

1998 年 5 月の文書 [Mwanga, C/EST/VOL.II/69] から，食糧購入不能人口が下位区分された．自前の食糧購入資金を持たないが公共事業に従事し代価として食糧あるいは食糧購入資金を手に入れることができる「公共事業従事可能人口」と，身体障害・病気・怪我・老齢等の理由で公共事業に従事できない「公共事業従事不能人口」である．

2003 年 7 月には，食糧不安を抱える諸県に対して，中央政府による緊急脆弱性調査（Rapid Vulnerability Assessment）が行われ，ムワンガ県農政局は，この調査票に基づき食糧生産の被害に関して軽微，中位，深刻の 3 地域に区分するように求められた [Mwanga, A/FAM/VOL.III/176; 180]．この緊急脆弱性調査でいう「軽微」地域とは平年の 60％以上の収穫があった地域であ

図表 3-18　ムワンガ県の食糧不足人口

(人)

	県総人口推計	食糧購入可能人口	食糧不足人口				合　計
			食糧購入不能人口			
			公共事業従事可能人口	公共事業従事不能人口	小　計	
1985 年 7 月	食糧不足量の算出開始　93,226					
1986 年 7 月	食糧不足者数の算出開始　93,226					93,226
1990 年 7 月	食糧不足者を，食糧購入可能者と食糧購入不能者に区分					
	106,000	81,443			24,557	106,000
1991 年 4 月	98,260	73,703			24,557	98,260
1992 年 2 月	106,000	81,443			24,557	106,000
1992 年 7 月	98,260	60,773			7,954	68,727
1993 年 3 月	98,260	52,833			6,899	59,833
1994 年 7 月	111,309	7,180			47,330	54,510
1995 年 1 月	112,999	105,065			7,934	112,999
1996 年 1 月	126,140	58,502			32,205	90,707
1997 年 1 月	126,140	58,502			32,205	90,707
1998 年 5 月	食糧購入不能者を，公共事業従事可能者と公共事業従事不能者に区分					
	103,423	58,502	24,500	7,819	32,319	90,821
1999 年 2 月	116,158	60,440	23,147	4,438	27,585	88,025
2000 年 6 月	131,305	24,533	94,501	12,271	106,772	131,305
2000 年 8 月	131,305	24,533	36,797	12,271	49,068	73,601
2001 年 8 月	137,124	35,546	23,418	11,722	35,140	70,686
2002 年 1 月	137,124	35,546	23,418	11,522	34,940	70,666
2003 年 4 月	137,124	35,800	19,453	11,380	30,833	66,633
2003 年 7 月	食糧作物生産に関する 3 地域区分（深刻，中位，軽微）の導入					
2003 年 9 月						41,677
2004 年 2 月	136,513					34,610
2004 年 3 月	138,630					34,610
2004 年 7 月	115,620					37,625
2004 年 11 月						21,445
2005 年 3 月						10,737
2005 年 8 月	115,145					16,795
2006 年 1 月	130,619					70,296
2006 年 2 月		28,569			9,523	38,092
2006 年 5 月		20,881			6,961	27,842
2007 年 11 月	105,533					40,161
2008 年 2 月						15,574
2008 年 10 月	114,965					40,161
2009 年 1 月	108,121					102,043
2009 年 7 月	132,033					64,144

出所）[Mwanga, A/FAM] [Mwanga, AGR/MW/FP] [Mwanga, C/EST] [Mwanga, AGR/MW/CEST] [Mwanga, AGR/MON] [Mwanga, AGR/MW/MON] ファイルの各種文書．

り，「中位」地域とは平年の 30 〜 59％の収穫があった地域，「深刻」地域とは平年の 30％未満の収穫しかなかった地域である．年格差が大きく「平年」を定義することは困難であり，それと比較して当該年度（あるいは農耕期）の生産量を％表示することは至難と思われるが，県農政局がデータを収集し中央政府に報告している．なお，緊急脆弱性調査の被災村落区分に用いる作況指数はつねに同一ではなく，このあとの調査では違う数値が採用されている．

　緊急脆弱性調査の導入当初は，同調査の地域区分と食糧不足人口の算定は連動してはいなかった．2006 年 1 月の文書 [Mwanga, AGR/MW/FP/VOL.V/106] で，両者が連動され，3 地域区分のうち「深刻」地域と「中位」地域に分類された諸村落の総人口に，「軽微」地域に分類された諸村落の被災人口を足した人口を，食糧不足人口とするようになる．さらに，2007 年 11 月の文書 [Mwanga, AGR/MW/FP/VOL.VI/46] では，「深刻」地域，「中位」地域についても諸村落の総人口ではなく，被災人口を推定している．2009 年 8 月の食糧援助では，平年作の 70％が被害（すなわち 30％の収穫）に遭った「深刻」地域の村落 16 村の全 5915 世帯のうち被災世帯 3998 世帯に対して 60kg/ 世帯，平年作の 60％が被害に遭った「中位」地域の村落 10 村落の全 5424 世帯のうち被災世帯 3033 世帯に対して 45kg/ 世帯，平年作の 40％が被害に遭った「軽微」地域の 37 村落の全 1 万 5147 世帯のうち被災世帯 6122 世帯に対して 27kg/ 世帯での食糧援助という計算式を用いて，SGR から引き出されたトウモロコシの各村への配給量が割り出されている [Mwanga, DED]．

　しかしながら，2009 年 1 月の食糧援助では，平年作の 30％未満の収穫，30 〜 60％の収穫，60％以上の収穫と，63 村落を 3 分類しながらも，SGR から引き出しを認められた 245 トンのうち 233 トンを，各村落の被災世帯合計 10 万 2043 世帯に，ほぼ一律にトウモロコシ 3kg 弱 / 被災世帯（ムワンガ町旧市街地のみ例外的に少ない）に TShs.50/kg で販売するよう配給し，そして残る 12 トンについては，16 郷（村落より 1 段階上の行政区分）すべてに一律 750kg を無償配布用に支給した [Mwanga, AGR/MW/FP/ 新 VOL.VII/30; AGR/MW/FP/ 新 VOL.VII/48]．そして，2009 年 8 月 26 日に訪問したウグウェ

ノ郡ヴチャマ・ンゴフィ村では，平年作の40％の被害に遭った村落の1つとして，全637世帯のうち被災世帯255世帯に対して27kg/世帯という計算で総量6885kgのトウモロコシの援助を受け取ったが，村長によれば，これを被災世帯のみに配布するのか，全世帯に配布するのか，あるいは老齢者世帯を優先するのか等の配布方法は，村民集会で決定するとのことであった．

このように次第に食糧不足人口の算出基準の精緻化が進みつつあり，県全体が食糧不足であるという報告よりは，外部者を説得しやすい形式に資料が整備されてきている．しかしながら，この資料についても，疑問点は枚挙にいとまない．県総人口は継続的に増大するような推計法をとっておらず不統一であること，食糧購入可能と不能との区分ならびに公共事業従事可能と不能との区分が不明確なこと，1990年7月と92年2月との数値あるいは96年1月と97年1月との数値がまったく同一という不自然さ等々である．そして，食糧不足であっても公共事業に従事しえないであろう未成年が県人口の半数以上を占めるにもかかわらず，公共事業従事不能人口が異常に少ないことである．おそらくは世帯主が「公共事業従事可能人口」に分類されれば，その扶養家族も自動的にその区分に分類されることになるためであろうが，成年・未成年が区分されていないことは，次に触れる食糧必要量にとっては大きな疑問となる．

図表3-15に抱いた4つの疑問の最後のものは，「食糧不足量」を割り出すための「食糧必要量」とは，どのような基準で算出されているのか，ということである．すでに第2点目の疑問点の説明で触れたように，食糧必要量の算定は，食糧作物の生産量と並んで，食糧不足量の計測の根幹をなしている．上記の食糧不足人口の区分と同様に，食糧必要量の算定基準も変遷してきている（図表3-19）．

初めて基準値が示された1986年には510g，そして翌87年にも517gという数値が示されているだけで，食品の指定はなされなかった［Mwanga, A/FAM/VOL.I/76; 77］．90年7月の文書［Mwanga, A/FAM/VOL.I/109］では，炭水化物摂取対象食糧としてトウモロコシ，モロコシ，コメが指定され，蛋白質摂取対象食糧としてインゲンマメが指定され，食糧不足の計算には1人1日当たりの食糧必要量を炭水化物摂取対象食糧700g，蛋白質摂取対象食

図表 3-19 　ムワンガ県農業事務所の 1 人 1 日当たりの食糧必要量の基準

1986 年 7 月	510g/ 人・日
1987 年 7 月	517g/ 人・日
1990 年 7 月	炭水化物摂取対象食糧と蛋白質摂取対象食糧の区分
	炭水化物摂取対象食糧をトウモロコシ，モロコシ，コメ，蛋白質摂取対象食糧をインゲンマメとする．
	炭水化物摂取対象食糧 700g/ 人・日 + 蛋白質摂取対象食糧 300g/ 人・日
1991 年 3 月 9 日	州農業事務所よりの食糧不足量計算基準の指令
	炭水化物摂取対象食糧 500g/ 人・日 + 蛋白質摂取対象食糧 200g/ 人・日
1991 年 3 月 14 日	州農業事務所よりの食糧不足量計算基準の指令
	炭水化物摂取対象食糧 500g 〜 700g/ 人・日 + 蛋白質摂取対象食糧 200g/ 人・日
1991 年 4 月	炭水化物摂取対象食糧 700g/ 人・日 + 蛋白質摂取対象食糧 300g/ 人・日
1992 年 1 月	穀物（= 炭水化物摂取対象食糧）518g/ 人・日
1993 年 3 月	炭水化物摂取対象食糧 700g/ 人・日 + 蛋白質摂取対象食糧 300g/ 人・日
1997 年 9 月	炭水化物摂取対象食糧 400g/ 人・日 + 蛋白質摂取対象食糧 200g/ 人・日
1999 年 1 月	FAO/WFP とタンザニア首相府による食糧調査に用いた WFP の基準
	炭水化物摂取対象食糧 400g/ 人・日 + 蛋白質摂取対象食糧 100g/ 人・日
	別資料の基準
	炭水化物摂取対象食糧 400g/ 人・日 + 蛋白質摂取対象食糧 200g/ 人・日
1999 年 7 月	1999 年 7-12 月の食糧不足計算に用いられた基準
	炭水化物摂取対象食糧 500g/ 人・日 + 蛋白質摂取対象食糧 200g/ 人・日
2000 年 5 月	首相府災害局からの指令
	炭水化物摂取対象食糧 750g/ 人・日 + 蛋白質摂取対象食糧 75g/ 人・日
2004 年 2 月	炭水化物摂取対象食糧 400g/ 人・日 + 蛋白質摂取対象食糧 40g/ 人・日
2009 年 7 月	国家の新基準と資料に注記
	炭水化物摂取対象食糧 750g/ 人・日 + 蛋白質摂取対象食糧 75g/ 人・日

出所）[Mwanga, A/FAM] [Mwanga, AGR/MW/FP] [Mwanga, AGR/MON] [Mwanga, AGR/MW/MON] の各種文書．

糧 300g を基準値として用いることが記されている．翌 1991 年 3 月 9 日付で，上位行政機関である州農政局から，炭水化物 500g，蛋白質 200g とするよう指令が来ている [Mwanga, A/FAM/Vol.I/113]．そして，同月 14 日付で，炭水化物については 500 〜 700g の間で幅を持たせてよいとの州農政局からの新たな指令が来ている [Mwanga, A/FAM/Vol.I/114]．しかしながら，ムワンガ県農政局は，同年 4 月に行った推計で炭水化物 700g，蛋白質 300g という旧来の基準を踏襲した．92 年 1 月には穀物 518g という炭水化物にのみ限定した基準を採用し，93 年 3 月に炭水化物摂取対象食糧 700g，蛋白質摂取対象食糧 300g という基準に復帰している．そして，97 年 9 月以来，炭水化物摂取対象食糧 400g，蛋白質摂取対象食糧 200g という，これまでの基準値を

かなり下回る基準値を採用するに至った［Mwanga, A/FAM/VOL.II/88］.

1999年1月に行われたFAO/WFPとタンザニア首相府の合同調査では，炭水化物摂取対象食糧400g，蛋白質摂取対象食糧100gと，基準値はさらに引き下げられた［Mwanga, A/FAM/VOL.II/107］．しかし，同時期の別の文書［Mwanga, AG/LIV/DA/7］では，炭水化物摂取対象食糧400g，蛋白質摂取対象食糧200gが用いられており，1999年7月の文書［Mwanga, A/FAM/VOL.II/110］では，炭水化物摂取対象食糧500g，蛋白質摂取対象食糧200gとされている．2000年5月に首相府災害局が各州事務次官に発信した指令のコピーがムワンガ県農政局に届けられており，その指令の内容は，1年を365日として計算し，1人1日当たり必要な摂取量として炭水化物摂取対象食糧750g，蛋白質摂取対象食糧75gという基準値を用いて食糧不足を計測せよというものであった［Mwanga, A/FAM/VOL.II/16］．炭水化物摂取対象食糧については最大の数値であり，逆に蛋白質摂取対象食糧については数値が大幅に圧縮されている．

しかしながら，2004年2月のトウモロコシでの食糧援助では400gという異なる基準値が採用されており［Mwanga, AGR/MW/FP/VOL.IV/108］，同年9月に作成された文書［Mwanga, AGR/MW/FP/VOL.IV/165］から判断すれば，この時期に炭水化物摂取対象食糧400g，蛋白質摂取対象食糧40gという新たな基準値が導入されたものと思われる．直前の炭水化物摂取対象食糧750g，蛋白質摂取対象食糧75gという基準値と比べると，1人1日当たりの食糧必要量が一挙に半減されている．この数値は世界食糧計画（WFP）による基準値ということであった．

栄養摂取必要量と食糧必要量の関係は定かではない[18]が，たとえば1日当たり750gのトウモロコシは年間で274kgとなる．タンザニアの食糧問題を分析したブライスソンは，都市部では成年1人当たり180kg，15歳未満

---

18) タンザニア政府が行った『1991/92年度全国家計調査』『2000/01年度全国家計調査』においては，栄養摂取最低必要量を2200カロリーとしており，その算出のために使う基準値としてトウモロコシ（粒）とトウモロコシ（粉）いずれも100gあたりで368カロリーと推定している［THB00］．この数値を使えば，トウモロコシ700gのみでも栄養摂取最低必要量を上回ることになる．

の未成年1人当たり90kgの穀物を年間で消費しており，このうちトウモロコシ，コメ，コムギで162kg/年を消費し，都市人口に占める未成年の比率は40.4％であるという推計値を提示している［Bryceson 1993: 244-245］．この数値と比較すれば，農村部とはいえ，未成年も含めてトウモロコシの年間消費量274kgは多すぎるであろう．750g/日を用いて試算するということは，あたかもムワンガ県では成年しか居住しておらず，ほぼ毎日トウモロコシを食べていると前提しているかのようである．実際には，県人口の半数以上は未成年で占められており，県人口の半数が居住する山間部の第1位の主食は料理用バナナである．この基準値を使うかぎり，炭水化物摂取対象食糧に関する食糧不足量はかなり多めに算定されることになろう．

　すでに触れたように，ムワンガ県は2009年にふたたび食糧不足に見舞われており，私が再訪した8月には，SGRから引き出された540トンのトウモロコシの食糧援助が県内の種々の村落で実施されつつあった．このSGRからの引き出しに先立って，県農政局は2009年8月〜10年2月までの食糧必要量を算定しているが，算定基準値として炭水化物摂取対象食糧750g，蛋白質摂取対象食糧75gを採用しており，国家の新算定基準（*viwango vipya vya kitaifa*）であると注記までしている［Mwanga, AGR/MW/FP/新VOL. VII/55］．つまりは，いつのまにか食糧不足を過大計算する基準値に復帰しているのである．同文書に注記されているように，国家全体の基準であるならば，タンザニア全体で食糧不足が過大に報告されていることになる．

　さて，図表3-15に関して上記のような4つの疑問点を私はムワンガ県農政局の担当者に発したが，慣行となっているという以上の明確な回答は得られなかった．いずれにしろ明らかなことは，ムワンガ県の食糧不足量は外部に対して過大に申告され，ムワンガ県農政局の食糧事情資料は，食糧不足の実態を必ずしも反映していないことである．これは，ムワンガ県のみの問題ではなく中部タンザニアと南部タンザニアの2つの県で閲覧の機会を得た同種の資料でも同様の計算方法が採用されていた．おそらくは，各県で独自の計算方法が用いられているというより，農業省本省，首相府災害局や州農政局といった上位の監督官庁から計算方法の指示が出され，それに従ってい

ると見るのが妥当であろう.

　これに対して, より正確な資料収集・分析の方法を考案することは, さほど困難ではないであろうが, そのような作業は現在の食糧事情資料の存在意義に反することになるのかもしれない. なぜなら, いかにもっともらしい数値を用いて食糧不足量を過大に見せかけるかが食糧不足統計の目的であるなら, 県は上部の監督官庁に対して, また中央政府はそのような計算方法を知りながらも, 対外的にそれを上手に利用していると考えられるからである. それを間接的に示していると思われるのは, 1人1日当たり必要量の基準値の度重なる改変である. 中央政府, 県行政府ともに, もっともらしい（過大な）数値を提示することを目的していると思わざるをえない. 少なくとも, 主食作物についてもトウモロコシ, バナナ, キャッサバ, シコクビエ, コメと多種に及ぶ国内諸地域の食生活の多様性を考慮して, 各地の食糧不足の実態を正確に捉えることは重視されてはいないようである. このような食糧不足情報の収集・分析の現状を本節の論旨に引きつけて考えれば, 地方分権化で前提されているような県行政府が現地の実情をよりよく知っているという仮説は必ずしも当てはまらないことになる.

　あるいは逆説的であるが, 現地の実情をよく知っているからこそ, 過大な数値を割り出しているのかもしれない. 県農政局が予測した食糧不足量に相応する量の食糧援助を, 上位行政組織が認めるわけではない. ムワンガ県農政局は, 2009年8月から2010年2月までの食糧不足者を県全人口13万2033人のうち1万3025世帯6万4144人と予想し, 7ヶ月間で炭水化物摂取対象食糧1万103トン, 蛋白質摂取対象食糧1010トンが必要であると, 2009年7月に報告している[Mwanga, AGR/MW/FP/ 新 VOL.VII/55]. この予想は, 食糧不足者が炭水化物750g/人・日, 蛋白質75g/人・日で摂取する場合の総量であり, 彼らが10月以降の小雨季に生産するかもしれない食糧については考慮されておらず, これまで述べてきたように過大な食糧不足の申告となっている. しかしながら, 県農政局が予測した炭水化物摂取対象食糧の必要量1万103トンに対して, 中央政府が認可したSGRからの引き出しは540トンであった. ただし, この数値も, 県内各村の被災状況に応じて食糧援助量を変えるという計算式で県農政局が算出した量を認可したもの

であり，被災状況ならびに被災世帯数は過大評価されている可能性がある．にもかかわらず，540トンでは，食糧援助量は被災者6万4144人で平等に割れば8.4kg/人であり，消費量を少なめに見積もって400g/人・日で計算しても21日分でしかなく，次の小雨季作の収穫まで食いつなげない．県農政局の推定ほどでないにしても旱魃によって被災していることは事実であるから，県民のために少しでも多くの食糧援助を引き出すためには，県農政局は食糧不足を過大に申告するという戦略をとることが有効であると考えられるのである．

2-3. 食糧配給と農村世帯の自衛策

ムワンガ県農政局で作成される食糧事情資料の数値の如何にかかわらず，同県で実際に食糧不足が発生することも少なくない．食糧不足の数値の危うさと比べ，食糧配給については，ムワンガ県行政府はかなりうまく処理しているようである．以下で紹介するのは，そのような食糧配給を受けたキルル・ルワミ村ヴドイ村区キリスィ集落の事例である．

すでに触れたごとく，1999年1月にムワンガ県長官は同県を訪問した大統領に食糧不足の窮状を直訴し，ムワンガ県はアルーシャ市にあるSGR倉庫から5040袋（kiroba＝50kg袋での計算．合計252トンとなる）のトウモロコシを引き出し，無償で配布することを認められ，ムワンガ県は1999年2月と同年4月に無償の食糧配給を実施した．同年1月にはFAO/WFPとタンザニア首相府合同での食糧事情調査が行われており，ムワンガ県の食糧不足は実際にかなり深刻なものであったと思われる．

ムワンガ県では食糧配給にあたって，老齢者や身体障害者（walengwa＝「対象者」と総称される．病人や怪我人を含む）に優先的に配給を行い，その後にその他の食糧困窮者に配給する方針を立てた．その結果，2回の食糧配給でのべ8876人の老齢者・身体障害者と，のべ1万456人の他の食糧困窮者に食糧配給がなされた［Mwanga, A/FAM/Vol.II/105］．老齢者・身障者，他の食糧困窮者の人数は，配給前に村区―村落―郷へと数値を上げていった集計値である．

私の調査地であるキルル・ルワミ村ヴドイ村区内のキリスィ集落（46世帯283人居住）においても，1999年2月と4月に食糧配給がなされた．食糧配給に立ち会ったヴドイ村区長の覚え書によれば，キリスィ集落では1999年2月に31人（配給対象者は33人であったが2人は辞退）に対してトウモロコシ粉6kgずつが配給され，同年4月には35人（同37人のうち2人辞退）に対してトウモロコシ粉10kgずつが配給された．炭水化物摂取対象食糧が400g/日必要であるとすれば，それぞれ15日分と25日分の食糧に相当するが，はたしてこの量で配給量が十分であるのかは大いに疑問ではある．

　さて，キリスィ集落の食糧受給者と非受給者を性別・年代別に見ると，図表3-20のようになる．食糧受給者は男性12人（うち11人は2回とも受給，1人は1回のみ受給），女性24人（うち19人は2回とも受給，5人は1回のみ受給），合計36人で，60歳代以上の年齢層では，受給を辞退した1人以外は全員受給している．身障者については不明であるが，老齢者に優先的に配給するという県が設定した食糧配給の基準は遵守されているといえよう．ただし，この個人ベースの資料を世帯ベースに直してみると，世帯間では格差が出てくる．図表3-21によれば，のべ8人分の食糧配給を受けた（すなわち2月に4人分，4月にも4人分受領した）1世帯を含んで合計23世帯が食糧配給を受けているが，残る23世帯は食糧配給をまったく受けていない．

　食糧配給を受けなかった23世帯が食糧不足を経験していなかったわけではない．図表3-22は，1998年9月〜99年8月の1年間に食糧不足を経験したかどうかをキリスィ集落46世帯すべてに質問した結果である．食糧不足の有無は世帯主の自己申告であり，また不足の程度は不明であって，図表3-22の解釈には留保を要するが，ひとまず以下のような結果となった．食糧購入に振り向けうる現金所得源を「農産物販売」「家畜販売」「ミルク販売」，村内および周辺地域における「非農業就業」，非居住世帯構成員からの「送金」等の5つに分類し，さらに1999年2月と4月に食糧配給を受けたか否かを尋ねたところ，たとえば図表3-22の最上段は，「家畜販売」+「ミルク販売」+「非農業就業」というパターンで現金を稼得していたが，食糧不足を経験し，食糧配給を受けなかったと回答した世帯が4世帯あったことを示している．合計すると，食糧不足を経験したと回答した世帯は39世帯で，

第3章　ムワンガ県の農業・食糧問題

図表3-20　個人ベースで見たキリスィ集落への食糧配給（1999年2月, 4月）

年　齢	食糧配給受給者		非　受　給　者		合　計 (人)
	男　性	女　性	男　性	女　性	
≧60歳	5	13	1	0	19
40-59歳	3	6	11	5	25
20-39歳	4	1	21	34	60
0-19歳	0	1	60	92	153
回答なし	0	3	11	12	26
合　計	12(1)	24(5)	104	143	283

出所）ムワンガ県キルル・ルワミ村ヴドイ村区長の覚え書きおよび池野によるキリスィ集落世帯構成員調査.
注1）合計欄の（　）内は，1999年2月か4月いずれか1回のみの受給者.
　2）非受給者には，受給を辞退した60歳以上の男性1人と40〜59歳の男性1人を含む.

図表3-21　世帯ベースで見たキリスィ集落への食糧配給（1999年2月, 4月）

受給者のべ人数 (人)	世帯数 (世帯)
8	1
5	1
4	7
2	11
1	3
0	23
合計	46

出所）ムワンガ県キルル・ルワミ村ヴドイ村区長の覚え書きおよび池野によるキリスィ集落世帯構成員調査.
注1）のべ人数とは，1999年2月と4月に食糧配給を受けた人数の合計値である．たとえば，のべ人数8人に分類されている1世帯は2月と4月にそれぞれ4人分ずつ，合わせて8人分の食糧配給を受けていたことを意味している．

図表 3-22　キリスィ集落居住世帯の食糧対策（1998 年 9 月〜 1999 年 8 月）

食糧不足	自　助　努　力					食糧配給	世帯数（世帯）
	農産物販売	家畜販売	ミルク販売	非農業就業	送金ほか		
あり		●	●		●			4
		●	●					1
		●			●			4
		●						1
			●		●			4
					●	●		1
					●			3
						●		1
	●	●		●			●	1
		●	●		●		●	4
		●	●				●	1
		●			●	●	●	1
		●			●		●	1
		●				●	●	1
		●					●	1
			●		●	●	●	1
			●		●		●	1
					●		●	3
					●		●	4
						●	●	1
							小　計	39
なし	●	●	●		●			1
		●			●			1
			●		●			1
		●					●	1
					●		●	1
							小　計	5
不明	n.a.	n.a.	n.a.	n.a.	n.a.			1
	n.a.	n.a.	n.a.	n.a.	n.a.		●	1
							小　計	2
							合　計	46

出所）池野調査（1999 年）.

このうち19世帯は食糧配給を受けていない．その一方で，食糧に問題はなかったと回答した5世帯のうち2世帯は食糧配給を受け，また食糧不足の有無が不明の世帯2世帯のうち1世帯も食糧配給を受けていた．もっとも，食糧不足であるにもかかわらず食糧配給を受けられなかった世帯にも配給食糧が行き渡らなかったかどうかは，不明である．次章の図表4-02で示すように，キリスィ集落の世帯主の多くは地縁関係だけでなく親族関係・姻族関係でも近しい関係にあり，たとえば別の世帯に属する孫が祖父母の世帯で食事をすることも頻繁であり，食糧配給を受けなかった世帯にもトウモロコシの実質的な分配がなされたことも十分に考えられるためである．

キリスィ集落の住民は配給量の少なさに不満を述べていたものの，上記の事例では県の行政サービスを一応評価しうるであろう．しかしながら，外部から提供された物資に対して評価できる行政サービスがなされたのであり，地方分権化で求められる県の「自活」が今後どれほど達成されうるかは未知数である．図表3-15で紹介した食糧事情資料では，ムワンガ県は慢性的に食糧不足に陥っていると報告されており，少なくとも形式的には常に外部からの支援を必要としていることになるからである．そして，図表3-17からは，2000年代に入って同県の農業生産条件は不良であり，ムワンガ県の努力の如何にかかわらず，1990年代以上に外部からの支援を必要とする事態が発生していると推定されるためである．

このような課題が残っているが，配給方法にはさらに工夫が加えられて住民参加の視点が組み込まれてきていることを付記しておきたい．2009年8月の県内各村落での食糧援助に先立って，キリスィ集落を含むヴドイ村区は，ムワンガ町行政府に属するためか，2009年7月に食糧援助が行われたという．この食糧援助の折には，村区で組織された災害委員会 (disaster committee/*kamati ya maafa*) が活用された．ヴドイ村区の災害委員会は，議長，書記と6人の委員で構成されており，村区長とともに，配給方式の策定，配給業務の実施を担った．私の調査助手であるサイディ君は災害委員会の書記を務め，また議長も面識のある古老であったため，配給業務について聞き取り調査を行った．かつて食糧援助時に横領が頻繁に発生したため，県行政府は災害委員会を設立して複数の人間の面前で援助食糧を配給するよう指示し

たとのことであった．ヴドイ村区も例外ではない．1999年の食糧援助時に当時のヴドイ村区長（ムランバ集落在住者）が，配給すべきトウモロコシを着服していたことが判明して数週間収監された．私が1999年7月に調査に訪れたときには事件がすでに一段落していたためか，この事件は格好の話題となっていた．自分たちに回るべきトウモロコシが減らされたという怒りの対象ではなく，うまくやろうとして失敗した馬鹿なやつ，という取り上げ方である．

　さて，2009年7月にヴドイ村区に支給されたのは，15袋（1袋は約80kgであったという）のトウモロコシであった．災害委員会は2009年5月に村区内の世帯調査を実施しており，世帯主と世帯構成員の氏名，年齢を記した一覧表を作成していた．それに基づき，村区内の全世帯に対して1世帯当たり5kgの配給（TShs. 50/kgでの廉価販売）を実施したのである．県農政局が指導した1999年の食糧援助のように，老齢者や身体障害者を優先する配給方法を採用しなかった．すでに触れたように，2009年8月26日に訪問したウグウェノ郡ヴチャマ・ンゴフィ村においても，被災世帯数に応じた重量で配給された援助食糧を実際にはどのように配給するかは村落集会で決定すると，村長が明言していた．食糧援助において「公平」をどう達成するのかを，県（農政局）が判断するのではなく，より住民に近いレベルで決定する方式が採用されつつある．ささやかな事例ではあるが，地域社会の主体性を重視し，住民参加型で民主的に決定する対応がなされた事例といえよう．

第3章　ムワンガ県の農業・食糧問題

ヨゲンノスリ (*Buteo a. augur*)

2006年8月15日,山間部のソンゴア村]
ムワンガ県内では,山間部でも平地部でもよく見かける猛禽。小型のハヤブサはニワトリのヒナしか襲わないが,体の大きなヨゲンノスリは成鳥も餌食にする。調査助手によれば,山間部には山羊まで襲う大型のタイという猛禽がいるそうであるが,いまだ見かけたことはない。

第4章 キリスィ集落での乾季灌漑作

生活自衛のための新たな営農活動

扉写真

灌漑中の乾季灌漑作畑［2006年8月5日．キリスィ集落の圃場］
調査地のキリスィ集落に隣接した灌漑中の圃場である．2006年には用水量が多かったために，用水を2方向に分けて利用している．灌漑中の圃場では，赤ん坊を背負った女性が，鍬で畑の凹凸を修正してインゲンマメに満遍なく水が行き渡るようにしていた．この年は十分な用水量があったにもかかわらず，耕作者の数は1990年代よりはるかに少なくなっていた．

第4章 キリスィ集落での乾季灌漑作

　ムワンガ県農政局の報告書の内容あるいは食糧配給の有無にかかわらず，農村住民は不可抗力で襲ってくる食糧不足の事態を座視しているわけではなく，事前・事後に対応策を自ら講じている．農業以外の生業多様化が有力な方策であり，旱魃や洪水という天候不順に起因する食糧不足が多発する地域では，農業部門での対応策は通常は採用しがたいものである．しかしながら，北パレ山塊に居住するパレ人は植民地化以前から灌漑農業を展開しており，平地部にある私の調査地であるキルル・ルワミ村キリスィ集落周辺にも用水路が到達しているため，大乾季（7～10月）でも農耕が可能である．かつては平地部でのワタ作に利用されていた灌漑施設はワタ作が低調となったあと放置されていたが，このような灌漑施設を利用した乾季灌漑作が，1990年代初期よりキリスィ集落周辺で開始された．背景にある大きな要因は，1986年に導入された構造調整政策により政府財政支出が抑制されることになり，教育費・医療費に受益者負担の原則が適用され，農村部においても個別世帯の支出額が増大したことであろう．このような支出増に対して，現金収入を増やす努力を行うか，教育費・医療費支出あるいは他の支出を抑える必要が生まれた．キリスィ集落周辺での乾季灌漑作は，農産物を販売して現金収入を増やすほどの規模では展開されていないが，実践世帯の食糧購入費を抑えることには役立っていた．

　この乾季灌漑作については，隣接するムワンガ町にあるムワンガ県農政局はその存在をほとんど認識していない．北パレ山塊一帯ではこのような在来小規模灌漑農業がいたるところで実践されており，農政局は個々の零細灌漑農業について把握しておく必要を感じていないためでもあるが，農家経営の実態把握に関する同県農政局の情報収集能力の不足にも起因している．キリスィ集落周辺での乾季灌漑作の展開は，外部からの開発支援がなくとも地域社会が主体的に社会経済環境の変化に対応しうることを示す格好の事例といえる．

　また本章で明らかにしていくように，この営農実践は，タンザニアの農村社会の存在形態という，より本源的な問題についての示唆的な事例でもある．私は，東アフリカでは個別世帯が相対的に自立した農村社会が形成されていると考えているが，乾季灌漑作はその経済単位を超えて展開されている

集団的営為としても注目に値するからである．在来灌漑施設と灌漑用水という共有資源（あるいは自然資源，環境資源，社会的共通資本）を用いて新たな農業活動を展開している農民が，そのためにいかなる組織化を行っているのかを，以下で検討していく．

その意味で，本章は，コモンズ（Commons）論に1事例を提供することになろう．植田和弘によれば，コモンズとは「さしあたりは私有地化されておらず地域社会の共通基盤となっている自然資源や自然環境」を意味していたが，近年では「対象となる自然環境や自然資源そのものをさすというよりも，それぞれの環境資源がおかれた諸条件のもとで，持続可能なかたちで利用・管理・維持するための制度・組織である」［植田 1996：166］と把握されるようになってきた．宇沢弘文も，「コモンズというのは，必ずしも特定された組織や形態をもつのではなく，ある特定の人々の集団が集まって，協同的な作業として，社会的共通資本としての機能を十分生かせるように，その管理や運営をしていくものです．その組織を総称してコモンズといいます」［宇沢 1998：34］と，同種の指摘を行っている．このような近年のコモンズ論では特定の環境資源あるいは社会的共通資本に関わる組織を個別に検討しようとしている．

調査地の補助的な農耕期である乾季灌漑作で見られる組織原理は，まさにコモンズ論の対象として適当であろう．しかしながら，このような組織原理が調査地における「共同体」の唯一の組織原理であると主張するつもりはない．むしろ，天水に依存して鍬耕により個別世帯が別個に農作業を行う主要農耕期には，農業における共同性はほとんど発現しない．東アフリカ定着農耕社会における経済的側面での共同性を体現するような共同体の検証は，今後研究が蓄積されるべき課題である．ただし，私は古色蒼然とした共同体論をアフリカ農村分析に適用することを目的としているわけではない．日本・西欧等を研究対象とする日本の社会経済史家が相次いで「共同体」「共同性」の再考を提唱しており，その研究成果を参照する必要があろう．たとえば，「有機体的な共同性であれ，個人間の契約ないし連帯としての協同性（association）であれ，より秩序感を濃厚に含む公共性であれ，およそこれまで人類が経験してきた共同的なものをすべてさらい直す必要がある」［小野

第4章 キリスィ集落での乾季灌漑作

塚 2007：13] といった認識や,「近代化を『共同体が変質・解体する歴史』として語ることはできないが, それにもかかわらず, それぞれの時代の人びとが生活のなかで意匠として作り出した共同性を帯びる社会的結合組織や結合関係を無視しながら近代化の歴史を語ることもできない」[長谷部 2009：30] といった編者[1]の認識に沿って展開されている, 2 冊の論文集に所収された諸論文の論点には, 現在のアフリカ農村研究にも応用可能な「共同体」研究の方向性が示唆されていると, 私は考えている.

さて, 調査地での乾季灌漑作は, 山中に設置されている小規模な溜池を利用したものである. 平地部にある調査地には, 北パレ山塊に発して乾季にも涸れない河川はないため, 溜池の水源とは雨季の降水が山間部に蓄えられ乾季に湧水となったものである. 乾季灌漑作は, 農閑期であった乾季に灌漑作を実施することで平地部の主要農耕期の収穫を補完する営農活動といえよう. しかしながら, 雨季に山間部で十分な降雨がなかった場合には, 乾季灌漑作の水源が十分ではなく, 乾季灌漑作を実施できない事態に陥る. すでに序章の図表 1-05 で見たように, 山間部と平地部では降水量の変動が類似しておらず, 平地部で大雨季に雨不足であっても, 山間部に十分な降雨があれば乾季灌漑作が可能である. もし山間部で雨不足であれば, 平地部の乾季灌漑作は困難となる. このように, 乾季灌漑作も天水に依存しているという意味で, 雨季の主要農耕期を完全には補完しえない営農活動でもある.

キリスィ集落周辺で実践されている乾季灌漑作については, 1995〜2000 年と 2003〜09 年の各年の 7〜9 月に, 1〜2 ヶ月程度の現地調査を実施し, 経年変化を把握することをめざした. 2001, 02 年については調査を実施できなかったが, このうち 2002 年には用水量の不足のために乾季灌漑作は実施されなかったとの情報を得ている. また, 調査を行った 1997, 2005, 07, 08, 09 年にも用水量の不足を理由として, 誰ひとりとして乾季灌漑作を実

---

[1] 本文で引用した小野塚論文は, 2006 年 6 月に開催された政治経済学・経済史学会春期総合研究会「『共同体の基礎理論』を読み直す —— 共同性と公共性の意味をめぐって —— 」の報告を取りまとめた [小野塚・沼尻 2007] の序章である. また, 長谷部論文は, 日本村落研究学会の 2007 年度の大会テーマ・セッション「日本における近世村落の共同性を再考する」の報告等を取りまとめた [日本村落研究学会編 2009] の序章である.

施していなかった．つまり，1995〜2009年の15年間のうち，8年分について乾季灌漑作の実施状況のデータがあり，1年（2001年）については灌漑作が実施されたがデータが欠落しており，6年は灌漑が実施されていなかったために灌漑作のデータは存在しないことになる．

1 在来灌漑施設 —— 溜池と用水路

　さて，序章で紹介したように，ヴドイ村区はキリスィ集落とムランバ集落との2つの集落に下位区分され，このうちキリスィ集落のほうが北パレ山塊に近い．1998, 99年に乾季灌漑作が行われていたのは，キリスィ集落に隣接する圃場群（以下，キリスィ耕地と総称する）とムランバ集落に隣接する圃場群（以下，ムランバ耕地と称する）であるが，他の年にはキリスィ耕地のみが利用されていた．序章の図表1-08に示した溜池群と図表1-09に示した灌漑圃場群を併せた模式図（図表4-01）を用いて，説明していく．キリスィ耕地は，圃場の位置やいずれの用水路に依存するかによって，キリスィ・カティ（*Kirisi Kati*：*kati* はスワヒリ語で中心の意）耕区，ンガンボ（*Ng'ambo*：スワヒリ語で対岸の意）耕区，ムソゴ（*Msogho*）北耕区，ムソゴ南耕区の4つに下位区分される[2]．

1-1. 山間部に設置された小さな溜池

　ヴドイ村区のキリスィ耕地とムランバ耕地で乾季に行われている灌漑作の用水は，図表4-01に図示したムボゴ渓谷（*Korongo la Mbogho*）とムソゴ渓谷に設けられた小さな溜池（パレ語でンディヴァ *ndiva*．用水路等の灌漑施設はパレ語ではなくスワヒリ語を使用していたが，これはパレ語のみが用いられていた）に貯められた水を用水路で平地部の圃場まで流したものである．渓谷そのもの

---

[2] 耕区名のうち，キリスィ・カティ，ンガンボについては現地でそのように呼ばれていた名称であるが，ムソゴ北とムソゴ南については，現地では名称がつけられていなかったため，私が便宜的に名称を与えた．

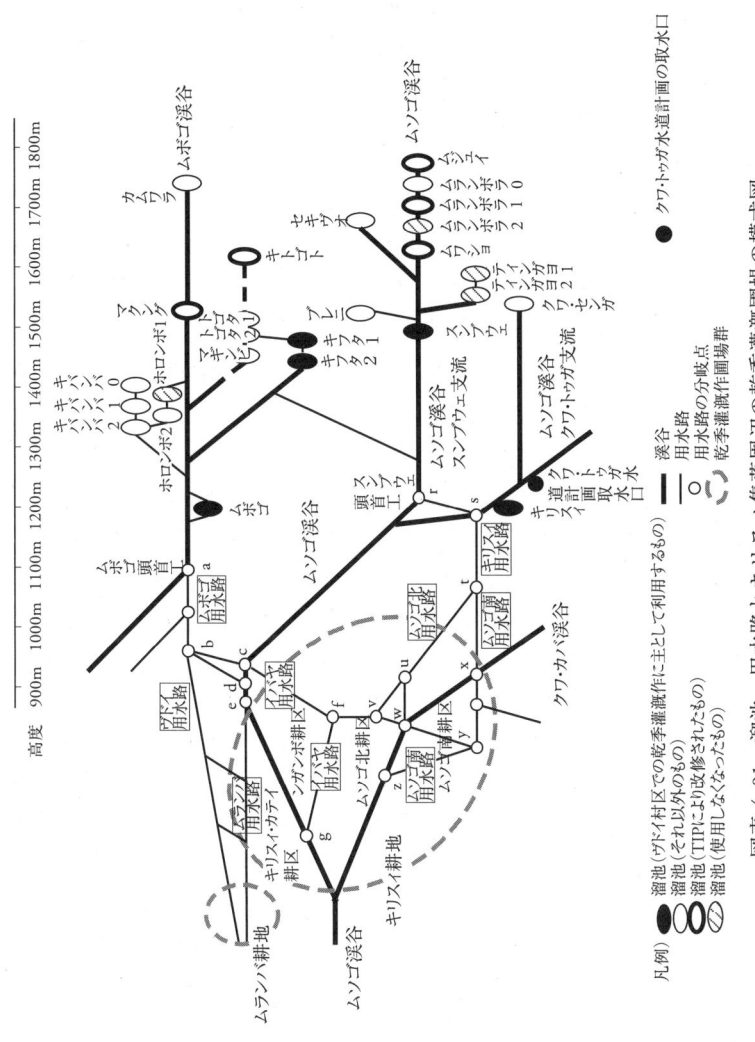

第4章 キリスィ集落での乾季灌漑作

図表 4-01 溜池、用水路とキリスィ集落周辺の乾季灌漑圃場の模式図

出所）池野調査（1998, 2000, 2003, 2005, 2006年）

かあるいは若干渓谷から離れたところに，石組みかレンガを積み重ねた弧状の堰堤をもつ溜池が建造されている．溜池の中には，堰堤が土で覆われ中の石組みやレンガ組みが見えないものもある．いずれの溜池も底面は素掘りである．溜池の堰堤の下方には小さな穴があいており，これが水門部となる．溜池に水を貯めたい場合には，真ん中に丸い穴をあけた板で水門部をふさぎ，さらに板の穴をバナナの擬茎の皮を束ねたものでふさぎ，その上に土をかぶせる．バナナの擬茎の皮を束ねたものは 2m 以上ある蔓の先に取り付けられており，この蔓の端を溜池の堤の上において重石として直径 30 〜 40cm ある石を置いてある．放水する場合には，この蔓をひいて先端にあるバナナの擬茎の束をはずし，水門を開ければよい．溜池の 1 つであるムボゴ池（*Ndiva ya Mbogho*）の堰堤の壁面にはコンクリートが用いられ，かつては鉄製の水門が取り付けられていたが，現在は壊れており，他の池と同様に上記のような伝統的な水門管理技術が用いられている．

通常は，溜池に半日あまり水を貯め，水圧を高めて放水する．溜池を使わない雨季には，溜池の水門を閉めずに水が自由に流れるままにしておく．このように，溜池は長期にわたって貯水する施設ではなく，河川灌漑の効率を高めるための施設と見なしたほうが妥当である[3]．ムボゴ渓谷，ムソゴ渓谷ならびにクワ・カバ渓谷はいずれも大きくはなく，乾季になればキルル・ルワミ村域内では水が干上がっていることが多い．ただし，山間部では何ヶ所もの湧水があり，それらが溜池の水源となっている．

1990 年代に入って，このような灌漑施設を改良するための開発プロジェクト，在来灌漑施設改良計画（Traditional Irrigation Improvement Programme）が活動を始めて，溜池の規模を拡大し，堰堤をコンクリート製として鉄製の水

3）玉城哲は農業水利施設を，溜池，クリーク，河川用水の 3 類型に区分している．河川用水の「水源施設である河川の取入口は，河川水を一時的ないし部分的に貯溜させる堰堤などを伴うことがあるとはいえ，基本的には河川の流水を取得する機能を発揮するもの」[玉城 1983：141] であり，調査地の溜池は，河川用水のために一時的に河川水を貯溜する施設といえよう．

なお，パレ人の灌漑制度については南パレ山塊の事例を調査した [Yoshida 1985]，[吉田 1995] と，北パレ山塊山間部のンドルウェ（Ndorwe）村の事例を調査した [吉田 1997；1999] も参照されたい．

第 4 章　キリスィ集落での乾季灌漑作

スンブウェ池［2005 年 7 月 27 日］
スンブウェ池は，調査地の乾季灌漑作に利用される溜池のなかでも大きい溜池であるが，他の溜池と同様に半日ほど貯水して放水する施設であるために，そう大きくはない．山間部の村落のなかにあり，標高 1500m ほどにある．標高 900m 未満の調査地の灌漑作圃場まで 600m も水を落とすことになる．スンブウェ池の周辺には成人儀礼等が執り行われる聖なる森が広がっており，また上流部の湿原は水源涵養のため未耕地として保存されている．

門を設置するようになった．2009年2月時点で，図表4-01に太線で記したマクング池（Makungu），キトゴト池（Kitoghoto），ムジュイ池（Mjwi），ムランボラ1池（Mlambora），ムワショ池（Mwasho）の改修が完了している．

　図表4-01に示したように，ムボゴ水系には1700mを超える高度にあるカムワラ池（Kamwala）以下14の溜池（ただし，同図のホロンボ1池＜Horombo＞は洪水で埋没して以来，修復されていないので，実質的には13），ムソゴ水系には12の溜池が作られていた．このうち，ムボゴ渓谷のトゴタ1池，2池（Toghota：隣接して，2つ同名の池が存在したため，便宜的にトゴタ1池，2池と名称を割り振った．他の池についても同様）は，1998年には隣接して存在した3つの池が，その後2つに作り直されたものである．また，ムソゴ渓谷のティンガヨ（Tingayo）1池，2池は1998年には使用されていた形跡があったが，その後2007年まで長らく放置されたままとなっている．ムソゴ渓谷の最上流部にあるムジュイ池とムランボラ0池（ムランボラ1池の上流部に新設されたため，0池とした）は1998年には存在すらしていなかったが，その後建造されて2006年には活用されていた．

　ムボゴ水系の溜池はすべて山間部のムクー村の村域内にあり，またムソゴ水系の溜池はすべてヴチャマ村の村域内にあって，キルル・ルワミ村の村域内には1つの溜池も存在しない．ヴドイ村区の乾季灌漑作においては，これらすべての溜池が利用されるわけではなく，図表4-01に黒塗りで示したムボゴ水系のムボゴ池，キフタ（Kifuta）1池，2池，ムソゴ水系ではスンブウェ（Sumbwe）池，キリスィ（Kirisi）池の5つの溜池が主として利用されている．ただし，ヴドイ村区の灌漑作圃場に伸びるムボゴ用水路の水源はムボゴ水系のムボゴ池のみで，キリスィ用水路の水源はムソゴ水系のスンブウェ池，キリスィ池とムボゴ水系のキフタ1池，2池である．すなわち，水系をまたいで取水されていることになる．

　キリスィ耕地での乾季灌漑作に利用される溜池はいずれも小さく，一番大きなムボゴ池でも幅30m弱，奥行き10数m，水門部分での堰堤の内側の高さは2.5m強にすぎない．すでに述べたように，何日も貯水しておくような溜池ではなく，半日強貯えて水圧を高めて放水する施設である．1995, 96, 99年に計測したところ，キリスィ耕地（ならびにムランバ耕地）では1日に6

～8時間用水が利用できた．乾季が進んで渇水期になると，乾季灌漑作の主要な溜池の上流部にある溜池の水も連結して利用することがあるという［池野 1998a：140-142］．たとえば，ムボゴ水系ではムボゴ池の上流部にあるキバンバ (Kibamba) 1池，2池，ホロンボ2池，マクング池の水も利用するそうである．逆に，水量が豊富であれば，主要な溜池の利用も控えられる．たとえば渓谷の水量が豊富であった98年にはヴドイ村区近辺でも渓谷に1日中水が流れており，7月24日から8月26日の約1ヶ月間にムボゴ池は4日しか利用されておらず，それ以外の日にはムソゴ渓谷から直接灌漑用水が取水されていた．

1-2. 巧みに張り巡らされた用水路

図表4-01を用いて，用水路についても説明しておきたい．ムボゴ池はムボゴ渓谷の脇に造成されており，同池の水はムボゴ渓谷に放水され，渓谷自身が用水路として利用される．ムボゴ池から渓谷に戻された用水は図表4-01のa地点に設けられた小規模な頭首工でムボゴ渓谷と別れ，ムボゴ用水路 (Mfereji wa Mbogho) に取水されることになる[4]．その後，ムボゴ用水はb地点でヴドイ (Vudoi) 用水路が分岐する．ヴドイ用水路はヴドイ丘の山腹を流れており，いくつかの分水溝が設けられていて，後述するムランバ用水路に向けて水を放流できるようになっている．ヴドイ用水路はキリスィ耕地のキリスィ・カティ耕区と，ムランバ耕地の灌漑に用いられる．

ムボゴ用水路は，b地点の分岐点から隣の渓谷であるムソゴ渓谷をc地点で渡河してイバヤ (Ibaya) 用水路ともなる．イバヤ用水路は，通常はf地点を経てg地点でムソゴ渓谷に流れ込む．イバヤ用水路はキリスィ耕地のうちンガンボ耕区の灌漑に用いられる．

---

[4]［Kimambo 1991：22］では，山間部用の溜池がパレ語でンディヴァ (ndiva) と称され，平地部用の規模の大きな溜池はマロンボ (marombo：単数形は irombo) と称されると記されているが，ヴドイ村区に関わる溜池はすべてンディヴァと称されていた．ヴドイ村区でマロンボと称されていたのは，図表4-01の渓谷と用水路の分岐点であるa地点，r地点，s地点に設けられた，頭首工に伴うような小さな遊水池である．

b 地点からはムソゴ渓谷の d 地点に水を流すこともあり，しばらくムソゴ渓谷を流れたあと，水は e 地点でムランバ (Mramba) 用水路に導かれる．ムランバ用水路は，キリスィ耕地のうちキリスィ・カティ耕区と，ムランバ耕地の灌漑に用いられる．

　ムソゴ渓谷については，スンブウェ池に貯水された用水はしばらくムソゴ渓谷を流れていき，その途中でムボゴ水系に位置するキフタ 1 池，キフタ 2 池から流れてきた水を加える．そして，r 地点のスンブウェ頭首工でムソゴ渓谷と用水路が分岐する．その後，スンブウェ池とは別の支流から取水しているキリスィ池の水と s 地点で合流し，キリスィ (Kirisi) 用水路をヴドイ村区に向かって流れていくことになる．この用水路は t 地点で分岐する．いずれの用水路にも名称がつけられていないため，ここではムソゴ北用水路とムソゴ南用水路と呼んでおきたい．

　ムソゴ北用水路は u 地点から v 地点あるいは w 地点方面に流れ，キリスィ耕地のうちムソゴ北耕区の灌漑に用いられる．また，w 地点でクワ・カバ渓谷を渡河して y 地点を経由して，ふたたび z 地点でクワ・カバ渓谷に流れ込むような経路で，ムソゴ南耕区の下半分を灌漑するためにも用いられる．ムソゴ南用水路は x 地点でクワ・カバ渓谷を渡河して，y 地点を経て z 地点でクワ・カバ渓谷に流れ込む形で，キリスィ耕地のうちムソゴ南耕区の灌漑に用いられる．

　ムボゴ渓谷とムソゴ渓谷から取水された水は溜池に貯められ，まさに網の目のように張り巡らされた用水路を通じて，乾季灌漑作の圃場に到達していた．図表 4-01 は模式図であるが，乾季灌漑作の圃場近くでの実際の用水路の形状は，図表 1-09 に示したとおりである．用水路はすべて土溝である．場所によって違いがあるが，幅 30～40cm，深さ 20～30cm 程度の小さな用水路である．ムボゴ池の下流部にあるムボゴ頭首工はコンクリート製であるが，スンブウェ池の下流部にあるスンブウェ頭首工は，滝の下に岩で囲われて自然に形成された小さな水溜まりを利用したものである．それぞれの用水路の途中にある分岐点もすべて，土と石を用いて堰き止めたり開放したりする簡便なもので，コンクリート等はいっさい用いられていない．

1-3. 在来灌漑施設の建造者と管理者

　現在のヴドイ村区まで山間部から用水路が達したのは1930年代から50年代にかけてであるといわれているが，このような在来の灌漑技術は山間部においては，19世紀末に始まる植民地支配以前からすでに用いられており，溜池や用水路はそれらを建造したクラン等の血縁集団の管理下にあった［Kimambo 1991: 20, 22］．現在では形式的に村落政府の管理となっていることもあるが，用水利用者集団の自主管理にまかされていることも多く，いずれの場合にも実質的に用水を統括管理する用水管理者（*kiongozi wa maji* あるいは *mgawanya maji*）が置かれている．用水管理者の役割については後述するが，ここではヴドイ村区の乾季灌漑作に関わる溜池および用水路の建造者と現在の用水管理者とはどのような人物であるのかを見ておきたい．図表4-02はキリスィ集落の世帯主に関する親族関係図であるが，これを用いながら説明していく．

　まず，ヴドイ村区の乾季灌漑作に利用される主たる5つの溜池と用水路の建造者についてである．ムボゴ池はチョンヴ（Chomvu）クランが建造しムパレ（Mpare）クランに委譲されたが，現在はヴドイ村区の管理下にある．スンブウェ池，キフタ1池，キフタ2池はいずれも，ファンガヴォ・クランが建造した．最後に，キリスィ池はキリスィ集落に在住する男性H21（図表4-02．ファンガヴォ・クラン構成員）によって1980年代後半に建造された．一方，30年代から50年代に山間部から到達した用水路については，個人が建造したといわれている．ムボゴ用水路と，それにつながるムランバ用水路はムパレ・クランに属するA（図表4-02）が建造した．ヴドイ用水路はフィナンガ・クラン構成員のC（同）が建造し，イバヤ用水路とスンブウェ頭首工からのキリスィ用水路，ムソゴ北用水路，ムソゴ南用水路はファンガヴォ・クラン構成員のB（同）が建造した．いずれも故人である．

　これらの溜池と用水路を実質的に管理する用水管理者が，キリスィ集落に2人いる．1人は，ムボゴ池ならびにそれに発するムボゴ用水路，ムランバ用水路，ヴドイ用水路，イバヤ用水路といったムボゴ水系の用水管理者であり，ファンガヴォ・クラン構成員のH44（同）がその任にある．もう1人は，

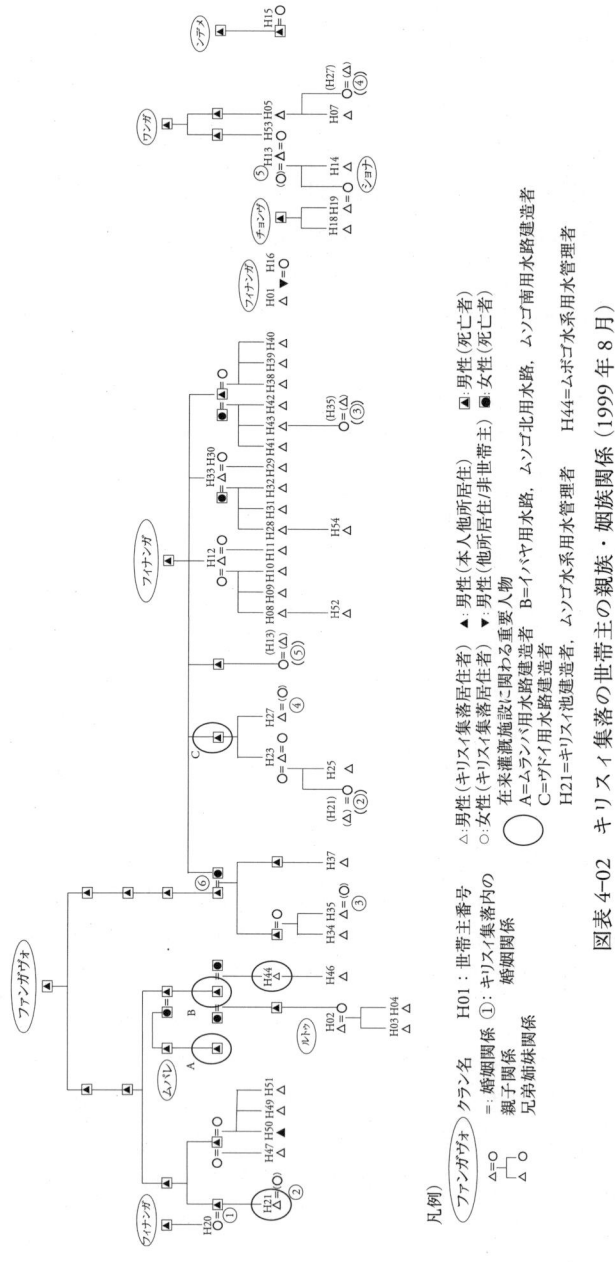

図表 4-02　キリスイ集落の世帯主の親族・姻族関係（1999年8月）

凡例
- △：男性（キリスイ集落居住者）　▲：男性（本人他所居住）　☒：男性（死亡者）
- ○：女性（キリスイ集落居住者）　▼：女性（他所居住/非世帯主）　●：女性（死亡者）
- ◯で囲み：在来灌漑施設に関わる重要人物
- A＝ムラランヴィ用水路、B＝イバペヤ用水路、ムンゴ化用水路、ムンゴ南用水路建造者
- C＝ヴドイ用水路建造者　H44＝ムポコ水系用水管理者
- H21＝キリスイ池建造者、ムンゴ水系用水管理者

ファンガヴォ：クランネ　H01：世帯主番号　①：キリスイ集落内の婚姻関係
- ＝：婚姻関係
- ｜：親子関係
- 兄弟姉妹関係

出所）池野調査（1996年7〜8月、1997年9〜10月、1998年7〜8月、1999年8月）。

スンブウェ池，キフタ1池，キフタ2池，キリスィ池とそれらにつながるキリスィ用水路，ムソゴ北用水路とムソゴ南用水路といったムソゴ水系（正確には，キフタ1，2池はムボゴ水系の溜池である）の用水管理者であり，前述のキリスィ池を建造した男性H21（同）である．ともにファンガヴォ・クランに属している両者は，父方の又従兄弟の関係にある．さらに，両者と用水路建造者とは親族・姻族関係で見てかなり近い関係にある．ムランバ用水路の建造者であるAは，ムボゴ水系用水管理者H44の父方の祖母の兄の息子である．イバヤ用水路，ムソゴ北用水路，ムソゴ南用水路の建造者であるBは，ムボゴ水系用水管理者H44の実父である．また，ヴドイ用水の建造者であるCは，ムソゴ水系用水管理者H21の第1妻の祖父である．ヴドイ村区では用水利用者の互選で有能な人物が用水管理者に選ばれることになっていたが，溜池と用水路の建造に大きく関わっていたファンガヴォ・クランの構成員がその任務をまかされていたことになる．

　すでに序章で触れたごとく，かつてスンブウェ池近辺の山間部から現在のキリスィ集落を越えてキサンガラ川（幹線道路沿いを流れる川．図表1-08参照）までの一帯の土地は，ファンガヴォ・クランの土地と見なされていた．そのため，同クランの長老であるB（図表4-02）が土地割当担当者（*mgawanya ardhi* あるいは *mgawanya shamba*）として同クランの構成員のみならず，他クランの構成員にも地片を割り当てる権限を有していたという．上記のように，Bはイバヤ用水路，キリスィ用水路，ムソゴ北用水路，ムソゴ南用水路の建造者でもある．キリスィ集落周辺での耕地の開拓はそう古くはないといえよう．1970年代に入ってウジャマー村政策により村落政府に土地割当権が付与されたあとも，Bの承認のもとに村落政府が土地を割り当てたという．90年代初期のBの死後，その地位は長男（キルル・ルワミ村に居住するが，ヴドイ村区以外に居住）が世襲し，次男（ヴドイ村区に居住．図表4-02のH44）も兄の代行を務める．ただし，キリスィ集落周辺ではすでに宅地・耕地は不足しており，実際には新規の土地割当を行えない．

　ムランバ耕地については調査しなかったため，キリスィ耕地に限れば，Bから相続した彼の子孫の場合を除いて，乾季灌漑作に用いられる圃場は，いずれもせいぜい2世代前にBから割り当てられた地片内にある．本節では

以下，このような地片を「耕地」と記し，Bから耕地を割り当てられた者，およびそのような人物から当該耕地を相続するかあるいは贈与された者を「耕地保有者」[5]と記していく．混乱を避けるためにあらかじめ記しておけば，「耕地」と乾季灌漑作に利用される「灌漑作圃場」とは同義ではない．1耕地の全体あるいは一部が乾季灌漑作の圃場として利用されており，1耕地のなかに複数の灌漑作圃場が存在することも少なくない．また，事例としては少数であるが，耕地保有者の異なる隣接する2つの耕地にまたがって乾季灌漑作の1圃場が設定されることもありうる．

　ファンガヴォ・クランはいわば草分けのクランであり，彼らが中心になってキリスィ耕地（ならびにムランバ耕地）の耕地化が進められたと推定できる．基本的には天水に依存する大雨季作の末期に作物の水不足を解消するため，あるいは乾季のあとで固くなっている土壌を柔らかくして小雨季作用の耕起を容易にするために，灌漑は補助的ではあるが重要な役目を果たしてきたのであろう．そのために，灌漑施設の建造・運営にファンガヴォ・クランが深く関わってきたものと思われる．すでに述べたように，スンブウェ池，キフタ1池，キフタ2池，キリスィ池，イバヤ用水路，キリスィ用水路，ムソゴ北用水路，ムソゴ南用水路はファンガヴォ・クランの構成員により建造

---

[5] 第1章の図表1-10で紹介した「キリスィの畑」のうち，灌漑可能な圃場の耕地保有者である．父系親族による処分規制が機能している等の理由で完全な私的所有権を有していないが，耕地保有者は灌漑圃場の本来の占取・用益権者と見なされている．

　父系親族による規制を示す事例として，調査中に以下のような事件に遭遇した．図表4-02の親族関係図を用いて説明する．H42（フィナンガ・クラン成員）は，父親から相続した耕地の一部を2年間の約束で父方従兄弟であるH31に貸した．しかしながら，H31は期限が過ぎても返却せず，使用を継続することをH42に一方的に通知した．これに対して，H42はキリスィ集落に在住する父系出自集団の長老であるH33に訴えた．H33よりH12のほうが年長であるが，目が不自由であるため，H33が親族内の問題を解決する長老役となっている．図表4-02で明らかなように，H33はH31の父親でもある．H33は，キリスィ集落在住で世帯主となっているH23以下十数人の一族の男性を呼び集めて自宅前で集会し，H31はH42に耕地を返却するよう宣言し，一族の合意を形成した．伝統的な土地割当権限を有する故Bの次男H44（ファンガヴォ・クラン成員）がキリスィ集落内に居住し，ヴドイ村長（ソフェ・クラン成員）も近隣に居住しているにもかかわらず，彼らは集会には呼ばれず，この事例は一族内の問題として解決が図られた．

されており，ムボゴ水系とムソゴ水系それぞれの現在の用水管理者はいずれもファンガヴォ・クランの構成員である．彼らは灌漑施設を建造するだけでなく，その保全にも努めてきたのである．たとえば，ファンガヴォ・クランの建造したスンブウェ池のすぐ上流部には，ファンガヴォ・クランの祖先への供儀（*tambiko*）や成人儀礼を行う「ファンガヴォの森（*Msitu wa Wafangavo*）」が広がり，近隣には未耕地として残されている低湿地帯がある．ファンガヴォの森には女性が立ち入ることは禁止されているために，女性の担う薪の採集も行えないことになっている．彼らはこの神聖な森と未利用の低湿地の存在が水源涵養にも有用であることを熟知している．

2 灌漑作圃場と圃場耕作者

2-1. 灌漑作圃場の耕地保有者

　乾季灌漑作圃場として一部が利用されたことがある耕地の保有者を居住地別，クラン別に分類したものが，図表4-03である．面積の大小にかかわらず，一塊の地片を1耕地と見なせば，キリスィ集落に隣接するキリスィ耕地については，キリスィ集落居住者17人が20筆の耕地を保有し，キルル・ルワミ村の他村区あるいは他村落居住者8人が8筆の耕地を保有している．キリスィ集落に在住する46人の世帯主（1999年8月時点）のうち17人しか乾季灌漑作に利用しうる耕地を保有していない一方で，キリスィ耕地では，保有者数でも耕地数でもおよそ3分の1の耕地は，キリスィ集落居住者以外が関わっていることになる．ムランバ集落に隣接するムランバ耕地については，14筆をすべてムランバ集落の居住者14人が保有している．

　これをクラン別に見ると，全体でフィナンガ・クラン12人が13耕地を保有し，ついでファンガヴォ・クラン構成員8人が9耕地を保有している．キリスィ集落の世帯主数でフィナンガ・クラン，ファンガヴォ・クラン構成員が多いことから，この結果はある程度予想できることである．しかしながら，もともとファンガヴォ・クランの土地と見なされていたキリスィ耕地で，28

図表4-03 ヴドイ村区乾季灌漑圃場の存在する耕地の保有者の分類

クラン 居住地	ファンガヴォ 人数 (耕地数)	フィナンガ 人数 (耕地数)	シャナ 人数 (耕地数)	ソフェ 人数 (耕地数)	チョンヴ 人数 (耕地数)	その他 人数 (耕地数)	不明 人数 (耕地数)	合計 人数 (耕地数)
キリスィ耕区								
キリスィ集落	6 (7)	10 (11)	1 (2)					17 (20)
他村区	2 (2)	1 (1)				1 (1)		4 (4)
他村落		1 (1)		2 (2)			1 (1)	4 (4)
ムランバ耕区								
ムランバ集落			3 (3)	6 (6)		5 (5)		14 (14)
合計	8 (9)	12 (13)	4 (5)	6 (6)	2 (2)	6 (6)	1 (1)	39 (42)

出所)池野調査(1995, 1996, 1998, 1999, 2000, 2003, 2004, 2006年).
注1)ヴドイ中等学校も1圃場を保有しているが,上記の表からは除いてある.
 2)耕地は父親から息子に相続される父系相続制を採用している地域であるため,寡婦が実質的な保有者である場合には,彼女の亡夫のクランに従って分類した.
 3)2006年にキリスィ耕地のはずれで耕地保有者として自家耕地1筆で乾季灌漑作を行っていた男性(ヴチャマ村在住)を除く.
 4)2008,09年にヴドイ丘の鞍部で耕地保有者として自家耕地2筆で乾季灌漑作を行っていた父子(ムクー村在住)を除く.

筆のうちファンガヴォ・クランは3分の1の9筆しか保有しておらず,彼らが草分けクランという地位を利用して排他的・独占的に灌漑適地の地片を保有しているのではないことは明瞭である.なお,ムランバ耕地ではソフェ・クラン,シャナ・クランが耕地保有者の多数を占める.キリスィ耕地とは構成が異なることは,キリスィ集落居住者がウジャマー村政策期にムクー村,ヴチャマ村方面から現在の居住地に下山し,ムランバ集落居住者がムフィンガ村方面から下山してきたという,彼らの説明と整合的である.

さて,このような耕地のなかに灌漑作圃場が設定される.すでに触れたごとく,1筆の耕地の一部を利用して灌漑作圃場としていることが多く,1耕地全体が1灌漑作圃場とされていることは少ない.図表4-04には,ある1耕地内に設定された1998年と99年の乾季灌漑作の灌漑作圃場を示してある.いずれの年にも7つの灌漑作圃場が設定されているが,その形状はまったく異なっていた.このように,灌漑作圃場は毎年利用されるとは限らず,また複数年にわたって使われている場合でも形状が異なっていることがあ

第4章 キリスィ集落での乾季灌漑作

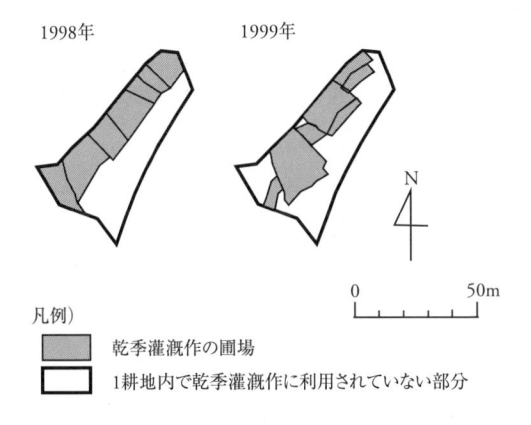

図表4-04　1耕地内の複数の乾季灌漑作圃場の事例
出所）池野調査（1998年7～8月，1999年8月）

る．

　1995～2009年の間で乾季灌漑作を観察した8年間のうち，最も実践者が多かったのは1998年で，中程度の実践状況であったのは1995, 96, 99, 2000年で，近年の2003, 04, 06年は少なめである．このうち，最も多かった1998年を事例として取り上げ，灌漑作圃場の広がりを図表4-05に示した．一部の圃場は計測できなかったが，ほとんどの灌漑作圃場の位置・形状を計測して図示してある．図表4-05の上方にはムランバ集落に隣接する圃場群，すなわちムランバ耕地が広がっている．すでに述べたように，1995年以降にムランバ耕地が乾季灌漑作に利用されたのは98年と99年のみである．図4-05の半ばより下方にキリスィ集落に隣接するキリスィ耕地が広がり，4つの耕区に下位区分される．キリスィ耕地のうち，図のヴドイ丘陵の下部の道路沿いに列状に連なる家屋群とムソゴ渓谷に挟まれた一帯の耕地は，ヴドイ用水路あるいはムランバ用水路から水が供給されていたキリスィ・カティ耕区である．図のムソゴ渓谷とクワ・カバ渓谷に挟まれた耕地のうちイバヤ用水路に水を依存している一帯の圃場群は，ンガンボ耕区である．図のさらに下方には，キリスィ耕地のうちムソゴ水系のムソゴ北用水路に主として水を依存するムソゴ北耕区の圃場群と，ムソゴ南用水路あるいはクワ・カバ渓谷に水を依存するムソゴ南耕区の圃場群が広がっている．灌漑作圃場の

図表 4-05　1998 年の乾季灌漑作圃場の利用状況
出所）池野調査（1998 年）

規模にはかなりの相違が認められるが，いずれも小規模であった．1998 年に計測した 61 圃場（合計 65 筆のうち残る 4 筆は計測せず）について見ると，1 圃場平均面積は 0.08ha 弱で，最大のものでも 0.27ha であった．

2-2.　灌漑作を実践する圃場耕作者

　圃場耕作者とは，灌漑作圃場を用いて実際に耕作している人物のことであ

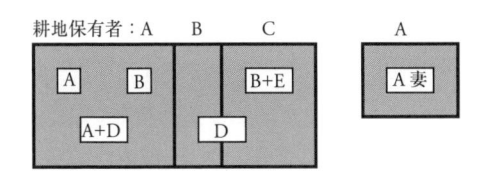

第4章　キリスィ集落での乾季灌漑作

```
耕地保有者：A    B    C            A
    ┌──────┬────┬────┐      ┌────┐
    │ A │ B │    │B+E │      │ A妻 │
    │   │   │    │    │      │    │
    │A+D│   │ D  │    │      │    │
    └──────┴────┴────┘      └────┘
```

凡例）
　▓　1耕地保有者の保有する1筆の耕地

　A+D　灌漑作圃場と圃場耕作者．A+DはAとDが2人で耕作したことを意味する．

　　　図表4-06　乾季灌漑作に関する種々の計算のための例
出所）　池野作成．

る．耕地保有者が必ずしも圃場耕作者であるとは限らない．耕地保有者本人でなく，同居世帯構成員が圃場耕作者である場合もあった．また，耕地保有者とは異なる世帯の構成員が圃場を借り受け，圃場耕作者となっている場合も少なくなかった．耕地保有者の場合と同様に，圃場耕作者もヴドイ村区（キリスィ集落とムランバ集落）の居住者に限定されず，村内の他村区あるいは他村落の居住者も多数含まれていた．

　また，1つの灌漑作圃場を1人の圃場耕作者が利用しているとは限らず，複数の圃場耕作者が共同で利用している場合もあるため，灌漑作圃場数と圃場耕作者数は一致しない．耕地保有者と圃場耕作者との関係，圃場耕作者数等を図表4-07以下で検討する前に，計算方法について，まず図表4-06を用いて説明しておきたい．

　図表4-06には，A，B，Cという3人の耕地保有者の保有する4筆の耕地で行われた乾季灌漑作の場合を例示してある．耕地保有者Aの1番目の耕地内には3つの灌漑作圃場が設定され，圃場耕作者はそれぞれ，A，B，A＋Dである．すなわち，Aは自分の耕地内に1人で乾季灌漑作を行う圃場を1つと，Dと共同で耕作する圃場を1つ確保していることになる．また，Bは自分の保有する耕地内に自らの灌漑作圃場を持たず，Aから借り受けて灌漑作を実施している．Dは，Aの耕地でAと共同耕作している以外に，耕地保有者BとCの耕地の一部ずつを借り受けて1つの灌漑作圃場として利用している．耕地保有者Cの耕地には，Dの圃場の一部以外に，BとEが共同で耕作する1つの灌漑作圃場が存在した．Aの2番目の耕地では，Aの

妻が乾季灌漑作を行っている．

さて，このような事例の場合，まず乾季灌漑作に一部が利用された耕地の耕地保有者の「実数」は3人(A, B, C)となり，「耕地」数は4筆(Aが2筆，B, Cが1筆ずつ)となる．そして，乾季灌漑作の「灌漑作圃場」数は6筆(A, B, A＋D, D, B＋E, A妻それぞれの圃場)となる．圃場耕作者のうちA妻以外を男性とすれば，圃場耕作者の「実数」は，男性4人(A, B, D, E)，女性1人(A妻)，合計5人となる．

耕地保有者と圃場耕作者との間に発生する土地貸借関係を検討するにあたって，耕地保有者本人が耕作している場合も含めて考えることにすれば，上記の事例では「土地貸借関係発生件数」は9件となる．すなわち，まず耕地保有者Aの1番目の耕地では，Aが1人で耕作している圃場について耕地保有者A—圃場耕作者Aという関係，Bが1人で耕作している圃場について耕地保有者A—圃場耕作者Bという関係，AとDが共同で耕作している圃場に関して，耕地保有者A—圃場耕作者A，耕地保有者A—圃場耕作者Dという2つの関係が発生しており，4件となる．ついで，BとCが保有する耕地にまたがって設定されているDの灌漑作圃場については，耕地保有者B—圃場耕作者D，耕地保有者C—圃場耕作者Dという2つの関係が発生していることになる．それ以外にCの保有する耕地については，BとEという2人の共同耕作者に対して，耕地保有者C—圃場耕作者B，耕地保有者C—圃場耕作者Eという2つの関係が発生している．Aの2番目の耕地については，耕地保有者A—圃場耕作者A妻という関係が発生している．以上を合計すると，9件の土地貸借関係を検討できる．この「土地貸借関係発生件数」の数値は，圃場耕作者の「のべ数」と一致する．

土地貸借関係それぞれについて，「耕地保有者」と「圃場耕作者」の親族・姻族関係(耕地保有者から見て，本人，妻，子供・親，その他の近縁者，遠縁者，関係なしの6種類に分類)ならびに地縁関係(同一世帯居住，同一集落居住，同一村区居住，同一村落居住，他村落居住の5種類に分類)を調べた．そして，乾季灌漑作の圃場耕作者は，「自家耕地」「借入地」「両者の併用」のいずれの区分に分類される圃場を利用したのかについても調査した．たとえば，図表4-06の耕地保有者Aの2番目の耕地の圃場耕作者はAの妻であり，耕地保

有者と圃場耕作者が異なっているが，両者の「親族・姻族関係」は「妻」，「地縁関係」は「同一世帯」居住，そしてA妻が利用した圃場は夫の保有なので，彼女は「自家耕地」を利用したことになる．一方，Bについては，自ら保有する耕地を利用せずに「借入地」のみで乾季灌漑作を行っていることになる．

　上記のような計算方法でヴドイ村区の乾季灌漑作の実態を見てみると，図表4-07のようになる．最下欄の「14年計」（調査できなかった2001年を除く）について，追加説明しておきたい．まず「耕地保有者」の「実数」については，1995〜2009年の数値の単純合計値ではない．図表4-06の説明に用いた耕地保有者Aの1番目の耕地内で翌年も乾季灌漑作が実施された場合，合計値としては耕地保有者2人ではなく，耕地保有者1人として計上した．また，「耕地保有者」の「耕地」についても，その一部が灌漑作圃場として複数年にわたって利用された場合には，重複計算せず1筆とする「実数」を示した．一方，乾季灌漑作圃場は形状が毎年異なるため「実数」という概念を適用しにくく，1995〜2009年の単純合計値を「のべ数」として計上してある．また，「耕地保有者」と「圃場耕作者」の間での「土地貸借関係発生件数」も，各年の数値の単純合計値である「のべ数」である．これは，圃場耕作者の「のべ数」（図表4-07には記されていない）と一致する数値である．たとえば，同一人物が1995年に2ヶ所の灌漑作圃場で耕作していた場合には，その年の「土地貸借関係発生件数」欄に2件（すなわち圃場耕作者2人）と計上し，また当該人物が96年にも1ヶ所で耕作していた場合には，「14年計」欄に3件（同，3人）と計上することになる．それに対して，「圃場耕作者」の「実数」は，各年の数値も，「14年計」欄の数値も，同一人物を重複計算していない．たとえば上記の事例では，「圃場耕作者」欄に95年1人，96年1人，そして「14年計」も1人と計上してある．すなわち，「14年計」欄の数値は実際に何人の人物が耕作者となっていたのかを重複することなく示す数値である．

　さて，図表4-07からは，年ごとに耕作する圃場数も圃場耕作者の人数も大きく変動していることがわかる．この14年（実質的には乾季灌漑作を観察できた8年）で39人（実数）の耕地保有者の42筆（実数）の耕地が乾季灌漑作に利用されていた．乾季灌漑作圃場が最も多かったのは1998年の65筆（キリスィ耕地51筆，ムランバ耕地14筆）で，95年34筆，96年28筆，99年35

図表 4-07　ヴドイ村区の乾季灌漑作の実態（1995 ～ 2009 年）

		耕地保有者		灌漑作圃場	土地貸借関係発生件数			圃場耕作者		
		保有者	耕地		男性	女性	合計	男性	女性	合計
		実数(人)	実数(筆)	実数(筆)	実数(件)	実数(件)	実数(件)	実数(人)	実数(人)	実数(人)
1995 年	計（キリスィ耕地）	12	12	34	18	17	35	16	17	33
1996 年	計（キリスィ耕地）	11	12	28	14	18	32	11	16	27
1997 年	計（キリスィ耕地）	0	0	0	0	0	0	0	0	0
1998 年	計	37	39	65	40	42	82	33	34	67
	キリスィ耕地	23	25	51	30	38	68	23	30	53
	ムランバ耕地	14	14	14	10	4	14	10	4	14
1999 年	計	13	13	35	22	17	39	19	17	36
	キリスィ耕地	11	11	33	20	17	37	17	17	34
	ムランバ耕地	2	2	2	2	0	2	2	0	2
2000 年	計（キリスィ耕地）	11	11	46	19	34	53	13	27	40
2001 年	計（キリスィ耕地）	?	?	?	?	?	?	?	?	?
2002 年	計（キリスィ耕地）	0	0	0	0	0	0	0	0	0
2003 年	計（キリスィ耕地）	5	5	13	3	12	15	2	11	13
2004 年	計（キリスィ耕地）	5	5	15	6	12	18	5	11	16
2005 年	計（キリスィ耕地）	0	0	0	0	0	0	0	0	0
2006 年	計（キリスィ耕地）	6	6	11	6	10	16	3	10	13
2007 年	計（キリスィ耕地）	0	0	0	0	0	0	0	0	0
2008 年	計（キリスィ耕地）	0	0	0	0	0	0	0	0	0
2009 年	計（キリスィ耕地）	0	0	0	0	0	0	0	0	0
14 年計		実数	実数	のべ数	のべ数	のべ数	のべ数	実数	実数	実数
	計	39	42	247	128	162	290	59	75	134
	キリスィ耕地	25	28	231	116	158	274	49	71	120
	ムランバ耕地	14	14	16	12	4	16	10	4	14

出所）池野調査（1995 年 8～9 月，1996 年 7～8 月，1997 年 9～10 月，1998 年 7～8 月，1999 年 8 月，2000 年 8～9 月，2003 年 8 月，2004 年 8～9 月，2005 年 7～8 月，2006 年 8 月，2007 年 8 月，2008 年 7～8 月，2009 年 8 月）．

注　1) 1998 年に耕作したヴドイ中等学校は除外してある．
　　2) 1997，2005，07～09 年は旱魃のため乾季灌漑作は実施されなかった．2001，02 年は調査を実施できなかったが，2002 年は旱魃にため乾季灌漑作が実施されなかったとの情報を得た．
　　3) 1998，99 年にはムランバ集落に隣接する耕区（ムランバ耕区）も利用され，それ以外の年にはキリスィ集落に隣接する耕区（キリスィ耕区）しか使われなかった．
　　4) 2006 年にキリスィ耕地のはずれで耕作していたヴチャマ村の男性の圃場は除外した．
　　5) 2008，09 年にヴドイ丘で耕作していたムクー村の父子の圃場は除外した．
　　6) 14 年計の，「実数」とは同一対象の重複計算を排除した数値であり，「のべ数」とは各年の数値の単純総和である．各年ごとに形状を変化させながら利用される「灌漑作圃場」の実数計算は不可能であり，「土地貸借関係発生件数」（自家耕地を含む）については「のべ数」で算出したほうが妥当である．

筆，2000年46筆と，乾季灌漑作が行われなかった1997年を除いて，2000年まではそれなりの圃場数が確保されていた．しかし，2003年13筆，04年15筆，06年11筆と近年は減少しており，2002，05，07，08，09年には乾季作を実施できなかった．共同で耕作している場合があるため，14年間の圃場耕作者の「のべ数」(「土地貸借関係発生件数」の「のべ数」と一致) 290人は，「灌漑作圃場」「のべ数」247を上回っている．圃場耕作者 (のべ数) の内訳は，男性128人，女性162人で，女性が上回っている．「圃場耕作者」の「実数」も，134人のうち男性59人，女性75人となり，女性が上回っている．

次に，耕地保有者とどのような親族・姻族関係ならびに地縁関係を持った人物が圃場耕作者となっているのかを，図表4-08で見ていきたい．すでに述べたように，耕地保有者が必ずしも圃場耕作者となって乾季灌漑作を行っているわけではない．圃場耕作者が耕地保有者から灌漑作圃場を借り受け，乾季灌漑作を実施することも少なくないのである．図表4-08は，1995～2009年のうち乾季灌漑作を調査しえた8年間について，耕地保有者から見た関係を一覧表にしたものである．最下欄の合計値290は，図表4-07の「土地貸借関係発生件数」の「14年計」欄の数値290と一致すべきものである．このうち，耕地保有者本人あるいは同一世帯居住者 (妻，子供・親，その他の近縁者) が灌漑作圃場を利用している場合，すなわち自家耕地を利用している場合は，のべ104人にすぎない．圃場耕作者全員が耕地保有者本人か同一世帯居住者であったムランバ耕地を除いて，キリスィ耕地の圃場について見ると，圃場耕作者のべ274人のうち，耕地保有者本人あるいは同居世帯員が圃場耕作者であったのは88人にすぎない．キリスィ耕地では，遠縁者が圃場耕作者であった場合が51人，親族関係のない人物が圃場耕作者であった場合が59人，また他村落の住民が圃場耕作者であった事例が62人と，親族・姻族関係で見ても地縁関係で見ても近しくない人物が乾季灌漑作を行っている場合が少なくない．

この点に関して，圃場耕作者の「実数」を用いて，もう少し検討しておきたい．すでに図表4-07で見たように，1995～2009年に乾季灌漑作の実践を調査しえた8年間の圃場耕作者の実数は134人である．図表4-09では，これら134人の耕作者を居住地域で分類して，誰が継続的に乾季灌漑作を

図表 4-08　耕地保有者と圃場耕作者の関係一覧（耕地保有者から見た関係）（1995～2009 年）

男女計（うち女性）

地縁関係 親族・姻族	同一世帯 （　女　）	同一集落 （　女　）	同一村区 （　女　）	同一村落 （　女　）	他村落 （　女　）	合計 （　女　）
キリスィ耕地						
本人	49（15）	0（0）	0（0）	0（0）	0（0）	49（15）
妻	18（18）	1（1）	0（0）	0（0）	0（0）	19（19）
子供・親	19（15）	14（1）	0（0）	2（2）	7（6）	42（24）
その他近縁者	2（2）	29（16）	5（4）	8（3）	10（4）	54（29）
遠縁者	0（0）	29（17）	0（0）	7（5）	15（14）	51（36）
関係なし	0（0）	8（6）	9（8）	12（5）	30（16）	59（35）
小計	88（50）	81（41）	14（12）	29（15）	62（40）	274（158）
ムランバ耕地						
本人	15（3）					15（3）
妻	1（1）					1（1）
小計	16（4）					16（4）
合計	104（54）	81（41）	14（12）	29（15）	62（40）	290（162）

出所）池野調査（1995 年 8～9 月，1996 年 7～8 月，1998 年 7～8 月，1999 年 8 月，2000 年 8～9 月，2003 年 8 月，2004 年 8～9 月，2005 年 7～8 月，2006 年 8 月，2007 年 8 月，2008 年 7～8 月，2009 年 8 月）
注）その他近縁者とは，耕地保有者と圃場耕作者をつなぐ親子関係・婚姻関係の線に 3 人以下の人物しか含まれない場合である．たとえば，耕地保有者の妻の父親の弟が圃場耕作者である場合，耕地保有者と圃場耕作者の間には妻，父親，その父親の 3 人しか含まれないので，両者は近親者であると見なした．なお，同母兄弟姉妹と異母兄弟姉妹を同一と見なした．たとえば，耕地保有者の同母弟の妻が圃場耕作者の場合と，異母弟の妻が圃場耕作者の場合は，ともに耕地保有者と圃場耕作者の間には，父親，その息子の 2 人が挟まれていると見なした．

実施しているのか（ただし，乾季灌漑作を実施できなかった年もあるので，必ずしも連続した年とは限らない）を探ってみた．このうち，乾季灌漑作を 1 年のみ実施した圃場耕作者は 92 人にのぼり，それに対して 2 年以上の複数年にわたって実施した圃場耕作者を合計すると 42 人となり，全体の 3 分の 1 にすぎない．1 年のみの圃場耕作者 92 人については，50 人が灌漑作を実施している圃場に隣接するヴドイ村区（キリスィ集落あるいはムランバ集落）居住者であり，半数近い 42 人はそれ以外の地域（村内他村区あるいは他村落）の居住者である．一方，2 年以上の複数年の圃場耕作者合計 42 人については，

図表 4-09　圃場耕作者の耕作年数（1995〜2009 年）

男女計（うち女性）

耕作年数 居住地	1年 （女性）	2年 （女性）	3年 （女性）	4年 （女性）	5年 （女性）	6年 （女性）	7年 （女性）	8年 （女性）	合計 （女性）
キリスィ集落	33 (15)	8 (7)	4 (2)	4 (2)	3 (1)	1 (0)	2 (1)	5 (4)	60 (32)
ムランバ集落	17 (7)	3 (1)							20 (8)
村内他村区	19 (11)	3 (3)							22 (14)
他村落	23 (15)	6 (4)	2 (1)	1 (1)					32 (21)
合計	92 (48)	20 (15)	6 (3)	5 (3)	3 (1)	1 (0)	2 (1)	5 (4)	134 (75)

出所）池野調査（1995 年 8〜9 月，1996 年 7〜8 月，1998 年 7〜8 月，1999 年 8 月，2000 年 8〜9 月，2003 年 8 月，2004 年 8〜9 月，2005 年 7〜8 月，2006 年 8 月，2007 年 8 月，2008 年 7〜8 月，2009 年 8 月）．
注）1998 年に耕作したヴドイ中等学校，2006 年のヴチャマ村の男性 1 人，2008 年と 2009 年のムクー村の男性 2 人を除く．

ヴドイ村区居住者が 30 人と圧倒的に多くなる．1 年のみの耕作者 92 人から，2 年実施した耕作者は 20 人と格段と少なくなり，そのあとは 1 桁の数値が並び，乾季灌漑作を実施しえた 8 年ともに耕作したのはキリスィ集落に居住する 5 人のみである．乾季灌漑作に他地域居住者が単年度で参入しており，また乾季灌漑作を実施したヴドイ村区住民の過半も 1 年のみの実践である．その一方で，少数ではあるが，ヴドイ村区住民のなかでもキリスィ集落住民に，継続的に乾季灌漑作を実施している中核的な乾季灌漑作の担い手がいることを見て取れる．

ついで，耕地保有者あるいは同居世帯構成員が自家耕地を灌漑作圃場としていたのか，それとも圃場耕作者が耕地保有者から灌漑作圃場を借り受けていたのかを見てみる（図表 4-10）と，1 年のみの圃場耕作者 92 人のうち，3 分の 2 に当たる 64 人は借入地のみで乾季灌漑作を行っていた．2 年以上にわたって耕作した者を合計すると 42 人であり，自家耕地のみの圃場耕作者 11 人，自家耕地と借入地を併用している圃場耕作者 12 人，借入地のみの圃場耕作者 19 人となり，借入地との併用の場合も含めて自家耕地の利用者の比率が増大している．しかしながら，全体として自家耕地の利用者は少数派にとどまっており，多数は借入地の利用者である．少なくともキリスィ集落の住民については，すべての圃場耕作者が主要農耕期に耕作する自家耕地（乾季灌漑作用の自家耕地とは異なる場合も多い）を有しており，乾季灌漑作

図表 4-10　圃場耕作者が利用した灌漑圃場の分類（1995～2009 年）

男女計（うち女性）

耕作年数 分類	1 年 （女性）	2 年 （女性）	3 年 （女性）	4 年 （女性）	5 年 （女性）	6 年 （女性）	7 年 （女性）	8 年 （女性）	合計 （女性）
自家耕地のみ	26（10）	6（2）	1（0）	2（1）	0（0）	0（0）	0（0）	2（2）	37（15）
自家＋借入	2（1）	2（2）	3（2）	1（0）	2（1）	0（0）	2（1）	2（1）	14（8）
借入地のみ	64（37）	12（11）	2（1）	2（2）	1（0）	1（0）	0（0）	1（1）	83（52）
合計	92（48）	20（15）	6（3）	5（3）	3（1）	1（0）	2（1）	5（4）	134（75）

出所）池野調査（1995 年 8～9 月，1996 年 7～8 月，1998 年 7～8 月，1999 年 8 月，2000 年 8～9 月，2003 年 8 月，2004 年 8～9 月，2005 年 7～8 月，2006 年 8 月，2007 年 8 月，2008 年 7～8 月，2009 年 8 月）．
注）1998 年に耕作したヴドイ中等学校，2006 年のヴチャマ村の男性 1 人，2008 年と 09 年のムクー村の男性 2 人を除く．

にのみ借入地の比率が高まっている．最たる事例はムボゴ水系の用水管理者である H44（図表 4-02）であり，彼は大雨季作には複数の自家耕地を耕しているが，乾季灌漑作においては，いずれの年も借入地を利用していた．キリスィに在住する乾季灌漑作の中核的な担い手は，必ずしも灌漑作適地を十分に持った「土地持ち」ではない．

　乾季灌漑作用の圃場をめぐる土地貸借が通常は無償で行われることは，特筆すべきであろう．1995～2009 年の圃場耕作者の土地貸借関係発生件数「のべ数」290 件（自家耕地利用の場合も含む）について見ると，現金の支払いを伴う土地貸借はわずか 1 事例のみであった．収穫物の一部を土地借用の返礼として持っていくこともあるそうであるが，義務ではないという．吉田［1997：275］は，北パレ山間部の農村では共同体的土地保有の慣習が機能しているために，1 エーカーの耕地を借りるのに賃料（*mbuta*）として毎年わずか地酒 1 壺分を支払うだけでよいという事例を紹介しているが，私の調査地での土地貸借の慣行はさらに緩やかで，地酒の授受という土地貸借の形式的な確認も行われていない．平地部では土地不足が山間部ほど深刻ではないこと，乾季灌漑作が主要農耕期ではないことが影響しているものと思われる．同時に，耕作希望者が土地借用を申し込んだ場合，圃場の貸与を拒否できないような社会規範が存在しているのではないかとも思われる．図表 4-08 で見たように圃場耕作者と耕地保有者とは親族・姻族関係でも地縁関係でも関係の薄いことも多く，図表 4-10 で見たごとく 1 年のみの土地貸借が多いこ

とから，そのように判断される．たとえば，H42（図表4-02）の父方従兄弟であるH10の妻の出身地である山間部の村落に住む彼女の従姉妹が圃場耕作者であった1998年の事例では，H42と圃場耕作者とは遠縁の姻戚関係にあるとはいえ事前になんの面識もなく，H10の妻に乾季灌漑作を行える圃場があるとの情報を得た彼女の従姉妹が圃場の借用を申し出て，H42が許可した．そして，H42自身は灌漑作圃場に用いうる耕地を保有しているにもかかわらず，1996年には圃場を借り受けて乾季灌漑作を実施していた．

　再度強調したい点は，耕地保有者にしても圃場耕作者にしても，キリスィ集落あるいはヴドイ村区という領域に閉じられた集団となっていないということである．乾季灌漑作は，親族・姻族関係で見ても地域的に見ても開放的な原理に則って行われている農業実践である．

3 開放的な組織化と柔軟な用水利用

　乾季灌漑作の圃場耕作者は，山間部の別の村落内にある溜池から自らの圃場に個々人が自分勝手に用水を引水しているわけではない．溜池は山間部の村落と平地部とで利用されており，乾季灌漑作の時期には平地部の圃場で十分な用水が確保できるように両地域の用水利用者集団間で取り決めておく必要がある．また，乾季灌漑作を実施している用水利用者集団の内部で，用水配分をめぐる組織化と取り決めが必要である．以下では，乾季灌漑作に関わる水利秩序をめぐる3つの組織化，すなわち1つ目は乾季灌漑作全般にわたる用水利用者の組織化，2つ目は山地村と平地村の用水利用者集団間の取り決め，そして3つ目は乾季灌漑作の実践において同一日に用水を利用する集団の組織化について，順次検討していく．そして，そのような組織化にもかかわらず，実際には柔軟な用水利用が行われていることを本節の最後に触れたい．

3-1. 乾季灌漑作全般に関わる組織

　まず第1に，乾季灌漑作全般に関わる組織についてである．灌漑作圃場は1人あるいは複数の圃場耕作者が個別に利用しているが，乾季灌漑作が成立する用水の確保については集団的な対応がなされている．その中心的な役割を担っているのが，すでに触れた用水管理者である．キリスィ集落にはムボゴ水系とムソゴ水系とにそれぞれ用水管理者がおり，ともにファンガヴォ・クランの構成員である．そして，彼らのもとに用水委員会（*Kamati ya Maji*）が組織されている．ムソゴ水系については用水委員会があまり機能していないようであるが，ムボゴ水系については用水管理者と，書記，委員3人の合計5人で用水委員会が構成されていた．水利費等はまったく徴収されておらず，用水管理者ならびに用水委員会構成員は無償で役割を果たしていた．用水委員会，とくに用水管理者の役割は，以下のようである．

1) 乾季灌漑作が本格的に始まる前の大雨季作の末期，あるいは乾季灌漑作がほぼ終わったあとの小雨季作の初期に，用水利用希望者間の用水利用の調整を行う．
2) 乾季灌漑作については，同一曜日に同一用水路から配水を受ける番水グループ（*kikundi*）の構成を決定する．
3) 各番水グループに配水する曜日を決定する．
4) 乾季灌漑作時に1曜日を予備日に設定した場合に，予備日に誰に配水するかを毎回臨機応変に決定する．
5) 利用前・利用中に，溜池・用水路の浚渫・清掃を行うため，（潜在的な）用水利用者を動員する．
6) 用水利用者間の紛争を調停する．
7) まれな例ではあるが，溜池・用水路の新設・補修のために，（潜在的な）用水利用者を動員したり，資金提供を求める．

　乾季灌漑作に限れば，番水グループの構成の決定と，配水日の決定が重要である．これらは，用水管理者あるいは用水委員会が一方的に行うのではなく，用水利用希望者との協議の過程を経て決められる．大雨季作の収穫が例

第4章 キリスィ集落での乾季灌漑作

年より遅れていた1998年のムボゴ水系の事例では，以下のような手順で番水グループとその配水日の決定が行われた．

　7月25日に配水についての話し合いを行うので午前9時に集まるように用水利用希望者に事前に連絡され，同日ムボゴ水系用水管理者の家の近くにあるバオバブの木の下に用水委員会の5名の委員がほぼ時間どおり集まったが，用水利用希望者は三々五々集まってきて，10時頃にようやく20名（女性は5～6名）ほどに達した．そこで話し合いが始まり，乾季灌漑作のために耕起を終えたり，すでに播種していたりする圃場準備完了者の氏名がまず確認された．この時点で，圃場準備完了者は，キリスィ・カティ耕区の圃場利用者7人，ンガンボ耕区4人，ムランバ耕地4人にすぎなかったが，どのように用水を割り振るかで，参加者間でさまざまな意見が出され，最終的にはそれぞれの耕区に対して1日ずつを割り当てることになり，ムランバ耕地が木曜，キリスィ・カティ耕区が金曜，ンガンボ耕区が土曜と決定された．各耕区では準備完了者が日中に用水を使用し，今後乾季灌漑作を実施しようとする者は夜間に水を使用することも決定された（夜間には懐中電灯を用いて作業するため大変であるとのことであった）．予備日の日曜を除いて，月曜～水曜の3日が残るが，これは大雨季作の圃場へ約6時間ずつ1日4人に給水することになり，利用希望者は我先に用水委員会の書記に名前を記入してもらおうとしていた．夜間の乾季灌漑作圃場の準備や，大雨季作畑への24時間給水が可能であったのは，1998年には用水量が豊富であったためである．書記は，今週が大雨季作圃場への給水の最後の週であり，来週からは乾季灌漑作圃場にすべて配水する旨，宣言した．

　1週間後の8月1日にふたたび集まるように口頭で連絡されていたが，今回は集まりが悪く，用水委員会のメンバーが中心となって，乾季灌漑作予定者の氏名を確認し，利用する圃場が近い者同士で番水グループを構成していった．この時点での乾季灌漑作予定者は，キリスィ・カティ耕区18人，ンガンボ耕区22人，ムランバ耕地13人（同一圃場で複数の耕作者が共同で耕作している場合には1人の名前だけが挙げられていた）であったが，各耕区にそれぞれ2日の配水日が割り振られ，計6つの番水グループが結成された．それぞれの配水日は，ムランバ耕地が月曜と火曜，キリスィ・カティ耕区が木

209

曜と金曜，ンガンボ耕区が水曜と土曜で，日曜は予備日として取っておかれた．

　8月7日に事件が発生した．キリスィ・カティ耕区の圃場で灌漑作を行っている青年H54（以下，図表4-02参照）は，番水日であった8月6日の木曜日にムワンガ町の市日で古着販売に従事していたため圃場を灌漑できず，8月7日の金曜日に一番に圃場に引水しようとした．彼は，キリスィ・カティ耕区の番水日が木曜と金曜であるため，問題はないと判断したのである．しかしながら，同じくキリスィ・カティ耕区の圃場で灌漑作を行い，8月7日に最初に圃場を灌漑しようとしていた別の青年H34が，H54の番水日は木曜日であるとしてそれを拒んだのである．2人は口論しながらムボゴ水系用水管理者であるH44の家に出向き，彼に裁定を求めた．用水管理者は，H34の主張が正しいとして，H54の要望を退けた．H54は納得せず，彼の畑ですでに発芽しているインゲンマメは来週の給水日までに枯れてしまうと訴えるが聞き入れられなかったため，用水管理者を非難した．それに対して，用水管理者が不当な要求は聞き入れられないと激怒し，そしてキリスィ集落内に居住するH54の父親であるH28，H54と同居している母親，さらにはH54の属する一族の長老でありH54の祖父であるH33を訪問して，H54の年長者に対する無礼な振る舞いに対して不満を表明した．結局，その日の最後にH54に水が回されたことで，この事件はひとまず落ち着いた．

　翌8月8日は，ムボゴ池下流の渓谷・用水路分岐点の清掃に十数名で出向き，その折に年配者が集まって番水グループ・配水日の確認が行われるとともに，キリスィ・カティ耕区，ンガンボ耕区，ムランバ耕地の圃場群それぞれに番水責任者（*kiongozi mkuu*）と補佐（*msaidizi*）を置くことが決定された．それぞれの耕区は2日ずつ用水が割り当てられているので，番水責任者と補佐は週に2日間用水について責任を負うことになる．これによって，前記のような事件がふたたび発生した場合，各耕区の番水責任者と補佐が調停することになった．なお，他の年には用水利用者が少なかったこともあり，番水責任者，補佐が任命されることはなかった．

　上記の98年の事例からいえることは，まず第1に，用水管理者ならびに用水委員会が強権的に番水を決定するわけではないということである．集会

第4章　キリスィ集落での乾季灌漑作

で女性も積極的に発言していたことが印象的であった．ムボゴ水系の用水をめぐる潜在的な対立は，圃場群の存在するキリスィ・カティ，ンガンボ，ムランバという3つの耕区間にあり，男女間にはない．同じ耕区内で耕作を行っている男女は他の耕区での圃場耕作者に対して共通の利害に立っており，女性の発言を男性が支持することもありうるのである．また，乾季灌漑作の圃場耕作者数は男女で拮抗しており，その意味でも女性の発言権が強いのではないかと思われる．

　第2に，乾季灌漑作希望者は制限されないということである．用水が到達可能な圃場で乾季灌漑作の希望者がいた場合には，すべて番水グループに組み込まれていた．1998年にはそれまで乾季灌漑作を実施したことのないムランバ耕地でも乾季灌漑作が実施されたが，キリスィ・カティ耕区やンガンボ耕区と対等に用水が配分された．99年にも，他の灌漑作圃場から遠く離れたムランバ耕地の2つの灌漑作圃場で乾季灌漑作が行われ，圃場耕作者は用水が十分でないと不満を訴えてはいたが，彼らが乾季灌漑作を行うことは拒否されず，1曜日を配水日として割り振られていた．この事例からも明らかなように，乾季灌漑作の用水利用者集団は構成員固定的な集団ではない．また，水利権は耕地・圃場に付着した権利ではなく，各年の圃場耕作者が乾季灌漑作の実施に伴って獲得しうる権利である．

　第3に，上記の事例ではあまり明確ではないが，用水利用者集団の規制機能は弱い．1993年にも98年と同じような事件が発生したという．用水を回してくれるように頼んで断られた人物が強引に自分の圃場に引水しようとし，水を取られかけた人物が山刀 (*panga*) を持ち出して，盗水しようとした人物を脅したという事件である．この場合には，用水管理者が警察に告発し，山刀を持ち出した人物が，村の治安を乱したとして裁判を受け2週間収監された．用水利用者集団としての対応ではなく，一般的な治安問題として解決が図られ，盗水未遂者には制裁はなかったという．もう1つの事例として，スンブウェ池の上方にあるファンガヴォの森に隣接し水源涵養用に未耕地として維持されている低湿地帯が，他クランの構成員によって耕地化されていることが挙げられる．これに対して，ファンガヴォ・クランあるいは用水利用者集団は有効な対抗策を打ち出せず，天然資源省による境界画定を待ち望

211

んでいた．ファンガヴォ・クランで団体を結成して政府に登録し，自分たちの資産を保全しようとする動きもあるが，いつ実現するのか定かではない．幸いにもその後に，天然資源省（おそらくは県の天然資源担当部局）が，森林の境界を示すために苗木を植樹してくれた．この事例の場合も，慣習的に相互に認め合った規制機能が働いていないといえよう．

3-2. 山地村の用水利用者集団との取り決め

　乾季灌漑作に関わる組織化の第2は，用水の利用をめぐる山地村の用水利用者集団とキリスィ集落周辺の乾季灌漑作圃場（以下，キリスィ耕地と記す．年によってはムランバ耕地も乾季灌漑作に利用されていたこと，またキリスィ集落住民のみが乾季灌漑作を実施していたわけではないことは，前述のとおり）の用水利用者集団の取り決めについてである．キリスィ耕地での乾季灌漑作の用水を供給している溜池がある山間部のムクー村，ヴチャマ村と，そこから用水を得ている乾季灌漑作の用水利用者集団とは，用水をめぐって潜在的に対抗関係にある．ムクー村の村域内にあるムボゴ池の下方には同村の圃場は存在しないが，上流部にある溜池で取水されると，ムボゴ池に十分貯水できなくなる．ヴチャマ村の村域内にあるキフタ1池，キフタ2池，スンブウェ池の下方には同村の圃場が存在するために，同村の圃場とキリスィ耕地とでいかに用水を配分するかという調整が必要となる．また，ムボゴ池の場合と同様に，上流部にある他の溜池で取水されると，キフタ1池以下の溜池に十分に貯水できなくなる．さらに，乾季が進んで上記の溜池だけでは十分に貯水できない時には上流部の溜池を利用することもありうるので，乾季灌漑作の用水利用者集団は，ムクー村とヴチャマ村それぞれで同一渓谷に水源を持つ溜池を利用している用水利用者集団と良好な関係を維持しておく必要がある．唯一キリスィ池のみが，上流部に溜池がほとんどなく下方に山村の圃場

山の斜面の用水路を流れ落ちる灌漑用水［1996 年 7 月 29 日］
写真の中央部に白く見えるのが，用水が流れている用水路である．標高 1200m ほどのムボゴ池から標高 900m 弱の灌漑圃場まで土溝の用水路を用いて水が流される．このような用水路は 1930 〜 50 年代に，当時盛んであったワタ作用に平地部まで開削されたという．用水路は途中で枝分かれしているが，その日に用水を利用する番水グループが，用水路の分岐点を石と土で開閉して，自分たちの圃場に水を導いていく．

213

図表4-11 乾季灌漑作に関連する灌漑施設の利用暦

月 農耕期	1	2	3	4	5	6	7	8	9	10	11	12
	小雨季	小乾季			大雨季			大乾季（乾季作）			小雨季	
キリスィ集落（ヴドイ村区）					随　　時（少雨の年に利用．大雨季作の水補給用）							
						毎　　　週（大雨季作の水補給用＋乾季作用）						
								隔　　　週（乾季作用）				
山地村（ムクー村，ヴチャマ村）	毎　　週				随　　時			隔　　週	毎　　週			

ヴドイ村区用水利用者集団と山地村の用水利用者集団の協議

出所）池野調査（1995年8〜9月，1996年7〜8月，1998年7〜8月，1999年8月）．

もないため，キリスィ集落にとっては利用しやすい溜池となっているが，池が小さいために，それだけに依存しては乾季灌漑作用の用水を十分に確保できない．

このような状況のもとで，山間部の村落の用水利用者集団と乾季灌漑作の用水利用者集団との間で，年間を通じての水利用をめぐる慣行が存在している．図表4-11に，乾季灌漑作に関連する灌漑施設の年間利用暦を示した．図は1月から始まっているが，5月から説明を始めたい．5，6月は大雨季作の後半に当たり，平年であれば灌漑施設を利用しない．ただし，雨が少ない年は圃場を灌漑する．この場合，山間部の村落でも用水が利用されるが，キリスィ耕地の利用者が灌漑用水を優先的に利用できるようである[6]．その理由は，山間部では小雨季が主たる農耕期となっているが，キリスィ集落も含めて平地部では大雨季作が主たる農耕期であり，山間部の村落民も平地部に保有するか借り受けた圃場でトウモロコシ等を栽培しているため，平地部での用水利用を規制することは山地村住民にも不利益となるからである．そ

---

[6]［池野1998a］ではヴドイ村区のみで用水が利用できると記したが，1998年の現地調査時にムボゴ水系用水管理者は，山間部の圃場でも用水は利用しうると，前年までと異なる言明を行った．山間部でも用水は利用できるが，実際の利用者は少数にとどまっているということであろうと理解し，［池野1998a］の記述を修正しておきたい．

れと，山間部のほうが土壌水分が高く，小雨の被害が少ないためである．たとえば，1997 年の乾季には溜池に十分な水が貯まらず，キリスィ耕地では誰も乾季灌漑作を実施できなかった．ムボゴ池を満水にするには平年なら半日強で十分であるが，97 年には 5 日もかかる状況であった．しかしながら，この時期，ムボゴ池上流部の溜池とスンブウェ池上流の溜池には水があり，山間部の小地域については灌漑可能であった．また，山間部では湧水近辺に溜池よりさらに小さな小溜池（パレ語の名称はなく，スワヒリ語でビリカ *birika* と呼ばれていた．ビリカの原義は水槽，浴槽）を個人的に作って，蔬菜等を栽培していた．平地部の乾季作（*Kilimo cha Kiangazi*）は不可能でも，山間部の寒季作（*Kilimo cha Kipupwe*）は実施可能であった．2007，08，09 年もほぼ同じ状況にあり，キリスィ耕地では水不足を理由に乾季灌漑作を実施していなかったが，上流部では溜池がさかんに利用されていた．このような事例は，溜池の存在する上流部の村の用水利用者集団とキリスィ集落の用水利用者集団は完全には対等ではなく，潜在的な水論が発生すれば上流部が優位な状況にあることも示している．同時にこの事例は，前章で触れたごとく山間部ではコーヒー価格の下落の影響を受けており，販売用の蔬菜や料理用バナナの栽培に従来よりも用水を必要とする事態が発生していることも窺わせる．

　さて図表 4-11 に戻って，7 月に入るとキリスィ耕地では大雨季作の作物が一部まだ圃場に残っており，給水が必要である．また，乾季灌漑作予定地の土を柔らかくするためにも水が利用される．そして，年によって差があるが，7 月半ば頃に乾季灌漑作の作付けが行われ，その後は圃場の作物の給水用に灌漑用水が用いられる．キリスィ耕地の圃場耕作者が優先的に灌漑施設を利用できる状態が 8 月半ばまで続く．この間，山間部の溜池からキリスィ耕地にほぼ毎日水が流れてきている．ただし，この時期にも山間部から要請があれば，用水を融通することもあるという．

　乾季が進んで 8 月半ば頃になると，山間部のムクー村とヴチャマ村の住民はそれぞれ，ムボゴ池とスンブウェ池の上方にある溜池の内部に堆積した土砂を浚渫して，小雨季作にこれらの溜池を利用する準備を始める．そして，浚渫後にこれらの溜池が利用されはじめると，上流部で水を取られるために，ムボゴ池，スンブウェ池では十分に貯水できなくなる．そのため，山間

部の村落の用水利用者集団と乾季灌漑作の用水利用者集団との間で配水計画 (mpango) の協議が必要となる．例年であれば8月半ば頃に協議され，両者で隔週で用水を利用することが取り決められるという．すなわち，上流部の溜池に貯水し山間部で用水を利用した翌週は，上流部の溜池の水門を開放してムボゴ池，スンブウェ池に貯水して，キリスィ耕地で用水が利用できるようにする．あるいは，ムボゴ池の上流部の溜池の水門を閉め，ムボゴ池の水量を増やすために利用する．このような隔週交替の利用が9月末まで続く．ただし，キリスィ池は上流部に溜池がほとんどないため，つねにキリスィ耕地の圃場耕作者が利用できる．9月後半にすでに乾季灌漑作が終わっている場合には，用水はキリスィ耕地で小雨季作に利用する圃場の土を柔らかくするために利用される．このような説明を受けたが，1995～2009年の調査で観察したかぎりでは，この原則に従って隔週交替で配水されているようになるかどうか，またその実施の時期については年によってかなり偏差があった．

　10月から翌年の2月頃までは，小雨季を主たる農耕期としている山間部でほぼ独占的に用水を利用し，キリスィ耕地では用水を利用しない．そして，3，4月は大雨季で降水量が多いため，山間部の村落でもキリスィ耕地でも灌漑施設を利用しない．

　このような用水利用の年間を通じた水利慣行が，キリスィ耕地の用水利用者集団と山間部のムクー村ならびにヴチャマ村の用水利用者集団の間で実践されている．この取り決めでは，年間を通じては山間部の村落で用水が利用されることが多く，上流優位であるが，少なくともキリスィ耕地において乾季灌漑作を実践していた年には，用水利用に配慮がなされていた．その年の用水の状況に応じて毎年取り決める必要があるが，その折にキリスィ耕地の用水利用者集団の代表となるのが，キリスィ集落に在住している2人の用水管理者と用水委員会である．用水管理者ならびに用水委員会の7項目の役割について上述したが，それらはキリスィ耕地での乾季灌漑作の用水利用者集団に対する役割であり，それらと併せて山地村の用水利用者集団とのこのような対外的な渉外作業がある．

　なお，ヴドイ村区と山村において取り結ばれている濃密な親族・姻族関係が，用水利用をめぐる交渉をスムーズにするために一役買っているように推

第4章 キリスィ集落での乾季灌漑作

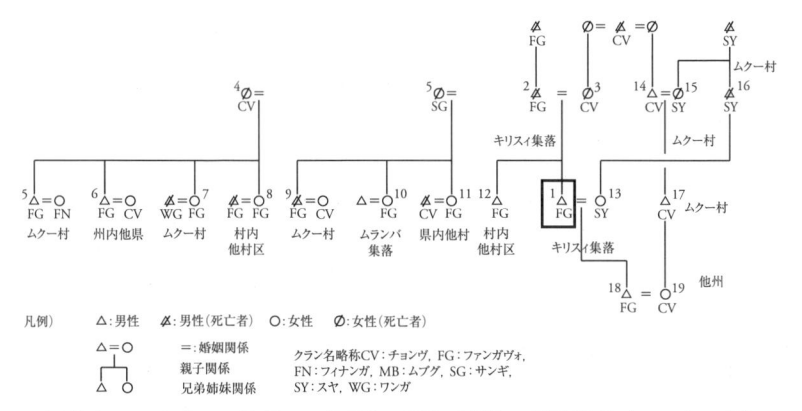

図表4-12 キリスィ集落の1世帯主に関わる親族・姻族関係（1999年8月）
出所）池野調査（1999年8月）
注）パレ人はクラン外婚制といわれるが，実際には血縁関係が遠い同一クラン成員の婚姻が可能であり，上図でも8は同一クラン成員の男性と婚姻している．

察される．すでにキリスィ集落内での濃密な親族・姻族関係について図表4-02に示したが，そのような関係は集落内だけでなく周辺村との間でも見られる．図表4-12はムボゴ水系の用水管理者（図表4-02のH44）について親族・姻族の分布を見たものである．同図で1と付し，四角で囲ってあるのが当該人物であり，ファンガヴォ・クラン構成員である彼の同母・異母の兄弟姉妹のうち3人（同図の8, 10, 12．以下，同じ）は村内に居住しているが，3人（5, 7, 9．ただし9は死亡）はムクー村に居住しており，5はムクー村の村長である．ムクー村には彼の姻族も居住している．彼の妻13はムクー村出身であり，スヤ（Suya）クランの構成員である．そして，彼の息子18の妻19もムクー村出身でチョンヴ（Chomvu）クラン構成員であるが，彼女はそれ以外にも二重の意味で1と親族・姻族関係下にある．まず，彼女は1の実母3の異母兄14の孫に当たる．そして，彼女は1の妻13の父親16の妹15の孫でもある．このように，近親である兄弟姉妹がムクー村に居住しているだけでなく，1は，母親，妻，息子の妻を通じて同村に居住するチョンヴ・クランやスヤ・クラン等の他クランとも複雑な姻族関係を通じて結びついている．

217

3-3. 同一日に用水を利用する番水グループ

　乾季灌漑作をめぐる組織化の第3は，同一日に用水を利用する圃場耕作者の組織化である．このような圃場耕作者の集団は，番水グループ (*kikundi*) と称されている．番水グループは近接した圃場群を利用する複数の圃場耕作者たちで結成されるため，当該年にどの圃場を耕作するか，あるいは全体でどれほどの圃場耕作者がいるのかによって，各番水グループの構成は毎年変わる．たとえば，1998年に初めて乾季灌漑作を行ったムランバ耕地の圃場耕作者は，2つの番水グループに振り分けられ，計2日の灌漑日を割り当てられた．翌99年にもムランバ耕地では2人の圃場耕作者が1番水グループと見なされ，1曜日を灌漑日に割り当てられた．

　番水グループの結成は乾季灌漑作に特異な制度であり，大雨季作や小雨季作には結成されないという．しかしながら，乾季灌漑作においてもムソゴ水系では95年に番水グループが結成されたものの，その他の年には明確な番水グループが結成されず，番水グループの結成は乾季灌漑作期のムボゴ水系に特異な制度である．用水路が1930～50年代にヴドイ村区に達してからかなりの年数を経ており，また用水量はさほど豊富であるとも思えないが，なぜ番水グループのような水利慣行が他の農耕期そして乾季灌漑作期のムソゴ水系用水に存在しないのかは，以下のような理由が考えられる．大雨季作の場合には，前述の98年の事例からも明らかなように，圃場耕作者が用水管理者や用水委員会に用水希望を表明し，調整するという手続きがとられる．大雨季作は基本的には天水農業であり，番水という制度を恒常的に導入しなくてもよいこと，また用水を必要とする事態になれば用水希望者が殺到し，番水では対応しきれず用水管理者と用水委員会の権限で随時配水の対応が図られることから，番水グループは結成されない．そして，小雨季作についても番水制度は採用されていないが，小雨季作は小規模でしか行われないことが多いこと，9月末頃まではムボゴ水系の用水には乾季灌漑作の番水グループが存在しており，すでにインゲンマメ作に用水を必要としなくなった番水グループの構成員間ならびにそれ以外の圃場を有する耕作者の間で用水の融通が行われていることが，理由であろう．また，乾季灌漑作においても，

第4章　キリスィ集落での乾季灌漑作

　ムソゴ水系に必ずしも番水グループが結成されないのは，ムボゴ水系より相対的に水量が多く，用水利用者が少ないという理由によるのではないかと推定される．ムソゴ水系の場合は，用水利用希望者が前日までに用水管理者に利用希望を申し出て，用水管理者から利用許可を得るという制度となっていた．

　さて，乾季灌漑作のムボゴ水系の番水グループであるが，他の年には1つの番水グループは2～5人で構成されたが，1998年には10名を超え，前述のごとく，それぞれの耕区に番水責任者と補佐が置かれた．いずれの年においても各番水グループは内部で2つのサブ・グループに分けられて，サブ・グループ間で隔週交替で用水が優先的に利用される．用水量がそう豊富でない場合には用水は6～8時間で尽き，1サブ・グループの圃場群の灌漑で用水が終わり，もう片方のサブ・グループの圃場群には用水が行かない．すなわち，各圃場は，ほぼ2週間に1度の割でしか用水を利用できないことになる．98年には，耕作者が多かったために，やはり各圃場は2週間に1度の割でしか灌漑できていなかった．トウモロコシ，ササゲ，蔬菜等はこのような頻度の給水では栽培困難であるが，インゲンマメは可能であるという．また，8月半ば頃に行われる山地村の用水利用者集団との配水計画の協議以降には，ヴドイ村区に隔週でしか用水が来なくなるというが，この時期にはインゲンマメがすでにかなり成長しており，それぞれの圃場への給水は少量で済むため，番水グループ全体が同日に給水するという．この場合も，各圃場で見れば2週間に1度灌漑されることになる．なお，どのような品種のインゲンマメをいつ植えるのか，施肥するのか等々はすべて各圃場耕作者の独自の判断にまかされており，番水グループあるいは用水利用者集団全体での耕作規制はまったく存在しない．個々の圃場耕作者について見れば1～3種のインゲンマメを単作あるいは混作しているが，全体では10品種前後のインゲンマメが栽培されている．

　番水グループの作業として，溜池の水門の開閉がある．用水利用日の前日の午後に，用水を取水する溜池の水門を閉じる．そして，用水利用の当日の朝，水門を開く．番水グループの構成員が自ら開閉を行う場合が多いが，山間部の知人・友人に依頼する場合もある．また，水門の開門・閉門それぞれ

1回ごとに手数料を支払って，ヴドイ村区の住民に依頼することもある．手数料は1999年には250シリングであったが，2006年には500シリングとなっていた（1999年は当時の外為レートで約38円，2006年は約55円に相当）．番水グループの構成員が開閉を行う場合，構成員が交代で開閉に行くのではなく，灌漑施設に詳しい特定の男性がその役割を担うことが多いようである．これは，バナナの擬茎を用いた蓋や板と土を使った水門の閉門にはそれなりの熟練を要すること，また水圧で重くなった水門の開門にはかなりの力が必要なこと等の理由による．いずれにしろ，番水グループに水門開閉の義務があるのであって，用水管理者や用水委員会は一切関与しない．用水管理者はあくまでも乾季灌漑作全体の調整者であって，日常的な水管理を行う水番ではない．

　番水グループは溜池の水門の閉門あるいは開門の折に，途中の用水路の分岐点を土や石を使って開閉し，自分たちの圃場に水が流れていくようにする．当日灌漑予定のサブ・グループに属する圃場間でどのように配水するかは，当該サブ・グループで決めているようである．用水路の下流部にある圃場を先に灌漑し，上流部にある圃場を後にすることが多いが，圃場の形状がいびつで大きさもかなり差異があるため，それぞれの圃場に一定の時間を決めて配水しているわけではなく，彼ら自身の勘に頼っているように見える．

3-4. 柔軟な用水利用

　さて，乾季灌漑作をめぐって在来灌漑施設を用いるための3つの組織が存在し，そのもとで一定の水利秩序に従って用水が利用されることを説明してきたが，そのような水利秩序はあくまで原則であり，実際の用水利用ではかなり柔軟な運用がなされている．

　柔軟な用水利用の第1の形態は，水系間でなされる用水の融通である．調査を開始した1995年には，ムボゴ水系に依存するキリスィ・カティ耕区とンガンボ耕区の圃場を使う圃場耕作者が多かったことから，ムソゴ水系の用水路からムボゴ水系の用水路へ用水が提供されていた．図表4-01を用いて説明すれば，ムソゴ水系のムソゴ北用水路からムボゴ水系のイバヤ用水路下

流部へと，同図の t→u→v→f→g の方向に水が流された．逆に，相対的にムソゴ水系に依存する圃場の利用が多かった1996年には，ムボゴ水系からムソゴ水系へと用水が提供された．図表4-01でいえば，ムボゴ水系のイバヤ用水路上流部からムソゴ水系のムソゴ南用水路下流部へと，同図の c→f→v→w→y→z で水が流された．両水系の用水路の連結点である f 地点と v 地点とは高度差がほとんどないようで，両方向から水が流せるのである．1999年には，ムボゴ水系に依存する灌漑作圃場も多かったが，本来ムボゴ北用水路に依存する圃場の一部に隔週で c→f→v→w の経路でムボゴ水系の用水路から水が供給された．

　先行する雨季の大量の降雨のために乾季に渓谷の水量が豊富であった1998年には，さらに柔軟な対応がなされた．第1に，調査した7月24日～8月26日の間にはほとんど溜池が使われなかったことである．ムボゴ池について見ると，この間に溜池が利用されたのはわずか4回である．ムボゴ水系に依存する圃場は，それ以外の日には，ムボゴ渓谷の流水を a 地点の頭首工で取水してムボゴ用水路に導いた用水を利用するか，ムソゴ水系からの用水の提供に依存していた．また，ムソゴ水系のムソゴ南用水路に依存しているムソゴ南耕区の圃場群では，20年ぶりに乾季に水が流れていたというクワ・カバ渓谷からの取水が可能であった．第2に，1998年には95, 96年以上に水系間の用水の融通が見られたことである．図表4-04で示したように，ムランバ耕地の圃場が新たに加わったために，ムソゴ水系に依存する圃場よりもムボゴ水系に依存する圃場が圧倒的に多数となった．そのうえ，ムソゴ水系のムソゴ北用水路に依存するムソゴ北耕区の圃場群はあまり耕作されていなかったことと，ムソゴ南用水路に依存するムソゴ南耕区の圃場群はクワ・カバ渓谷からも取水可能であったことから，ムソゴ水系への依存は相対的に減じた．その結果として，95年と同様にムソゴ水系からムボゴ水系に用水が提供されたが，95年との違いは，図表4-01の t→u→v→f→g という用水路を利用した用水の提供よりも，r→s→c からイバヤ用水路へ，あるいは r→s→c→e からムランバ用水路へというムソゴ渓谷そのものを利用した用水の提供のほうが多かったことである．このようにムソゴ水系からムボゴ水系へ用水が提供されると同時に，95, 96年にはムソゴ水系のム

ソゴ北用水路に依存し 98 年にクワ・カバ渓谷の水に依存できない圃場（図表 4-04 のムソゴ南耕区の圃場群）に対して，96 年と同じ方式でムボゴ水系からムソゴ水系に用水が提供されていた．

すなわち，1998 年にはムボゴ水系とムソゴ水系双方向での用水の提供が見られたのである．このような水系間の用水の融通は，2 人の用水管理者あるいは用水委員会間で話し合って決められるのではなく，用水を必要とする圃場の耕作者あるいは番水グループが，融通してもらおうとしている水系の用水管理者に事前に依頼し，用水管理者（あるいは用水委員会）が自らの水系に依存する圃場の耕作者の用水利用状況から判断して，用水の融通が可能であれば許可する．たとえば，ムソゴ渓谷の水を図表 4-01 の s 地点でせき止め c 方向に流し，本来ならムボゴ水系のムランバ用水路やイバヤ用水路に依存している圃場に給水しようとする場合，ムソゴ水系の用水管理者の事前の承認が必要である．ただし，実際に用水を流す作業は，用水を利用する個人あるいは番水グループで行うことは，前述のとおりである．

柔軟な用水の第 2 の形態は，個人間の用水の融通である．上記のように 1995，96，98，99 年に観察された水系間の用水の融通には用水管理者が関わっており，半ば公的な用水の融通と見なせるが，それとは異なって用水管理者が関わらない個人間の用水の融通も実践されている．96 年 7 月 19 日～8 月 15 日に断続的に 19 日間観察した結果，12 日間にわたって番水日とは異なる用水利用が見られ，事例数では 14 件に達した．これらは，灌漑予定日に自らの圃場はまだ灌漑をあまり必要としておらず，他の番水グループの構成員から用水の提供を申し込まれた場合に，それに応じた事例である．この場合には，用水管理者は関与しない．用水の提供を受けようとする耕作者が，提供してくれる耕作者の属する番水グループの他の構成員に了解をとって，個人的に行われる．19 日間のうち 12 日にわたって用水の融通が行われたことから，番水グループと配水日とが一応決められているにもかかわらず，それとは異なる用水利用がかなり頻繁に行われていたことになる．

このように，用水管理者が関わる半ば公的な用水の融通と，個人間での私的な用水の融通とによって，ヴドイ村区での乾季灌漑作の用水利用は，実際にはかなり柔軟な運用がなされていたのである．

4 在来灌漑施設改良計画（TIP）の試み

　柔軟な運用をも含めた水利慣行が既存の水利組織のもとで成立していると考えれば，それとはかなり相違する原理に基づく水利組合が1990年代末に新たに組織されようとした．

　ヴドイ村区での乾季灌漑作に用いられる在来灌漑施設について，用水路が土溝であるために圃場に到達する途上で漏水によりかなり減水することを用水利用者集団は問題点として指摘していたが，それに加えてコンクリート製のムボゴ池の堤からの漏水がひどく，改修の必要性を彼らは認識していた．このうち，ムボゴ池の漏水問題に対して，1997年より開発プロジェクトが動きはじめた．在来灌漑施設改良計画（Traditional Irrigation Improvement Programme：以下，TIPと略す）によるプロジェクトである．TIPは，タンザニア農業畜産振興省（当時）の管轄下にあり，オランダの援助機関であるSNVがオランダ政府等からの資金援助を得ながら支援し，ムワンガ県を含む6県で活動していた[7]．各県別にかなり独立して活動しており，ムワンガ県で活動するTIPムワンガは，同県山間部の小規模灌漑施設と平地部の相対的に規模の大きい灌漑地域とを対象として，溜池や用水路といった在来灌漑施設を補修・改良・新設してきた．山間部においては，天然資源省の管轄下でドイツ技術協力公社（GTZ）の技術協力によるタンザニア植林行動計画・北パレ（Tanzania Forestry Action Plan-North Pare：略称TFAP）という名称の社会林業プロジェクトと共同でプロジェクト対象地域を設定することも少なくなかった．

　TIPムワンガでは，ムワンガ県各所の在来灌漑施設を利用している用水利

---

[7] TIPのパンフレット［TIP n. d.］によれば，TIPは，オランダのNGO機関であるSNVが，タンザニアの6つの県の県評議会（District Council）をカウンターパートとして実施しているプロジェクトである．プロジェクト実施にあたって，SNVは過半の事業資金をオランダ政府から提供されている．また，ムワンガ県TIP事務所代表者からの聞き取りによれば，代表者ほかのタンザニア人スタッフの給与はタンザニア農業畜産振興省が負担していた．TIPは1998年後半から組織改編を開始し，2000年6月にはNGO機関に組織替えされた．

用者集団の要請を受けて，当該在来灌漑施設の補修・改良あるいは新設のフィージビリティ・スタディを行い，可能であると判断すれば，プロジェクトに着手する．プロジェクトを実施するにあたっては，要請を出した用水利用者集団に対して，水利組合を結成すること，水利権 (water right) を取得すること，土壌浸食を防ぐため水利組合員の 50％の圃場でテラス畑 (*matuta*) を造成すること，溜池補修工事用の砂利製造や補修作業に対して労働奉仕することを義務づけている．これによって TIP がめざしている目標とは，在来灌漑施設の効率的利用と組織の民主化であるという．組織の民主化とは，クラン等による旧態依然とした運営を廃し，また運営への女性の積極的な参加を促すということである．

ヴドイ村区の乾季灌漑作に関わるムボゴ池については，1997 年に私が調査を実施した 9〜10 月には，すでにヴドイ村区と TIP ムワンガとが補修計画の実施で合意に達していた．そして，その時期に水利組合の組合員の募集が始まっていた．98 年 7〜8 月にふたたび調査を行った時期までの進捗状況は以下のようである．

ヴドイ村区居住者 40 人によって水利組合が結成されており，組合長，書記と 3 人の役員が選出されていた．そして，これら 40 人の組合員は 1 人 1000 シリングを拠金して合計 4 万シリングを集め，それを支払うことで水利組合は天然資源省から水利権を認められることになっていた．組合員の一部にはテラス畑の造成を始めた者もいるが，ムボゴ池補修の条件とされている組合員の 50％の圃場でのテラス畑造成にはほど遠い状態であった．ムボゴ池の補修用の砂利を確保するとともに，その一部を販売してムボゴ池の今後の補修資金の銀行口座への積立に充当するための砕石の労働奉仕については，まだ十分に活動が行われていなかった．このような状況であるため，TIP はムボゴ池の補修にはいまだ着手していなかった．

在来灌漑施設の補修・改良・新設という住民の管理可能な技術体系を尊重しながらムワンガ県の農業生産水準を高めていこうとする TIP の試みに，私は高い評価を与えているが，これまでに見てきた従来の水利慣行と接合しうるのかについては，必ずしも疑問なしとしない．とくに，水利組合員の構成についてである．

第4章 キリスィ集落での乾季灌漑作

図表 4-13　TIP 水利組合名簿登録者と灌漑用耕地保有の異同（1998 年 8 月）

居住地	TIP 水利組合名簿登録者						未登録の乾季灌漑用耕地保有者					
	人数			世帯数	乾季灌漑作		ムボゴ水系依存耕地			ムソゴ水系依存耕地		
					耕地保有者	圃場耕作者	耕地保有者			耕地保有者		
	男性	女性	合計				男性	女性	合計	男性	女性	合計
キリスィ集落	13	6	19	14	6	9	4		4	6		6
ムランバ集落	20	1	21	21	5	6	8	2	10			
村内他村区							3		3		1	1
他村落							3	1	4			
合計	33	7	40	35	11	15	18	3	21	6	1	7

出所) 池野調査 (1995〜98 年) およびウドイ村区 TIP 水利組合の書記のノートから転写 (1998 年 8 月)．
注 1) 灌漑用耕地とは，乾季灌漑作に利用された灌漑圃場が内部に存在する耕地のことである．複数の灌漑圃場が 1 耕地内に存在することもある．
2) 1998 年までに利用された耕地・圃場を対象としている．

　図表 4-13 は，TIP 水利組合の登録者名簿と，1995〜98 年に乾季灌漑作に利用された圃場の存在した耕地の保有者を比較したものである．TIP 水利組合の関わるムボゴ池はムボゴ水系の最大の溜池であるため，乾季灌漑作用の耕地保有者についてはムボゴ水系に用水を依存する耕地（ムボゴ水系依存耕地）の耕地保有者とムソゴ水系に依存する耕地（ムソゴ水系依存圃場）の耕地保有者に分けて記してある．まず，TIP 水利組合の組合員 40 人の内訳は，キリスィ集落居住者 19 人，ムランバ集落居住者 21 人であり，キリスィ集落居住者の場合，同一世帯の世帯主と妻がともに組合員になっている事例もあるため世帯数では 14 世帯となる．このうち，乾季灌漑作の耕地保有者はキリスィ集落，ムランバ集落合わせて 11 人にすぎない．また，40 人のうち 95〜98 年に乾季灌漑作の圃場耕作者となっている者（借入地を利用している場合も含む）も 15 人にすぎない．一方，ムボゴ水系に依存する乾季灌漑作用の耕地の保有者で水利組合にいまだ加入していない人物は，キリスィ集落で 4 人，ムランバ集落で 10 人にのぼる．さらに，キルル・ルワミ村の他村区に居住する 3 人と，他村落に居住する 4 人も，水利組合の埒外に置かれている．合計すれば，乾季灌漑作の圃場の存在した耕地の保有者のうち 21 人が，

水利組合といまだ関わりを持っていないことになる．そして，第3節で見たごとく，ムボゴ水系の用水も時には利用する，主としてムソゴ水系に用水を依存している耕地の保有者7人も，水利組合とは関わりを持っていなかった．

水利組合は乾季灌漑作のみに関わる組織ではなく通年の組織であるが，乾季灌漑作について見ても耕地保有者がかなり漏れ落ちていることから判断すれば，通年で見れば，灌漑可能な耕地の保有者で水利組合員となっていない者の数は，さらに増大するであろう．その一方で，キリスィ集落のすべての事例で1世帯に耕地保有者が1人しかいないにもかかわらず，同一世帯で複数の水利組合員がいる事態が発生していることは，水利組合員の加入資格が明確ではないことを露呈している．たとえば，ヴドイ村区以外に居住している耕地保有者が排除されていることから，すべての耕地保有者に対して加入資格が与えられているわけでもなければ，乾季灌漑作を含む灌漑可能耕地の圃場耕作者を網羅しているわけでもない．TIP水利組合の対象者はヴドイ村区居住者のみに限られており，それ以外の地域に居住する灌漑可能耕地保有者は排除されている．しかしながら，実際に乾季灌漑作に関わっているヴドイ村区在住の耕地保有者あるいは圃場耕作者をすべて編入できておらず，一方で少なくとも乾季灌漑作には関わっていないヴドイ村区住民が参入している．

ムボゴ池の管理を担いうる水利組合というTIPの発想は，成員固定的な組織を指向しており，少なくとも乾季灌漑作で見られてきた用水管理者と圃場耕作者とによる従来の開放的な組織とは異なる．そもそもクラン主導による管理は非民主的であろうか．何をもって民主的といえるのかは難しいところであるが，前節までで説明したように，ファンガヴォ・クランの構成員は祖先等の建造した灌漑施設を他クランの構成員と友好な関係のもとに管理しており，排他的に意思決定しているわけでもない．また，TIPの主張するように，伝統的な組織では女性が排除されているといいうるのか．たしかに，ムボゴ水系の用水委員会5人には女性が含まれていないが，それはTIP水利組合役員5人についても同様である．むしろ，少なくとも乾季灌漑作に限っては圃場耕作者の半数が女性であり，彼女らも一定の発言権を有していると推定されるが，TIP水利組合には40人中7人の女性しか含まれていな

い．確証は挙げられないものの，在来の水利組織がクラン中心で女性が排除されているという TIP の断定は一面の事実であって，水利組合の結成によってその欠陥が是正されたとはいいがたい[8]．改良された在来灌漑施設を担う組織には，いま少しの検討の必要があろう．

　1999 年 7 〜 8 月の調査時にもムボゴ池の改修工事はいまだ着手されておらず，状況はむしろ悪化していた．工事が開始されていない理由を TIP ムワンガ事務所で担当者に尋ねたところ，ムボゴ池周辺に植林して水源涵養林を形成していく必要があるにもかかわらず，ヴドイ村区の住民は当該地域を放牧地として利用しており植林に応じないため，TIP ムワンガの種々のプロジェクトのなかでムボゴ池の改修工事は優先順位がかなり低くなっているとの回答を得た．しかしながら，ムボゴ水系の用水管理者である H44（図表 4-02 参照）に確認したところ，植林の要請を知らず，TIP ムワンガがたびたびムボゴ池改修工事の説明会を一方的に中止してきたことと相俟って TIP に不信感を抱いており，植林を拒否しているというのは TIP ムワンガ職員が改修工事用の事業費を使い込んだ言い訳であり，工事を始めないなら昨年納入した 1000 シリング（合計は 4 万シリング）を返却すべきであるとの意見であった．前述のごとく，昨年納入した 1000 シリングは天然資源省から水利

8）フィリピンの住民参加型の小規模灌漑プロジェクトについて，「水利組合は，その組合の名前で登録された水利権を持つ合法的な団体である．このことは，農民が自分たちの水利組合を作り上げていくために時間と労力を提供する明白な根拠になる」［バガディオン，コーテン 1998：69］と指摘されている．TIP も，同一の発想に立っているのであろう．しかしながら，灌漑施設の改修プロジェクトの実施にあたって，「改修対象が小規模で現地住民が管理するシステムの場合であれば，実施機関は現に灌漑システムを運用している組織は，もはやうまくいかない，あるいは『近代的』灌漑を運用するには不適切であると判断することが多い」［コワード・ジュニア 1998：36］という指摘も，TIP には当てはまるように思われる．

　なお，［辻村 1999：179-180］では，タンザニア，キリマンジャロ州の灌漑稲作計画であるローアモシ農業開発計画の事例が紹介されている．同計画地域にはチャワンプ農村協同組合が組織されており，1996 年に発生した盗水事件の裁判において，被告である盗水者側が「過去に伝統的指導者から得た水利権を盾に，自由で無料の配水を当然」と主張したのに対して，原告である組合は栽培規則という成文法で対抗したという．近代的な灌漑施設を有するローアモシ農業開発計画のチャワンプ農村協同組合と極小規模の在来灌漑施設に関わる TIP 水利組合を同日には論じられないが，示唆的ではある．水利

権を獲得するための分担金であり，TIP ムワンガが使用する資金ではなく，H44 の認識は誤っている．他方で，ムワンガ県で稼動していた別の援助案件である社会林業プロジェクト（TFAP）の外国人専門家によれば，TFAP 自身はムボゴ池周辺での植林事業を計画・実施していないものの，他のプロジェクトの経験からすれば北パレ山塊の住民は植林事業に協力的であるとのことであり，ムボゴ池周辺では植林が進まないという TIP ムワンガの担当者の説明を無条件で受け入れるわけにもいかない．ムボゴ池を利用しているヴドイ村区住民の最も中核的な人物と思われる H44 が，TIP 水利組合の組合長にも役員にも就任していないことに，従来の用水利用者集団が TIP ムワンガに対して必ずしも全幅の信頼を寄せていないことが如実に表れている．TIP ムワンガとヴドイ村区住民とは意思疎通を著しく欠いており，ムボゴ池改修工事に関わる両者の意見交換のための会合を早々に開催することが肝要であった．

しかしながら，2000 年の調査時には，ムボゴ池改修計画は完全に頓挫していた．交替した新任の TIP ムワンガ事務所代表からの聞き取りによれば，ムボゴ池の水利権獲得用に預かった 4 万シリングはすでに返却したとのことであった．ムボゴ水系の用水管理者である H44 に確認したところ，返却を受けていないという．さらに調べたところ，ムボゴ池の水利組合長（ムランバ集落在住者）が返却を受け，着服していたことが判明した．この事例のような同胞も信頼できないという状況は，前章で触れたようにキリスィ集落が含まれるヴドイ村区での 1999 年の食糧配給においても発生しており，当時の村区長（ムランバ集落在住者）が援助食糧の横領に失敗して収監されている．ムボゴ池の改修にしても食糧の配給にしても，キリスィ集落住民にとっては，隣のムランバ集落の人間は信用ならないという印象を抱かせることになったであろう．しかしながら，集落内の住民を信用しているわけでもなさそうである．たとえば，キリスィ集落の女性は結婚式，葬式，法事等の折には夫が同一クランに属する妻たちを中心として大量の料理を協力して用意するが，日常的にグループを結成して養鶏事業等を始めれば外部からの資金供与も見込めそうであるのに，グループ結成を躊躇している．金銭が絡めば同一集落の人間ですら信用できないと，ある女性が私に表明した．また，溜池

補修，食糧配給，新たな女性グループ活動はいずれも「お上」と関わりを持たざるをえない活動であり，それらに対する不信感がつねにつきまとっているという解釈も可能なように私は感じる．そのような住民感情を抱きながら，次章で取り上げるように村区で水道新設事業を達成したことは，注目に値する．

　さて，ムボゴ池改修に話を戻せば，TIP ムワンガとしては水利権確保用の預託金を返却済みであり，ムボゴ池の改修作業を優先する義務はなくなった．その後に，TIP ムワンガはムボゴ水系でムボゴ池の上流部にあるマクング池，キトゴト池の改修作業を完了している（図表4-01参照）．用水に関して，山間部の村とヴドイ村区の用水利用者集団の間で取り決めがあるとはいえ，上流部に貯水能力の高い溜池が完成したことからムボゴ池への流入水量が減ることが容易に想像され，かつムボゴ池自身の老朽化に歯止めがかかっていないため，同池の貯水能力は減退せざるをえない状態にある．また，ムボゴ水系の最上流部にあるカムワラ池（図表4-01）のさらに上流部にムクー村の新たな水道施設用取水地が設置され，上流部での水利用は増大しており，ムボゴ池への流入量がますます減少しつつあると推定される．2000年以降の貧困削減政策のもとで中等学校建設がさかんに行われており，ムクー村でも新たな中等学校が建設され，現在の最大の懸案事項は学校・寄宿舎で使用する大量の生活用水の確保である．ムクー村では，上記の新たな水道取水地の貯水能力の拡大を検討している．そのような事態になれば，ムボゴ池ではさらに用水を確保できなくなる可能性が高い．

　このような諸般の事情も作用して，ムボゴ池を利用した乾季灌漑作は低調となり，2003年以降はムボゴ水系の用水路を利用するキリスィ・カティ耕区，ンガンボ耕区での乾季灌漑作はまったく行われておらず，ムソゴ水系に依存するムソゴ北耕区，ムソゴ南耕区でのみ乾季灌漑作が行われている．

　ちなみに，ムソゴ水系の中心的な池であるスンブウェ池については，TIP ムワンガの改修計画はない．キリスィ集落のみならず，キルル・ルワミ村，そして山間部のムクー村，ヴチャマ村まで広がる地域で，ファンガヴォ・クランの長老と認知されている H44 によれば，スンブウェ池はファンガヴォ・クランの聖なる森に隣接する溜池であり，「TIP に手をつけさせない」との

ことであった.

ヒメヤマセミ (*Ceryle r. rudis*)

[2009年8月27日, ニュンバ・ヤ・ムング・ダム湖]
日本のヤマセミより二回りぐらい小さいが, 調査地近辺で見かけるカワセミの仲間では一番大きい. 漁師が漁網を補修している横で, 人怖じせず湖に飛び込んで魚を捕っている. 水が濁っているせいか, 捕獲率はあまり高くない. ようやく捕まえたティラピアが大きすぎて, 石にたたきつけて柔らかくしていたが, 見ていた20分の間には丸呑みすることができなかった.

第5章 ムワンガ町の拡大と懸案

地域経済の牽引を期待される地方都市

扉写真

建築資材用の砂利作り［2005年8月5日．キリスィ集落近く］
建設ブームにあるムワンガ町からほど近いキリスィ集落では，建築材料作りが手っ取り早い非農業就業となっている．大きな石を割って家屋の基礎工事用の砕石を作っている若者もいるが，老人は体力がないため，写真の人物は小石を割って砂利を作っている．1990年代初めのキリスィ集落周辺には小径しかなかったが，近年は砕石，砂利，レンガを搬送する車両が通行可能な道路が縦横無尽に走っている．

第5章　ムワンガ町の拡大と懸案

　第3章で述べたように，タンザニア北東部のキリマンジャロ・コーヒー産地の全般的な傾向と同様に，1990年代以降に発生したコーヒー生産者価格の大幅な下落のもとで，ムワンガ県の北パレ山塊においてもコーヒー経済からの脱却が図られている．

　北パレ山塊の山間部は，周辺を取り囲む平地部と比べて格段に良好な農業生態条件に恵まれ，コーヒー収入をもって県経済を潤してきた．植民地期以降に山間部から平地部に居住域を拡大していったパレ人は，ムワンガ県の山間部と平地部を一帯となった地域社会経済圏として漠然と認識してきたのではなかろうか．序章で触れた出作り耕作圏，定期市圏，図表1-10で示したキリスィ集落周辺の圃場保有者の居住地，あるいは図表4-12で示した親族・姻族関係の地理的広がりは，その傍証となる．ムワンガ県の県経済とは，県という行政区分に沿って切り取った経済単位というよりは，地域社会経済圏として検討するに値するものを含んでいると考える．本章で触れる「農村インフォーマル・セクター」論で想定されている，地方中小都市と周辺農村という小規模な地域経済と比べて，県という単位は大きすぎるような印象を受けるが，ムワンガ県は人口10万人強のこじんまりとした県であり，また山間部から年間を通じて車両が通行可能な道路はムワンガ町を通る道路1本しかないため（これ以外に，2009年8月時点には車両が通年通行可能な東部平地と山間部をつなぐ道路を新たに建設中であった）にムワンガ町が物資の集配拠点となっていることを考えれば，ひとまずは県全体を地域社会経済圏と見なしても，あながち不当ではない．

　同県の場合，山間部で栽培されてきた有力な市場向け農産物であるコーヒーの生産の停滞は，県経済の中心を山間部から平地部，なかでも都市部へと移行させつつあるように見える．必ずしも不可逆的な移行過程ではなく，コーヒー生産者価格が十分に回復すれば，ふたたびコーヒー収入に依存した経済に復帰することも予想される．しかしながら，第3章で見たごとくムワンガ県山間部のコーヒー生産は劇的に減少しており，短期間でのコーヒー経済の復興は望むべくもなく，当面はムワンガ町を中心とする都市経済が県経済を牽引していくことになろう．本章ではまず，このムワンガ県経済の中心の移行過程を，人口動態を手がかりに検討してみたい．

ついで，このような都市経済の拡大に対する視点として，農村インフォーマル・セクター論を検討したい．本章でまず農村インフォーマル・セクター論を紹介し，ついでその理論をムワンガ県の事例に適用するという順序をとらなかったのは，同理論が荒削りな作業仮説の域を出るに至っておらず，今後さらに議論を深めていく余地を多分に残しているためである．地方都市はいわばグローバリゼーションの浸透の末端拠点ともなりうるし，それに対抗・対応するような地域社会経済の防除のための緩衝帯ともなりうる．おそらくは域内での自給自足への指向性が高い存在として地域社会経済圏を想定することは困難であり，外部に対して開放的でありながら同時に外部の経済変動に対してなんらかの緩衝材として機能するものとして地方都市が存在することが期待されている．そのような願望を込めた議論が農村インフォーマル・セクター論であり，地域の主体性という本書の主張に適合的な見解として，今後精緻化が期待される作業仮説として紹介したい．

　さて，ムワンガ県での都市経済の進展は，新たな課題を生み出すことにもなった．急激な人口増加に，社会サービスの提供が追いつかないという問題である．小学校（修学年数7年），中等学校（修学年数は，中学校のみの場合は4年，高等学校が併設されている場合は6年）が相次いで新設され，規模の大きな診療所が新たに開設された．そのなかにあって，見通しが立っていないのが水道給水の問題である．ムワンガ町水道公社（Water Supply Authority/ *Mamlaka ya Maji*）は既存の利用者に負荷する形で財源確保を図ろうとしたが，それに対して，キリスィ集落住民が中心となって，同集落が含まれているヴドイ村区が激しく反発した．彼らはムワンガ町水道公社とは別の水源からの新たな水道施設を設置しようとした．タンザニア政府は1990年代後半から農村給水事業に関心を払い，住民の自主計画・自主建設・自主運営を奨励してきた．ヴドイ村区の活動は，理念としては奨励されるべき農村給水事業に適合している．しかし，ヴドイ村区は行政上はムワンガ町に含まれるために「農村」ではなく，また町水道公社との対立のなかで新規水道事業が推進されようとしている点で，他地域の事業とは性格を異にしている．町の一部地域の住民エゴとも理解されかねない動きであるが，ヴドイ住民の行動にはそれなりの論理が存在している．県という単位よりははるかに小さい地域であ

第5章　ムワンガ町の拡大と懸案

るヴドイ村区を取り上げ，いわば逆風のなかでの新規水道事業を，地域住民の主体性の発現形態として，紹介していきたい．上記のように地域社会経済圏の移行過程を取り上げるムワンガ県という地域範疇と合わせて，これらの事例を「地域」概念の重層性，多義性の証左としたい．

1 ムワンガ県経済の中心地移動

1-1. ムワンガ県の人口動態からの検証

山間部からの人口流出

　独立以来タンザニア政府は1967，78，88，2002年に人口センサスを実施している．ムワンガ県は1979年にパレ県がムワンガ県とサメ県に二分されて新設されたことから，1967年と1978年の人口センサス資料にはムワンガ県に分類されている人口調査区は存在しない．両センサス資料から現在のムワンガ県に相応するパレ県の人口調査区を抽出し，1988，2002年人口センサス資料と比較することとしたい．図表5-01に示したように，現在のムワンガ県相当地域の1967〜78年の年人口成長率は3.79％であり，キリマン

図表5-01　年人口成長率

(％/年)

	1967-1978年	1978-1988年	1988-2002年
ムワンガ県	3.79	2.29	1.23
キリマンジャロ州	2.99	2.04	1.61
タンザニア本土	3.27	2.80	2.92

出所）
キリマンジャロ州，タンザニア本土人口：TP022: Table 1.
ムワンガ県については以下の資料。
1967年：TP671: 290-291.
1978年：TP782: Table 1, 87-94.
1988年：TP88Kilimanjaro: 256-265.
2002年：TP022: Table 5B.
注）ムワンガ県は1979年に新設された。そのため，1967年，1978年の人口は，旧パレ県の対応する地域の人口を用いて，計算した。

ジャロ州の 2.99％ならびにタンザニア本土の 3.27％のいずれをも上回っていた．1978～88 年にはムワンガ県の年人口成長率は 2.29％に落ち，キリマンジャロ州の 2.04％を上回ってはいたが，タンザニア本土の 2.80％を下回るようになった[1]．そして，1988～2002 年にかけては同県の年人口成長率がさらに落ちて 1.23％となり，キリマンジャロ州の 1.61％，タンザニア本土の 2.92％をともに下回るようになった．ムワンガ県の年人口成長率の下落は，キリマンジャロ州全体よりも急速であったことになる[2]．

ムワンガ県には，出生率を抑制したり死亡率を増進させたりする特定の要因は見当たらない．それどころか，ムワンガ県を含むキリマンジャロ州の 1988 年の 5 歳未満の乳幼児死亡率は 1000 人当たり 104 人であり，タンザニア本土平均の 191 人を大きく下回り，本土 20 州のなかで最も良好である [Tanzania National Website, 2005/02/16]．1988 年以来ムワンガ県全体の生活水準は下落していると思われるが，低い乳幼児死亡率は維持されている．タンザニア政府は，2010 年までに乳児死亡率 (infant mortality rate) を 1000 人当たり 50 人未満とすること，また 5 歳未満の乳幼児死亡率 (under 5 mortality rate) を 1000 人当たり 79 人未満とすることという 2 つの目標を立てているが，2002 年時点でそれぞれの目標をすでに達成している各 10 県（計画作成

---

1) 2002 年人口センサスのムワンガ県に関する資料には，「1978 年から 1988 年までの期間と 1988 年から 2002 年までの期間を比較すると，同県の平均人口成長率は 4.7％から 1.2％に激減した」[TP024Mwanga: 7]と記されているが，1978～88 年の年人口成長率は過大評価されていると思われる．おそらくは，1978 年のムワンガ県（当時は存在しなかったのでパレ県のうち現在のムワンガ県相当部分）の人口が過小評価されているためであろう．本論での推計は図表 1-03 に示したとおりである．
2) 植民地期からキリマンジャロ州（当時は Province と称していたが，領域的には現在の Region に相当する）の人口成長率は，継続的に減少している．センサス間で定義や捕捉率に差があろうが，ひとまず概数を示せば，同州の 1948～57 年の年人口成長率は 3.31％であり，イギリス委任統治領タンガニーカ（現在のタンザニア本土に相当）のなかではダルエスサラーム市についで高かった．1957～67 年の年人口成長率は 3.25％とわずかながら減少した（いずれも，[TDD67: Table 1]より算出）．これ以降の数値は図表 5-01 に示したとおりである．1988～2002 年の同州の年人口成長率は，タンザニア本土 20 州のなかで 2 番目に低かった．1978 年までは年人口成長率の減少は緩やかであったが，78 年以降には加速化されたと見なせる．これはキリマンジャロ州のコーヒー生産の減少と歩を一にするものである．残念ながら，現在のムワンガ県に相当する地域のみの 1948～67 年の資料は入手しえなかった．

当時，タンザニア全体で129県）のなかに，ムワンガ県はいずれも含まれていない［Tanzania, NBS, 2006: 27, 38］．そうであるならば，コーヒー経済の停滞によって人口移出が増大した等の社会的要因が，低人口成長率をもたらしていると推定される．

　それを検証するため，コーヒー産地である山間部と，西部平地，東部平地とを分離して，これらの3地域の村落レベルでの人口動態を分析してみた．ただし，村落の新設・統合があったために1978，88，2002年の3回の人口センサスで言及されている村落をただちに比較できないので，すでに図表1-03に示したように県農政局の分類による63村落を47「単位地域」に区分し直して，それをグラフ化したものが図表5-02である．同図には，1978～88年と1988～2002年の単位地域の人口変動を併せて表示している．1978～88年の人口変動についてはX軸が単位地域の1978年人口，Y軸が1988年人口であり，1988～2002年についてはX軸が1988年人口，Y軸が2002年人口である．座標軸の(0,0)から(6000,6000)に斜線が引いてあるが，これは等人口線である．この斜線よりも上であればあるほど人口増加が多かったことを意味し，斜線より下にあれば人口減少を意味している．

　1978～88年について見ると，西部平地の12単位地域と東部平地の5単位地域の多くで，高い人口成長率を示している．平均すると，西部平地は年率2.98％，東部平地は5.22％となる．同時期に山間部の30単位地域のうち27単位地域は低いながらも正の人口成長率を示したが，3単位地域は負の人口成長率，つまりは人口減少を経験しており，平均すれば年率1.53％の人口成長であった．1988～2002年には，西部平地の多くの単位地域は引き続き高い人口成長率を示した（年率3.07％）が，東部平地のすべての単位地域で人口成長率は鈍化（1.12％）し，山間部の人口成長率はさらに悪くなって，18単位地域で人口減少が発生しており，山間部全体でも－0.06％と人口減少を見るに至った．

　山間部においては土地に対する人口圧力から人口移動が発生するという解釈では，過度に人口が流出する状況を十分には説明できない．人口圧力という長期的なプッシュ要因よりも，コーヒー経済の低迷という短期的なプッシュ要因が働き，他所での現金稼得機会を求めて移動労働が増大したという

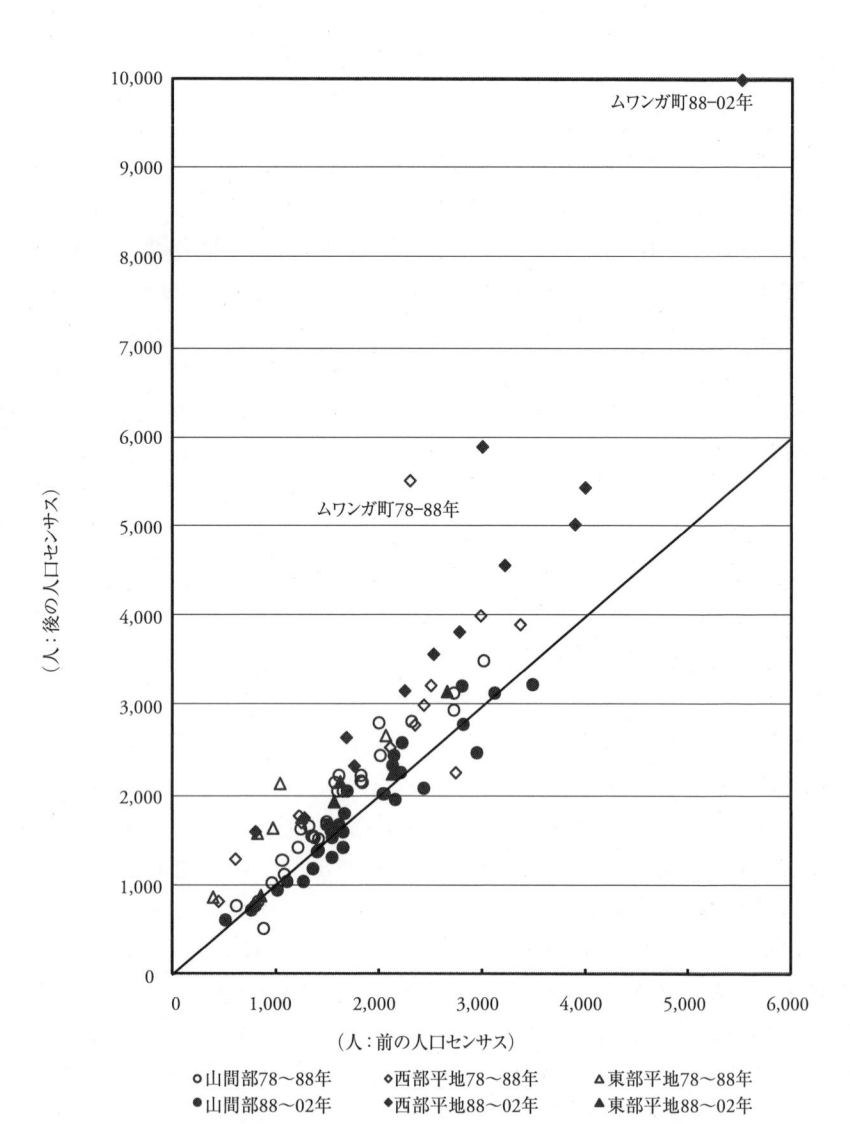

○山間部78〜88年　◇西部平地78〜88年　△東部平地78〜88年
●山間部88〜02年　◆西部平地88〜02年　▲東部平地88〜02年

図表 5-02　ムワンガ県の単位地域別に見た人口変動（1978〜88 年, 1988〜2002 年）
出所）　1967 年：TP671: 290〜291.
　　　　1978 年：TP782: Table 1, 87〜94.
　　　　1988 年：TP88Kilimanjaro: 256〜265.
　　　　2002 年：TP022: Table 5B.

第5章　ムワンガ町の拡大と懸案

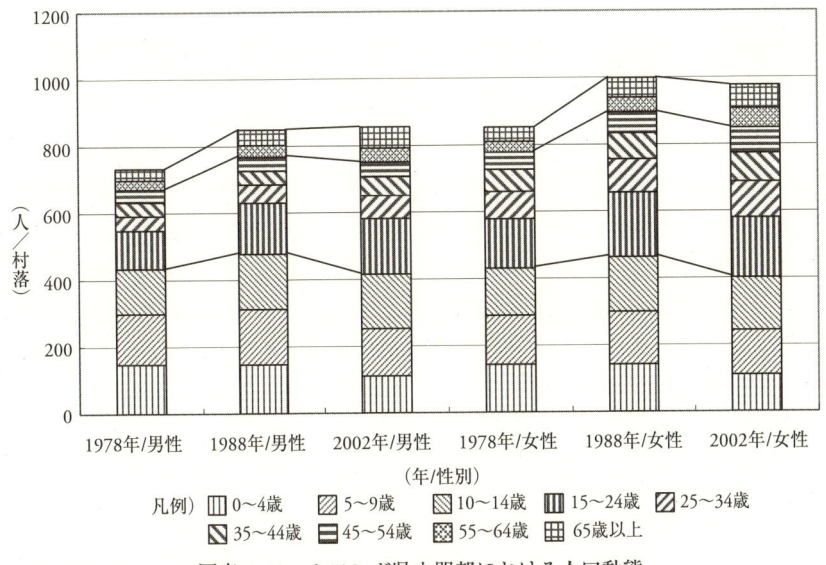

図表5-03　ムワンガ県山間部における人口動態

凡例：□ 0〜4歳　▨ 5〜9歳　▨ 10〜14歳　▥ 15〜24歳　▨ 25〜34歳
　　　▨ 35〜44歳　▨ 45〜54歳　▨ 55〜64歳　▨ 65歳以上

出所）図表5-02に同じ．

解釈のほうが妥当なようにも思われる．

　この仮説を検証するために，山間部30単位地域の男女別の1978, 88, 2002年人口の平均値を，図表5-03に図示した．人口センサスによって年齢区分が異なるために，0〜14歳は5歳区分，15歳以上は10歳区分で表示してある．この図によれば，上記の仮説は妥当しないことが判明する．1978年から88年にかけて，男女ともに人口は順調に増大している．1988年から2002年にかけては，男性人口が微増し女性人口が減少しており，全体でも人口減少となっている．しかしながら，その原因は生産年齢人口（15歳から54歳まで）の減少ではなく，14歳以下の未成年人口の減少である．むしろ，男女ともに生産年齢人口はわずかながら増加を示している．さらにいえば，結婚適齢期である15〜34歳の男女比は，女性100人に対して男性は1978年68.5人，1988年70.8人，2002年81.9人と改善してきており，地元での婚姻数が増加こそすれ減少する状況にはない．

　このように山間部ではすでに未成年人口が減少しているが，人口成長を

見ている西部平地，東部平地においても人口ピラミッドはいびつとなっており，県全体で若年人口が過少となっている．タンザニア統計局もこの奇妙な人口構成に気づいており，「10～14歳の集団と比べて，0～9歳の集団は男女ともに人口が少ない」[TP024Mwanga: 4]と記している．同様の傾向はキリマンジャロ州のすべての県で認められ，0～4歳人口は5～9歳人口より少ない [TP024Rombo: 4; TP024Moshi: 4, TP024Hai: 4; TP024Same: 4]．しかしながら，北部高地の一角をなすアルーシャ州アルメル県，他のアラビカ・コーヒー産地である南部高地のムビンガ県，ムボジ県，ルングェ県，ロブスタ・コーヒー産地である湖西地帯のブコバ県，カラグェ県，ムレバ県では，若年齢層ほど人口が多い通常の人口構成を示している [TP027Arusha: 4; TP027Ruvuma: 40; TP027Mbeya: 57, 103; TP027Kagera: 1, 25, 59]．なぜムワンガ県を含むキリマンジャロ州諸県のみ特異な形状をとるのかは，残念ながら原因は不明である．上記のように，ムワンガ県は乳幼児死亡率が低い県であるにもかかわらず若年人口が少ないということは，出生率が低下していることを窺わせるが，その理由については詳細な人口学的調査を要する．

平地部の人口吸収能力は高いのか？

さて，ムワンガ県では歴史的に，向都人口移出と並んで山間部から平地部への農村間人口移動が見られたが，近年の東部平地ならびにムワンガ県全体での低人口成長率は，平地部の人口吸収能力が弱まっていることを示唆しているようである．とくに1990年代初期からの不安定な天候は，しばしば同県を旱魃に陥れてきたことから，山間部からの移出希望者は農業条件の良くない平地への移住をためらいつつある．しかしながら，1988～2002年の県全体の低い人口成長率，そして山間部での人口減少にもかかわらず，西部平地12単位地域では高い人口成長率を維持している．近代的小規模灌漑施設が整備されている東部平地よりも西部平地の農業生産条件が良いわけではないことから，西部平地での人口増加は，農耕地を求めた農村間移住以外の要因によって促進されていると考えられる．おそらくは，県庁所在地であるムワンガ町の都市化の進展が最大の要因であろう．

現在のムワンガ町の行政域は，図表1-02および図表1-03に番号1で示

した旧市街地だけでなく，番号2の旧キサンギロ村，番号3の旧キルル・ルワミ村を吸収合併している．そのため，とうてい都市部とは思えない灌木林地域が広がっているし，第4章で触れた乾季灌漑作を行っている農村部も含んでいる．ムワンガ町（正確には，ムワンガ町の旧市街部分のみを分離できず，隣接する旧キサンギロ村を含む．旧キルル・ルワミ村を含まず）の人口は，1978年の2303人から88年の5514人へと年率9.12％で増大（ムワンガ町を除く西部平地の平均は2.10％）し，そのあと年成長率が4.34％に落ち（同2.75％），2002年には9999人となっている．1978年からの人口成長は，79年にムワンガ県が新設され，ムワンガ町が県庁所在地になったことが大きく影響していよう．ムワンガ町の人口成長率は鈍化しているが，それでも県内の他地域よりは高いために，県人口に占めるムワンガ町の人口比率は，1978年2.98％，1988年5.68％，2002年8.68％と，次第に高まりを見せている．

　しかしながら，ムワンガ町で製造業部門が伸張しているわけではない．2002年人口センサスのムワンガ県に関する資料によれば，ムワンガ町を含む都市部の人口は2万8851人であり，このうち2万4692人が5歳以上の人口であった．5歳以上の人口（関連する表では，総数が2万4692人ではなく，2万3919人と記されている）のうち定常的な経済活動人口（usually economically active population）は1万2017人（就業者1万1385人，失業者632人）であり，産業別の就業者数（関連する表では，総数が1万1385人ではなく，1万1198人と記されている）は農業2461人，林業・水産業等3958人，製造業144人，（未加工）食品販売業175人，商業3741人，公務・教育関連305人であった．一方，定常的に経済非活動人口（usually economically inactive population）のうち，753人は中等学校就学者であった［TP024Mwanga: Table 1.8, 6.9, 7.23］．都市人口のうち林業・水産業等に従事する人口が多いのは，2002年センサスにおいて，西部平地のニュンバ・ヤ・ムング・ダム湖に面する漁村であるニャビンダ（図表1-02および図1-03のNo. 11），ランガタ・カゴンゴ（同No. 10），ランガタ・ボラ（同No. 9），キティ・チャ・ムング（同No. 19）が農村部（rural）ではなく，都市部（urban）に分類されたためである．ともあれ，ムワンガ町を含む都市部全体で商業3741人，製造業144人という数値は，同県都市部での製造業の展開は希薄であり，商業・サービス業部門が優越していることを

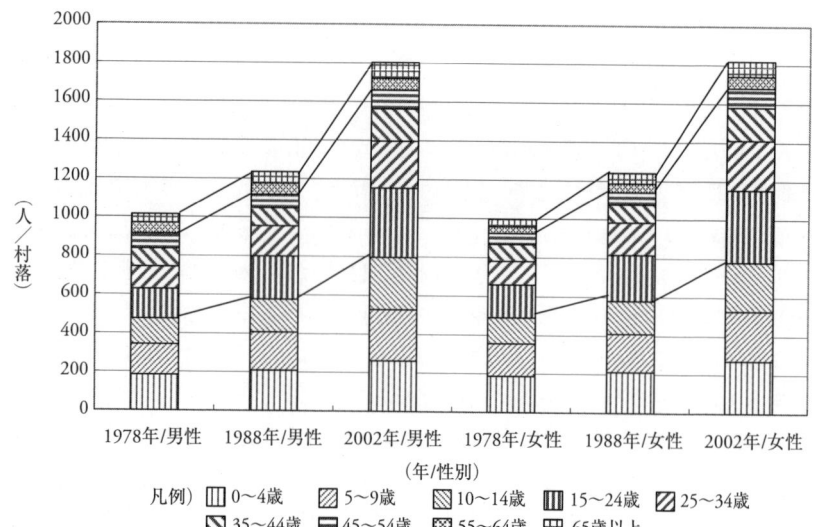

図表 5-04　ムワンガ町における人口動態

出所) 図表 5-02 に同じ。

示している．坂本邦彦は，「都市に出稼ぎにいき，そこで成功した人びとが，郷里の近くに移り住んで生活していくための一つの方法として，農業への回帰ではなく，小規模工場の設立を通して目的を達成しようとする場合がある」［坂本 2001：218］として，ムワンガ町を，大都市から帰還した移動労働者が滞留する，都市でも農村でもない中間領域と見なしている．坂本の指摘にもかかわらず，総体としてムワンガ県からは人口流出が続いており，産業拠点としてのムワンガ町の位置づけは今でも弱い．

　山間部について示した図表 5-03 と同様の性別・年齢別人口変動をムワンガ町について作成してみると，図表 5-04 のようになる．同図によれば，ムワンガ町では男子単身移動労働者が流入して都市人口が肥大化しているわけではないことが読み取れる．なぜなら，男女間で人口差がほとんどなく，また人口変動パターンが類似しているためである．また，未成年人口の順調な伸びは，山間部と対照的である．自然増でこれほどの人口増加が達成されるとは考えられず，社会増があったものと思われるが，ムワンガ町の人口増加

第5章　ムワンガ町の拡大と懸案

は世帯全体での移入によるものと推定される．ただし，人口増加には別の要因も作用している．それは，中等学校の増設である．1988年から2002年にかけて，15～24歳人口の増加が顕著であるが，これは若年労働力人口が流入してきただけでなく，この年齢層に相応する寄宿制中等学校の学生数の増加が大きく作用していよう．この点については，隣接するキリスィ集落での生業変化と絡めて，後述する．

人口移動の事例

　以上のように，人口動態で見るかぎり，山間部のコーヒー産地から西部平地のムワンガ町へと，県経済の起動力は移りつつあるように推察される．この点に関連する傍証として，私の行った3地域での事例を挙げておきたい．
　私は1992年11月に山間部東斜面にあるムシェワ村（図表1-02および図表1-03の番号62）で26世帯，2005年7月に山間部西斜面にあるムクー村（図表1-02および図表1-03の番号50．図表1-07にも記載）で18世帯を対象に，聞き取り調査を行った．ムシェワ村，ムクー村いずれも，山間部のコーヒー産地にある村落である．そして，西部平地の旧キルル・ルワミ村（現在はムワンガ町の行政域に取り込まれている）のヴドイ村区キリスィ集落では10年以上にわたって調査を続けている．私の主たる関心は同集落周辺の圃場で乾季に実践されている灌漑作であるが，キリスィ集落の全世帯（1998年45世帯，2005年54世帯）を対象として，社会経済変動全般についても調査を行っている．
　以下では，それぞれの調査地において調査対象世帯の世帯主（世帯主が寡婦の場合には亡夫）の兄弟姉妹あるいは息子・娘を取り上げ，彼らの人口移動と中等学校教育水準について検討していきたい．上記の分類に該当する人物のうち10歳以上の者を中等教育水準の検討対象とし，また15歳以上の者を人口移動の検討対象とする．
　ムクー村の18調査世帯の世帯主の兄弟姉妹（以下，兄弟姉妹と略す）のうち，10歳以上は119人，15歳以上は118人であった（図表5-05）．これらの対象者の平均年齢は，調査時（2005年7月）にはそれぞれ43.9歳と44.2歳であった．他の調査地の調査対象者との比較のために2010年3月の年齢を算出す

243

図表 5-05　調査対象の概要

調査地	調査対象世帯（世帯）	調査時期	世帯主との続柄	調査対象者					
				10歳以上の対象者			15歳以上の対象者		
				対象者総数（人）	平均年齢		対象者総数（人）	不在者（人）	平均年齢
					調査時（歳）	2010年3月(歳)			調査時（歳）	2010年3月(歳)
ムクー村	18	2005年7月	兄弟姉妹	119	43.9	48.6	118	114	44.2	48.9
ムシェワ村	26	1992年11月	息子・娘	146	20.5	37.8	111	80	23.5	40.8
ムクー村	18	2005年7月	息子・娘	80	20.8	25.5	58	46	24.1	28.8
キリスィ集落	54	2006年3月	兄弟姉妹	186	42.4	46.4	181	177	43.4	47.4
	45	1998年8月	息子・娘	199	26.9	38.5	158	114	30.3	41.9
	54	2005年8月	息子・娘	250	26.4	31.0	203	151	29.8	34.4

出所）池野調査（1992, 1998, 2005, 2006年）.

ると，48.6歳と48.9歳となる．平均年齢から判断すれば，彼らの多くはコーヒー経済が悪化する1990年代以前に学校教育を受けたことになる．ムクー村の兄弟姉妹と同様に，ムシェワ村の調査世帯の世帯主の息子・娘（以下，息子・娘と略す），キリスィ集落の兄弟姉妹，そしてキリスィ集落で1998年に調査対象とした息子・娘の多くは，コーヒー経済悪化以前に教育を受けていると見なせる（ただし，キリスィ集落ではコーヒーは栽培されていない）．一方，ムクー村の息子・娘と，キリスィ集落で2005年に対象とした息子・娘（1998年に調査対象とした者の多くを重複して含んでいる）の場合は，平均年齢から判断して，ムワンガ県のコーヒー経済悪化後に教育を受けたか，現在受けていると考えられる．

さて，分析にあたっては，調査世帯に居住していない「不在者」，調査地外へ転出した「移出者」という概念を用いたい．たとえばムクー村の15歳以上の兄弟姉妹118人のうち，114人は調査世帯には居住していない．彼らが「不在者」である．「不在者」とは，雇用，就学，婚出等の理由によって，日常的には調査世帯に居住していない人物である．後述するように，ムクー村の兄弟姉妹とキリスィ集落の息子・娘のなかには，調査世帯には居住していないが，別世帯の世帯構成員となって村内，集落内に居住している者がいる．定義に従って彼らを不在者と見なすが，村落・集落という調査空間外に移動

図表 5-06　不在者の居住地

調査地	対象	調査時期	調査世帯数	15歳以上の人口			不在者の居住地						
				対象者総数（人）	不在者（人）	2010年3月時点の年齢（歳）	県内			州内		他地域	
							村内/隣村	ムワンガ町	その他	モシ市（州都）	その他	ダルエスサラーム市	その他
ムクー村	(S)	2005年7月	18	118	114	48.9	50	11	8	3	14	22	6
ムシェワ村	(C)	1992年11月	26	111	80	40.8	13		3	10	12	25	14
ムクー村	(C)	2005年7月	18	58	46	28.8	5	3	2	1	2	29	4
キリスィ集落	(S)	2006年3月	54	181	177	47.4	62	12	22	2	17	36	26
	(C)	1998年8月	45	158	114	41.9	32	5	12	4	19	28	14
	(C)	2005年8月	54	203	151	34.4	28	13	17	9	6	57	21

出所）池野調査（1992，1998，2005，2006年）．
注）(S) = 兄弟姉妹，(C) = 息子・娘．

していないので「移出者」とは見なさない．序章第2-2項で定義した「不在世帯構成員」とこの「不在者」とは，意味内容が異なっている．不在世帯構成員はすべて移出者であり調査空間内に日常的には居住しておらず，移動労働や就学等の形で調査対象世帯の生計の収入・支出に直接関わっている人物か，未婚の就業者・求職者であり，婚姻によって移出先に自らの世帯を形成している人物は除外される．これに対して不在者とは，分析項目に応じて，調査対象世帯の世帯主の兄弟姉妹か息子・娘かのいずれかの分類に該当する人物のみが対象となる．これらいずれかの分類に該当する人物については，すべての不在構成員だけでなく，移出者とはなっておらず調査空間内に居住していても調査対象世帯に居住していない人物もすべて含み，婚姻によって自らの世帯を形成している人物も含まれる．

　さて，上記のような不在者，移出者の区分では，次のような事例で問題が発生する．3人兄弟のうち村内に2人が残り1人が都市部に移出しており，調査対象として村内に残った2人をそれぞれ世帯主とする世帯を選出してしまった場合である．双方とも，村内に残っている兄弟が1人，都市部に移出した兄弟が1人と回答するであろうから，単純に足し合わせれば，調査世帯の世帯主2人，村内に残る兄弟2人，都市部に移出した兄弟2人ということになってしまい，実際には3人しかいないにもかかわらず6人いるかの

ように認識してしまうことになる．いずれの調査地においても世帯主同士の親族関係を慎重に確かめ，上記のような誤りをおかさないように配慮した．

まずは，人口移動について検討したい．図表5-06には15歳以上の調査対象者の居住地を示している．2010年3月時点で平均年齢が48.9歳であるムクー村の兄弟姉妹114人の半数近い50人は，村内あるいは隣村に居住している．それに対して，おそらくは土地不足と都市の魅力といったプッシュ，プル両要因から，平均年齢が28.8歳のムクー村の息子・娘と40.8歳となるムシェワ村の息子・娘の多くは，村内，隣村に居住していない．彼らのなかにはキリマンジャロ州の州都モシ市に居住する者もいるが，より大きな都市であるアルーシャ市（北東部タンザニアの最大都市）やダルエスサラーム市（タンザニア最大の都市）に居住する者のほうが多い．相対的に土地に余裕があり集落内に留まることが多いキリスィ集落の場合も，ダルエスサラーム市移出者が多い．県庁所在都市であるムワンガ町はキリスィ集落とムクー村の移出者の一部を吸収しているにすぎず，1992年に調査した折にはムシェワ村の移出者は誰ひとりとしてムワンガ町に滞在していなかった．

次に，中等学校教育についてである．2010年3月時点で平均年齢48.6歳のムクー村の兄弟姉妹と37.8歳のムシェワ村の息子・娘は，それぞれ17.65%，19.18%が，卒業したか中退したかを問わないことにすれば，中等学校教育を受けた経験を持っていた（図表5-07）[3]．一方，25.5歳となるムクー村の息子・娘は8.75%しか中等学校教育を経験しておらず，教育水準が著しく低落していると推定される．山地村であるムクー村の動向とは逆に，西部平地にあるキリスィ集落では教育水準に向上が見られる．2010年3月時点で38.5歳となるキリスィ集落の息子・娘は12.56%が中等教育を経験しており，それより上の世代である同時期46.4歳の兄弟姉妹の13.98%と，ほぼ同水準にある．しかしながら，キリスィ集落の息子・娘について7年後に再調査したところ，平均年齢31.0歳の彼らの数値は17.60%に増大していた．増加はわずかであるが，同時期に山間部では中等学校経験者が半減して

---

[3] 県全体では，2002年人口センサス時に8万2806人の10歳以上の人口があった．このうち，8433人（10.18%）は就学中，卒業あるいは中退という形態で中等学校教育を経験していた［TP024Mwanga: Table 2.4, 6.7, 6.12, 6.17］．

図表 5-07　中等学校教育

調査地	対象[1]	調査時	調査世帯数	調査対象者 A) 10歳以上総人口 (人)	2010年3月の年齢 (歳)	中等学校教育以上の就学者・修了者[2] 就学中 (人)	卒業/中退者 村内 (人)	移出者 (人)	小計 (人)	B) 合計 (人)	就学率 (B/A) (%)
ムクー村	(S)	2005年7月	18	119	48.6	1	3	17	20	21	17.65
ムシェワ村	(C)	1992年11月	26	146	37.8	16	0	12	12	28	19.18
ムクー村	(C)	2005年7月	18	80	25.5	3	0	4	4	7	8.75
キリスィ集落	(S)	2006年3月	54	186	46.4	1	9	16	25	26	13.98
	(C)	1998年8月	45	199	38.5	5	8	12	20	25	12.56
	(C)	2005年8月	54	250	31.0	13	9	22	31	44	17.60

出所) 池野調査 (1992, 1998, 2005, 2006年).
注 1) (S) = 兄弟姉妹, (C) = 息子・娘
　 2) 修了者には, 中退者も含む.

いることを考え合わせれば，平地部の教育水準は相対的に高まっているといえよう．

　コーヒー収入があるために山地村のほうが平地村よりも教育水準が高いといわれてきたが，少なくとも 2004 年時点では平地部の教育施設が増大してきており，中等学校は山間部に 13 校，平地部に 8 校存在した [Mwanga, AGR/MW/FP/VOL.IV/69]．キリスィ集落の壮年層については，近くに国立中等学校が存在したために他の平地部よりは教育水準が高いと推定されるが，そのキリスィ集落の若年層についてはさらに教育水準が高まり，山地村のムクー村をはるかに上回るまでになっている．このような変化は，コーヒー経済が低迷しつつある山地村とは異なる経済環境に平地村があることを示唆している．それは以下に述べるムワンガ町の隆盛に影響されているように思われる．

1-2.　ムワンガ町の拡大とキリスィ集落への波及

　ムワンガ町の人口増加の原因と推定される世帯単位での移入，新規の学校の開設等が，ムワンガ町に建設ブームをもたらし，経済を活性化している．

図表5-08には，ムワンガ町の中心部である旧市街地域からキリスィ集落の一部（右下端の斜線部分）までを示した．

　同図に示した地図の中央部を東から西に流れてキサンガラ川に流れ込むムフィンガ川より北，また地図の上方を東北から南西に流れてキサンガラ川に流れ込むキサンギロ川より南，そしてキサンガラ川より東に広がる道路網（車両が通行可能な道路）が密な地域が，ムワンガ町の旧市街地の中心部分である．県庁，警察署，郵便局等の公共機関，定期市が開催される新市場，スタジアム，多数の商店・飲食店や一般家屋が立地している．県庁の北東部はムワンガ町の山手に当たり，国会議員宅をはじめとする高級住宅街となっている．図表5-08の左方を南北に走っている一級幹線道路沿いにも商店，飲食店が連なっている．キサンギロ川より北のマンダカ村区（旧キサンギロ村の一部）や，かつてよりムワンガ町の行政区画内にあったが開発が遅れていたマココロ地区（ムフィンガ川の南側．通称であり，「地区」は正式の行政区分ではない．図表5-08には斜線で示した），そしてマココロ地区よりさらに南のヴドイ村区（旧キルル・ルワミ村の一部），また一級幹線道路の西側には住宅街が広がり，現在も拡大中である．

　ムワンガ町の建設ブームは，まず教育施設等の新設として私の目に止まった．たとえば，キリスィ集落が含まれるヴドイ村区にある共学の国立中等学校（図表5-08の右下方）の周辺は，私が調査を始めた1995年には灌木林に覆われており，校庭を囲う金網もなかった．調査中に，野ブタが校庭を走り抜けるのを見たこともある．それが現在は，周囲に教師の住居が建ち並び，近隣に民間家屋が増えてきて，町の中心部から家並がつながっている．1995年当時の町はずれでまだ経営を続けていた，施設は立派だが料金が高くサービスが甚だしく悪いために人気のなかった高級ホテルは，その後に建物を利用して私立女子中等学校に模様替えされており，教室が建て増されただけでなく，隣接する敷地に教員養成学校まで建設されている（図表5-08の右中央よりやや上）．さらに，現在は併設する小学校も建設中である．相対的に開発が遅れていたムワンガ町北部地域には，最近数年のうちに国立中等学校と小学校が新設された（ともに図表5-08の範囲より北に位置する）．ローマン・カソリック教会はキリスィ集落の耕地が広がる地域に中等学校建設用

第 5 章　ムワンガ町の拡大と懸案

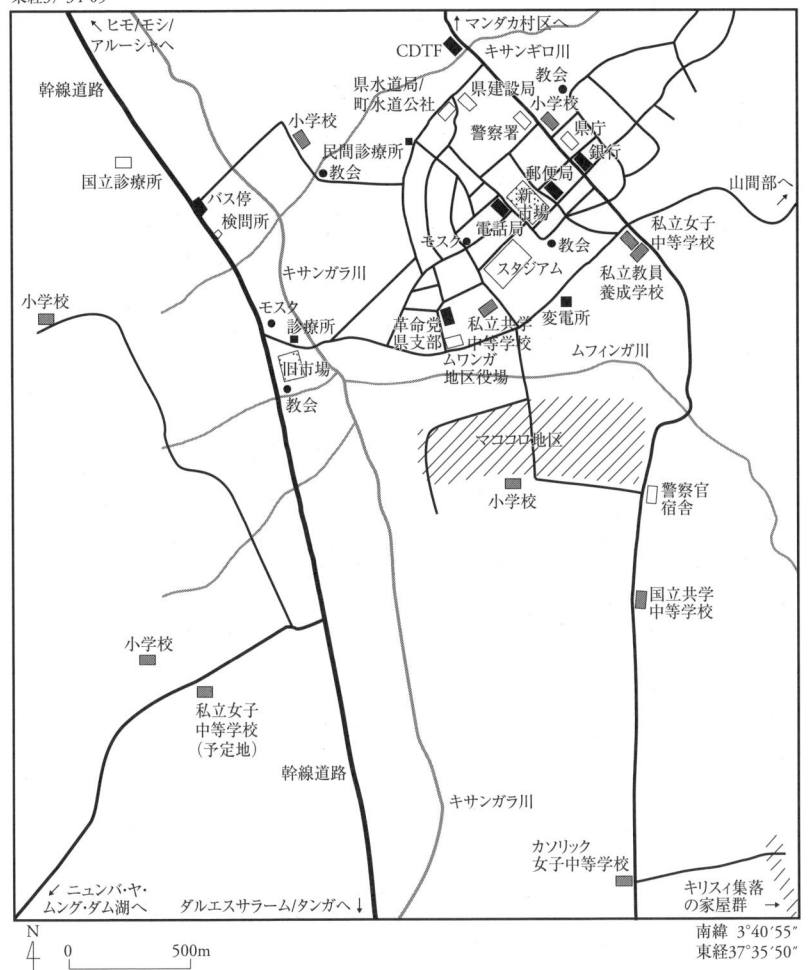

図表 5-08　ムワンガ町の旧市街地と周辺
出所）池野調査（2005 年 8 月，2008 年 8 月）．

の敷地(図表5-08の右下)を確保し，2009年に女子中等学校を開校した．タンザニアの女性組織(UWT)による私立女子校も建設中である(図表5-08左下方)．

その他の公共施設の増改築も進んでいる．ムワンガ町の中心部にある定期市が開催される新市場(図表5-08右上方)には，雨季にも困らないように屋根付きの売り場が2007年より建設されはじめ，09年には完成していたが，晴れの日には無人状態である．また，2007年8月4日に当地を訪問した大統領によって礎石が設置されたことを示すプレートがはめ込まれた新たな国立診療所は急ピッチで建設された(図表5-08左上方)が，経常的な経費の手当が不足しているためか，薬がなくて無用の長物であると，調査助手のサイディ君は評していた．大きな広場にすぎなかったスタジアムには階段状の観覧席が設置され，2009年現在も整地作業が続けられており，いずれは種々の式典も開催される会場となるのであろう．

一般住宅あるいは小規模店舗区画とおぼしき新築現場も，近年増えつつある．このような一般住宅・小規模店舗の建設現場がどれほどあるのかを，2009年8月に旧市街地中心部(上記のように，図表5-08のキサンギロ川の南，キサンガラ川の東，ムフィンガ川の北の部分)と新興住宅街であるマココロ地区(旧市街地であるが，開発が遅れていたムフィンガ川の南側)について，両地域の図表5-08に示した車両が通行可能なすべての道路を徒歩で回って調べてみた．結果は私の予想を上回るものであった．旧市街地での新築現場は242ヶ所，マココロ地区の新築現場は80ヶ所に達した．一部には建設途上で資金が尽きて放置され内部に草が生えたり蟻塚ができているものもあるが，多くは実際に建設作業が進行中のものである．

このような教育施設，公共施設，一般住宅，小規模店舗区画の建設ブームは，建築資材と建設労働者との需要を生み出している．さらに，新設の中等学校への就学やその他の理由で増大しつつある都市部人口は，周辺の農村部への食糧需要を生み出しているのである．

ムクー村をはじめとして山間部の村落からは，農村女性がムワンガ町の定期市に販売にやってくる．前章で触れたトマトやピーマンを栽培しているムクー村の調査対象世帯も例外ではなく，ムワンガ町の定期市でより多くの顧

第 5 章　ムワンガ町の拡大と懸案

図表 5-09　キリスィ集落の現金稼得活動に従事する世帯数の変化

(世帯)

年 / 年度	世帯総数	現金稼得活動										送金
		農産物販売	家畜販売	ミルク販売	非農業就業							
					小計	従事する世帯数の多い活動						
						公共部門	レンガ製造	砂利等製造	木炭製造	日雇	衣類販売	
1998/1999 年度	46	2	23	18	36	6	12	3	6	5	5	9
1999/2000 年度	49	1	8	13	38	5	7	7	6	5	5	11
2003 年乾季	55	0	n.a.	n.a.	25	6	12	6	0	0	4	1
2004 年乾季	53	0	n.a.	14	28	6	9	8	4	0	4	1
2005 年乾季	54	0	14	15	44	6	13	15	3	4	5	8
2006 年乾季	55	1	16	12	41	6	20	15	3	3	3	4

出所）池野調査（1999，2000，2003，2004，2005，2006 年）．

注 1）各活動に従事する世帯数を計上してあるため，重複計算となっており，合計は世帯総数を上回ることになる．
　 2）1998/99 年度と 1999/2000 年度については 1 年間に行ったことがある活動を調べたが，2003 年から 2006 年については「家畜販売」以外は乾季 2 ヶ月（6 月央～8 月央）の活動である．なお，家畜販売については 1 年間を対象とした．
　 3）非農業就業には，自家圃場での農耕，家畜飼養，送金に関わる所得以外のすべての現金稼得活動を含んでいる．

客と競争相手が出現していることを実感しているようである．ムワンガ町により近い位置にあるキリスィ集落では，建築資材である焼き入れレンガ，砕石，砂利の販売の機会，ミルクや肉の販売機会，学校や民間住宅の建設現場での就労機会が増えている．

すでに第 3 章で触れたごとく 1998/99 年度，2003/04 年度，2005/06 年度，2008/09 年度，さらに 2009/10 年度にも深刻な食糧不足が記録され食糧援助を受けており，これらの年度の経済活動は平年とは異なっていた可能性があるものの，図表 5-09 にはキリスィ集落の世帯が関与した現金稼得活動の経年変化を示した．

農産物を販売している世帯は，ほとんどない．西部平地に位置するキリスィ集落では，キサンガラ川沿いの低地畑を利用できないかぎり，蔬菜等の有利な換金作物は生産できない．キリスィ集落 46 世帯（1999 年 8 月時点）の世帯主のうち 19 人は低地畑を保有していたが，蔬菜栽培には熱心ではない．

その理由として回答されたのは，キリスィ集落近くの囲場での生産が不安定であるために低地畑は自家消費用のトウモロコシの栽培に優先的に利用すること，集落から離れた河岸畑では農作物の獣害・虫害が多く収穫物の盗難被害も多いことであった．2006年にはキリスィ集落の1世帯のみが，幹線道路と平行して流れているキサンガラ川の河岸の囲場を借り受けて，販売用の蔬菜を栽培していた．マンゴ，ココヤシ，サトウキビを栽培して収穫物を不定期に販売する世帯もあるが，乾季には販売していなかったり，まとまった現金収入ではないために農産物を販売したと回答しないことも多い．家畜販売とミルク販売には，3分の1近い世帯が関わっている．キリスィ集落で牧畜に比重を置いた生計戦略をとっている世帯は定期的に家畜を販売しているが，それ以外の世帯では，旱魃時の食糧購入，学校・病院の支払い等で緊急に現金が必要な時以外には，あまり家畜を販売しない．販売する場合はヤギ，ヒツジが好まれ，ウシを販売することは少ない．ミルク販売は，既婚女性がプラスチック製の容器を頭の上に載せて毎日ムワンガ町に徒歩で出向き，購入を約束している顧客に売りに行く形態が多い．自宅に泌乳中の雌ウシがいないと搾乳できないが，集落内でミルクを買い付けて町に販売に行き，差額を手にしている女性もいる．

　そして，キリスィ集落では現在，過半の世帯がなんらかの非農業就業に関わっている．キリスィ集落はムワンガ町に近いために，通勤形態で県水道局に勤めている公務員が複数居住している．調査を開始した当時電気を利用できなかったキリスィ集落に電線が引かれ，蛍光灯やテレビといった電化製品を所有するようになっているのは，これら公務員世帯のみである．彼らの経済的な成功は，青少年に公共部門での就業の有利さを認識させている．しかしながら，このような幸運な雇用に恵まれなかった多くの世帯は，他の現金稼得手段を探さねばならなかった．そして1995年以来，焼き入れレンガと砕石・砂利等を製造・販売する世帯が急増している．1995年の調査開始時には，囲場が広がっている地域には徒歩で通過できる小径しかなかったが，現在はトラックや荷台を牽引したトラクターが北パレ山塊の山裾まで通行可能な太い道が，網の目のように囲場を削って整備されている．焼き入れレンガや砕石・砂利を必要とする顧客は，幹線道路から離れた平地部や山間部か

第 5 章　ムワンガ町の拡大と懸案

焼き入れレンガ作り［2007 年 8 月 9 日．キリスィ集落内］
粘土質の土に水を混ぜて練ってのち，長方形の型に入れて成型し，日干しにする．その日干しレンガ自体を積み上げてキルンを作る．周りを泥で塗り固めて，下に設けた焚き口に丸太を入れて火入れし，焚き口にもふたをする．火が消えたあともしばらくは置いておき，1 週間ほどで焼き入れレンガが出来上がる．レンガすべてにはうまく火が回らず，かなり不良品ができてしまう．写真のキルンは数千個の日干しレンガでできている．

ら調達するよりも，ムワンガ町に隣接しており搬出も容易なキリスィ集落での調達を好むようである．

　第4章で検討したキリスィ集落周辺の乾季灌漑作は近年低調となりつつあると，私は感じている．1995年に調査を始めて以来，乾季に先立つ雨季にエルニーニョの影響で大量の降水量があった1998年に67人が乾季灌漑作を実施していたのが最盛期であり，2000年代には低調となり，2007～09年は連続して誰も実践していなかったことは，第4章の図表4-07に示したとおりである．乾季作に先立つ大雨季が雨不足であった等の理由で十分な用水量を確保できない年が多いと住民は指摘しているが，乾季灌漑作の低迷の主因はほかにありそうである．それは，上記のような，より収益性の高い現金稼得機会が利用可能になったことである．

　相対的に高額の俸給が約束されている公務員以外の経済活動は収入額が少なく，また稼得機会が不定期である．キリスィ集落の各世帯は，複数の現金稼得機会を確保することで所得の安定化と増大を図っている．そのような対応が食糧不足の事前・事後の対応としても用いられていることは，第3章の図表3-22ですでに示したとおりである．調査を開始した1995年当時よりも世帯の収入が近年増大していることを直接的に示すデータは入手困難であるが，前項で触れたこの地域での中等学校就学率が向上していることは，まさにその傍証といえるのではないだろうか．追加的な収入の一部が中等教育費に投入されていると考えられるためである．

　2000年に採用された新たな国家開発計画である貧困削減政策においては，中等学校教育の就学機会の拡大が意図されている．ムワンガ町においても上記のように国立・私立の中等学校が新設されたり建設中であったりするが，それに加えて国立学校の授業料が年額2万シリングとそれまでの約半額に値下げされた（ただし，その他の経費負担を伴う）ために，キリスィ集落から全日制の中等学校に通うことが容易になった．キリスィ集落にとって望ましいことに，山間部と比べて相対的に土地に余剰が存在することと，ムワンガ町の活性化に伴う非農業就業機会が提供されていることから，中等学校卒業生の一部は集落内に留まっている．全員が移出しているムクー村とは，その点で大きく異なる．

このような事情もあって，キリスィ集落の人口は1997年の282人から2006年には323人に増大している（図表5-10）．ただし，キリスィ集落の場合，1997年に居住していた世帯は数世帯を除いて親族・姻族関係を有する世帯であり，その後の人口変化も，大半はこれらの世帯の親族・姻族者の移出入によるものである．1997～2006年に非親族でキリスィ集落に移入してくる者とは，常雇農業労働者として雇用された者や，中等学校に通うためにキリスィ集落の世帯に間借りしている学生のみであった[4]．図表5-10に示したように，人口は一方向的に増大したわけではなく，2003年に最大となっている．1998/99年度と2003/04年度に深刻な旱魃を経験しているが，それは1999年，2004年に移出人口が移入人口を上回っていることに反映されているようである．キリスィ集落の1997年から2006年の人口成長率は1.52%／年となり，むしろ低い．ムワンガ県の全般的な傾向と同一に，出生率が低いことが影響しているためである．しかしながら，おそらくはキリスィ集落が人口成長率の高い西部平地のなかで例外的に人口成長が低い地域というわけではない．キリスィ集落が含まれるキルル・ルワミ村の1988年から2002年の人口成長率は2.01%であったことは，同村のムワンガ町に近接した部分で人口増加が多かったことを反映しているのではないだろうか．西部平地においても，ごく一部の都市部周辺部の人口成長が急速であるが，半乾燥地の広がる西部平地農村部では，天候に対して脆弱な農業に依存している生業に大きな変化はなく，そのために必ずしも高人口成長率が実現されていない．

そして，ムワンガ町の建設ブームに牽引されたキリスィ集落での経済活動が，キリスィ集落周辺の生態環境に深刻な影響を与えていることも指摘しておきたい．レンガの焼き入れに用いる燃料材を伐採し，砕石用の大きな石を採掘するために，専門家でない私が見ても，キリスィ集落周辺の灌木林は急速に減少し，丘陵斜面の裸地化が進行しつつある．灌木林が目に見える形で疎らとなっていることはキリスィ集落住民も十分に承知しているが，生計維

---

[4] 序章で触れたごとく，2007年には状況が変化し，土地を購入した山間部の人物が豚舎を始めるような事態が発生している．今後，非親族のキリスィ集落への移入が増えていくものと推定される．

図表 5-10　キリスィ集落の人口変動（1998〜2006 年）

(人)

年	1998	1999	2000	2003	2004	2005	2006
調査時の総人口	290	283	298	337	305	318	323
増加人口数とその理由							
出生	4	17	8	28	7	8	8
移入							
婚入してきた妻[2]	3	6	3	11	2	1	2
離婚により帰郷した女性	0	2	0	2	1	3	0
他所での仕事をやめた帰郷者	2	3	7	7	1	8	6
他所での学校を終えた帰郷者	0	2	1	1	1	1	0
随伴された子供	0	4	9	24	0	8	6
寄宿学生 / 常雇労働者[3]	0	0	1	8	4	2	0
その他	0	5	1	3	4	2	4
合計	9	39	30	84	20	33	26
減少人口数とその理由							
死亡	0	4	2	3	0	1	1
移出							
婚出した女性[2]	0	9	2	6	4	0	3
離婚により帰郷した妻	0	2	1	6	0	0	1
他所での求職者 / 就業者	1	14	5	17	22	6	6
他所での就学者	0	1	0	2	6	2	3
随伴された子供	0	15	3	9	13	2	3
寄宿学生 / 常雇労働者[3]	0	0	0	1	2	7	1
その他	0	1	2	1	5	2	3
合計	1	46	15	45	52	20	21
前調査時[1]からの増減	+ 8	− 7	+ 15	+ 39	− 32	+ 13	+ 5

出所）池野調査（1997 年 9 月，1998 年 8 月，1999 年 8 月，2000 年 8 月，2003 年 8 月，2004 年 8 月，2005 年 8 月，2006 年 8 月）。

注）[1] 1998 年〜 2006 年の調査の前調査時とは，1998 年については 1997 年，1999 年については 1998 年，2000 年については 1999 年，2003 年については 2000 年，2004 年については 2003 年，2005 年については 2004 年，2006 年については 2005 年の調査を意味している。2001 年と 2002 年には調査を実施しなかった。そのため，2003 年の数値には 2000 年からの 3 年分の変化が含まれている。
[2] 夫の移動に随伴されて移動した妻を含む。
[3] 寄宿学生とは，キリスィ集落の世帯に寄宿し，近隣の中等学校に通う学生である。世帯主の友人の子供であることが多い。常雇労働者とは，キリスィ集落で農業労働者，牧夫，家事手伝いとして他地域からやってきた常雇労働者である。

第 5 章　ムワンガ町の拡大と懸案

非農業就業拡大に伴う環境破壊［2009 年 8 月 8 日．キリスィ集落周辺］
砕石用の石の採集，レンガ火入れ用の燃料材の伐採等で，キリスィ集落周辺の山の斜面は裸地化しつつある．写真の斜面も，かつては大木が生え，乾季とはいえ下草も生い茂っていた．住民も環境破壊が進行しつつあることを認識してはいるが，数年来の不作のために生活費の確保を優先せざるをえない．

持のためには環境保全は二の次となっている．

　さらに，詳しい情報を入手できていないが，キリスィ集落住民が農地を切り売りしている可能性がある．キリスィ集落周辺でも家屋が増えているということは，従来の土地保有者が土地を売却していることを意味している．キリスィ集落のほど近いところに新設されたカソリック系女子校や，キリスィ集落に隣接して作られた豚舎は，いずれも新たに土地を購入して始められた．これらの土地の売り手はキリスィ集落の住民ではないが，それ以外でも一般住宅の用地が切り売りされはじめており，キリスィ集落住民が売り主であることも少なくないと思われる．近年増加している非農業就業よりも短期で多額の収入を，土地売却がもたらしているかもしれない．検討されるべきは，そのような収入が何に支出されるのかということである．奢侈品購入等に利用されれば，子孫に相続すべき土地を喪失するという禍根しかもたらさない危険性も高い．

　さて，人口が急増しつつある都市中心経済の持続性は，不明である．対外的な援助資金が建設ブームの背景にあり，援助資金がいつまで投入されるのか，あるいは援助資金が途絶えても建設ブームが持続していくのかが不明だからである．ムワンガ県は慢性的な食糧不足問題を解決できていない．新たな経済機会にもかかわらず，ムワンガ町に近接するキリスィ集落では旱魃の年に人口移出が続いている．すなわち，乾燥した平地部における農業の脆弱性はなんら解決されていない．山間部の移出民にとって，ムワンガ町や平地部は主たる移出地にはなっていない．ムワンガ県経済は山間部からの大量の移出民を域内で吸収できる状況にない．その意味で，外部の経済変動に対して，なんらかの緩衝材として機能するに至ってはいない．あるいは，住民は大都市への移出も組み込んで対応策を検討していることから，地域経済をより開放的な存在として捉えるべきなのかもしれない．

　ともあれ，少なくともムワンガ県においては，コーヒー経済の低迷という状況下で，ムワンガ町が県経済を牽引するようになっている．数年前の調査ではインフォーマントの老人が「息子にもらった」と誇らしげに携帯電話を見せてくれたことに驚いたが，2009年の調査では定期市からの帰路にバイク・タクシーを利用している買い物客の多さに驚いた．2008年の調査時に

はほとんど見かけなかったバイクが，定期市が開かれている新市場の入口に十数台待機しており，荷台に顧客を乗せて運んでいる．それまでは頭に買い物かごを載せ，背中に子供を背負った主婦が徒歩で帰路についていたが，バイクの運転手との間に子供と買い物かごを挟んで荷台にまたがった主婦が，さっそうと帰って行く．人口1万人強の小さな地方都市ムワンガ町で，急速な変化がいま着実に進行しつつある．

このような地方都市の地域経済に果たす役割をいかに考えるべきかを，次節で検討していきたい．

2 地域経済の方向性 ── 農村インフォーマル・セクターに着目して ──

タンザニアでは1986年に構造調整政策を採用して以来，従来の社会主義的な開発政策によって肥大化していた公共部門を縮小し，民間部門の振興を図ってきた．しかしながら，それまで抑制されてきた民間部門が，政策の転換に即応して公共部門を代替しうるほどに急速に拡大しうるとは考えにくい．実際，民間部門のうちフォーマル・セクターあるいは近代部門と称されてきた諸経済活動は一定の増大を示しながらも，当初想定されたほどの展開を見せていない．年々増大する労働市場新規参入者や失業者にいかに雇用と所得を保証するのかは，いまや政府の最大の懸案の1つとなっている．構造調整政策ならびに貧困削減政策を導入したものの，持続的な発展を可能とする新たな開発戦略がいまだに模索され続けている．

1990年代後半から推進されている地方分権化は，地域経済の振興によってこのような隘路から脱却することもめざしていると理解することも可能である．地域経済の振興に関して，タンザニアにおいて先駆的な研究者によって1990年代初期に「農村インフォーマル・セクター」が注目されていた．周知のように，インフォーマル・セクターは1972年のケニアに対するILO雇用戦略調査団報告書で言及されたことで，研究対象として認知されるようになったが，同報告書ではインフォーマル・セクターは都市部のみならず農村部においても展開されていると認識されていた［ILO 1972: 223-225］．に

もかかわらず，同報告書においても，またアフリカ諸国や他地域のその後の研究においても，都市インフォーマル・セクター，なかでも大都市のそれらが研究あるいは政策の主たる対象とされ続けてきた．

タンザニアで提起された農村インフォーマル・セクターの議論は，同国でも都市中心に研究がなされてきたインフォーマル・セクター研究に転換を迫る問題提起であるが，単に農村部での経済活動への関心も喚起しようとした提言ではない．先取りしていえば，タンザニアの先駆的研究者の指摘した農村インフォーマル・セクターとは，1村落内の非農業就業を意味するのではなく，地方都市と周辺農村を連結した地域経済圏で展開されるような経済活動の有機的な連関を意味している．

以下では，農村インフォーマル・セクターの意味内容を紹介し，ようやく整備されてきた統計資料から，タンザニア全体の1990年代初期から2000年代初期におけるインフォーマル・セクターの展開に関して農村部を中心としながら整理する．そして，農村インフォーマル・セクター振興の必要性と今後の検討課題をタンザニアの文脈のなかで検討していく．

2-1. 農村インフォーマル・セクターの概念規定

タンザニア以外でも，すでに農村インフォーマル・セクターという用語が使用されていた[5]が，管見のかぎり，タンザニアではダルエスサラーム大学経済研究所(Economic Research Bureau)の研究チームが1992年に行った農村インフォーマル・セクター調査[6]によって関心が喚起された．同調査は，タ

---

5) 農村インフォーマル・セクターはタンザニアの研究者の発案ではなく，少なくとも隣国ケニアを研究対象とする研究者もこの用語を用いている．たとえば，[Ng'ethe, Wahome & Ndua 1989]や[Livingstone 1991]である．また，[上田1996]ではケニアにおけるインフォーマル・セクター研究の動向が詳細に分析されているので，参照されたい．
6) この農村インフォーマル・セクター調査の成果の草稿が[Bagachwa et al. 1993]であるが，同草稿では調査成果にほとんど触れておらず，前年に実施された全国インフォーマル・セクター調査の成果の分析がなされている．研究代表者であったバガチュワ教授が死去したこともあって，その後もこの農村インフォーマル・セクター調査に関する刊行物は公刊されていない．

ンザニアにおけるインフォーマル・セクター研究の第一人者であり，1996年に惜しくも急逝したバガチュワ教授（M. S. D. Bagachwa）を研究代表者として実施され，農村インフォーマル・セクターを以下のように定義している．

まず，都市部も含めたインフォーマル・セクター全般について，「大量の貧困層の基本的欲求を充足できない国家の無能力に対する創造的な対応」[Bagachwa et al. 1993: ch. 3 10] であると断言し，インフォーマル・セクターとは農村部や都市部において財やサービスの生産・提供に携わっている就業者10人未満の極小規模民間組織である零細事業部門と同義であると定義している [Bagachwa et al. 1993: ch. 2 4]．そして，インフォーマル・セクターの一部を構成する農村インフォーマル・セクターについては，村落や小都市（州庁所在都市は大都市として除く）で展開されている，製造業，建設業，鉱業，漁業，運輸業，商業その他サービス業を含む圃場外（non-farm）あるいは非農業（non-agricultural）小規模活動であり，それらは主たる就業活動として営まれているのか否かを問わないと，定義している [Bagachwa et al. 1993: ch. 2 6]．

上記の定義で注目しておくべき点は，第1に，インフォーマル・セクターを経済活動であると認識していることである．インフォーマル・セクターが経済活動であるという認識は一見自明のようであるが，社会的・政治的あるいは法的分野にまで研究関心が広げられているインフォーマル・セクターを経済活動に限定して捉えようとしているのである．インフォーマル・セクターに関する近年の国際的な研究潮流では，生産性，所得水準，雇用創出において近代的な大規模企業と互して生産的な経済活動を展開しうる零細・小規模事業（micro & small scale enterprise）に関心が集中しているといっても過言ではあるまい[7]．民間部門の活動が奨励される政策環境下で，インフォーマル・セクターに対する規制も緩和され，行政当局への登録の有無等を基準としたフォーマルかインフォーマルかという区分は重要性を減じており，輸入

---

7) この点に関して，たとえば1993年1月に開催された第15回国際労働統計会議では，インフォーマル・セクターに関する国際比較を可能にするための統計収集の統一的な基準の設定が討議されたが，その折にインフォーマル・セクターは生産単位（事業）であると規定されている [Hussmann 1996: 18–22]．

なお，アフリカ各国でのインフォーマル・セクターに関する研究動向については，[池野編 1996] 所収の諸論文を参照されたい．

財に依存した資本集約的大規模工業と国内賦存資源に依存した零細・小規模事業という対比が，後者への期待を込めつつなされている．タンザニアで現在注目されつつあるのも，このような零細・小規模事業としてのインフォーマル・セクターである．

上記の定義で注目すべき第2点目は，農村インフォーマル・セクターの活動の場と想定されている農村とは，純然たる村落というよりもはるかに広義であり，後背地の農業地帯と経済的に密接な関連を有する中小都市も含まれていることである．むしろ，中小都市を中核としてその周辺の農村部を巻き込んだ1個の経済圏が念頭に置かれているのであろう．それゆえ，農村インフォーマル・セクターと都市インフォーマル・セクターの活動領域の境界線は，都市と村落の間に引かれるのではなく，村落＋中小都市と大都市との間に引かれることになる．ただし，大都市と中小都市の境界をどこに引くのかは，かなり曖昧といわざるをえない[8]．

このような広義の農村地帯で営まれていると想定される経済活動（ただし，家事労働を除く）を農業・非農業と農家内・農家外との基準で分類すれば，図表5-11のようになろう．

まず農業について見れば，農村部で小農世帯が自ら保有するかあるいは借り入れた経営地で営む農耕・牧畜（図表5-11の①），ならびに他の小農世帯の経営地における農業賃労働（同②のうち，他の小農世帯の経営地で雇われる場合）は，通常はインフォーマル・セクターにもフォーマル・セクターにも含まれず，「在来農業」等の独自の項目に分類されることが多い．同じく農業部門であるが，大規模な経営地で農産物販売を目的として展開される大規模農場やプランテーションの経営者および正規雇用農業賃労働者（同③）は，

---

8) タンザニアの行政単位は，州（region/*mkoa*）—県（district/*wilaya*）の順に下位区分されており，バガチュワらの農村インフォーマル・セクターの調査では，州庁所在都市は除外されるが，県庁所在都市その他の都市は農村インフォーマル・セクター調査の対象地域に含まれている．

都市別人口が判明している1978年人口センサスによれば，タンザニアには当時110都市が存在しており，ダルエスサラーム市とその他19州の州庁所在地を除いた90都市でのインフォーマル・セクター活動が農村インフォーマル・セクターに含まれることとなる．ちなみに，これら90都市の人口は都市総人口の26.8%であった［TP788: 193-194］．

図表 5-11　農村部の経済活動の分類

	農家内	農家外		フォーマル・セクター
農業	①自 (小) 作農業 （自家経営地での農耕，牧畜）	②農業賃労働 （他の小農世帯の経営地での雇用，大規模農場での非正規雇用）		③商業的な大規模農場経営者，正規雇用農業労働者
非農業	④農家副業 （ゴザ，かご，つぼ作り）	⑤自営業 （漁業，養蜂，レンガ作り，木炭作り，大工，鍛冶屋，露天商，仕立屋，地酒作り）	⑥未登録民間企業経営者・従業員 （小商店，飲食店，酒場，自転車修理，自動車修理，製粉その他の食品加工，皮革加工，私立学校教職員）	⑦登録民間企業経営者・従業員	⑧公共部門職員 （行政官，国公立学校教職員，協同組合職員）

出所）池野作成．
注）⑥⑦の未登録民間企業，登録民間企業とは，行政当局に登録されているか否かの区分．
　　各欄の（ ）内に記した職種は例であって，それ以外の職種も存在する．

フォーマル・セクターの就業者と把握されることが多い．

　ついで，非農業活動について説明を加えれば，農家の庭先や屋内で行われる農家副業であるゴザ作り，かご作り，つぼ作りは，農家内での非農業活動（同④）である．漁業，養蜂，レンガ作り，木炭作り，大工，鍛冶屋，露天商，仕立屋，地酒作りは，農家内で営まれる場合でも，職人的な専門知識を要する職種であったり，村落内や中小都市といった農家外で営まれる経済活動であったりするため，上記の農家副業とは区分して，自営業と一括できよう（同⑤）．そして，村落内や中小都市の小商店，飲食店，酒場，自転車・自動車修理，製粉その他の食品加工，皮革加工等は，有給の被雇用者を伴わない場合には自営業に分類するのが適当であるかもしれないが，ひとまずは有給被雇用者を伴う民間企業に分類しうる．これらの経済活動は，行政当局への登録の有無で，未登録民間企業（同⑥）と登録民間企業（同⑦）に下位区分され，前者はインフォーマル・セクターに分類され，後者は公共部門（同⑧）や上述した大規模農場／プランテーション（同③）とともに農村フォーマル・セクターを形成する．

さて，農村インフォーマル・セクターは非農業活動であるから，図表5-11のうち農業活動である①〜③は含まれず，非農業活動である④〜⑧がひとまず対象となる．そして，農村インフォーマル・セクターにはフォーマル・セクターの経済活動は含まれないので，⑦⑧が除外されることになる．すなわち，農村インフォーマル・セクターとは，広義の農村で展開されている④〜⑥の活動と規定できる．

　しかしながら，農村労働市場の議論で取り上げられる非農業就業，農外就労 (off farm activity, non farm activity, non-agricultural activity) といった概念と同様に，上記の概念上の境界は必ずしも明瞭ではない．たとえば，農家副業（図表5-11の④）や登録民間企業（同⑦）の扱いには曖昧さが残っている．ゴザ作り，かご作り，つぼ作り等の農家副業は農耕・牧畜用の経営地外で営まれる経済活動ではあるが，農家の屋内や庭先で営まれることが多く，広い意味で農家内の経済活動であり，農家外での経済活動ではない．これらの活動は農家内活動として農村インフォーマル・セクターからすべて除外されるのか，圃場外の非農業活動として農村インフォーマル・セクターにすべて含まれるのか，あるいは庭先で買付に来た商人に売ったり市場に出向いて販売したりした場合のみに農村インフォーマル・セクターに分類されるのかは，判然としない[9]．また，商品として販売した場合のみ農村インフォーマル・セクターに含まれるとしても，統計資料等での産業分類では製造業と商業のいずれに分類されることになるのかが不明である．登録民間企業（図表5-11の⑦）についても，未登録民間企業（同⑥）と同規模の同一業種であり，構造調整政策による経済自由化に相応してフォーマル・セクターとインフォーマル・セ

---

[9] リヴィングストン (I. Livingstone) はこれらの活動を世帯内非農業活動 (household-based nonfarm activity) と称し，1988年の世銀のケニアでの調査では農村インフォーマル・セクターから除外されたと述べている．同調査では，人口2万人未満の都市と2000人未満の交易センター（ケニアでは2000人以上が都市とされていた）での活動を，農村インフォーマル・セクターと見なすと定義したという．この定義に含まれる都市は，ナイロビ以下の大都市18都市を除いた74都市であり，これらの74都市の79年人口は41万9000人で総都市人口の18％に当たる．また，交易センターも含めた88年の小規模事業数22万3016件のうち，74都市では4万1753件，交易センターでは7487件の事業が計上されており，合わせて全体の22.1％を占めている [Livingstone 1991: 652-655]．

クターの弁別が重要視されなくなりつつあることを反映して，バガチュワらの上記の定義では農村インフォーマル・セクターに含めて議論されている可能性が高い．

　既存の農村研究で用いられてきた農外就業や農村非農業就業という概念で想定されているのは，村落内で営まれるような図表 5-11 の②④⑤の活動が主体であり，それに対して農村インフォーマル・セクターでは，中小都市を含む広域の農村地域における⑤⑥を中心として④⑦も視野に含んでいるといえよう．このように，農村インフォーマル・セクターは，境界領域に曖昧さは残るが，広義の農村部において展開されている，農業以外の民間小規模経済活動を指し示す概念として提起されていると解釈できる．

2-2. 農村におけるインフォーマル・セクターの存在形態

　農村インフォーマル・セクターが 1990 年代にタンザニアにおいて注目された理由のひとつは，政府統計局の実施した調査によって農村部での広範な非農業活動の存在が明らかになってきたことである．タンザニア政府はそれまでインフォーマル・セクターを規制の対象にしたことはあれ，積極的に奨励策を展開してきたとはいいがたい．そのため，そもそもどのような事業がどれほどの規模で，またどのような状態で営まれているのかを，タンザニア政府はほとんど捕捉していなかった．タンザニアでは統計資料の整備が全般的に遅れてきたが，1986 年に世銀・IMF の支援する構造調整政策を導入して以来，政策遂行のための基礎的な統計資料整備が必要となり，またそのための財源の確保が可能になったことから，インフォーマル・セクターに直接的・間接的に関連する調査が精力的に行われるようになった．

　政府は 1990 年代に入ってから，相次いで，『1991/92 年度全国家計調査』[THB911; THB913; THB914]，『1990/91 年度労働力調査』[TLF901; TLF902]，『1991 年インフォーマル・セクター調査』[TIS91]，『1995 年ダルエスサラーム市インフォーマル・セクター調査』[TIS95]，『2000/01 年度全国家計調査』[THB00]，『2000/01 年度労働力調査』[TLF00]，『2006 年労働

力調査』[TLF06],『2007年全国家計調査』[THB07]を実施した[10]. 以下では,資料の内容が充実している『1990/91年度労働力調査』と『1991年インフォーマル・セクター調査』を中心的に取り上げて,農村インフォーマル・セクターについて検討していきたい.

フォーマル・セクターを凌駕するインフォーマル・セクター

まず,『1990/91年度労働力調査』(以下,『労働力調査』と記す)では,農村部については50村落4000世帯,また都市部については1988年人口センサス用の都市部122調査区から3660世帯を抽出し,10歳以上の人口を対象として,調査の前週の就業状況を調査した [TLF901: ch. 1 1]. 同調査の報告書では,就業人口を「政府部門」「公企業部門」「民間部門」の3部門に大別し,「民間部門」をさらに「在来農業」「インフォーマル・セクター」「その他民間部門」の3つに下位区分している.従来のフォーマル・セクター就業人口にほぼ対応するのは,「政府部門」「公企業部門」,そして「その他民間部門」の就業者数の合計である[11]. 同調査では,就業者の主たる経済活動(main activity:以下,主業と記す)だけでなく,従たる経済活動(secondary activity:以下,副業と記す)についても調べている.

第2の統計資料である『1991年インフォーマル・セクター調査』(以下,『IS調査』と記す)は,インフォーマル・セクターを主要な対象としたタンザニアで最初の調査である.インフォーマル・セクター就業者を就業上の地位で事

---

10) 正確には,資料の多くはタンザニア本土部分のみを対象とした調査である.インフォーマル・セクターについては,ザンジバルにおいても1990年に調査が行われている [Tanzania, Zanzibar n. d.] が,本章ではタンザニア本土のみの資料を比較検討していきたい.ちなみに,2002年人口センサスによれば,総人口はタンザニア本土3346万1849人,ザンジバル98万1754人 [TP022: table 5A] で,インフォーマル・セクターについても本土部分の絶対数が圧倒的に大きいと思われる.

なお,1990年代に,Maliyamkono & Bagachwa [1990], Bryceson [1993], Bagachwa [1995], Tripp [1997] と相次いでタンザニアのインフォーマル・セクターに関する秀逸な研究成果も刊行されている.当時のタンザニアにおけるインフォーマル・セクターの研究動向については,池野 [1996b] を参照されたい.

11) 当時のCCM党一党制下の党関連職員2万9329人,登録された協同組合職員2万9525人は「その他民間部門」に含まれていること [TLF902: 14, table M3] 等から,労働力調査の区分は,通常のフォーマル・セクターの区分とやや異なっている.

業主（operator）と被雇用者（employee：有給・無給双方を含む．徒弟も含む）に区分し，調査対象となったのは最低1人のインフォーマル・セクター事業主を世帯構成員として含む世帯で，都市部についてはダルエスサラーム市を含む13都市から4077世帯を抽出し，農村部については100村落の2889世帯を抽出して調査している［TIS91: ch. 3 18-24］．同調査では，調査時期の12ヶ月前からのいずれかの時期にインフォーマル・セクター活動に関わったことのある人物を調査対象としており，調査時期まで継続的に就業していることを要件とはしていない．同調査は1991年後半に実施されているので，調査前12ヶ月というのは，暦年での91年にほぼ該当する．この就業状況の捕捉方法は，調査の前週に就業していた現行就業人口（currently economically active population のうち employed population）で捕捉した前述の『労働力調査』と異なる[12]．

また，『労働力調査』では主業・副業まででインフォーマル・セクターへの就業を捕捉しているが，『IS調査』では個人の就業順位の第3位以下についても調査し，いずれかの就業がインフォーマル・セクターに該当すれば捕捉している．いうまでもなく，インフォーマル・セクターを調査の主眼とした後者のほうが，より広範にインフォーマル・セクター活動を把握している．

さらに，『労働力調査』と『IS調査』は，インフォーマル・セクターを有給被雇用者5名以下の民間小規模事業で仮設建造物や路上あるいは一定の営業地を持たない事業も含むと定義している点では一致しているものの，農業/漁業就業者，家事奉公人については定義が相違している[13]．このような

---

[12] 『労働力調査』では，これ以外に定常就業人口（usually economically active population のうち usually employed）という概念でも集計している．定常就業人口とは，調査対象12ヶ月のうち6ヶ月以上就業可能な状態にあり，実際に6ヶ月以上就業していた人物である．

[13] 『労働力調査』では，都市・農村双方での農業は，有給被雇用者が5名以下であれば就業者はすべて「在来農業」に分類され，6名以上であれば「その他民間」に分類されている．農業以外の漁業，林業，狩猟等の経済活動については，同調査の通常の定義に則って有給被雇用者が5名以下であれば「インフォーマル・セクター」に分類され，6名以上であれば「その他民間」に分類される．一方，『IS調査』では，農業については都市部での有給被雇用者5人以下の営利目的の農業のみを対象とし，漁業については都市・農

定義の相違と調査方法の差異から，ほぼ同時期に行われた調査であるにもかかわらず，両調査の調査結果に差異が生じている．

　農村インフォーマル・セクターの規模を見ていくうえで両調査が抱える最大の難点は，いずれもが農村の区分を 1988 年人口センサスでの区分によっていることである．その結果，相当人口規模の小さな都市でのインフォーマル・セクター就業者も，都市インフォーマル・セクターに分類されることになる．それゆえ，以下で触れる「農村部のインフォーマル・セクター」とは，88 年人口センサス区分での狭義の農村におけるインフォーマル・セクター活動であり，すでに言及したような「農村インフォーマル・セクター」，すなわち狭義の農村部だけでなく中小都市をも含んだ広義の農村部でのインフォーマル・セクター活動の一部分にすぎない．しかしながら，両資料から中小都市におけるインフォーマル・セクター活動を大都市におけるそれらと弁別することは不可能であり，またこれらに代わる資料が存在しないことから，以下では『労働力調査』と『IS 調査』に基づいて，90 年代初期の狭義の農村部におけるインフォーマル・セクターの存在形態を，就業者個人ベースと世帯ベースの 2 側面から見ていきたい．

　就業者個人ベースについては，まず図表 5-12 に『労働力調査』に基づいて，1991 年のタンザニアの就業総人口 1088 万 9205 人の分布を示した．主業としてインフォーマル・セクターに就業していたのは 95 万 5647 人であり，副業として就業していたのは 84 万 7212 人であった．このうち 2 万 3453 人は主業・副業ともにインフォーマル・セクターで就業しており，これらを重複計算しなければ，主業か副業いずれかでのインフォーマル・セクター就業者実数は 177 万 9406 人となり，タンザニアの総就業人口 1088 万 9205 人の 16％強がインフォーマル・セクターに関わっていたことになる．農村部に

村双方での有給被雇用者 5 人以下の営利目的の漁業を対象としており，その他の経済活動については営利目的という限定規定は付与されていない．この結果，農業については『IS 調査』のほうが数値が大きくなり，漁業については『労働力調査』のほうが数値が大きくなる．ついで，個人世帯での家事奉公人等を，『労働力調査』では「インフォーマル・セクター」に分類しているが，『IS 調査』では言及がなく，報告書の数値から判断すれば対象から除外されているものと思われる［TLF901: ch. 1 39］［TLF902: 15, 37］［TIS91: ch. 1 1, ch. 3 7-11］．

図表 5-12　タンザニア本土における就業者数の分布（1991 年）

(人)

主業		副業				副業なし	合計		
		インフォーマル・セクター	フォーマル・セクター			在来農業		男性	女性
			小計	公共部門	民間部門				
インフォーマル・セクター		23,453	486	486	0	115,638	816,070	955,647	615,704	339,943
	都市							530,704		
	農村							424,943		
フォーマル・セクター合計		27,482	5,096	384	4,712	152,879	632,169	817,626	624,621	193,005
	都市							538,728		
	農村							278,898		
公共部門		19,300	973	0	973	105,606	374,343	500,222	366,515	133,707
	都市							340,310	242,095	98,215
	農村							159,912	124,420	35,492
民間部門		8,182	4,123	384	3,739	47,273	257,826	317,404	258,106	59,298
	都市							198,418		
	農村							118,986		
在来農業		796,277	43,454	16,480	26,974	37,996	8,238,205	9,115,932	4,214,774	4,901,158
	都市							624,156		
	農村							8,491,776		
合計		847,212	49,036	17,350	31,686	306,513	9,686,444	10,889,205	5,455,099	5,434,106
	都市	122,641					1,449,951	1,693,588	987,676	705,912
	農村	724,571					8,236,493	9,195,617	4,467,423	4,728,194

出所）TLF901: Table E3.5, 4.1, 4.2, 5.4.2, M3, M8 より，池野作成。
注）原資料では，「政府」「公企業」「民間部門―在来農業」「民間部門―インフォーマル・セクター」「民間部門―その他民間」と分類され，集計されている。上記の表のフォーマル・セクターは，原資料の「政府」「公企業」「民間部門―その他民間」の数値の合計値であり，公共部門は原資料の「政府」「公企業」の数値の合計値である。

ついては，主業も副業もインフォーマル・セクターである人数が不明である（当然ながら 2 万 3453 人よりは少ない）ため重複計算すれば，農村部就業者総数 919 万 5617 人のうち 114 万 9514 人，すなわち 12.5％がインフォーマル・セクターに関与していたことになる．

　図表 5-12 でさらに主業について見ると，インフォーマル・セクター就業者 95 万 5647 人は，フォーマル・セクター就業者数合計 81 万 7626 人を上回っている．また，インフォーマル・セクター就業者は，都市部 53 万 704 人，農村部 42 万 4943 人で，都市部のほうがやや多い．農村部の就業者については，総数 919 万 5617 人のうち，在来農業 849 万 1776 人，フォーマル・

セクター合計27万8898人（うち公共部門15万9912人，民間部門11万8986人），インフォーマル・セクター42万4943人であり，インフォーマル・セクターが就業者数でフォーマル・セクターを圧倒していた．ついで，図表5-12で副業について見ると，インフォーマル・セクター就業者84万7212人の大半は，農村部での就業者である．また，主業が在来農業である911万5932人のうち79万6277人が副業としてインフォーマル・セクターに就業している．これらの数値から，副業まで含めたインフォーマル・セクター就業者数は農村部のほうがはるかに多いこと，そして都市部ではインフォーマル・セクター活動が主業として専業的に営まれていることが多いのに対して，農村部ではおよそ3分の2の活動が副業的に営まれていることを推察しうる．すなわち，農村の経済活動を主業でのみ捕捉すれば，インフォーマル・セクター活動のかなりの部分を見落としてしまうことになろう．

　さて，図表5-12は『労働力調査』に基づく数値であったが，過去12ヶ月の間になんらかのインフォーマル・セクターに従事したことのある人物を対象とした『IS調査』によれば，タンザニア全体のインフォーマル・セクター事業主総数は174万2674人であり，事業主が複数の事業を行っている場合もあるため，インフォーマル・セクター事業件数は180万1543件であった．また，インフォーマル・セクター被雇用者は62万6706人であり，事業主と被雇用者を合わせたインフォーマル・セクター就業者総数は236万9380人となる．調査方法の相違等から，『労働力調査』での主業・副業を合わせたインフォーマル・セクター就業者総数177万9406人をかなり上回っている．

　『IS調査』から引用した図表5-13では，ダルエスサラーム市とその他都市部でのインフォーマル・セクターの就業者の合計は95万103人となるが，農村部の就業者数141万9277人はそれを大きく上回っている．そして，その他都市部での就業者のかなりの部分は農村インフォーマル・セクターに分類されるべきであり，広義の農村部で多様なインフォーマル・セクター活動が実践されていることが想定されよう．さらに，図表5-13を業種別に見ていくと，ダルエスサラーム市およびその他都市部でその傾向が顕著であるが，大分類として製造業に分類される業種よりも，商業/飲食業に分類される業

図表 5-13 業種別，地域別，男女別に見たインフォーマル・セクター就業者の分布

(人)

	ダルエスサラーム市	その他都市部	農村部	合　計		
				男性	女性	合計
農業 / 漁業	*21,835*	*104,490*	*110,052*	*188,063*	*48,314*	*236,377*
都市農業 / 畜産	17,866	94,536	0	66,260	46,142	112,402
漁業	3,969	9,954	110,052	121,803	2,172	123,975
鉱業 / 採石業	*0*	*17,400*	*4,321*	*18,723*	*2,998*	*21,721*
製造業	*44,219*	*77,529*	*404,501*	*395,247*	*131,002*	*526,249*
食品加工	5,696	5,005	31,176	15,642	26,235	41,877
衣類製造	16,488	24,164	51,997	71,539	21,110	92,649
ござ，かご等	4,559	6,636	98,549	61,619	48,125	109,744
木工	12,830	27,704	116,634	156,743	425	157,168
木炭製造	0	1,211	21,150	20,407	1,954	22,361
レンガ，つぼ製造	19	2,062	47,166	18,159	31,088	49,247
金属製品	2,362	9,604	21,049	32,455	560	33,015
その他製造業	2,265	1,143	16,780	18,683	1,505	20,188
建設業	*22,327*	*28,785*	*112,326*	*162,216*	*1,222*	*163,438*
家屋建設	4,416	1,366	12,568	18,004	346	18,350
レンガ工	10,596	24,209	88,061	121,990	876	122,866
その他建設業	7,315	3,210	11,697	22,222	0	22,222
商業 / 飲食業	*203,200*	*359,325*	*651,175*	*575,389*	*638,311*	*1,213,700*
雑貨商	25,263	38,288	71,378	106,476	28,453	134,929
加工食品販売	48,456	48,439	28,881	20,973	104,803	125,776
果実 / 野菜販売	22,226	27,339	32,784	48,394	33,955	82,349
魚 / 肉販売	14,884	31,640	87,581	105,730	28,375	134,105
未調理食品販売	14,731	30,614	40,133	52,419	33,059	85,478
地酒販売	9,985	83,193	254,262	86,226	261,214	347,440
木炭販売	15,996	26,586	12,080	22,563	32,099	54,662
飲食店 / 食料品販売	37,625	31,885	54,447	45,650	78,307	123,957
その他販売 / 商業	14,034	41,341	69,629	86,958	38,046	125,004
運輸業	*4,419*	*7,758*	*65,893*	*75,292*	*2,778*	*78,070*
バス / タクシー	2,825	2,925	6,743	12,219	274	12,493
その他運輸業	1,594	4,833	59,150	63,073	2,504	65,577
サービス業	*19,958*	*38,858*	*71,009*	*116,164*	*13,661*	*129,825*
靴修理	678	5,006	7,601	13,262	23	13,285
電気製品修理	1,837	1,523	2,886	6,246	0	6,246
自動車修理	6,033	6,171	1,947	13,679	472	14,151
伝統的医療	4,419	5,791	24,085	25,786	8,509	34,295
その他サービス業	6,991	20,367	34,490	57,191	4,657	61,848
合　　計	315,958	634,145	1,419,277	1,531,094	838,286	2,369,380

出所）TIS91: Table 2.2.2.
注）インフォーマル・セクター就業者のみについての分布である．

種のほうが，はるかに総就業人口が多い．インフォーマル・セクターを零細・小規模事業として認識しようとする近年の研究潮流では，製造業が強く意識されていると思われるが，少なくともタンザニアにおいては，それをはるかに上回る規模で商業/飲食業部門就業者が存在することを，図表5-13は示している．もう一点指摘しておきたいことは，地域的な差異が見られるものがあることである．都市部では少なく主として農村部で実践されている活動として，女性就業者の多い地酒販売，男性就業者主体の木工，漁業，運輸業と，男女就業者数がほぼ等しいゴザ，かご等の製造が挙げられる．

さて，以上のように就業者個人ベースで見てみると，農村部において多様なインフォーマル・セクター活動が，多くは副業として実践されていることが判明した．ついで，世帯ベースで見ていきたい．

『労働力調査』では，タンザニア本土の世帯総数は458万4581世帯と推計されており，このうち118万4404世帯，すなわち26%が最低1人のインフォーマル・セクター就業者を世帯構成員に抱えていた．地域別に見れば，都市世帯総数95万877世帯のうち40万4869世帯（42%），農村世帯363万3704世帯のうち77万9535世帯（21%）にインフォーマル・セクター就業者がいた［TLF901: ch. 1 40］．農村世帯のうち15万5675世帯は農業活動を行っていない非農家世帯［TLF901: table H1］であり，上記の農村部でのインフォーマル・セクター関与世帯数はこの数値をはるかに上回っていることから，農業を営んでいる農家世帯もインフォーマル・セクター等に参入して複数の経済活動を展開していることを読み取れる．さらに，農村世帯のうち自営業に関与している90万108世帯について見ると，1種類の自営業のみに関わっている世帯は74万9321世帯，2種類の自営業に関わっている世帯は13万2655世帯，さらに3種類の自営業に関わっている世帯は1万8132世帯あり［TLF901: table H1, H2］，少なからぬ数の農村世帯が，自営業に限っても複数の業種に従事していたのである．

一方，『IS調査』では，タンザニア本土の民間個別世帯総数を466万世帯，このうち最低1人のインフォーマル・セクター事業主を含んでいる世帯は157万266世帯と推定している．地域別では，ダルエスサラーム市30万1000世帯のうち16万5393世帯（55%），他の都市66万7000世帯のうち35

万 2142 世帯（53%），農村部 369 万 2000 世帯のうち 105 万 2732 世帯（29%）がインフォーマル・セクターに関与していた [TIS91: table 8.1]．都市部においてすでに半数以上の世帯が関与しているインフォーマル・セクターを，産業・労働力分析でフォーマル・セクターの残余として扱うことは不可能であり，農村部においても 3 分の 1 の世帯が関わっていることから，少数の非農家世帯による経済活動という認識はとうてい妥当しない．

　上記の 2 調査の結果から，個人ベースで見ても世帯ベースで見ても，農村部での労働力配分においてインフォーマル・セクターはかなりの比重を占めるに至っていると推論できる．

　所得面でのインフォーマル・セクターの重要性を直接示しうる資料は乏しいが，『労働力調査』や『IS 調査』とほぼ同時期に実施された『1991/92 年度全国家計調査』の結果が，間接的にそれを示している．同調査によれば，主要現金所得源別に農村世帯を分類すると，現金所得を主として食糧作物販売に依存している世帯は 47.09%，家畜・畜産物販売依存世帯は 5.29%，コーヒーやカシューナッツ等の主として輸出用の換金作物販売依存世帯は 23.28%，事業所得依存世帯は 6.88%，賃金・俸給依存世帯は 11.64%，臨時雇現金所得依存世帯は 1.59%，送金依存世帯は 0.53%，漁業依存世帯は 2.12%，その他の世帯は 1.59% であった [THB911: table 3.1]．すなわち，食糧作物販売依存世帯から換金作物販売依存世帯までは農業所得を主体とする農家世帯であり，事業所得依存世帯以下の農村世帯総数の 24.34% に当たる世帯は，農業所得以外を主要な現金所得源とする兼業世帯あるいは非農家世帯であった．そして，おそらくは農業所得を主体とする農村世帯についても，その多くは農業所得が優越してはいるものの，農業以外のなんらかの経済活動にも関与している兼業世帯であり，専業農家世帯は少数にとどまると推定される．

　この家計調査の後継調査である『2007 年全国家計調査』では，農村部で主として非農業現金所得に依存する世帯の比率がさらに増大している．同調査の結果によれば，食糧作物販売依存世帯 50.4%，家畜販売依存世帯 3.1%，畜産物販売依存世帯 1.1%，換金作物販売依存世帯 15.3%，木炭販売事業所得依存世帯 1.7%，木材販売依存世帯 0.5%，薪販売依存世帯 0.9%，その他

273

非木材林産物販売依存世帯 1.3%，事業所得依存世帯 7.4%，賃金・俸給依存世帯 8.9%，臨時雇現金所得依存世帯 1.5%，送金依存世帯 2.5%，漁業依存世帯 2.6%，その他の世帯は 0.2% であった [THB07: Table 5.8]．ただし，2007 年の調査時には農産物が不作であったこともあり，1991/92 年度から 2007 年にかけて継続的に非農業所得依存世帯が増大していると解釈することは慎むべきである．

ともあれ，政府が実施した以上のような統計調査の結果から，タンザニア農村部においては，1990 年代初期に労働力配分そしておそらくは所得の面でも，インフォーマル・セクターが無視しえない存在であったことが明らかである．個人・世帯いずれで見ても複数の経済活動に関与しており，おそらくは諸経済活動間に人的・資金的連関があり，農業と非農業あるいはフォーマル・セクターとインフォーマル・セクターという二項対立的な把握はもはや現実にそぐわなくなってきている．

農村部でのインフォーマル・セクター増大の理由

さて，上記の統計調査はいずれも 1990 年代初期の数値を示しており，時系列で見た場合に，農村部のインフォーマル・セクターがどのように変動したのかは読み取れない．2000 年代初期の状況とは『2000/01 年度全国家計調査』『2000/01 年度労働力調査』，そして 2000 年代後期とは『2007 年全国家計調査』『2006 年労働力調査』との比較が一定程度可能であるものの，1980 年代以前の時期と比較して時系列で押さえた資料は皆無に近い．この点に関して，バガチュワらは，農村インフォーマル・セクターは農村部住民による経済環境の変化に対する対応策であり，70 年代後半からのタンザニアの経済危機以降に拡大しはじめ，80 年代中期の構造調整政策導入以降に急増したとして，以下のように推論している．

1970 年代後半に輸出用の換金作物の実質生産者価格が減少し，タンザニアの農村所得は 1977〜83 年の間に実質で 47.9% も目減りした．それに対処するために，農村世帯は換金作物生産から，政府の管掌する公的流通経路以外でも販売が容易な食糧作物生産へと作目転換を行うとともに，移動労働者の送金を含む非農業所得源への依存を強めていった [Bagachwa et al. 1993:

ch. 3 8]．農業生産における作物転換については，すでに第 2 章の図表 2-04 で示した農産物輸出量の停滞ないしは減退と，第 3 章の図表 3-11 に示した主要食糧作物であるトウモロコシの生産増大とに合致する見解である．サリス（H. A. Sarris）らによる別の推計でも，農村部での世帯当たり現金所得総額に占める自営業所得の比率は，1969 年の 25％から，77 年 33％，80 年 38％，83 年 47％と着実に増大し，また 76/77 年度段階ですでに農村世帯の 87％が商業・自営業を所得源の一部としており［Sarris & van den Brink 1993: 64-66, 151］，バガチュワの見解が支持される．

そして，バガチュワらは，これに続く 1980 年代後半に，既存の輸出作物の生産増大，新規の輸出作物の生産，ならびに国内市場向け食糧作物販売増によって農業所得総額は増大に転じ，それが農村部での消費財購入意欲の増大に結びつき，製粉・搾油その他の農産物加工や製材のブームを呼び，原材料や交換部品の入手が容易になったことと相俟って，農村部での脱農業化（de-agrarianization）過程が促進されたとする［Bagachwa 1995: 275-276］．すなわち，農村インフォーマル・セクターも含まれる非農業部門の拡大は，当初は農業危機によって誘発されたが，80 年代後半からは農業部門の好転を背景として促進されるという別の論理が働いていたと，バガチュワらは見ているのである．

1980 年代後半以降に農村インフォーマル・セクターが増大したという推定には同意するが，その説明として好調な農業部門との相乗効果であったとのバガチュワの見方は承服しがたい．80 年代中期以降の構造調整政策に基づく補助金削減政策により農業投入財価格が高騰し使用量が低迷する[14]なかで，個々の農村世帯が農業生産性を向上させ農業所得を増大してきたとは見なしがたいためである．都市経済の逼迫が農村から都市への労働力移出を押しとどめたり，あるいは都市から農村への労働力環流・移入を引き起こし

14）［Omari 1994］をはじめ，農業投入財の使用量が減少しつつあるという見解が通説であるが，［Turuka 1996］は 1990 年代初期のキリマンジャロ州とソンゲア州の実態調査に基づいて，肥料の使用量は必ずしも減少していないと反論している．事例が少なく，いずれが妥当するのかを判断するためには，他の地域も含めたより長期の実証研究が必要であろう．なお，タンザニアでは肥料の使用量が絶対的に少ないことは，［Turuka 1996］でも指摘されている．

たりして，農家世帯数が増加したために，耕地面積が総体として拡大し，農業部門全体の生産量ならびに生産額の増大をもたらしたと見るべきであろう．しかしながら，個々の農村世帯について見れば，農業所得の向上で潤っているどころか，70年代後半以来実践してきた非農業部門への依存をますます高めていかねばならなかったのではあるまいか．まさに，本章ですでに紹介したムワンガ県は，基軸的な換金作物であるコーヒーが不振となっており，農業所得が減少している典型的な事例といえる．

　一方で，農村世帯が選択しうる非農業部門の幅は狭められていた可能性が高い．1990年代初期にタンザニアでは年3％で労働力が増大していると推定されており，これらの労働力を吸収するためには毎年33万2000人分の新規雇用が提供される必要があったが，フォーマル・セクターは1980年代後半以降には年1万人分の雇用創出しかできておらず［Bagachwa et al. 1993: ch. 3 9］，すでに雇用面で吸収力を喪失しており，インフレに見合った賃金上昇が見られないために所得面でも魅力を失っていた[15]．また，同時期に拡大しつつあったといわれる都市インフォーマル・セクターも，都市フォー

---

15) 都市生活者の困窮については，以下のような事例が報告されている．
　　経済危機のなかで実質賃金の減少に直面して，都市フォーマル・セクター就業者とくに公共部門雇用者は生活可能な賃金 (living wages) を獲得できず，生活のために本人あるいは他の世帯構成員が主業・副業としてインフォーマル・セクターに参入するという都市部での労働のインフォーマル化 (informalization) が進行した．1986年時点で，平均的な自営業者は月額7300タンザニア・シリングの収入があったのに対して，フォーマル・セクター賃金労働者は平均2000シリングしか賃金がなく，これは最低月額支出5000シリングにとうてい足りず，賃金収入のみでは毎月12日分の生計費しか捻出できないため，フォーマル・セクター賃金労働者は副業としてインフォーマル・セクター活動に従事して4500シリングを稼いでいた［Maliyamkono & Bagachwa 1990: 61］．
　　また，1980年代末には，平均的な賃金稼得者の賃金所得では月のうちわずか3日分程度しか世帯の食費をまかなえなくなっていた［Tripp & Swantz 1996: 5］．食費の調達のために，都市インフォーマル・セクターが，代替的あるいは補助的な所得源として重視されるに至った．そして，多くの都市住民は，かつては老後に農村へ引退することを考えていたが，今では早々に退職して帰村することを考えはじめている［Tripp 1996: 103］．
　　小倉は，ザンビアの都市労働者を事例として，後発的な資本主義においては「近代部門でさえ農村共同体やインフォーマル・セクターに労働力再生産費用の一部を負担させないでは存在しえない」［小倉 1995：62］と指摘しているが，タンザニアでは他部門に費用負担させながら近代部門に留まろうとする意欲が著しく減退しているといえよう．

マル・セクター就業者の参入によるところが大きく，農村からの新規労働移入者を大量に受け入れられるほどの許容量はなかったと推定される．さらに，すでに都市部で就業していた者は自らの生活防衛に手一杯で，送金等によって農村世帯に貢献する経済的余力を失っていたのではないか．すなわち，タンザニアにおいては，1990年代初期に都市と農村との経済的紐帯が希薄となっており，相互に依存しえない状況にあった可能性が高い．これを農村側から見れば，移動労働に伴うべき送金は所得源として期待できなくなっているということである．

このように，都市・農村双方でのフォーマル・セクター就業と都市インフォーマル・セクター就業とで雇用・所得を確保しうる期待を持ちえなくなった農村世帯にとって，唯一残された非農業就業の機会が農村インフォーマル・セクターであった．1980年代後半に農村インフォーマル・セクターが伸びてきた理由は，バガチュワらの主張するように農業部門の好転ではなく，1970年代後半以来の農村世帯レベルの農業危機の継続に求められるべきであろう．

2-3. 農村インフォーマル・セクター振興の必要性と検討課題

中小都市でのインフォーマル・セクターを含まず，狭義の農村部におけるインフォーマル・セクターに限っても，この種の経済活動がすでに無視しえない規模に達していることは，前項で見たとおりである．いうまでもなく中小都市でのインフォーマル・セクター活動をも含んだ農村インフォーマル・セクターは，さらに規模が大きく，農村部のみならずタンザニア全体の新たな開発を模索するうえでも，重要な経済活動として位置づけられてしかるべきであろう．一部は前項の繰り返しとなるが，農村インフォーマル・セクターの重要性は以下のような論理で主張できよう．

第1に，都市部のフォーマル・セクターの雇用創出能力および生活必要所得保証能力がすでに著しく減退しており，いずれは都市インフォーマル・セクターにも波及していくと予想されることである．これまで都市労働力市場は，農村から都市への労働移入でもたらされる労働力の社会増，あるいは都

市内で生まれ育ってきた青少年の新規参入による労働力の自然増によって，増大の一途を示してきた．そして，フォーマル・セクターに就職しえない余剰労働力は，都市インフォーマル・セクターで吸収されてきた．その結果として，都市部ではフォーマル・セクターを凌駕するまでに都市インフォーマル・セクターの就業人口が増大している．とくに経済危機下でフォーマル・セクターでの雇用が停滞・減少し，都市インフォーマル・セクターは就業者数を急増させた．

しかしながら，このような都市インフォーマル・セクターの労働力吸収能力，そしてフォーマル・セクターの生産・賃金に対する代替能力が，今後も中長期的に機能していくと想定することは，困難である．都市部のインフォーマル・セクターとフォーマル・セクターとは，代替関係と併せて相互依存関係にもあるためである．都市部のフォーマル・セクター就業者がインフォーマル・セクターによって生産・提供された消費財・サービスを利用したり，フォーマル・セクターによって生産・提供された生産財・中間財・原材料をインフォーマル・セクターが利用したり，またタンザニアをはじめとするアフリカ諸国では全般的に希薄ではあるが，インフォーマル・セクターが下請関係等によってフォーマル・セクターに財・サービスを提供するといったように，両者は種々の相補関係にある．現在のところ都市インフォーマル・セクターは都市フォーマル・セクターを代替する機能を果たしているが，フォーマル・セクターの停滞は早晩インフォーマル・セクターの活動にも制約条件として働いてくるであろう．

それに加えて，インフォーマル・セクター就業者の急増は，インフォーマル・セクター内部での競争を激化させつつある．また，都市部でのさらなる労働力人口の増加は，失業問題，貧困問題，治安問題を悪化させる危険性が高く，それに対して政府は構造調整政策下でそれ以前にもまして資金的ならびに人的な対応能力を喪失しつつある．都市から農村への強制的な帰農政策はすでに失敗しており[16]，今後も有効に実施されるとは思えない．それゆ

---

[16] たとえば，1983年に発効された人的資源活用法に基づいて，就業証明書を提示できない人物を農村に移動させたが，しばらくすれば都市部に舞い戻り，同法の実効性は乏しかった．

第5章　ムワンガ町の拡大と懸案

えに，都市部で労働力の流入を政策的に抑制するのではなく，流出元である農村部に労働力を引き留めておく，あるいは農村部に労働力を還流させるような魅力的な農村経済の展開が望まれている．

　第2に，農村部の新規労働力が都市部に流出せず農村部に滞留するようになったり，都市から労働力が還流・流入したりした場合に，農業部門のみでは中長期的には雇用と所得を保証しえないことである．タンザニアの可耕地2824万9000ha [Msambichaka, Ndulu & Amani 1983: table 2.1] のうち，実際に利用されている農耕地は1986/87年度時点で403万haにすぎない [TAS89: table 2.2] と推定されており，全般的には土地余剰状態にある．単純計算すれば，現在のところ農業で労働力を吸収することが可能である．しかしながら，1991/92年度に実施された全国家計調査によれば，農村部で圃場を保有しない世帯がすでに14.91％に達していた [THB911: Table 2.3.8]．世帯主が若年で両親等から土地をいまだ相続していなかったり，逆に老齢のために子供に土地を生前贈与したりして土地なしとなっているような場合もありうるので，この数値が農村土地なし層の実態を正確に反映しているわけではないが，今後ますます土地なし層が増大していくであろうことは間違いあるまい．また，バガチュワのいうようには農業部門が好転していないとすれば，自家経営地を保有する世帯においても所得面で農業のみに依存していくことは困難になっていく可能性が高い．

　第3に，単に農業部門の所得・雇用面での能力不足という消極的な理由から脱農業化が求められるのではなく，農業をも含む地域経済全体の活性化を図るために産業構造の多様化が望まれることである．この点に関して，中小都市での経済活動をも組み込んだ広義の農村の経済発展のためには農業と非農業部門との連関を重視することが必要であると，バガチュワとスチュワート（F. Stewart）は主張し，サハラ以南アフリカ諸国の農村部における非農業部門，なかでも彼らが最も重要と認識している農村工業に焦点を当てて議論を展開している．彼らは，この連関を農村連関（rural linkages）と称しているが，農業と非農業部門との間に3種の農村連関を想定している．第1は消費連関であり，農業所得が上昇すれば消費財である非農業部門製品への支出も上昇すると彼らは考える．第2は後方連関であり，農業部門が地場の非農業

部門で製造された鍬，山刀，斧，畜力牽引具を利用し，修理のサービスを受けるという連関である．第3は前方連関であり，農産物を原材料として非農業部門が加工を行うというものである［Bagachwa & Stewart 1992: 161-181］．これら3種の農村連関を通じて，中小都市をも含む農村部における農業と非農業部門が相乗効果で発展していくことが想定されている．

　一見すると同様の発想から，タンザニア政府はすでに1973年に，農村部での農業以外の産業育成のための政府関係機関として小規模工業開発機構（Small Industry Development Organization: 略称SIDO）を設立し，30年余にわたって農村工業の振興を図ってきた．しかしながら，現在に至るまで見るべき成果をあげていない．SIDOは活動目的として零細事業が多い農村部での開発を謳ってきたにもかかわらず，実際には都市部中心かつ直接は生産に結びつかない工業団地建設中心の活動を行ってきたこと，地元が必ずしも望んでいない小規模事業を奨励して当該事業が自活できなかったこと，工芸（craft），家内工業（cottage industry），小規模製造業（small-scale manufacturing）という3分類のうち，最も近代的装備を使用し就業規模も大きい小規模製造業に活動を集中してきたことが，成果をあげえない原因であった［Hannan-Andersson 1995: 125-130］[17]．バガチュワらの調査によれば，90年代初期にSIDOの活動について知っていたインフォーマル・セクター就業者は，農村・都市ともに，わずか5％内外にとどまっていた［Bagachwa et al. 1993: Table 6.10.1］．

　タンザニアの農村工業政策の失敗は，単にSIDOの開発戦略の未熟さにあるだけでなく，地域経済の要請を無視した「上から」の押しつけ的な開発政策に根源があるのではなかろうか．虚心坦懐に目を向けるべきは，「下から」の変容をもたらす地域経済の構成と動態であろう．上記のバガチュワとスチュワートの説には，このような主張が込められていよう．ここで意識されている地域経済の主体とは，中小都市をも含む広義の農村における農村インフォーマル・セクターの製造業部門である．

　バガチュワとスチュワートの説が地域経済を重視した「下から」の農村工

---

17) これはタンザニアだけの問題ではなく，たとえばケニアの農村工業開発計画（Rural Industrial Development Programme）でも同種の問題が発生していることを，［Burisch 1991］が紹介している．

業化とすれば，ブライスソン（D. F. Bryceson）は，同じく地域経済の重視を訴えながらも，農村工業化の発想に疑問を呈している．彼女は商業とサービス業を合わせて「サービス部門」と一括し，サハラ以南のアフリカ諸国の農村部では農業の比重が次第に減少する脱農業化過程が進行しているが，それに代わって工業部門が伸びるのではなく，サービス部門が増大していると指摘している．そして，家計の危険分散のために多就業形態でサービス部門にも参入していることをアフリカの特色として把握し，農工間の連関や移行を重視する西欧型工業化モデルから視座を転換して，農業とサービス部門の連関から開発モデルを構築すべきであると主張している［Bryceson 1996: 103, 106］．

　このように，同じく地域経済を重視しながらも，どの部門に焦点を当てているかで見解に相違が見られるものの，両説ともに非農業部門の展開が農業部門と連関して相互に発展していくという認識は共有している．ちなみに，上記の両説はサハラ以南のアフリカ諸国を対象としているが，故人であるバガチュワはタンザニアの大都市における都市インフォーマル・セクターの製造業下位部門を中心に実態調査を行い［Bagachwa 1981; 1982; 1983］，近年は農村インフォーマル・セクターに関心を示していたタンザニア人研究者である．また，ブライスソンは構造調整政策下で民間商人が参入するようになったタンザニアの国内食糧流通市場について詳細な事例研究を行っている［Bryceson 1993］．両者ともに，これまでタンザニアを主たる調査対象地としていた研究者である．本章の第2-2項の数値から想定されるタンザニアの農村インフォーマル・セクターの広範な展開を念頭に置いて，彼らが立論していたであろうことは想像に難くない．

　さて，以上のような論理によって，農村インフォーマル・セクターの議論は単に農村開発という文脈にとどまらず，国家経済全体の開発戦略にまで関わってくることが理解されよう．経済構造を大都市中心の上意下達的・中央集権的なものから，多極的・地方分散的なものに編成替えして，それらを積み上げ統合していく過程で1個の国民経済を形成していくべきであるという主張が，農村インフォーマル・セクター論には内包されているのではあるまいか．独立後の紆余曲折を経て，植民地遺制の払拭と経済再生をかけた新た

な枠組みが農村インフォーマル・セクター論に託されていると解釈しうる．まさに，地域の主体性を生かした経済創造といえよう．

ただし，農村インフォーマル・セクター論には今後検討を要する点も多々ある．たとえば，以下のような検討課題を指摘できよう．

第1に，地域経済圏についてである．これまでのインフォーマル・セクター研究は，都市，なかでも首座都市をはじめとする大都市での研究がほとんどであり，中小都市のインフォーマル・セクターについてはほとんど実態調査がなされてこなかった．それゆえ，農村インフォーマル・セクター，なかでも中小都市のインフォーマル・セクターに，大都市への労働力流出を抑制する機能と能力があるのかどうかは，いまだ不明である．この点に関して，本章第1節で紹介したムワンガ町も例外ではない．

第2に，農村インフォーマル・セクターは，両極分解的な農村階層分化を発生ないしは拡大させる危険性を孕んでいる．これについても実証研究はなく，村落ではなく地域社会経済圏といった広域を単位とした調査が待たれる．もちろん，開発の初期段階においては階層分化の進行は黙認せざるをえないという見解もありうるが，貧困削減を国家開発政策の中核とするタンザニアにおいて，農村住民がますます窮乏化した場合に政府がどう救済しうるのかは，早急に検討されるべき問題であろう．

第3に，都市インフォーマル・セクターが都市フォーマル・セクターと代替関係だけでなく相関関係をも持っているように，農村インフォーマル・セクターは農業とは代替関係と相関関係を持っている．そのために，農業と農村インフォーマル・セクターの相乗効果が期待されているわけであるが，農業と農村インフォーマル・セクターどちらか一方の衰退は他方の衰退をも招きかねない．短期的には農業部門で農村新規労働力を吸収しながら，農村インフォーマル・セクターとの社会的分業関係を成立させて，相乗効果によってともに成長し，中長期的に労働力および所得の面で農村インフォーマル・セクターの比重が高まっていくことが望ましいであろう．問題は，それまでタンザニア農業が衰退を免れて持ちこたえうるのかということである．

第4に，インフォーマル・セクターは事業数が増大するという増殖形態で拡大がなされ，各事業が零細規模から小・中規模へと規模拡大することが

第5章　ムワンガ町の拡大と懸案

少ないという「中規模不在」("missing middle") 説が，タンザニアとケニアの実証研究によって主張されている．バガチュワは，政策環境を整備することでインフォーマル・セクター自身が内部活力（inner dynamics）によって規模拡大しうることを，提唱している［Bagachwa 1995: 286］．一方，規模拡大という対応をとりうるような社会経済環境にはないと，ブライスソンは否定的である［Bryceson 1996: 105］．農村インフォーマル・セクターも含めたインフォーマル・セクターにとって，今後どのような成長が望ましいのか，そしてどのような条件下でそれが可能となるのかは，議論を要する検討課題であろう．

最後に，農村インフォーマル・セクターの自生に政府が行いうる望ましい支援策が，なかなか見いだせない．インフォーマル・セクターをフォーマル化するのではない選択的な支援策が必要であるというバガチュワの主張［Bagachwa 1995: 286］は傾聴に値するが，有効な具体的な支援策には踏み込んでいない[18]．都市インフォーマル・セクターをも対象とした信用供与に現在関心が向けられているが，担保能力を欠くインフォーマル・セクター就業者にどのように信用を供与し回収しうるのか等，政策の有効性と継続性にいまだ疑問が多い．それ以外の方策については，具体化もおぼつかない状態である．積極的な振興政策をとらず，規制緩和やインフラストラクチャーの整備のみで農村インフォーマル・セクターがどれほど発展していくのかも，未知数ではある．

ここで掲げたような検討課題に応えながら，構造調整政策，貧困削減政策に続く，あるいはそれを代替する持続的な開発，とくに地方分権化政策のもとでの地域社会経済開発のための理論的支柱の一翼を，農村インフォーマ

---

[18] 1986年以降の一連の構造調整政策に関連する政策文書のうち［Tanzania, PO & MF 1993］［Tanzania, PO & MF 1994］の工業開発と労働・青年・社会福祉の項目が，インフォーマル・セクターに触れている．しかし，工業開発の項目ではインフォーマル・セクターを生産的な製造業と把握し［Tanzania, PO & MF 1993: 41-42; Tanzania, PO & MF 1994: 41］，労働・青年・社会福祉の項目では貧困層・失業者の生存手段・雇用保障と把握している［Tanzania, PO & MF 1993: 74-75; Tanzania, PO & MF 1994: 74］．また，インフォーマル・セクターという用語と，在来民間部門（indigenous private sector）や小規模事業という用語が混在しており，それぞれの文脈ではほぼ同義に使用されている．このように，政策文書では，必ずしも統一的なインフォーマル・セクター像は描かれていない．

ル・セクター論が担いうることが期待される．

3 対抗的な社会資本整備 —— ヴドイ村区の水道新設事業 ——

　農村インフォーマル・セクターの中核的な存在として期待される地方都市の勃興は，それに伴い解決を迫られる問題も発生させる．急速に人口増加が続いているムワンガ町も例外ではなく，社会基盤整備が追いつかない状態にある．現在早急に対策が必要とされている問題の１つが，水道施設の拡充である．

　まず，ムワンガ県全体の飲料水の主要取水源について見ておきたい（図表 5-14）．2002 年の人口センサス時点で，ムワンガ県の個別世帯（private household）に関しては，農村部で 50.5％，都市部で 54.7％，全体で個別世帯人口の 51.6％が水道を主たる飲料水の取水源としていた．合計値についてはタンザニア本土全体の 30.4％を大きく上回っているが，社会インフラストラクチャーが相対的に整備されているキリマンジャロ州の 64.3％を 10 ポイント以上も下回っていた．そして，都市部に限れば，ムワンガ県都市部の「水道」依存人口 54.7％は，タンザニア本土全体の 69.2％を下回っていた．図表 5-14 に用いた原資料には，キリマンジャロ州の農村部，都市部の内訳が表示されていなかったが，［THB00: Table C18］によれば，2000/01 年度時点で同州の農村部では 60％，都市部では 92％が水道に主として依存しており，とくに都市部の水道施設の整備において，ムワンガ県はキリマンジャロ州内で遅れた状態にあったといえよう．

　なお，タンザニア本土全体では，2000/01 年度から 2007 年に水道整備状況が悪化している．2000/01 年度に先立つ 1991/92 年度の家計調査のデータも併記した『2007 年全国家計調査』では，「ダルエスサラーム市」「その他の都市部」「農村部」の 3 地域に区分してデータが提示されているが，1991/92 年度，2000/01 年度，2007 年におけるそれぞれの地域の水道整備状況は，「ダルエスサラーム市」が 93.1％，85.8％，61.5％と一貫して悪化し，「その他の都市部」が 72.7％，75.6％，60.8％と一度改善されたのちに悪化しており，「農

第 5 章　ムワンガ町の拡大と懸案

図表 5-14　個別世帯（private household）における飲料水の主要取水源（2002 年）

主要な取水源	ムワンガ県						キリマンジャロ州	タンザニア本土全体（2002 年）			タンザニア本土全体（別データ）		
	農村		都市[1]		合計[2]		合計	農村	都市	合計	91/92 年度	00/01 年度	2007 年
	（人）	（%）	（人）	（%）	（人）	（%）	（%）	（%）	（%）	（%）	（%）	（%）	（%）
水道	42,068	50.5	15,355	54.7	57,423	51.6	64.3	19.0	69.2	30.4	35.9	39.3	33.9
管理下にある井戸	10,113	12.1	45	0.2	10,158	9.1	1.9	14.6	13.9	14.4	9.9	13.6	16.1
管理下にない井戸	2,270	2.7	1,067	3.8	3,337	3.0	1.8	33.4	7.7	27.5	24.1	20.7	22.2
管理下にある湧水	15,595	18.7	13	0.0	15,608	14.0	10.7	7.7	2.1	6.4	0.2	2.4	1.8
管理下にない湧水	3,253	3.9	64	0.2	3,317	3.0	7.4	6.6	1.0	5.3	9.2	10.0	8.4
河川	7,179	8.6	2,112	7.5	9,291	8.3	11.7	12.9	1.7	10.4	18.8	12.8	14.2
池/ダム[3]	28	0.0	7,814	27.9	7,842	7.0	0.6	3.6	0.5	2.9			
湖	2,514	3.0	7	0.0	2,521	2.3	0.2	1.7	0.5	1.4			
雨水	78	0.1	39	0.1	117	0.1	0.1	0.4	0.1	0.4	n.a.	n.a.	0.7
水売り	166	0.2	1,531	5.5	1,697	1.5	1.3	0.2	3.2	0.9	n.a.	n.a.	2.4
その他	0	0.0	0	0.0	0	0.0					2.0	1.0	0.5
総計	83,264	100.0	28,047	100.0	111,311	100.0	100.0	100.0	100.0	100.0	100.0	100.0	100.0

出所）　ムワンガ県：TP024Mwanga: Table 8.66, 8.67, 8.68.
　　　キリマンジャロ州，タンザニア本土全体（2002 年）：TP02M: Table H9.2.1, H9.2.2, H9.2.3, H9.2.4.
　　　タンザニア本土全体（別データ）：THB07: Table 3.6.
注 1）　2002 年人口センサスで都市（urban）に分類されている地域である。［TP027Kilimanjaro: 17-30］によれば，都市に分類されている地域，人口は以下のとおりである。ダルエスサラーム市とモシ市を結ぶ幹線道路沿いのムワンガ地区の 11 街区・村区すべてで 1 万 2329 人，キファル町 2963 人，キサンガラ町 1795 人，レンベニ町 1674 人，そして執筆者の印象では村落と見なしたほうが妥当と思われるニュンバ・ヤ・ムング・ダム湖に面したニャビンダ 1266 人，カゴンゴ 2314 人，ランガタ 2647 人，キティ・チャ・ムング 2450 人，北パレ山塊の東麓にあるクワコア町 1413 人である。合計すると 2 万 8851 人となり，上記の表の合計 2 万 8047 人とは一致しない。なお，県総人口 11 万 5145 人も上記の表とは一致しないが，上記の表は個別世帯（private household）のみを対象とし，学校等の集合施設を除外しているためと考えられる。
2）　出所の合計欄の数値は，「水道」5 万 7422 人，「水売り」1698 人，「総計」11 万 1310 人となっていたが，農村部，都市部の合計値と一致しないため，修正した。
3）　都市住民で，「池/ダム」に依存している住民が多い理由は，2002 年人口センサスにおいてニュンバ・ヤ・ムング・ダム湖に面した地域が「都市」に分類されたためであり，注 1 で触れたニャビンダ，カゴンゴ，ランガタ，キティ・チャ・ムングの人口を合計すると，8677 人となる。

村部」も24.6％，28.3％，22.8％と改善されたのちに悪化している［THB07: table 3.6］．貧困削減政策に伴う諸策の成果として2000/01年度から2007年にかけて教育・医療分野でなんらかの改善が見られるなかで，水道整備状況が悪化している調査結果に，タンザニア統計局はとまどいを示すとともに，国全体で早急に対応を要する懸案事項と見なしている．

さて，ムワンガ県の場合，2002年の人口センサスにおいて，ニュンバ・ヤ・ムング・ダム湖に面した，水道施設を持たない漁村であるニャビンダ，ランガタ・カゴンゴ，ランガタ・ボラ，キティ・チャ・ムングが農村（rural）ではなく都市（urban）に分類されたために，県内都市部の水道整備状況が低く評価されてしまったという特殊事情がある．しかしながら，より根本的な問題は，乾季にも豊富な水量がある水源地の確保が困難であるにもかかわらず，急速な人口増加を見ている県内最大の都市，ムワンガ町の水道施設の整備が遅れていることである．

水道施設拡充の資金を捻出するため，ムワンガ町水道公社は，2003年初頭に，ムワンガ町の旧市街地と同一の水源に依存し，別の水道管網によって給水を受けている地域の水道利用世帯に対して，ムワンガ町旧市街地と同様に水道メーターを設置して，使用量に応じて水道料金を徴収することを発表した．これに対して，これまで毎月一定額の水道料金を負担し，水道管網の自主管理を行ってきた各地域は一斉に反発した．たとえば，キルル・ルワミ村に隣接するキルル・イブウェイジェワ（図表1-02，1-03のNo. 12）村はレンベニ（Lembeni）郡レンベニ郷に属しているので，ムワンガ郡に属するムワンガ町とは行政区画上は郡レベルで所属を異にしており，2004年に聞き取り調査を行った折に，村落行政官は「なぜ隣郡の水道公社に金を払わねばならないのか」と憤慨していた．行政区分上はムワンガ郷（＝ムワンガ町）に含まれるものの独自の水道管網を利用していたヴドイ村区も，水道料金徴収に激しく反発した．そして，ヴドイ村区住民は，自らの水源を確保し，ムワンガ町水道公社の管轄から離脱することを決定したのである．

ヴドイ村区の決定に遅れて2005年には，ヴドイ村区のある旧キルル・ルワミ村と同様にかつて独立した村落であったがムワンガ町の行政域に組み込まれてしまった旧キサンギロ村のマンダカ村区（図表5-08の上方のキサンギ

ロ川より北に広がる）においても，同種の問題が発生した．マンダカ村区は独自に北パレ山塊西斜面の高度1150mのムボチロ（Mbochiro）に水源を確保し，2万4000ガロンの貯水槽1基を備えたマンダカ貯水槽を設置して水道施設を整備してきた（後述の図表5-15参照）が，水量が足りず，利用世帯が限られているうえに，利用世帯においても週1～2日しか水道水を利用できない状態にあった．それに対して，ムワンガ町水道公社は町の水道施設と連結することによって給水量を増やすことを提案したが，その条件は水道メーターを設置して使用量に応じて水道料金を払うことであった．この提案に対して，ムボチロの水源を整備して水量を増やす努力を行うか，あるいは水道局の提案を受け入れて水道料金を支払うかの結論は，2009年段階でも出されていなかった．

　かつては独立した村落としてキルル・ルワミ村，キサンギロ村では上記のように農村給水事業が展開されてきたが，1990年代初期の行政区画の再編によりムワンガ町旧市街地とともにムワンガ郷行政官の管轄下になり，ムワンガ町水道公社は水道事業の一元管理をめざそうとしている．しかしながら，かつて管轄外であったヴドイ村区とマンダカ村区は，統合によって恩恵に浴するどころか，急増する新住民への給水サービスとそのための財源確保のために応分の負担を求められようとしていることは明白であり，彼らが反発することも十分に理解できる．これは構造調整政策期に教育費，医療費に対して受益者負担の原則が導入されたことを彷彿とさせる．個別世帯が家計支出の負担増に苦しみ，個別世帯がそのような支出を回避した結果として，国全体では就学率の低下と平均余命の低落（もちろん，HIV/AIDSの蔓延等の他の理由も存在する）という事態が発生した．2000年に貧困削減政策が国家開発政策となり，それまで冷遇されてきた教育，医療分野への予算配分が急増し，ムワンガ町でも中等学校，診療所が新設されたことは，本章第1節で見たとおりである．そのような恩恵をキリスィ集落住民も受けてはいるが，水道施設に関しては負担を強いられようとしている．それに対して，キリスィ集落住民を中心とするヴドイ村区住民は，抵抗するだけでなく，より積極的に自らの自主水源を確保しようとしたのである．

　さて，前章で触れた乾季灌漑作はキリスィ集落に隣接する圃場で展開され

ているが，必ずしもキリスィ集落の住民によって実践されているわけではなく，山間部の住民も参加しうる開放的かつ柔軟な組織形態が採用されていた．その根本には，かなり自立性の高い個別世帯の集合体として地域社会が成立していることが考えられる．このような地域社会において，水道料金の徴収という今回の問題が投げかけられたときに，村区という行政単位が抵抗の単位として選び取られた．ムワンガ町旧市街地を含むムワンガ郷の郷行政官[19]の管轄下にあるヴドイ村区は，上位行政組織の関連組織であるムワンガ町水道公社に叛旗を翻したのである．このような活動基盤の相違は，私が本書でいわんとしてきた「地域」についての柔軟な認識が必要であることの傍証ともいえよう．

　ヴドイ村区がめざしているような地域住民による自主的な水道施設事業は，1990年代中期から奨励されてきた住民参加型開発に合致する動きであり，ムワンガ郷として一概に抑圧しえない側面を有している．タンザニア政府は，「農村水道事業を強化すべく，農村給水計画の計画，実施，運営への住民の参加を奨励する．このためには，サービスの自力維持 (self sustenance) を増進すべく給水委員会と給水基金を設立することが肝要である」[TES97: 192] と考えており，その意味でヴドイ村区の水道施設の整備事業は評価しうる活動と見なせる．その点をどれほどヴドイ村区住民が認識していたかは不明であるが，水道施設建設について村区住民の合意が得られるや，県選出の国会議員まで巻き込んで，その実現に努力している．その意味で，この事業に関わる活動は，社会関係資本を駆使した自助努力の事例と見ることが可能である．

　さて，以下では，地域社会，住民参加型開発，社会関係資本等，開発に関わって関心が持たれている概念を念頭に置きながら，現在も継続中であるヴドイ村区の自主水道敷設事業がどのように展開してきたのかを，参与観察，聞き取り調査，ならびに新規水道計画委員会の書記が保管している公式書類の内

---

19) 序章で触れたように，ムワンガ「郷」は郷行政官が管轄する行政区画であったが，2006年7月に町行政官を長とするムワンガ「町行政府」が管轄する行政区画に改組された．ただし，今のところ，行政区画の名称変更にとどまり，実質的な変化は見られない．ヴドイ村区も，ムワンガ町行政府の下位行政区画として存続している．

第 5 章　ムワンガ町の拡大と懸案

水道メーターが取り付けられた水道管［2008 年 8 月 12 日．ヴドイ村区］
ムワンガ町水道公社が丸くて青いふたのついた水道メーターを設置した水道管である．横にある水道の蛇口には鍵がついた四角い木箱がかぶせてあり，必要なとき以外は使用できないようにしてある．キリスィ集落を含むヴドイ村区の住民は水道メーター設置に反発して，自らの水道敷設計画を立ち上げた．ただし，写真の世帯のように，ヴドイ村区への既存の水道管網とは別の水道管網を利用して，水道メーターの示す使用量に応じて水道料金を支払っている裕福な世帯も存在する．

容を踏まえて，紹介していきたい．

3-1. ムワンガ町周辺の水道施設

　まずは，ムワンガ町周辺の現在の水道施設について，概観しておきたい．図表 5-15 には水道給水網の概念図を示してある．ムワンガ町旧市街地への水道の主たる水源は，下流部でキルル・ルワミ村とキルル・イブウェイジェワ村の村境となっているボクワ川の中流域にあり，北パレ山間部のヴチャマ村のチャンゴンベ（Chang'ombe．高度 1350m 前後）に設置されている．これは新チャンゴンベ取水地であり，堰堤には 1983 年 2 月 23 日に竣工したと記されている．かつての取水地は，同地域のやや低い位置に設置されていた．ムワンガ町への水源はもう 1 つあり，町内を流れるムフィンガ川の下流域の河岸に設置されたマココロ（Makokoro）揚水井戸である．周辺は新興住宅地となりつつあることは，すでに触れた．

　かつて水道局で勤務したことのあるインフォーマントによれば，新チャンゴンベ取水地で取水された水は，2 万ガロンの貯水槽 1 基を備えたムタランガ貯水槽に送られる．水道水は，そこから 3 本の水道管に分けて送水されることになる．1 本は 5 万ガロンの貯水槽 2 基，合計 10 万ガロンの貯水能力を備えたヴドイ貯水槽へと送水する 6 インチ管であり，2 本目は幹線道路を挟んで対岸にある 5 万ガロンの貯水槽 1 基を備えたイブウェイジェワ貯水槽へ送水する 3 インチ管，最後の 1 本は後段で検討していくムタランガ村区とヴドイ村区の末端利用者に配水する 3 インチ管である．ヴドイ貯水槽にはムタランガ貯水槽からの 6 インチ管のみならず，マココロ揚水井戸からも 3 インチ管で水が供給されており，両方の水を合わせたのち，ふたたび 4 本の水道管で送水されている．8 インチ管と 3 インチ管の 2 本はムワンガ町のそれぞれ異なる方面の末端利用者に配水するための水道管であり，もう 1 本の 1 インチ管はヴドイ村区内に立地するヴドイ中等学校に配水する水道管，最後の 1 本は新設のカソリック系女子中等学校への 3/4 インチ管である．マココロ揚水井戸からはヴドイ貯水槽に給水されるだけでなく，ムワンガ町の山の手に住む国会議員や県高級職員の住宅にも直接配水されている．

第 5 章　ムワンガ町の拡大と懸案

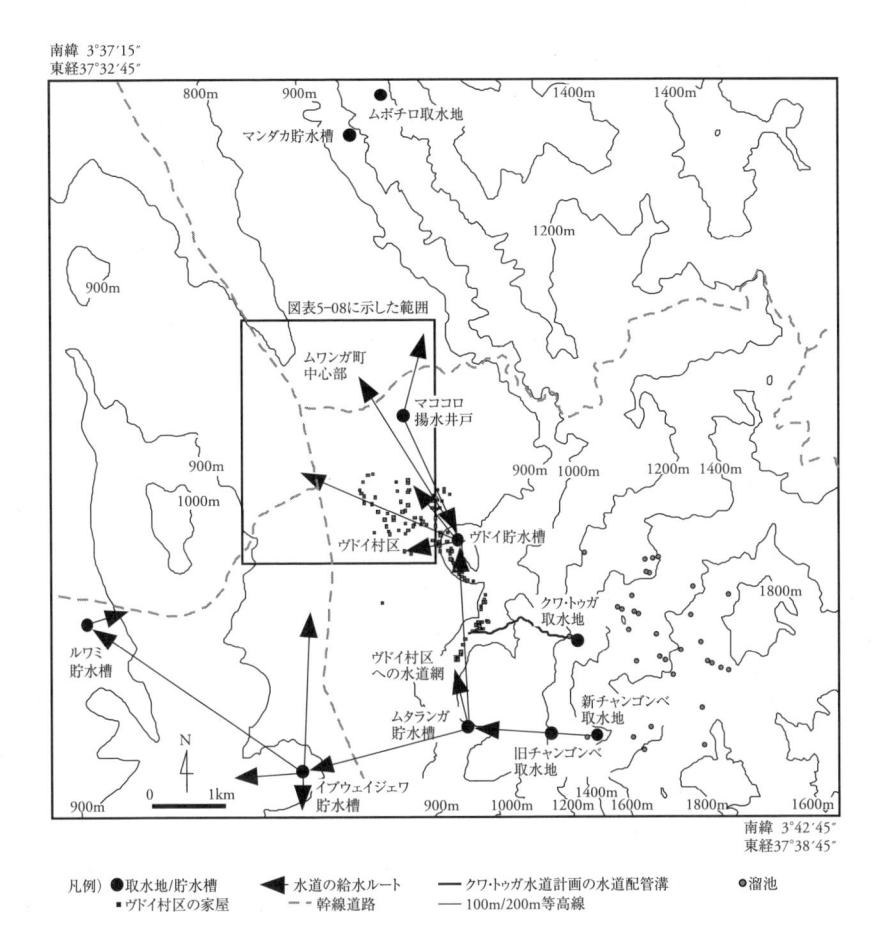

図表 5-15　ムワンガ町周辺の水道施設

出所）等高線：TMAP73/1d.
　　　道路・水道網・家屋：池野調査（2005 年）．
注 1）緯度経度表示は，測地系 WGP84 による．
　2）ムワンガ町中心部の囲いは，図表 5-08 に相応している．

　ムタランガ貯水槽から給水を受けたイブウェイジェワ貯水槽からは 4 本の水道管が出ており，2 インチ管 1 本はルワミ（Lwami）貯水槽へ，別の 2 インチ管 1 本と 1.5 インチ管 2 本はそれぞれムワンガ町レリ・ジュー方面，キルル・イブウェイジェワ村，同村レンゲルモ（Lengerumo）方面の末端利用者に

291

配水する水道管である．ルワミ貯水槽は1万ガロン1基の小さな貯水槽であり，人口希薄なムワンガ郷ルワミ村区（旧キルル・ルワミ村の一部）一帯の末端利用者への配水用である．

　すでに述べたムワンガ町水道公社が同一水源から給水を受けている地域と指定しているのは，新チャンゴンベ水源に依存している地域であり，ムワンガ町の旧市街地のみならず，旧キルル・ルワミ村内の地域と，すでに触れた行政的には隣郡のレンベニ郡に属するキルル・イブウェイジェワ村が含まれる．乾季に水量が不足してくると，たとえばムタランガ貯水槽から伸びる3本の水道管の調整栓を1日単位で交代に開閉することで給水制限が行われる．ムワンガ町旧市街地への給水が優先されることはいうまでもない．

　図表5-15の右下方にクワ・トゥガ（Kwa Tugha）取水地と記されているが，これがヴドイ村区の新たな水道用水源であり，この水道敷設事業は「クワ・トゥガ水道計画」（Kwa Tugha Water Supply Project/*Mradi wa Maji ya Kwa Tugha*）と命名されている．2003年8月に現地調査に赴いた折には，ムソゴ渓谷の支流であるクワ・トゥガ渓谷においてコンクリート堤で囲った小さな取水地の建造が始まっており，また従来の水道管網のムタランガ貯水槽から伸びるムタランガ村区・ヴドイ村区用の水道管が敷設されている付近まで，クワ・トゥガ渓谷の取水地から水道管敷設用の溝がすでに掘られていた．クワ・トゥガ水道計画の策定にあたっては，同一の水道管に依存しているムタランガ村区にも同調を呼びかけたが，同村区住民は同意しなかったという．クワ・トゥガ取水地からの水道管を現行の水道管に接続したのち，現在の水道管をヴドイ村区に至る手前で将来的には閉鎖して，ヴドイ村区はクワ・トゥガ取水地から供給される水道水のみに依存し，ムタランガ村区は従来通り現行の水道管に給水を依存することになるという．

　図表5-15に示したムタランガ貯水槽からムタランガ村区とヴドイ村区へと伸びる水道管網のうち，ヴドイ村区部分について詳細に見ると，図表5-16となる．1970年代頃といわれる水道管敷設当時に水道局に勤務していて自ら水道管の敷設に関わったというインフォーマントに同行してもらい，水道管の敷設位置を聞き取りながら，2004年にヴドイ村区で水道の蛇口（水道栓）がある世帯とない世帯の分布をGPSで計測した．それに，2005年に計

第 5 章　ムワンガ町の拡大と懸案

南緯 3°40′09″
東経37°35′04″

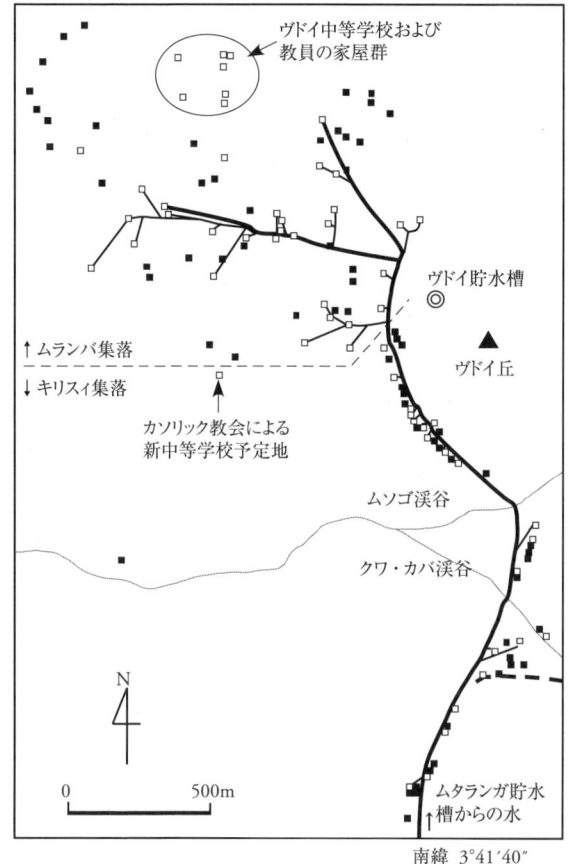

南緯 3°41′40″
東経37°36′06″

凡例）　□　水道栓が敷地内にある世帯
　　　　■　水道栓が敷地内にない世帯
　　　━━━　ムタランガ貯水槽からの水道網
　　　┅┅　クワ・トゥガ計画の水道管溝
　　　───　河川・渓谷

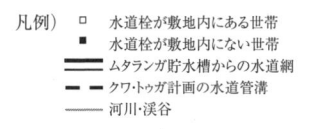

図表 5-16　ヴドイ村区の水道管網の整備
出所）池野調査（2004 年，2005 年）
注）水道栓が敷地内にある世帯のうち，ムタランガ貯水槽からの水道管網につながっていない世帯は，ヴドイ貯水槽から伸びる水道管網から配水されている。

測した貯水タンク等の位置を追加して，同図を作成した．ヴドイ村区の家屋群のうち，同図の下半分にキリスィ集落の家屋群があり，上半分にムランバ集落の家屋群が広がっている．2004年時点で，キリスィ集落の家屋53戸（カソリック教会による新女子中等学校も含む）の多くは水道管網（水道管は小径の下に埋設されている）に沿って並んでおり，ムランバ集落の家屋72戸（ヴドイ中等学校および教員の家屋群を含む）は散開している．

　図表5-16に示したように，すべての家屋が水道栓を敷地内に持っているわけではなく，キリスィ集落では22戸，ムランバ集落では37戸が水道栓を敷地内に有している．このうち，キリスィ集落では，カソリック教会の新中等学校はヴドイ貯水槽からの独自の水道管に依存しており，また1戸の世帯はヴドイ貯水槽からムワンガ町への水道管網から取水しているため，ムタランガ貯水槽からヴドイ集落への水道管網により配水を受けている世帯は20世帯である．同様に，ムランバ集落の場合は，ヴドイ中等学校と隣接する6戸の教員家屋はヴドイ貯水槽からヴドイ中等学校に延びる水道管に依存しており，他の2世帯はヴドイ貯水槽から幹線道路の対岸に配水する水道管網から取水しているため，ムタランガ貯水槽からヴドイ集落への水道網により配水を受けている世帯は28世帯である[20]．つまり，両集落で48戸が，ムタランガ貯水槽からヴドイ村区への水道管網に依存した世帯である．これらの世帯の水道栓はすべて家屋の外に設置されている．家屋の中に設置した場合，頻発する蛇口の故障で屋内が水浸しになる危険が高いことが一因である．また，家屋外に設置してあれば，水道栓を敷地内に持たない隣人が利用することが可能となる．ムワンガ町水道公社に水道料金を支払う（水道メーターは設置していない）場合，それまでは水道栓がある世帯とない世帯で金額に差をつけながらも，ヴドイ村区水道委員会 (Water Supply Committee/*Kamati ya Maji*) がいずれからも月額で定額料金を徴収していた．すなわち，水道栓を敷地内に持たない世帯も水道水を利用する権利を有しており，他の水道管網に依存している世帯を除いてヴドイ村区のほぼ全世帯が，ムタランガ貯水槽からヴドイ村区に引かれた水道管網の恩恵に浴していた．これまでヴドイ

---

20) 2009年8月の調査時点では，ヴドイ中等学校の教員家屋も，後述するクワ・トゥガ水道施設に依存するようになっていた．

村区水道委員会が自主管理しており，徴収された水道料金は銀行口座に預け入れられており，水道施設の補修等に利用されることになっている．塩ビ製の水道管は始終穴があいて水漏れを起こしていたが，ヴドイ村区水道委員会のメンバーが自転車のチューブを細長く切ったゴムを巻いて補修していた．すでに触れたごとく，タンザニア政府は，農村給水計画の計画，実施，運営への住民の参加を奨励しており，ヴドイ村区の水道委員会の存在とその基金としての銀行預金は十分に評価しうる活動と見なせる．

　ただし，ヴドイ村区水道委員会のこのような定額の水道料徴収方式は，水の無駄使いの原因ともなっていた．上記のように，水道の蛇口はよく故障し，この修理は水道栓を有する世帯の責任であるが，新しいパッキングを購入する手間・費用を惜しんで，水道水が垂れ流し状態になっていることがしょっちゅうであった．ムタランガ貯水槽に近い水道栓でこのような状態が発生すると，水道管網の末端の水道栓には水が到達しないことになる．しかしながら，水道水の垂れ流しに対して，住民はきわめて寛容である．ムタランガ貯水槽からの給水制限等で水道管網にまったく水が来ていないのでなければ，いずれかの世帯で水道水が利用可能であり，それらの世帯に水をもらいに行けばよいと考えているためではなかろうか．このような大らかさは，ムワンガ町の市街地では見られない．なぜなら，ムワンガ町の市街地では水道栓それぞれに水道メーターが設置されており，水道水の使用量に応じて水道料金を支払うシステムとなっているためである．漏水によって水道料金は高くなり，また水道料金を自らが負担してまで隣人に水を気前よく分けてやることはない．隣人には，バケツ1杯いくらという料金を徴収して水を販売している．このような事情から，水を確保できるところで調達し，自転車の荷台に20リットル入りのポリタンクを5つも6つも積んで売りに行く，「水売り」という商売が成立することにもなる．

3-2. クワ・トゥガ水道計画

事業の発端

　2003年8月24日，キリスィ集落にある大きなバオバブの木の下で，キリ

スィ集落が含まれるヴドイ村区の村区会議とタンザニアの政権与党CCM党のヴドイ・ムタランガ支部の会議が合同で開催された．議題は新たな水源を確保し，既存の水道施設からの取水を中止する事業計画の着手についてであり，説明会というよりは決起集会の様相を呈していた．なぜならば，このプロジェクトは，ヴドイ村区の水道施設にもメーターを設置して水道料金を徴収しようとするムワンガ町水道公社の計画への対案として提起されたものだからである．この折に，参加者から出された，水道メーターによる水道料金支払い拒否ならびに独自水源確保に関する主張は，以下のようである．

1) 既存の水道施設は，1979年にパレ県がサメ県とムワンガ県に分離されるより前に，パレ県水道局により設置されたものである．ヴドイ村区住民はムタランガ丘にある貯水槽の建設と貯水槽からヴドイ村区までの水道管敷設に無償で労働を提供した．また，それ以降は，住民で維持費を積み立て，補修作業等を行ってきた．よって，新設のムワンガ県のムワンガ町水道公社は水道料金を新たに徴収する正当な権限を有さない．
2) 乾季の水量不足のために3〜4ヶ月も断水するし，水道取水施設の上流部に溜池群が存在するため水道水が濁っている．このような不具合を解消することもなく，水道料金を徴収しようとすることは，認めがたい．
3) ムワンガ町にあるバス会社経営者宅と私立女子中等学校は独自に水源を確保して，ムワンガ町水道公社には水道料金を支払っていない．ヴドイ村区も私設水道を整備すれば，水道料金を支払わなくてよいはずである．

このような論理を展開して，ヴドイ村区全体で水道使用料として総額3万5000シリング/月をムワンガ町水道公社へ納入することには応じるが，水道メーター設置は断固拒否すると主張し，すでに3月に決定していたといわれるクワ・トゥガ水道計画の遂行を再確認した．彼らの当時の試算によれば水道施設建設に要する費用は約563万シリングであり，このうち人件費相当分105万シリングは無償労働で，残る458万シリングはヴドイ村区成年約

第 5 章　ムワンガ町の拡大と懸案

クワ・トゥガ水道計画の決起集会［2003 年 8 月 24 日．キリスィ集落］
水道メーターを設置して，ヴドイ村区への水道管網に依存する世帯からも水道料金を徴収しようとしたムワンガ町水道公社に反発し，ヴドイ村区住民は自らの水源を新たに確保して水道敷設事業を行うことになった．キリスィ集落の大きなバオバブの木の下で決起集会を終えた参加者に依頼されて，私が記念撮影した．

200人からの1000シリング/月の醵金,村外居住者からの寄付,外部からの援助でまかなおうとしていた.ヴドイ村区の水道計画に先立って,隣接する山地村のムクー村では新たに水源を確保し水道施設を充実させており,その折に同村出身者で大都市に居住し就業する者が多額の醵金を行っていた.このことを知っているヴドイ村区の住民は,自らの村区出身者にそのような寄付を期待したわけである.取水地の施設の設置,水道管の埋設等の技術的な問題については,ヴドイ村区にムワンガ県水道局の退職者3人と在職者3人がおり,彼らが担当すれば問題なく行えるとのことであった.

私が同席したこの会議で,水道計画の委員会のメンバーが補充された.すでにこの会議に先立って,キリスィ集落に居住するCCM党ヴドイ・ムタランガ支部長が水道委員会委員長に,ムランバ集落の居住者が書記に,キリスィ集落に居住する小学校校長が会計に選ばれていた.そして,上述のごとく,会議後早々にムソゴ渓谷にあるキリスィ池のすぐ上流部に,クワ・トゥガ取水地を建設した.また,同取水地から水道管敷設用の溝を毎週土曜日に共同労働ですでに掘りはじめており,既存の水道管敷設地点の近くまで掘り終わっていた.クワ・トゥガ水源近くから水道管溝敷設の末端位置までを踏査し,GPSを用いて計測したところ1667mであった.単に幅30〜40cm,深さ50〜100cmの穴を掘っていくだけでなく,生い茂る灌木を伐開しながらの労力のいる作業である.ところが,実際に私が観察した共同労働日に集まってきていた人数は,そう多くはなかった.理由を尋ねたところ,村区のプロジェクトと位置づけられているが,図表5-16の左上に位置する世帯は,新たな水源からの水道水の恩恵に浴さないと判断し,共同労働に出てこないという.それ以外の理由での欠席者も少なくなかったが,とくに罰金は科さないとのことであった.ただし,共同労働に出てこなかった世帯が自宅までの水道管の敷設を希望するような事態になれば,共同労働への不参加があらためて問題視されるという.

事業推進の隘路

共同労働への不参加世帯があったとはいえ,水道管敷設溝はほぼ掘り終わっており,この作業について2003年8月時点ですでに問題はなかった.

しかし，この事業は当時いまだ解決していない2つの大きな問題を抱えていた．第1に水利権の取得であり，第2に水道管の確保である．
　まず，水利権の問題である．タンザニア北部高地に林立するキリマンジャロ山，メル山，北パレ山塊の降水は，ニュンバ・ヤ・ムング・ダム湖に流れ込み，パンガニ (Pangani) 川の主水源となっている．最終的にインド洋に流れ込むパンガニ川の水系を広域管理する組織としてパンガニ水系水利事務所 (Pangani Basin Water Office) が設置されており，農業用水であれ，生活用水であれ，パンガニ水系から取水する場合には，この水利事務所に水利権を認可してもらわねばならない[21]．その申請書類は県行政府を通じて提出されることになっており，ムワンガ町水道公社と対立しているクワ・トゥガ水道計画の場合には，このような水利権の申請に際してムワンガ町，ムワンガ県の支持を取り付けることが困難であった．パンガニ水系水利事務所は技術的な側面に関して判断しえても，それに基づいて，ただちに認可しうるのではなく，各県行政府の承認のもとに水利権を認めることになっているため，まさに水利権の取得がクワ・トゥガ水道計画の隘路となっていたのである．
　この水利権取得の問題の解決は，第2の問題である水道管の確保の問題の部分的な解決と合わせて，国政選挙という状況を捉えて達成されることとなった．
　ムワンガ県は全県1区の国会議員選挙区であり，独立以来長らく，C.D.M. が国会議員であった．タンザニアで複数政党制が導入された1992年から，初の国政選挙である1995年総選挙より複数の政党の国会議員候補者が争う選挙戦が展開されることになったが，CCM党の重鎮であるC.D.M.が立候補するムワンガ県は無風の選挙区で，順当にC.D.M.が再選された．C.D.M. は2000年の国政選挙前に引退を表明し，後継者としてJ.A.M.を推薦した．

---

[21] ニュンバ・ヤ・ムング・ダム湖より下流部にある南パレ山塊，ウサンバラ山塊からの水はパンガニ川に直接流れ込んでおり，両山塊周辺地域もパンガニ水系水利事務所の管轄下にある．
　なお，第4章でTIPによるムボゴ池改修の話題に触れたが，その折にも水利権に言及した．キリスィ集落住民は天然資源省に納入する許可料と認識していたが，正確にはパンガニ水系水利事務所に納入される．その後，ムボゴ池は改修されなかったため，在来灌漑施設にとどまっており，利用者は水利権を取得する義務を負っていない．

C.D.M. から全面的な支援を受けた J.A.M. は，野党 CUF 党の候補者を圧倒して初当選した．新任の国会議員である J.A.M. は精力的に県内事情を把握するよう努め，ムワンガ県内の長老を自宅に招いて，彼らの意見にも耳を傾けたと，そのような会に長老の 1 人としてたびたび出席したインフォーマントが私に話してくれた．その成果と思われるものとして，J.A.M. の農業に関する提案書が挙げられる．それまでのムワンガ県農政局の文書で灌漑農業に関してキリスィの名前は一度たりとも挙がったことはなかったが，J.A.M. の 2003 年の政策提案書では，在来灌漑施設の補強の対象地としてキリスィにも言及されているのである ［Mwanga, AGR/MW/GEN/VOL.I/12］．

彼の活動は県内で評価されていたと思われるが，2005 年選挙で思わぬ有力対立候補が出現しそうになった．2000 年の総選挙後に大統領任命議員として閣僚にも就任していた A.M.M. が，出身地であるムワンガ県選挙区から CCM 党候補として立候補することを表明したのである．A.M.M. を任命したムカパ大統領が 2 期 10 年という規定により 2005 年をもって大統領職を辞するため，大統領任命議員という立場を維持できないと判断し，選挙区選出議員になることを望んだものと思われる．05 年総選挙ではムワンガ県に有力野党候補はおらず，CCM 党候補者の一本化が実質的な総選挙となる様相を呈した．CCM 党候補の選出は，県内の CCM 党員代表による選挙で行われる．この CCM 党候補者選出選挙に先立って，J.A.M., A.M.M. ならびに他の候補者は精力的に県内を遊説してまわり，自らへの支持を訴えた．この折に，公共施設建設への支援の約束等は日常茶飯事であった．

J.A.M. にとって幸いなことに，選挙直前になって A.M.M. は立候補を取りやめた．理由は定かではないが，両者はムワンガ県内の同一の郡 (division/ *tarafa*) 出身であり，やはり同一の郡出身で引退した CCM 党重鎮 C.D.M. から，なんらかの働きかけがあったのかもしれない．すでに触れたごとく，ムワンガ県はコーヒーを産する山間部のほうが平地部よりも経済的に豊かであり，都市部等で有力者となっている人物を多く輩出している．山間部は，北部のウグウェノ郡と南部のウサンギ郡とに二分されており，C.D.M., J.A.M., A.M.M. はいずれもウサンギ郡出身である．

しかしながら，A.M.M. の立候補辞退は，ムワンガ県の潜在的な地域対立

を浮き上がらせることにもなった．05年のCCM党候補選出選挙でJ.A.M.の対立候補として残ったのは，ウグウェノ郡を地盤とする候補者と，平地部を地盤とする候補者であった．県創設以来，ウサンギ郡からしか国会議員が出ていないという状況に，他地域の住民が反発するかもしれず，J.A.M.はA.M.M.の辞退にも気を抜くことなく選挙戦を戦わざるをえなかった．

　さて，平地部に位置するヴドイ村区にもCCM党候補選出選挙の選挙人資格を持つ党員が複数存在しており，この機に乗じて水道事業への支援をJ.A.M.に陳情したのである．彼らとすでに懇意となっていた私は，J.A.M.だけでなく他の候補にも支援を陳情してはどうかと提案したが，二股，三股をかけるような行為は彼らの倫理観に合わなかったようである．幸い，J.A.M.は圧勝した．ちなみに，この総選挙後にA.M.M.はふたたび大統領任命議員となり，J.A.M.ともども閣僚にも任命された．人口10万人強の小さなムワンガ県から大臣が2人も選出されたことになる．その後，A.M.M.は能力を評価されて国際連合に招聘されて，タンザニアの閣僚を辞して国際連合の要職に就任している．

　さて，J.A.M.は選挙前に内諾していた水道事業の支援を実行した．1つは，水利権の確保についてである．それまで対応の鈍かったムワンガ県行政長は，住民が自発的に水道事業を興そうとしていることは望ましいことであるとして，ムワンガ町水道公社をはじめとする関係部署に支援を指示したのである．しかしながら，国会議員の進言をもってただちに問題が解決したわけではない．クワ・トゥガ水道計画委員会の書記が保管する公式文書によれば，問題の解決までに2005年末の総選挙後もかなりの時間を要している．クワ・トゥガ水道計画は2003年10月15日に水利権取得用の4万シリングを県を通じて納入しており，1番目の公信は2003年10月21日付の同計画から県行政長宛のもので，県行政長に計画実施の認可を求めている．

　2番目の公信は2004年4月4日付のムワンガ県農政局長からパンガニ水系水利事務所宛のものである．それによれば，パンガニ水系水利事務所は2004年1月23日付で水利権申請受理の公信をムワンガ県に発信しており，この第2の公信の書面は，この計画は生活用水用であり農業用等の他の目的には使用しないという確認を，県農政局長が行ったものである．つまりは，

パンガニ水系水利事務所には水利権申請書類がすでに提出されていたが，県は合意していなかった．

3番目の公信は2年半後の2006年6月19日付で，クワ・トゥガ水道計画から県行政長宛であり，計画実施の承認について回答をまだもらっていないという督促状である．この段階で，同計画には国会議員のJ.A.M.の支援があったものと思われる．

4番目の公信は2007年2月10日付で，クワ・トゥガ水道計画からパンガニ水系水利事務所に対して発信されたもので，水利権認可の回答を受け取っていないとの督促状である．クワ・トゥガ水道計画はJ.A.M.の口添えで水利権をすでに得られたものと考え，パンガニ水系水利事務所に督促状を発信したのであろう．しかし，この時点ではパンガニ水系水利事務所は水利権を認めるわけにはいかなかった．なぜなら，県からの承認をまだ取り付けていなかったためである．5番目の公信がそれを示しており，これは2007年3月27日付でパンガニ水系水利事務所から県行政長宛に発信されたものであり，長期に棚晒しにせずクワ・トゥガ水道計画事業で水を使用することを承認するよう促す書面である．

そして，6番目の公信である2007年7月31日付の県行政長からパンガニ水系水利事務所宛の公信では，県はクワ・トゥガ水道計画の水使用に同意する旨を連絡している．これをもって実質的にクワ・トゥガ水道計画の実施が認められたことになる．2008年より，ヴドイ村区の住民は新しい水道施設を使いはじめた．

ただし正式には，7番目の公信である2009年2月2日付のパンガニ水系水利事務所からクワ・トゥガ水道計画宛の公信で，ようやく認可が確認された．私の調査助手であるサイディ君は，この時期にクワ・トゥガ水道計画の2代目の書記に就任していたが，彼が晴れやかな顔で見せてくれた公信によれば，2003年10月15日付でクワ・トゥガ水道計画から申請されていた水利権確保の申請は，2008年11月26～27日に開催されたパンガニ水系水利審議会（Pangani Basin Water Board）により認められ，2009年2月2日から1年以内に必要な建設作業を完了することを義務づけている（遅延した場合には申請が必要）．

第5章　ムワンガ町の拡大と懸案

　このように認可が遅れた背景には，ムワンガ町水道公社をはじめとする県行政府の反発があったものと思われる．同公社幹部に対する2005年7月の聞き取りでは以下のような意見が表明された．

1) 水道事業を政治化した．まず町水道公社と十分に話し合うことなく，県長官，県行政長，国会議員に陳情した．
2) 町の水道事業を理解せず，住民エゴである．ムワンガ町では72％の町民にしか給水できておらず，水道メーターを設置し料金を徴収して事業予算確保を図っているが，自らの水源を確保して離脱しようとしている．
3) 事業計画が杜撰である．2インチ管を設置する計画であったが，利用可能水量から判断して，1.5インチ管が妥当である．また，2インチ管の値段を27万シリングと試算しているが，1.5インチ管でも40万シリング強である．

　この公社幹部の意見は，とくに3)については不当なものではない．以下で触れるように，水道管の調達が困難でクワ・トゥガ水道計画は長期に開店休業状態に陥ったし，計画推進者たちは水量は十分であると見なしていたにもかかわらず，2009年2月段階ではキリスィ集落とムランバ集落で1日交替で午前6時～午後6時の12時間で配水しなければならず，2009年8月には乾季の水量不足のために1日交替で午前6時～午後4時の10時間給水となっていた．ムワンガ町水道公社はこのような意見を持ちながらも，総選挙後にしぶしぶ水利用を認めたというのが実情ではなかろうか．

　さて，クワ・トゥガ水道計画の抱えるもう1つの問題は，自主水道敷設計画であるために，労働奉仕はもちろんのこと，資材の多くを自分たちで調達しなければならないことである．国会議員J.A.M.は水道管の支援も約束しており，ムワンガ町水道公社が所持していた水道管4巻（塩ビ管で1巻は1.5インチ×150m．インチとメートルという異なる単位で製品が製造されているのかどうかは疑問ではあるが，このように説明を受けた．後日水道管を扱っている商店で確認した折にも，同様の計量単位が用いられていた．なお，後述するように，2009年8月の聞き取りでは，寄贈本数は3巻であった）をJ.A.M.が私費で購入し，ヴドイ村区の水道事業に提供してくれた．一方，クワ・トゥガ水道計画委員

会の書記に就任した調査助手のサイディ君に確認したところ，2003年8月のキリスィ集落での「決起集会」では皆で醵金して水道管を購入しようということになっていたにもかかわらず，醵金活動は同年8月24日に21人から5万5400シリングが集まった1回きりで，その後は1度も実施されていないという．そのため，彼らの試算では塩ビ管12巻が必要であるが，2007年8月時点でJ. A. M.の支援分3巻を含めてまだ5巻しか確保できていなかった．水道管調達については，キリスィ集落の西に建設中のカソリック系中等学校がクワ・トゥガ計画からの取水を予定しており，彼らが支援してくれることになっていると，2007年8月の調査時にサイディ君はかなり楽観的であった．

一段落した水道敷設計画

　2008年に，クワ・トゥガ水道計画は急展開を見た．同年2月末に訪問した折に，長らく放置してあったために埋没していた水道管の敷設溝を掘り直していた．また，2003年8月に建造した取水地の少し上流部に，新たな取水地が完成していた．コンクリート製の堰堤には，2008年1月29日と刻み込まれていた．旧取水地の上流部を牛が利用する小径が横切っており，取水地の水が混濁する危険性があるため，その小径よりも上流部に取水地を新設するよう，現地を視察したパンガニ水系水利事務所の担当者に指導されたそうである．水道管をすべて入手し終わるまでは敷設作業に入らないと聞いていたので，同計画の書記であるサイディ君に確認したところ，奇特な人物が寄贈してくれて必要な水道管をすべて調達しえたとのことであった．寄贈したのはタンザニア中部に位置する首都ドドマ市で卸売商を営んでいる人物で，ムワンガ郷ミクユニ村区出身で，現在はヴドイ村区に家を新築して家族が居住している．商売で水道管等も扱っており調達が容易であると，サイディ君から説明を受けた．同年8月に調査地をふたたび訪問した時には，水道管の埋設を完了し，すでにクワ・トゥガ取水地からの水が利用されはじめていた．同年4月から利用しはじめたとのことであったが，旧来のムタランガ貯水槽からの水も併用していた．クワ・トゥガ水道計画はまだ完了はしておらず，暫定的に使用を始めたためであるという．

保管されていた水道管 [2006 年 3 月 13 日]
ヴドイ村区の住民は，クワ・トゥガ渓谷の取水地から既存の水道管網に接続するために必要な水道管の本数が全部揃うまでは，水道管を敷設せず保管していた．人気のない山の斜面に一部の水道管を設置すれば，盗難に遭うことは火を見るより明らかだからである．水道管は撮影日からまだ 2 年ほど保管されることになった．

2008年8月時点ですでに完成していたのは，クワ・トゥガ渓谷に建造されたコンクリート製の堰堤の新取水地，ムタランガ貯水槽から給水する旧来の水道管に接続するまでの水道管群の敷設，そして敷設された水道管群の途中に設置されたウォッシュ・アウト（wash out：水道管に流入する泥を除去するための排泄口．水道の蛇口状であり，ときどき開閉して泥を流し出す．今は，後述するエア・ヴァルヴの役割も兼ねている）である．2008年8月の聞き取りでは，必要とした水道管は，鉄製の3インチ管（口径3インチ×長さ7m）4本，鉄製の1.5インチ管（同，1.5インチ×7m）7本，塩ビ製の2インチ管（同，2インチ×150m）3巻，塩ビ製の1.5インチ管（同，1.5インチ×150m）10巻であり，総延長は2027mとなる．このうち，鉄製の3インチ管1本は県水道局に勤務するキリスィ集落在住者が，塩ビ製の2インチ管3巻は県選出国会議員（以前聞いた折には，1.5インチ管4本といっていた）が，そして鉄製3インチ管3本，同1.5インチ管7本，塩ビ製の1.5インチ管8巻はドドマ市の卸売商が寄贈したものである．また，経緯の詳細は不明であるが，町水道公社からも塩ビ製の1.5インチ管2巻の支援を得ている（2009年8月の聞き取りでは，町水道公社ではなく県水道局の寄贈ということであった）[22]．もちろん水道管敷設溝を掘るような労働奉仕は住民が行っているが，彼らの醵金で賄った水道管は1本もないことになる．上記のような寄贈がなければ，この水道計画はまだ実現には至らなかったであろう．

　これから建設・設置する必要があるのは，まずブレイク・プレッシャー（break pressure：水道管群の途中に設置して，水圧・流速を落とす施設）であり，2008年8月にはすでに建造作業に取りかかっていたが，2009年8月にはま

---

[22] 説明を受けるたびに，数値が異なっている．本文の数値等は2008年8月の情報である．貯水タンクが完成して水道管の敷設位置を若干変更したあとの2009年8月の聞き取りでは，鉄製の3インチ管（口径3インチ×長さ7m）2本，鉄製の1.5インチ管（同，1.5インチ×7m）7本，塩ビ製の2インチ管（同，2インチ×150m）7巻，塩ビ製の1.5インチ管（同，1.5インチ×150m）5巻半で，総延長は1938mであり，それ以外に貯水タンク用に鉄製の1.5インチ管（同，1.5インチ×7m）3本が必要であったと説明された．また，寄贈者については，鉄製3インチ管2本はキリスィ集落在住の県水道局勤務者，鉄製1.5インチ管7本，塩ビ製2インチ管7巻，1.5インチ管0.5巻はドドマ市の卸売商，塩ビ製2インチ管3巻は国会議員，塩ビ製1.5インチ管2巻は県水道局の寄贈ということであった．

だ十分に使用できる状態にはなかった．2008年8月にはまったく利用できていなかったために，塩ビ製の水道管は高い水圧に耐えきれず，数ヶ所で破損して漏水していた．そして，水道管群の途中に設置する空気抜きの装置であるエア・ヴァルヴ (air valve) も4ヶ所ほど設置する必要があるということであるが，2009年2月には1ヶ所しか設置されていなかった．このエア・ヴァルヴは2009年8月の調査時には破損してしまっていた．

　さらに，大きな出費を伴うのは貯水槽の設置である．これについては，すでに触れたカソリック女子中等学校が費用負担を約束してくれており，ヴドイ村区の公共事業の労働奉仕として2008年8月にはレンガや砂利がすでに製造されつつあり，2009年2月にはヴドイ丘とムタランガ丘の間にある高台に完成を見ていた．2008年8月には貯水タンクなしで暫定的に敷設された水道管は，この貯水タンクを経由するように敷設され直した．いずれは貯水タンクをもう1基設置して，ヴドイ丘の下方の家屋群に給水しうる別の水道管網を配置する予定であるとのことであった．2009年8月の聞き取りでは，既存の貯水タンクは位置が悪く水道管網の末端まで水が到達しにくいため，移転が必要であるとのことであった．

　ともあれ，2003年8月に決起集会が開催されてから約5年を経た2008年4月に，水道施設はなんとか利用できるようになった．同年8月の調査時には，ムワンガ町で宿泊しているホテルの水道は例年よりも通水していることが多かったように思う（ヴドイ村区での利用が減ったためか？）が，断水はいつもどおり発生していた．一方，キリスィ集落では町よりも勢いよく流れ出す水道水をほぼ毎日利用できる状況にあった．ただし，すでに触れたように，2009年2月には乾季で水量が不足していたせいか，キリスィ集落とムランバ集落で1日交替で配水するようになっていた．いずれの集落が利用する場合も，貯水タンクの水門を午前6時に開き，午後6時に閉じて，夜間は貯水タンクに水を貯めるとのことであった．その後に，給水時間は午前6時から午後4時に短縮されている．水門の開閉は，貯水タンクの近くに居住するキリスィ集落の住民が無償で担当しているそうである．

　このクワ・トゥガ水道計画は，もちろん農村インフォーマル・セクターそのものを示す事例ではない．しかし，農村インフォーマル・セクター論の背

景に潜む「下からの開発」という論理を支える地域の主体性が象徴的に表されている事例といえよう．地域住民は，不満がある場合には行政組織に対して通常は不服従，サボタージュという消極的な抵抗を示すが，この事例では明らかに対立の姿勢を打ち出している．これまで水道施設を自主管理してきたという自負によるところが大きいであろう．単に行政府と対立するだけではなく，カウンタープロポーザルともいうべき新規の水道計画を案出している．そして，国会議員とのつながりという社会関係資本を巧妙に利用して，目標の実現に当たっているのである．にもかかわらず，2003年に始まった計画は，なかなか完成の目途が立たなかった．ドドマ市の卸売商による気前のよい支援がなければ，今でも計画は進捗していなかった可能性が高い．町水道公社との対立的な構図は協調的な構図に変化して，暫定的とはいえ水道を使用できる状況に至った．この事例で強調したかったことは，外部からの提案を受けて始動するのではなく，自ら発案し，見切り発車的ではあるが作業を開始した，ヴドイ村区住民の主体性である．クワ・トゥガ水道計画が完全に軌道に乗るまでにはまだ紆余曲折があろうが，彼らの問題解決能力を信じて，今後どう試行錯誤していくのかを見守ることも必要ではなかろうか．

　この事例に即して1点付記しておきたいことは，地域社会主導型の開発計画にも，つねにマイクロ・ポリティークスが働いていることである．地域の住民は必ずしも同質的ではなく，地域社会主導型の開発プロジェクトに対して，住民間には意識の差がある．クワ・トゥガ水道計画の場合，水源に近いキリスィ集落住民は概して熱心であったが，ムランバ集落の住民，とくに水源から離れた場所に新規に移入してきた住民は消極的であった．そして，積極的なキリスィ住民にしても，水道管敷設溝のための共同作業や水道管購入のための醵金については，必ずしも協力的ではなかった．ただし，計画を主導したメンバーにとっては，そのような事態は十分に織り込み済みであったのではないかと，私は考えている．むしろ，彼らの問題解決能力が問われるような，いかに消極的な住民を巻き込んでいくのかという懸案事項は，彼らの日常生活を活気づける格好の話題となったのではないかとすら，考えている．

水道管敷設溝を掘る共同作業 [2008 年 2 月 16 日]
2008 年になってようやく水道管が全部揃った．2003 年に掘った水道管敷設溝はすでにかなり埋没しており，共同作業で掘り直すことになった．毎週土曜が作業日で，ヴドイ村区の全世帯から必ず 1 人は参加することになっていたが，実際の参加者はそう多くはなかった．2008 年 8 月に再訪した折には，すでに水道の利用が始まっていた．

アメシストタイヨウチョウ (*Nectarinia amethystina kalckreuthi*)

［2009年8月9日．クワ・トゥガ水道計画の貯水タンクの近く］
花の蜜をすうためにクチバシが曲がったタイヨウチョウは，ムワンガ県内に何種類か生息している．オスは色あざやかなものが多いが，アメシストタイヨウチョウはオスも一見すると黒くて地味である．が，日光が当たると，頭はアメシストのように，のど元は赤銅色に光る．

終章

地域と開発の交接点を求めて

扉写真

乾季に花をつける「沙漠のバラ」[2004年8月14日　ヴドイ村区ムランバ集落]
乾季が深まり周辺の草本が枯れかけているなかで，デザート・ローズ (desert rose) は，多肉質の無骨な茎からは想像できない，ひときわあざやかなピンク色の花を満開にする．この時期に開花するのは，彼らの周到な生存戦略なのであろう．乾燥した平原でデザート・ローズは時には5〜6mにも育つという．相次いで立ち現れる難題を巧みに切り抜けるムワンガ県の農民・農村社会をこの灌木に重ね合わせるのは，想像が過ぎるであろうか．持ち帰れないと断念していたが，アデニウム・オベスム (*Adenium obesum*) という学名で栽培種が日本でも販売されていることを最近知った．

1 地域の主体性 ── 事例からの示唆 ──

　第2章では，1961年の独立以降のタンザニアの国家レベルでの開発政策の変遷について4期に時期区分して紹介した．すなわち，植民地支配から独立し経済成長重視の開発をめざした1966年までの第1期，1967年のアルーシャ宣言によって社会主義化をめざし，主要産業を国営化するとともに，中核的な政策として社会主義的農村開発を打ち出した1967～85年の第2期，1970年代後半からの経済的苦境を脱するために世銀・IMFの推奨する構造調整政策を受け入れて大幅な経済自由化を行い，複数政党制の導入によって政治的民主化も行った1986～99年の第3期，マクロ経済指標の回復にもかかわらず国民生活の改善が進んでいないことに対処するため貧困削減へと開発目標を転換していった2000年以降の第4期である．この4期区分は，構造調整政策の導入の前後で2期にまとめ直すことができる．上記の第1期と第2期は構造調整政策導入以前の時期であり，アフリカ社会主義の論客でありタンザニアの初代大統領であったニエレレが，自らの理想とするウジャマー社会主義政策を実践しようとした時期である．そして，第3期と第4期は構造調整政策が導入され，グローバリゼーションという国際的な政治経済環境下で，国際的な開発援助機関に主導された国家開発指針が優越するようになった時期である．

　本書ではこのうち，構造調整政策導入以降の第3期と第4期に主たる関心を置き，開発体制転換後の時期と見なし，この時期における事例の分析を試みてきた．この時期は，国家介入が減少して地域ならびにその構成要素である個別の社会経済主体が自らの主体性を表現しやすくなった時期でもあり，また国家保護がはずれて地域が外部諸力に対してかなり直に向き合わねばならなくなった時期でもある．

　第3期以降の開発政策転換後に，タンザニアの国内諸地域ではいかなる農村社会経済変動を経験しているのかを知るため，本書では事例研究の調査対象地域としてムワンガ県とその内部にあるキリスィ集落を措定した．ムワンガ県は北東部タンザニアの小さな県であり，一方キリスィ集落は県庁所在地

であるムワンガ町の旧市街地に隣接する集落で，現在は行政区分上はムワンガ町に組み込まれている．第3章では，同県の最重要な移出産品であるコーヒーを取り上げた．タンザニアの伝統的輸出品目として重要な地位を占めてきた6農産物のなかでも，コーヒーは輸出額で長らく主導的な位置づけにあった．しかしながら，1989年の国際コーヒー協定の廃棄後にアフリカは全体として国際シェアを下げ，タンザニアも生産が低迷している．タンザニアの動向をより子細に検討すれば，ムワンガ県を含む北部高地でのコーヒー生産が激減し，南部高地での増産がそれを相殺している状況にある．すなわち，北部高地ではコーヒー農民がコーヒー離れを起こしつつある．しかしながら，これは北部高地全体の動向であり，その内部は複数の域内地域社会経済圏ともいうべき空間に緩やかに分断されており，それぞれで状況に微妙な差異が存在する．ムワンガ県は，北パレ山塊とその周辺に広がる平地部を構成要素とする域内地域社会経済圏の1つと見なせる．北部高地では近年コーヒーに代わって国内市場向けのトウモロコシ，蔬菜あるいは国際市場向けの花卉生産が盛んになってきたといわれるが，それはキリマンジャロ州の州都モシ市の後背地であるキリマンジャロ山の農民，北東部最大の都市で観光拠点となっているアルーシャ市の後背地にあるメル山の農民の活動であり，大都市への近接性や道路事情で不利にあるムワンガ県の山間部の農民はコーヒーを代替しうる有利な換金作物を見つけられていない．その打開のために，ムワンガ県農政局はコーヒーの再生に期待をかけ県農業開発計画を策定しているが，それはコーヒー農民のコーヒー離れを過小評価した前提に基づいている．もっとも，コーヒーに代わる有利な換金作物が見つかっていないことから，コーヒー振興の方針を一概には否定しえない．

　コーヒー産地は，それ以前にもコーヒー危機を経験してきていることから，各農家レベルならびに地域レベルで経営の多角化・分散化が進行していたと推定される．タンザニアでのコーヒー産業に大きな変革をもたらした1994/95年度の国内流通への民間業者の参入以前にすでに，ムワンガ県山間部のコーヒー生産村の1つであるムシェワ村では約半数の世帯しかコーヒーを販売していないことが判明した．これは，農村世帯がコーヒーに過度に依存する生計戦略を必ずしも採用していなかったことを意味している．北パレ

山塊のコーヒー農民は，コーヒー生産の増大ではなく，また地域内の経済に依存する非農業就業でもない選択肢として，移動労働の存在を熟知している．実際，第5章で見た調査世帯の世帯主の兄弟姉妹や息子・娘の居住地の調査からは，首座都市ダルエスサラーム市に大量の移出者が滞在することを見て取れる．コーヒー収入によって子女の教育費が捻出され，それによって養成された高学歴者が大都市部で就業先を見つけて，必要時には農村の出身世帯に送金して家計を補助しているのである．1988年から2002年までに山間部では全体として人口減少を経験しており，このような向都労働移動が増大したかのようであるが，年齢集団別の人口動態を検討してみると，生産年齢人口の減少は起こっていない．ムワンガ県の山間部ではすでに一定程度のコーヒー離れを起こしながらも，コーヒーの再生に「待ちの態勢」で望んでいる農村世帯が多いのではないかと推定される．

　さて，もともとコーヒーが生産できないムワンガ県平地部では，コーヒー経済の停滞からは直接的な影響は受けない．しかしながら，平地部には別の形で構造調整政策の影響が及んでいた．それは，教育費・医療費の受益者負担の原則の導入である．このような政策変更は，タンザニア全体においては，就学率の低下，そして医療施設を利用しないことに起因する平均余命の低下に結果した．しかしながら，「反発」にもかかわらず，世帯の家計支出の増大を抑えることは困難であったのではなかろうか．それに対して，第4章で検討したごとく，キリスィ集落においては，それまで顧みられなかった乾季灌漑作を実践することで，食糧購入支出の抑制が図られた．ただし，この灌漑農業はキリスィ集落あるいはそれに隣接するムランバ集落の住民だけに閉じられた営農活動ではない．たとえ親族・姻族関係がない場合でも，他村落の住民に対しても開放的に灌漑可能な圃場が無償で貸し付けられていた．土地保有観念が希薄であるわけではなく，保有者と境界とを十分に認識したうえでの貸借である．また，灌漑用水も2つの水系に属する用水路間で融通し合っていただけでなく，番水方式の指定日に合致しない個人間の用水の融通もしばしば実践されており，柔軟な用水管理がなされていた．世帯を超える組織化を必要とする灌漑農業の営農実践において，柔軟で開放的な原則が適用されていたといえよう．それに対して，在来小規模灌漑施設の近代化を図

ろうとする援助組織は，構成員固定的な水利組合の結成を求めており，その方針は現地で実践されている用水管理の原則とは相容れない．

　1990年代には上記のような乾季灌漑作が実践されていたが，2000年以降に低調となっていく．その動向とムワンガ町の拡大とは相関していると思われる．第5章で見たとおり，近年は人口成長率が低いムワンガ県においてムワンガ町のみが圧倒的な人口成長率を示し，それに関連する学校，市場あるいは民間住宅等の建設ブームが，キリスィ集落の住民の実感した「町の拡大」である．ムワンガ町の建設ブームは，キリスィ集落の住民の非農業就業機会の拡大をもたらした．レンガ作り，砕石作りが盛んになり，建設現場での日雇いが行われた．そして，ムワンガ町の食糧需要の増大は，低地畑で栽培した蔬菜や自家飼養しているウシのミルクの販売，ヤギ・ヒツジ等の販売の機会も増大させた．ムワンガ町の拡大に伴って，隣接するキリスィ集落も経済的に活性化されてきたといえる．このような非農業活動等への従事が，乾季灌漑作の実践を低調にしたのであろう．所得が増大していることを直接的に示す資料を持ち合わせていないが，キリスィ集落において中等教育経験者の比率が上昇していることはその傍証といえよう．2000年に導入された国家開発政策である貧困削減政策のもとで，中等学校の授業料が引き下げられたこと，自宅から通える国立中等学校が存在することが，比率増大の背景にある．このような傾向は，コーヒー経済が停滞し中等学校就学率が低落している山地村とは対照的である．ただし，ムワンガ町の建設ブームがいつまで続くかは不明であり，また食糧需要の増大に対してキリスィ集落の供給能力が対応していけるかどうかも不明である．わずかな低地畑を除いて，キリスィ集落は不安定な天水依存農業を継続しているからである．今後，換金目的で乾季灌漑作が復興してくる可能性も否定できない．その場合には，他村落の住民にも無償で土地を貸与し，柔軟な用水管理を行うという原則が維持されるかどうかは，不明である．

　不安定な食糧事情は，キリスィ集落に限ったことではない．まずもって，タンザニア全体で，最も重要な主食作物であるトウモロコシが自給できないという状況が長らく続いてきた．タンザニアは1960年代に国内自給をほぼ達成しており，その後も人口成長率を上回るトウモロコシの増産が達成され

ていたことから判断すれば，トウモロコシの輸入を必要としないはずである．しかしながら，1970年代初期から80年代末まで恒常的に輸入しなければならなかった．その理由は，トウモロコシの増産率をさらに上回って増大した都市人口のために食糧を確保する必要があったことである．なかでも，都市人口の3分の1を占め急速に人口増加している首座都市ダルエスサラーム市への食糧供給問題が，タンザニア政府の最大の懸案事項であったといえよう．ダルエスサラーム市が港湾都市であること，自国通貨を高く見積もる外為レートが適用されてきたことが，いわば安易な食糧の対外調達の背景に潜んでいた．タンザニアの食糧問題とは食糧流通問題であり，生産問題ではなかったと見なせる．構造調整政策によって国内市場向けの食糧作物の国家管理は取り除かれ，トウモロコシ農民は高い生産者価格を享受できるはずであったが，1990年代以降にタンザニアのトウモロコシ生産は増産率が鈍化しており，国内市場の統一もなされていないことと相俟って，今後は流通問題に加えて生産問題が発生する可能性がある．

　このような状況下で，タンザニア政府は食糧を自給しえない農村地帯には十分な手当を行えないのではないかと推定される．それに対して，農村の実態を把握し，中央に対して地域の窮状を訴えていくべきは地方行政組織であろう．タンザニアで近年推進されている地方分権化政策の下では，開発の中核的な役割を期待されている県行政府の果たすべき役割といえよう．ムワンガ県の県農政局は，県内でのトウモロコシ生産が県民の食糧需要を満たさないと慢性的な食糧不足を報告してきた．しかしながら，ムワンガ県の人口の半数近くが居住する山間部では，料理用バナナがトウモロコシ以上に主食の位置を占めている．トウモロコシの生産不足をもってただちに県の食糧不足が発生するわけではないはずである．このように考え，ムワンガ県農政局の食糧関連資料を精査してみた．その結果，食糧生産量を過小に，そして食糧必要量を過大に評価する計算方法を用いて，食糧不足量を多めに査定する報告書が作成されていることが判明した．県行政府も地域を象徴する組織体であると見なせば，このようなしたたかな報告内容も一種の地域の主体性の表れといえるが，実態は，ムワンガ県が独自に編み出した方式というよりも上位の監督官庁からの指示による計算方式と思われる．タンザニア全体のトウ

モロコシ生産量の数値が資料によってかなり異なっていることと，ムワンガ県農政局が割り出す食糧不足の推計値が過剰であることの間には，相関があるように感じられる．

このような食糧不足の報告書の如何にかかわらず，主たる農耕期に不安定な降雨に依存した天水畑作が行われているために，実際に深刻な食糧不足も頻繁に発生していると推測され，そのような場合には，県行政府は自らの定めた配給方式に従って食糧配給を遅滞なく実施していた．ただし，キリスィ集落における食糧配給の事例で見るかぎり，県の配給方式では食糧不足世帯を適切にはカバーできておらず，また配給量も不十分であった．そのため，農村世帯は行政府を全幅の信頼をおける存在とは見なしておらず，食糧不足への自衛を多就業形態で達成しようとしており，そのなかには自給用食糧作物増産という方策も含まれる．第4章で紹介した乾季灌漑作も1方策であることは，いうまでもない．

食糧不安を抱えるキリスィ集落にとって，ムワンガ町の拡大は非農業就業ならびに農畜産物の販売の絶好の機会を提供している．上述したように，キリスィ集落での中等教育経験者の比率の上昇は，消費的支出の補填だけでなく，いわば投資的支出をもカバーしうる所得の増大があったことを窺わせる．このようなムワンガ町の拡大がムワンガ県経済の中心地移動を示しているとすれば，コーヒー経済の停滞をもって同県経済がすべて逼塞しているとはいいきれない．もちろんムワンガ町の繁栄が持続的であるかどうかは疑わしいが，この事例を手がかりにして，タンザニアの発展にはどのように新たな方向性を考えうるかという観点から，農村インフォーマル・セクター論を第5章で紹介した．農村インフォーマル・セクター論は「下からの開発」をめざすものであり，社会開発論や内発的発展論と発想を一にしている．農村インフォーマル・セクター論が仮想する地域とは地方中小都市を中核として周辺農村を含む地理的空間であり，そのような地域社会経済圏の内部では農業と非農業が連関することが想定されている．もっとも，グローバリゼーション下では閉鎖的な市場圏は成立するはずもなく，おそらくは開放的ではあるが内外の変動要因に対してなんらかの緩衝として機能する存在と考えられているのであろう．農村インフォーマル・セクター論はまだ荒削りな理論であり，

今後さらに精緻化していく必要があるが，それに先立って，この理論を適用できそうな地域社会経済圏の萌芽といいうる存在は，地方分権化が推進されつつあるタンザニアに見いだせるのかを，さらに問う作業が必要であろう．

　農村インフォーマル・セクター論で期待されているような地方都市であるムワンガ町の拡張は，新たな問題も発生させている．その最たるものは，社会サービスの提供が人口増加に追いついていないことである．それに関連する事例として，ヴドイ村区における水道新設計画を第5章で紹介した．行政当局と地域住民の対立の事例であるが，視点を変えればこの事例も地域の主体性が発揮されていることを示すものであり，農村インフォーマル・セクター論を補強する事例ともいいうる．

　以上のように，ムワンガ県とキリスィ集落を素材として，地域の主体性を検討してきた．キリスィ集落周辺で実践されている乾季灌漑作と，キリスィ集落を含むヴドイ村区住民がムワンガ町水道公社に反発して組織したクワ・トゥガ水道計画は，ともに，開始時には外部からの指導・支援なく自ら発起した活動であり，共有資源ともいうべき水の利用をめぐって，一方は農業用水として，他方は生活用水として，まさに地域がその主体性を発揮した事例である．豊かではない北パレ山麓の小さな地域の住民は，エンパワーされなくとも自ら改変しうる能力を有している．もちろん，彼らが無制限に何事をもなしうるというつもりはない．乾季灌漑作は新たな非農業就業の前に容易に衰退し，また水道新設計画は水道管を購入しうるあてのないまま数年が過ぎるという杜撰さであった．そして，山間部の住民がコーヒー離れを起こしながらも，コーヒーを代替する有力な収入源が見つからない状況下で，移動労働を活性化することもなく，いわば待機している状況も，地域の主体性と見なせる．必ずしも進取の気性に富んだ行動様式のみが地域の主体性の発現形態ではない．タンザニアの各地で，さらには世界中の各地で，同様の小さな試行錯誤がなされ，あるいは成功し，あるいは失敗している．その発現形態はさまざまであろう．たとえば，コーヒー流通の自由化とコーヒー価格の下落という大状況に対して，ムワンガ県を含むタンザニアの北部高地ではコーヒー離れという対応がなされ，南部高地ではコーヒー増産というまったく正反対の行動が見られた．それぞれの地域が置かれた種々の政治的，経済

的,社会的,文化的,生態的な環境の差異が,同一の国家開発政策の施策に対して異なる行動様式を生み出したのである.その意味で,パレ人の居住する北パレ山塊とその周辺の平地部という相対的に独立した社会経済空間を構成し,かつ地方分権化政策の下で開発の最前線に立つ行政単位でもあるムワンガ県は,多様さを内包した一個の地域として,それ自身が分析対象とされるべき存在である.

　本書で紹介した地域の主体性の発現形態は,かつて赤羽がアフリカ諸社会で析出をめざした,あるいは断念した「共同体の内発的発展の契機」に一脈通ずるところがある.しかしながら,赤羽は共同体社会から資本主義社会への進化論的な移行過程を意識していたが,本書での地域の主体性の発現形態はそのような方向性を捨象した存在である.1990年代にキリスィ集落周辺で乾季灌漑作が実践され衰退しつつあるのも,それに代わって水道新設計画に熱心に取り組んでいるのも,なにやらゲームに興じているような観すらある.もちろん生活がかかった真剣勝負ではあるが,その過程を楽しんでいるように感じられる.彼らはいつでもゲームを終了して原状復帰しうる余地を残しており,現行の変容過程は可塑的であり,序章で紹介したように,あくまでも「変動」の域を出ないものにすぎない可能性も高い.変動に安易に方向性を見いだすことには慎重であるべきであろう.それは,外部支援による種々の開発プロジェクトにも当てはまろう.「貧困削減」の主体はあくまでも地域社会の住民であり,彼らの状況依存的な判断が尊重されるべきであり,それは時には開発プロジェクトを促進し持続させる方向で働き,時には開発プロジェクトを阻害し頓挫させる方向で働くこともあろう.外部から見てつねに望ましい「貧困削減」の一方向的な変化を期待することは妥当ではない.

　食糧援助が行われている事実からすれば,ムワンガ県は総体として食糧貧困線を割るような事態が頻発している「貧困削減」のための施策を必要としている県であるが,2009年2月に食糧援助(トウモロコシ8kg/世帯を低額で販売)が行われている最中に,ムワンガ町の定期市では通常通りにバナナが売られ,食糧援助を受けている世帯主が購入している現実に,主体性を発揮する地域のしたたかさを見る思いがした.

2 ミクロ-マクロ・ギャップを架橋するために

2-1. 地域研究と開発諸学の協業は可能か？

　地域研究者が調査対象としている村落や集落にも開発の波が押し寄せてきており，開発行為・開発現象と無縁ではありえなくなってきている．近年の農村開発プロジェクトでは，住民参加型の社会開発を行う前提として，対象社会をよりよく理解するために RRA (Rapid Rural Appraisal), PRA (Participatory Rural Appraisal), PLA (Participatory Learning and Action) 等の調査・実践手法が適用されている．それに対して，地域研究者，少なくとも私は，いささか違和感を禁じえない．違和感の背景には第1に，短期間に成果を出すことを目的としたこのような簡便な調査・実践手法や，国際機関と中央政府が提供するマクロ・データに依拠した地域社会経済の認識に対する懐疑がある[1]．そして第2に，住民参加型の社会開発の背後に潜む，開発経済学を筆頭とする開発諸学が主導する国際的な開発理念に対する不信感がある．この違和感のために，少なからぬ数の地域研究者は，開発行為に対して消極的とならざるをえない．

　このような地域研究者の対応に対して開発諸学の研究者は，長期間を費やしながら開発に対してなんら積極的な提案を行えない「純粋」学術研究であるとして，地域研究を社会的ニーズに配慮のない研究者の自己満足にすぎないという厳しい批判を向けることになる．一方，「純粋」と揶揄される地域研究者は，開発諸学の研究者に対して，「1日1ドル」「住民参加」等の耳当たりのいい扇動的なフレーズを駆使しながら開発「介入」を促進し，短期

---

[1] この点に関して，アフリカ農村研究者の末原は，以下のように主張している．「政治学や経済学が，しばしば中央だけを志向し，中央だけから地域社会を見ていることに対して，学問の別の分野からも，何らかの問題提起をする必要がある……（中略）……個別の顔をもった地域社会を，一つ一つ検証していき，そこから全体像を把握する，より帰納的な学問の方法が必要だろうと考えている．それは，政治や経済に関する一般論から出発し，個々の地域社会にあてはめようとする演繹的な方法論とは，一線を画するものになるはずである」［末原 2009：7］．

的・狭窄的な視野でしか地域を理解せず，結局は自らの学術的な使命に反して地域の潜在性を阻害することになりかねないと反論することになろう．途上国の農村開発に関する「アウトサイダーたちの2つの文化」の間の溝として，社会科学者と自然科学者との溝，あるいは学術研究者と実践者との溝を，チェンバース[1983: 28-29]がすでに1983年に指摘している．彼が指摘したものとは亀裂の存在する位置が移動はしているものの，同種の溝は開発諸学と地域研究者の間に，今も「簡単には埋めることのできない溝」として厳然と存在している．

しかしながら，発展途上国諸地域を対象とする地域研究と開発諸学[2]は，同一の対象に対するより良い理解をめざしている点で，共通の課題に取り組んでいる．そのことを想起すれば，両者の反目は近親憎悪ともいうべき不幸な対立のように感じる．チェンバースの指摘を待つまでもなく，両者がどのように協業しうるのかを考えるべきであり，相手を論破するような論理構築のために時間を費やすことは，不毛であろう．長期にわたって地域社会に密着した調査を行っている地域研究者は，なんらかの開発計画に対して，開発を望まないという選択肢も含めて，地域住民がどのような意向を持っているのかについて精通しているはずであり，開発諸学者はその種の研究者の分析を真摯に受け止めるべきであろう．一方で，地域住民がなんらかの開発を望むときに，地域研究者は他地域の同種の事例に詳しい開発諸学者に知識と情報の提供を要請すべきであろう．

開発諸学と地域研究との協業を主張するのは，両者の学術的な指向性は同一ではなく，一方が他方を代替できるわけではないからである．たとえば，RRA，PRA，PLAといった調査手法の改良は開発諸学の課題であるが，そのような調査・実践手法で収集した情報を羅列しても統合的な地域理解をめざした論文を執筆できるわけではないし，逆に特定地域の地域研究を深めたからといって国家レベルの開発全般あるいは開発手法一般に対して有効な提言ができるとは限らない．開発をめぐる普遍理論の構築という指向性を有する

---

2) 地域研究は必ずしも発展途上国を対象としたものには限定されない．また，開発諸学についても国際的な開発援助思想・政策等を対象としている場合は，発展途上国を対象としているわけではない．

開発諸学と，地域の統合的 (holistic) な理解という指向性を有する地域研究は，相互補完的な側面を持っており，少なくとも現状では，一方が他方に吸収されるとは考えられない．

同じような想いは，他地域を対象とする研究者も抱いているようである．インドネシアで住民参加型灌漑改修事業が実施された地域を長期にわたり定点観測している小國和子は，以下のように述べている．「農村開発援助における短期的で可視的な成果が，住民の持続的な生活にとって第一義的な意味をもつわけではない」，「援助関係者が評価すべきは，当初の意図通りにものごとが継続されていることではなく，人々が援助事業の機会をどのような経験として内在化し，その後の生活にさまざまな形で生かしているかであろう」，「長期にわたる，しつこいほどのフィールドワークを，日常業務に追われ，予算組みの難しい援助実務者が行うことは非現実的である．しかし地域性にこだわる人類学者にとっては，自らの研究対象地域を生涯にわたって訪問し続けることは当たり前のこととも言える．両者の目線をあわせてゆく道筋さえつけられれば，双方にとって有意義で具体的な協働の糸口がみえてくる」[小國 2008: 239-240]．彼女のいう「援助実務者」を「開発諸学者」に，また「人類学者」を「地域研究者」に置き換えれば，私の主張に相似している．

2-2. 地域理解の共通認識

このような協業を可能にするための前提条件として，地域の社会経済に関する認識を共有しておく必要があろう．上記の地域研究者の抱く違和感の第1の背景に関わる検討課題である．このような現状認識について，ハイデンの言葉を借りれば，ミクロ-マクロ・ギャップが存在する．たとえば，アフリカ農業に対して，ミクロ・レベルで実態調査をする地域研究者が決して悲惨ではないという見方に立っているのに対して，マクロ・データから推し量った深刻なアフリカ農業の現状を前提としてミクロ・レベルでいかに改善すべきかという課題を，開発諸学者は設定しているのではなかろうか．もしそうであるならば，同じくミクロ・レベルに立ち入ろうとする両者の歩み寄

りは，情報の統合という単純なものでなく，地域理解に対する徹底的な対話を必要としているということになろう．

アフリカに対する社会科学的な研究蓄積が不足している日本においては，開発諸学とともに地域研究の研究者の養成も急務と考えられるが，近年は開発諸学への関心が著しく高まり，地域研究はいたって分が悪いように感じる．地域研究は研究に時間がかかるうえに成果が予測しがたいことから，敬遠されるためであろう．それに加えて，アジア地域研究はまだしも，日本においてはアフリカ地域研究では就職先を見つけるのが非常に困難であるという状況にある．開発諸学に優秀な人材が集まることはもちろん望ましいことではあるが，他方で地域研究が活性化されていないという現状は，たとえば日本の農村を対象として培われ，発展途上国の農村分析にも応用されてきた農村社会経済分析手法の衰退といった事態にもつながると，私は憂慮している．

そのような事態は，開発諸学に反映され，それらの分析を表層的なものにしてしまう危険性を孕んでいるように感じる．たとえば，国際機関や被援助国によって提供されたマクロな情報を，開発諸学の研究者は洗練された手法で分析できたとしても，そもそもその情報の信憑性について問うたり，別種の情報によってクロス・チェックすることは困難ではないか．このような作業に貢献しうるのが地域研究であると考えている．開発諸学と並んで地域研究の充実を図ることが，日本が独自の視点を確保した，よりきめ細かい開発支援を行うためにも，ぜひとも必要な作業であろう．

2–3. ミクロ–マクロをつなぐ試み

地域の社会経済に関する認識の相違というミクロ–マクロ・ギャップを架橋するような試みは，すでに始められている．たとえば，湖中真哉は，ケニア中北部の遊牧民サンプルを調査対象として，「人類学的な地域研究が対象とする周辺的地域社会の多くでは，経済のグローバル化に伴い，……（中略）……生業経済と市場経済の併存現象が一般化する傾向」にあると見なして，「ひとつの社会の内部で，生業経済と市場経済がいかに併存的に複合化してきたのか」［湖中 2006：5, 7］を丹念に分析している．また，石井洋子は，

植民地後期に開設された中部ケニアのムウェア灌漑稲作計画地域を調査対象として,「90年代に本格化したケニアの経済自由化……(中略)……に対して地域社会の人びとは,そのハード・ランディングな包摂過程に戸惑いながらも,利用可能な資源を巧みに操作して経済変化を克服している」と見なして,「ポリティカル・エコノミーの影響力が大きい開発最先端の地を人類学のフィールドとして捉え,変化する社会への理解を進めよう」［石井2007：16］と試みている.ともに地域研究の中核に位置する人類学的な分析視角から,グローバリゼーション下での構造調整政策や政治的民主化という広義の開発現象に対して地域社会ではどのような発想のもとにいかなる変容過程が展開しつつあるかを丹念に実証分析した,若手研究者による優れた業績である.ミクロ・レベルの研究者(必ずしも地域研究者とは自称はしていない)が,マクロ・レベルの政治経済状況を分析枠組みに取り込もうとする試みである.

一方,構造調整政策や分野別開発指針に沿ってマクロ・レベルでの開発実務が中核となりつつある(と私には写る)機関によって,ミクロ・レベルの社会認識のための地道な作業も継続されている.我が国の政府開発援助の実務を担っている国際協力機構(およびその前身の国際協力事業団.JICA)においては社会的側面に配慮した協力を推進するための刊行物が1990年代初期より出版されはじめ,2007年までに18点を数えている［杉田2008：98］.たとえば,国際協力機構国際協力総合研修所が取りまとめた『社会調査の事業への活用 ── 使おう！社会調査 ──』［国際協力機構国際協力総合研修所編2005］と『社会調査の心得と使い方：人々に届く援助とは？悩めるあなたのための心得帳』［国際協力機構国際協力総合研修所編2007］は,開発諸学を土台として開発のための実践的研究を行ってきた機関がより深く開発計画の対象社会を理解する必要性を認知し,実践担当者に周知しようとした試みと理解しうる.もちろん,杉田のいうように,「開発調査や一括契約方式のプロジェクトに参加した経験のある社会開発系のコンサルタントたちから,TOR(引用者注：Terms of Reference.委任事項)に記された住民調査が時間的制約から見て困難であったという意見が聞かれることも稀ではない」［杉田2008：116］という状況も存在している.

杉田が上記の論文で結論するごとく，「地域社会レベルの人々を対象とした場合，その地域社会の状況の把握は絶対の前提となる」［杉田 2008：121］ことは，研究者も開発実践者もともに合意するところであろう．ただし，調査手法の安易な結合は慎むべきである．たとえば，農村世帯の生業多様化を生計戦略として捉えるという興味深い論点を提示しながらも，低コストで短期のうちに政策に有用な調査結果を得ることを目的化して，参加型手法と小規模サーヴェイ手法を結合しようとするエリス［Ellis 2000］は，参加型の本来の意図を逸脱して短期間で情報収集を可能とする手段に矮小化し，また地域研究者が払う農村社会経済調査に対する緻密な配慮に思い至らずに定量的なデータを処理してしまっている．

　別の事例を挙げれば，開発実務に深く関わったことのある二木は，「農業生産の安定増産に最も必須なのは，農業インフラであることは疑いありません．……（中略）……我が国はタンザニアのローアモシ灌漑計画や，ケニアのムエア稲作開発計画等，大規模灌漑施設の建設に貢献してきました．……（中略）……しかし，それらの灌漑施設が当該国で反復されたケースはほとんど報告されていません．モデルとして広まらなかったと考えるほかないでしょう」［二木 2008：58-59］と，両計画をモデルとして広まってしかるべき計画と高く評価している．キリマンジャロ州モシ農村県で展開されているローアモシ灌漑計画は私の調査地であるムワンガ県からも遠くなく，私は同計画に派遣されたJICA専門家を身近に見知っており，彼らの計画遂行への尽力には頭の下がる思いがする．しかしながら，両計画を他地域のモデルとする前に，たとえば上述の［石井 2007］がムエア稲作灌漑計画の契約農民の悲惨な生活状況を描き出していること，また［Mujwahuzi 2001］や［Lerise 2005］がローアモシ灌漑計画地とその周辺で発生している土地利用と用水確保に関する紛争を論じていること等に，真摯に耳を傾ける必要があろう．地域社会に関する長期的また網羅的な情報収集に関しては，それを本務として行っている地域研究者に一日の長があると私は考える．開発研究，開発実務との協業の可能性を探ることは無駄ではないと感じる．

　ミクロからマクロの視点，そしてマクロからミクロへの眼差しを紹介してきたが，これらに加えて，ミクロ・レベルの開発実践ともいうべき村落開発

に関わる実践者からは，開発のあり方に関して，より実践的な問題提起がなされている．アフリカの事例だけではなく，また執筆者がすべて開発実践者ではないが，草野孝久編の2冊の著作，[草野編 2002]，[草野編 2008] はともに，「住民の目線で考える」という副題が付されており，現地社会へのきめ細かい認識の必要性が，具体的な事例によって主張されている．地域研究者とのミクロ・レベル同士の協業が可能であろう．この場合に地域研究者に求められるのは，一見奇妙であるが，湖中や石井が提示したようなミクロ・レベルに影響を及ぼす広域の政治経済状況についての知見であろう．

2-4. 国際的な開発理念の見直し

さて，地域研究者の違和感の背景の第2は，国際的な開発理念に対する不信感である．タンザニアが独立した1960年代初期以来，国際的な開発理念はかなりの振幅で変動し，首尾一貫してきたわけではない．タンザニアの独立後50年間の国家開発政策は，揺れ動く国際的な開発理念を程度の差はあれ反映してきたものであった．独立当初の3ヶ年開発計画は世銀報告書等を背景としており，続く第1次5ヶ年開発計画はフランス人経済顧問団に諮問しており，1975年の基本工業戦略にはハーヴァード大学国際開発研究所の経済学者が関わっており，1980年代初期の自力の経済再建期にも世銀によるタンザニア顧問団の助言を受け，1986年以降は世銀・IMFの支援する構造調整政策を遂行し，世紀末より全世界的な支援体制のもとに貧困削減政策を展開してきた．独自の農村社会主義化であったウジャマー村政策にしても，基本的生活充足重視という当時の国際的な開発潮流に合致するものとして，国際社会から高い評価を得ていたのである．

このような開発理念の大きな振幅での変遷のもとで，その影響下にある国家開発政策も揺れ動き，開発によって実現されるべき農村の理想像も転換されてきた．

具体的に例示すれば，土地に対する人口圧力が高まり相対的に土地が不足している状況下で，資金的に余裕がある世帯が農業投入財を使用して土地生産性を高め，次第に低生産性下にある世帯から取得した土地を集積し，土

地を喪失した世帯が農業労働者化しているような農村階層化が進展した場合に，一定地域内での人口収容能力が高まったと評価することも可能であるし，当該地域で見られた平等主義的な土地保有状況が破壊されつつあると非難することも可能である．均霑理論（trickle down theory）を信奉するのであれば，上記の事例においても，農業労働者世帯の家計もかつてより潤っていれば，たとえ農業労働者世帯が土地を失い，独立した農業経営者の地位を失っていたとしても，このような変化は是とされることになりうる．しかしながら，現行の社会開発で想定されているような望ましい開発とは，通常は平等主義的な変化であり，上記のような変化は開発ではなく退歩と見なされうる．平等主義的な方向への開発を促す「介入」（「働きかけ」というソフトな用語が用いられることもあるが）を行うことは，現行の開発理念のもとでは肯定されるが，これまで変遷を経てきたすべての開発理念のもとでも是とされてきたというわけではない．開発とは良い変化を意味するが，「何が良く，どのような変化に意義があるのかについては，意見が分かれてきたし，またおそらく分かれるべきなのであり，将来も分かれるだろう」というチェンバースの見解［2007：418-419］は妥当であろう．

　そもそも欧米ならびに日本における社会経済変容を見るかぎり，とくに進行しつつあるグローバリゼーションのもとでは，平等主義的な変化が起こってきたとは考えられず，むしろ格差は拡大してきたのではないか．その轍を踏まないように事前に介入するということか，あるいは欧米・日本型とは異なる平等主義的な開発がアフリカでは可能であるということなのか．このような根本的な検討課題に応えることなく，現在は貧困削減という万人が否定しがたい開発スローガンを前面に掲げて開発が推進されつつある．経済側面以外の貧困状態の解消という社会開発の視点は評価に値するが，貧困の定義の複雑化によって，多様な対応策が同時並行的に必要となり，おそらくは問題解決までには時間を要することになろう．そして，これまでの経験からすれば，それらの達成が確認される前に，国際社会は開発援助に関する新たな理念へと転換していくことになる．現在の開発理念が最終的なものであり，今後も不変であるという保証は何もないのである．

　このような開発理念の変遷とともに揺れ動く国家開発政策に翻弄されてい

ては，農村住民は自らの生存・生活が危うい．彼らと同一の視点を確保しようとする地域研究者も，常に最良の開発方針として提示されながら，ほぼ10年おきに大きな振幅で方針転換される国家開発政策とその背景にある開発理念に，大きな不信感を抱いている．そして，私を含む地域研究者は，地域社会が独自の論理をもって動いているという，開発政策に依存しない農民・農村像を描き出す理論に魅力を感じるようになる．これらの理論では，国際的な開発理念や国家開発政策で認識されているような農村の現状認識・将来像とは異なる農村社会の存在形態を想定しており，ここに現状認識に関わるデータをめぐるものとは別種のミクロ－マクロ・ギャップが発生することになる．

2-5. 地域独自の論理

　地域独自の論理という点に関して，タンザニアを研究活動の出発点としてアフリカ農村社会に関する考察を行っているゴラン・ハイデンは，1980年代初期にまさに魅力的な見解を提示している．彼 [Hyden 1980; 1983] は，植民地期以降に小農社会は資本主義の浸透に曝されて変容せざるをえなかったが，全面的に資本主義にからめ取られるのではなく，自らに不利な局面が発生すれば資本主義社会から離脱しうるような退路を確保しており，資本主義に完全には「捕捉されない小農層」(uncaptured peasantry) が広範に存在していると見なしている．そして，小農社会においては資本主義とは別種の「情の経済」(economy of affection) という経済原理が機能しているという．彼の提示した論点は，変容局面と不変局面の共存，あるいは物質文化と意識構造の分別である[3]．

　彼と驚くほど似た主張は，彼に先立ってアフリカ農村共同体全般を対象と

[3) ハイデンの見解をめぐって，1980年代央に「アフリカ小農論争」が発生した［鶴田 2007：54-55］．この論争でハイデンは自説を取り下げたわけではないが，近年の「情の経済」に関する彼の所説は変化している．1つには，1970年代の社会経済構造論的分析から1990年代以降の行為主体分析の流れを受けたためであり，もう1つには「情の経済」を小農社会以外にも適用できる概念へと転換しようとしているためである．

した赤羽［1971］によってなされている．マルクス主義史観とウェーバー社会学を融合した大塚久雄による社会経済史観，いわゆる大塚史学に拠って立つ赤羽は，植民地勢力による土地収奪，換金作物栽培の導入，出稼ぎ労働の常態化という変容にもかかわらず，アフリカ農村社会の組成原理は強固に生き残っていると主張する．その根拠は，アフリカ農村社会ならびにそれに密接に結びつけられた都市社会におけるアフリカ人精神構造の不変性である．赤羽のいう「血縁的な紐帯」は，ハイデンの「情の経済」と発想を一にしている．農村不変説と農村変容説を巧妙に折衷している点で共通する両者の論法は，定量的な計測が比較的容易で可視的な変容過程はあくまで表層的な現象と見なし，定性的な分析によってもおそらくは論証が至難な精神構造の不変性を主張しているがために，容易には否定も肯定もできない．そして，一見変容しているように見えるが実は変容していない農村社会が真に「近代化」するためには，そのような社会の大本が解体されねばならないと，両者はアフリカ農村の独自世界を否定的に捉えている．解体の主体に関して両者には見解の相違が見られ，両者の論理を比較検討した峯陽一［2003：192］によれば，ハイデンが近代的なアフリカ人官僚による開発政策や産業資本家の輩出という外部要因に期待するのに対して，赤羽は農村社会自らの「共同体解体の内発的契機」を期待している[4]．

　赤羽，ハイデンを共同体解体論者であるとすれば，近年はアフリカ農村における独自の論理の存在を肯定的に捉える論調が出はじめた．これらの議論ではあくまで独自の論理を持つ地域社会が想定されているのであって，開発経済学の理論枠組内で仮想されている経済合理的な農民が構成している社会像とは同一ではない．

　たとえば掛谷誠は，「最小生計努力」，「食物の平均化」の傾向，「妬みや恨みに起因する呪いへの恐れ」を指摘して，アフリカ焼畑農耕民社会の経済的な平等性というハイデン，赤羽の農村不変説に通じるような論点を挙げながら，「内因の熟成と，農業政策などの外因の変化が同調したとき，平準化の機構は変容を急激に推し進める機能を持つ．『伝統』を支えてきた平準化の

---

[4] 注3で触れたように，ハイデンは「情の経済」概念を変更しており，現在は，それが開発の桎梏であるという立場をとっていない．

機構は，条件が整えば，変容を推し進めもする」[掛谷 2002：xv-xix] と，地域社会の独自の論理の存在とそれを基盤とした変容の可能性を示唆する見解を提示している．また，杉村和彦は，これまでの農村分析では生産局面が重視されてきたが，アフリカにおいては消費局面，「消費の共同体」こそ注目されるべきであると主張し，その意味で，相互扶助的な色彩が濃い共食慣行はアフリカ農村の組織原理として重要であると強調する [杉村 2004；2007]．ただし，杉村は，共食慣行を伴う農村社会が現代においても強固に残存していることに開発現象との共存を見ており，そのような慣行と開発の関連性については詳細な分析を控えている．

さらに，明確な独自の論理を強調してはいないが，マドックスら [Maddox, Giblin & Kimambo eds., 1996] は，タンザニアにおいて植民地化以前から存続する諸地域社会が示してきた環境問題等に対する主体的な取り組み (local initiative) に注目している．彼らによれば，従来のマルクス主義に依拠する歴史学者は，帝国主義・資本主義といった外部要因を強調し，「農村社会が自らの変容に果たした主体性を等閑視する傾向があった」[Giblin & Maddox 1996: 1] のであり，その背景には植民地化以前のアフリカに対するいずれも極端な「幸福なアフリカ」史観 ('Merrie Africa' approach) と「原始的なアフリカ」史観 ('Primitive Africa' approach) が存在するという [Giblin & Maddox 1996: 2]．前者は，植民地支配が行われるまでは平和であったアフリカ社会が，植民地支配によって塗炭の苦しみを味わうようになったという見方であり，他方，後者は，ヨーロッパ社会と比してはるかに遅れていたアフリカ社会が植民地支配によって文明開化されたという見方である．マドックスらは，両説ともに植民地化以前と植民地化以後との社会を峻別する断絶説であると断罪し，植民地化以前と植民地化以後（おそらく独立後も含まれる）の諸社会の連続性を主張する．植民地化以前においても危機的状況は存在したであろうし，植民地化後にも社会の存亡に関わる深刻な事態が発生したであろうが，それらに対して現地社会は対応する能力を有してきたという主張である．変容の契機は外部要因にあるとしても，それに応じうる現地社会の柔軟性・叡智という主体的な能力に関心が払われてきたのであり，決して社会経済環境の変化に対する現地社会の予定調和的な適応を強調するものではない．

マドックスらは歴史学の手法で分析を試みているが，彼らが抱いている問題関心は，コモンズ論に関わる環境経済学や環境社会学の論点，あるいは人文地理学とマルクス主義的な経済史学とを融合して脆弱性 (vulnerability) や回復能力 (resilience) を検証しようとするポリティカル・エコロジー論の論題と，焦点が重なりあう．それぞれの専門分野を背景としながらも，いずれもが地域研究を行おうとしているために，論点が交差することは当然のことといえよう．そして，共同体の解体を主張する赤羽，ハイデンもまた，マドックスらの強調する地域の主体性という論点に関しては見方を共有している．
　このような農村社会の組織原理・存在形態に対する否定的な視点から肯定的な視点への転換も，ある意味では国際的な開発思想の影響下にある．赤羽，ハイデンが執筆作業を行った 1960 〜 70 年代以降の農村社会論，共同体論の理論的な潮流を，タイ農村研究者である北原淳［北原 1996］が手際よく要約している．北原によれば，戦後日本においては日本農村社会を遅れたものとしてネガティヴに捉える「共同体論」が主流を占めており，上記の赤羽［赤羽 1971］の共同体論もこの論調に沿うものである．ところが，1970 年半ば頃から，農村の共同性をポジティヴに評価する論調，北原のいう「共同体主義」が徐々に主流を占めるようになってきた［北原 1996：47］．地域に賦存する資源とその維持管理の担い手に問題関心を抱くコモンズ論の勃興と呼応するかのごとき共同体主義による地域社会への関心は，北原によれば，共同体の存在形態についての厳密な実証的検討ではなく，農村開発に地域社会の共同性をどう活用あるいは創生しうるかである．共同性に訴え，農村開発への住民の関心と参加を高めるためには，過去・現状で実際に存在していなくとも，理想的な共同体があたかも存在した，あるいは存在するかのように喧伝することもありうるという．そのため，「共同体主義」に基づく共同体の存在を「共同体論」的手法で実証的に否定する試みは論点がずれていることになる［北原 1996：52］．そして，北原は「村落社会を閉じられた地域共同体としてではなく，国家や社会と関係するなかで不断に変化する可能性をもつ部分システムとして把握すること」が必要であり，「自立的な共同体（あるいは農民）とそれを支配しようとする国家・市場とを対決させるような単純な二項対立的な発想との決別が必要」であると主張する［北原 1996：iii］．

終章　地域と開発の交接点を求めて

　北原のいう共同体論から共同体主義への移行という研究関心と主張の転換について，より過激な議論を展開しているのは，多辺田政弘である．多辺田は，日本の農村を事例として，「われわれは，あまりにも図式的に，戦前と戦後を区分し，戦前の村落共同体を前近代的・封建的諸関係とのみとらえ，その解体こそが人間解放なのだという図式のあてはめ方……（中略）……に固執してきたのではないだろうか．……（中略）……誤解を恐れずに言えば，戦後の社会科学は，ほんの少数の例外を除いて……（中略）……村落社会がもつ農的世界……（中略）……の展開をその独自の論理に即して助ける方向に力を貸そうとはしてこなかった．むしろ，農的世界の独自性に気づくことなく，農業の特性を捨象した『生産』という概念の延長線上で，生産力発展＝機械化・生産手段の社会化，あるいは資本の本源的蓄積という図式枠に押し込もうとしてきた」［多辺田 1990：109］として，「共同体解体論」の呪縛から自由になることを主張している．また，多辺田は，「確かに戦後の社会科学が『望み』とした『共同体（封建遺制）解体』は現実に進行した．しかし，農山漁村が『地域社会』として崩壊の危機に瀕して，地域資源と環境をその『守り手』もろともに失おうとしている今，一体そこに『何が残った』というのだろうか」［多辺田 2004：219］とも批難する．

　北原が「過去・現状で実際に存在していなくとも，理想的な共同体があたかも存在した，あるいは存在するかのように喧伝する」と共同体主義を指摘したのに対して，多辺田は農的世界という類似する概念を用いながら，それを具現する共同体は実際に存在していたにもかかわらず，戦後日本の社会科学はそのような共同体を解体すべき対象と見誤ったと糾弾し，コモンズを担うべき存在として再認識する必要性を提唱しているのである．［多辺田 1990］からの引用部分は日本を扱った箇所であるが，同書はミクロネシア連邦のヤップ島の事例研究で始まり他国の農村分析をも意図したものであることは明らかである．社会開発，内発的発展といった近年の一連の共同体見直し論あるいは新たなコミュニティ論に与する考え方であり，アフリカ農村に対する共同体肯定論にも通ずるものである．

　このように，アフリカ農村の独自世界は解体されるべきであるという共同体否定論のほうが一見すると開発諸学と融和的であるように思われるが，実

は共同体肯定論のほうが開発とはるかに親和的である．それは，研究の置かれた時代状況による．赤羽やハイデンが共同体否定論を検討した1960～70年代の研究の時代背景を考え合わせれば，多少ともマルクス主義的な発想に依拠し，主流派開発経済理論と距離を置く両者が想定していた，解体後の共同体構成員が直面する近代資本主義社会とは，帝国主義論，国家独占資本主義論，低開発論，新植民地主義論が描き出していた搾取的な社会経済体制であり，共同体の解体がより望ましい社会への移行を意味していない．むしろ，アフリカ農村社会が独自世界を維持することは，自己防衛上不可避とも見なせる．

その当時と比べて現行の資本主義社会体制が実態として穏和なものになっているとは考えられないが，たとえば開発理論の多様化が進んだために，内発的発展論，ケイパビリティ論，社会開発論のような見解は，農村社会／地域社会の独自性を議論から排除していない．その結果，とくに1990年代以降に，地域研究と開発諸学の共存，協業の可能性が生み出されてきているのである．

3 ミクロ－マクロ・ギャップの架橋 —— まとめと課題 ——

以上述べてきたように，地域研究と開発諸学との間に存在する現状認識の相違と開発理念の離齬とは，2種類のミクロ－マクロ・ギャップとして把握しうる．このうち，前者については開発諸学もミクロ・レベルのデータ収集に乗り出していること，一方で地域研究者もグローバリゼーション等の外生的変動要因を分析枠組みに取り込んで対象社会の変容過程を描き出そうとしていることで，一定の歩み寄りがなされつつある．また，後者については，現行の貧困削減という開発理念は地域社会の平等主義的な開発を指向するものであることから，地域社会の独自世界を肯定的に捉える地域研究者の展開する論理と親和的である．地域研究と開発諸学の協業の可能性は現在高まっており，ミクロ－マクロ・ギャップを架橋する作業は良好な研究環境下にある．ただし，再度繰り返しておけば，地域研究は地域に対するより広く深い

理解を指向する研究成果を通じて開発諸学との協業を成り立たせるのであり，地域研究も開発を主要な研究目的に設定すべきであると，私が考えているわけではない．

　本書では，地域研究がいまだ残しているミクロ−マクロ・ギャップを架橋する作業の空隙を指摘し，それを埋めるような事例研究を提示した．ミクロ−マクロ・ギャップの架橋のために本書で地域研究に提起した第1点目は，社会経済行為の単位主体が活動する場としての地域の再認識の必要性である．1970年代には，地域の社会経済構造の分析こそが農村社会経済変容研究の中核的な論題であった．その結果，内部の社会経済行為主体は，あたかも地域のいわゆる共同体の経済外的強制の枠内でしか活動できない存在であるような印象を与えることにもなった．それに対して，1990年代以降の研究成果では，社会経済行為主体の行動の自由度が強調されるあまり，地域による拘束性は不問に付されているように感じる．いま一度，社会経済行為主体が置かれた社会経済環境としての地域を意識しておく必要があるのではないかということが，本書で主張したかったことである．すなわち，資本主義制度あるいはグローバリゼーションという全体状況に，世帯等の個別の社会経済主体が直接的に向き合っているわけではなく，その間に地域社会・地域経済といいうる中間項を想定すべきであるという主張である．

　本書で提起した第2点目は，中間域での調査研究の必要性である．行政区画でいえば州あるいは県というレベルでの研究蓄積が決定的に不足している．タンザニアの近年の統計資料には，従来よりも州レベルにまで言及した資料が増え，また県レベルでの情報を掲載したものも刊行されている．しかしながら，このような資料がいまだ十分ではなく，またマクロ・データと同様に資料としてかなり危うい．その危うさは，第3章で触れた県農政局が作成した食糧不足情報に端的に示されていよう．村落，集落といった小地域の分析を得意とする地域研究が，これまでの研究の空白地域ともいえる州，県のような，より広い地理的空間，人間集団をいかに対象とした分析をなしうるのかが問われている．地方行政府の情報収集能力に問題があることが明白であれば，なおさら研究の必要性は高いであろう．本書では「地域」としてこのような地理的空間・人間集団を取り上げて分析空間を設定したのであ

り，それは必ずしも行政区画を枠組みとした分析ではない．なんらかの共通の性格を有する地域として措定したのであり，地方行政に資することはあっても，その境界に縛られて課題設定する必要はない．

　本書で提起した第3点目は，第1点目と相反する側面を持つが，分析空間の相対化である．第2点目として指摘した中間的な分析空間の設定は，従来の小地域の分析に対して，小地域をより広い社会経済的な脈絡のなかへ位置づけることを可能とするとともに，小地域を分析空間として切り取る意義を相対化しうる．末原が指摘するように，「村落社会の社会経済構造を分析するためには，その社会の内的な論理構造を明らかにしていかねばならないことになる．具体的な地域社会の分析や記録は，閉じた社会の内部で完結させなければ，いつまでたってもきりがないことになる．しかし，実際は地域社会は閉じた体系ではない」[末原 2009：229]のである．また，島田がナイジェリアとザンビアの農村調査に基づいて提起している「2つの農村でみられた事象を，アトム化してその類似点と相違点に着目して直接比較するのではなく，それらの農村を取り巻くより広い空間的・時間的状況との関係性の中で比較」[島田 2007a：6]するという地域間比較のためには，中間域を対象とした研究蓄積のなかに村落研究を位置づけていく必要があると私は考える．

　そして，このような分析空間の意義を相対化する必要性を主張するのは，農村社会は相対的に自立的な社会経済行為単位主体によって構成されており，他を圧倒して有意であるような単一の地理的空間・人間集団が希薄であると，私が自らの農村社会経済調査に基づいて考えているためである．たとえば，村落のような行政区画をあたかも意味ある空間であるかのようにアプリオリに仮定することから自由になる必要がある．本書ではそのような意図を込めて，県と村落内の1集落をともに地域として取り上げた．

　地域は，確固たる実体を伴った存在というよりも，検討課題に応じて暫定的に設定された意味空間であり，重層的であり，また複合的でありうる．地域社会経済圏の主導的地域あるいは経済活動部門の移行という観点からムワンガ県域を検討対象にすることができると同時に，その内部のキリスィ集落を別の視点から地域として重層的に措定しうる．そして，検討課題に応じて

地域の切り取り方は複合的に設定しうることを，第4章，第5章で取り上げたキリスィ集落の事例で示した．乾季灌漑作において同集落周辺の圃場が利用されているが，他村落の住民も実践者に含まれており，地理的空間よりもはるかに広域に分散した人間集団が関わっている．そして，同集落の住民が新規の水道敷設計画に関わる折には，ヴドイ村区という最末端の行政区画が集合体の組織単位として選び取られた．営農活動と社会資本整備において，キリスィ集落では異なる集団化が試みられていることになる．

　本書が提起した第4点目は，地域の固有性に対するナイーヴなこだわりである．アフリカ農村研究において資本主義社会とは異なる独自世界の存在が主張されているが，このような先行研究に対して私が首肯しがたい点は，そのような農村社会の特質がアフリカという地理的範囲に適用されるものとして普遍化されている点である．この点に関しては共同体否定論も肯定論も同様であり，赤羽の「強固な血縁的紐帯」，ハイデンの「情の経済」，杉村の「消費の共同体」には原理の普遍理論化への指向性が見られ，その適用可能な範囲にはアフリカという空間的限定が付けられる．私は，そのような原理がアフリカ内に普遍的に見られるのかどうか，またアフリカ以外では見られないのかどうかについて，いささか疑問である．地域研究のめざすべきは対象地域の統合的な理解であるべきで，そこから抽出された原理の安易な普遍理論化は研究目的を逸脱しかねないと考える．もっとも，少なくとも赤羽はその意味で地域研究者ではなく，アフリカのさまざまな地域からの事例を比較検討して，当初よりアフリカというレベルでの地域特性の析出をめざしていた．本書で提起したのは，タンザニアというある種の共有の歴史空間のなかで，地域がそれぞれに放つ多様な反応の存在形態である．開発諸学を背景として特定の開発課題に特化して参入してくる開発計画に対して，当該地域の社会，経済，文化，生態等の総合的な認識をもとにその是非について評価しうるのは地域研究者であると考える．その地域研究者が普遍理論化の指向性を高めれば，一般性は高まるが具体性・固有性を捨象した地域認識に基づく議論を展開することになり，地域研究の本来の強みを発揮できないであろう．本書では，地域の多様性・独自性を示すことを意図している．それらをまとめて，より広い空間において地域が共有する性格の把握ももちろん必要であるが，

まずは個別の地域の内在的な把握を指向することが，研究蓄積の少ない日本の社会科学分野でのアフリカ研究に求められている．

　このような種々の地域の主体性に焦点を定めた地域研究の対象設定と分析視角は，開発諸学のなかでも内発的発展論や社会開発論と論点を切り結び，地域研究に実践的な貢献という価値も付与するものである．ただし，本書では十分に分析しえなかった今後に残された検討課題も，また存在している．
　今後の検討課題の第1は，理想とする開発目標に関わる問題である．あるべき農村社会とはいかなるものであるのかという検討課題は，地域研究についても開発諸学についても，またこれまでも，そして今後も，不断につきまとう．開発諸学と協調的な共同体肯定論においてこの課題はより深刻であり，現状の共同体の存在形態を肯定すればするほど，その変容を求める「開発」は必要ないということになりかねない．もちろん，複数の安定状態を想定することも可能であり，すでに触れた掛谷の「内因の熟成と，農業政策などの外因の変化が同調したとき，平準化の機構は変容を急激に推し進める機能を持つ．『伝統』を支えてきた平準化の機構は，条件が整えば，変容を推し進めもする」［掛谷 2002：xv–xix］という指摘は，複数の均衡点を想定するナッシュ均衡における低位均衡点から高位均衡点への移行を想起させる．このようないわば特異な変容過程を説得的に論じるためには，緻密な実証データに支えられた継続的な地域研究の成果が必要とされよう．
　そもそも地域の主体性を問う分析視角は，コモンズ論と同様に，地域の一体性を強調して対外的な対応に焦点を当てるがゆえに内部の差異化を不問にしているきらいがあり，タンザニアの農村社会を同質的・平等主義的であると想定しているという誤解を生みやすい．たとえば，第3章ではムワンガ県山間部におけるコーヒー生産の減退がムワンガ県経済にどのような変化をもたらしたかということに関心を払い，山間部においてどのような階層化が進行しつつあるのか否かについては分析を行っていない．地域の内部構造の変動と，全体としての変動・変容過程とを関連づけながら分析する視角が求められる．そして，そのような動態に対して，促進的あるいは阻害的な開発介入をすべきか否かについての開発理念の確立が必要である．ただし，おそら

くはそのような開発理念は今後も10年周期で大きな振幅で揺れ動いていくものと思われる.

　第2の検討課題は,地域の主体性に基づく社会経済変動の潜在力の問題である.すなわち,変動の規模・速度がグローバリゼーションという状況に十分対応しうるものであるのか,また社会経済変動の方向は望ましいのかという問題である.地域社会の潜在力を疑問視しているからこそ,これまで開発政策が上意下達式にかつ官尊民卑的な状況で指令として伝えられてきたともいえる.しかし,その国家開発計画が総花的・夢想的なものであるがゆえに,地域による非対応という反応を引き起こすことになったのである.

　地域の社会経済の変動・変容過程で,「コモンズの悲劇」のような問題が発生する可能性も否定できない.「コモンズ」であるから悲劇が起こるのではなく,共有資源を維持・管理・利用するための集団的合意の欠如・喪失という広義の「コモンズ」の崩壊が共有資源(狭義のコモンズ)を再生不能とするような過度の利用をもたらすと私は解釈しているが,個別世帯の独立性が高い農村社会の組成,地方行政組織の情報収集能力ならびに規制能力の欠如というタンザニアの現状では,地域の自由意思にまかせた社会経済変動過程は土壌浸食,森林過伐,水論の発生等の問題を引き起こす危険性がある.それに対して,地域が自主的に解決策を見いだしていけるのか,あるいは外部からのなんらかの介入が必要であるのかを,地域研究者は見定め,発信していく必要があろう.

　地域の主体性を重視した変動で懸念されるもう1つの点は,その変動ならびにそれが蓄積される場合の変容の方向性である.中間域といいうる地域が経済的に自立的になっていけば,国民経済の統合ではなく分散の方向へと向かう可能性がある.タンザニアの中央部は半乾燥地域で,主要な農業適地は国境周辺に偏在していることから,地域経済の活性化はタンザニアの国内諸地域が周辺諸国の隣接諸地域と国境貿易等を通じて直接的に結びつく可能性を秘めている.もしそうであるなら,国境を超えた地域融合が進むことがありうる.つまり,周辺諸国との国境貿易等の経済関係を強める広域の地域経済圏が緩やかに形成されることも考えられる.たとえば,第3章で紹介したキリマンジャロ・コーヒー産地を含む北部高地とケニアの首都ナイロビある

いは港湾都市モンバサとの経済圏，中北部のヴィクトリア湖南岸および西岸の両地域とケニアのキスム，ウガンダのカンパラといった大都市をも含んだ環ヴィクトリア湖圏，タンガニーカ湖地域と対岸のルワンダやコンゴの結合，タンザニアの穀倉地帯でありコーヒー等の換金作物生産も盛んな南部高地とザンビア，マラウイ，モザンビークとの連結という広域の地域経済圏がそれぞれ別個に作動する可能性がある．このようにタンザニア国内の諸地域が自立的に経済発展を模索しているとするなら，それら諸地域がふたたびタンザニアという国家枠組みに結集するかどうかは不明である．強いていえば，植民地支配のために恣意的に引かれた国境線に縛られて経済活動が行われる必要はなく，タンザニアという枠組が求心力を持つ必要はない．国民経済という国家枠組の再形成に向かわずに，国家枠組を分断するような広域での経済統合が進んでいくかもしれない．そして，現在の国境を超えて形成される広域地域経済圏の経済的な独自性が政治的な自決に収斂していけば，アフリカの地域紛争に新たな火種を加えることになりかねないことにも十分に留意しておく必要があろう．

　現状認識と開発理念のミクロ–マクロ・ギャップを架橋し，地域研究の有効性を主張するためには，多様な事例研究の蓄積が必要であろう．本書で具体的な事例を提示した，タンザニア北東部の輸出用換金作物生産地域とその周辺地域のみならず，それ以外の地域の主体性とその発現形態である社会経済変動・変容に関する情報収集ならびに分析が，今後ますます必要とされる．中間域をも視野に組み込んだ地域研究の新たな試みが，分析視角，分析空間，分析手法をめぐって，開発諸学との間でより意義のある対話を可能とするであろう．

終章　地域と開発の交接点を求めて

ライラックニシブッポウソウ (*Coracias caudata*)

［2009年8月24日, 東部平地のクワコア村］
調査地で私が鳥に興味を持つきっかけとなった鳥である。飛ぶと，あざやかなマリン・ブルーの羽が現れる。最初に見かけた時はめずらしい鳥がいると新発見気分であったが，鳥に関心を持つようになってからは，普通に見かける鳥であることがわかった。バッタ等を捕らえて食べるが，それに役立つのか，口のまわりにヒゲが生えている。

あとがき

　オックスフォード大学出版から刊行されていたタンザニアの初代大統領ニエレレの論文・演説集3巻本と出会ったのは，スワヒリ語を学ぶために大学を休学して滞在していたケニアのナイロビ市の書店でした．1976年のことです．その理想主義的な内容は新鮮であり，あとで世界中の社会科学者がニエレレの言説に魅了されたことを知りました．私がタンザニアに興味を抱いたのは，この時からでしょう．

　1978年にアジア経済研究所に就職し，幸いアフリカの調査研究に従事することになりました．所属した部局には東南アジア農村研究の錚々たる研究者がおられ，週1回開催されていた部内研究会では，自ら収集した調査データを土台として東南アジア農村についての口角泡を飛ばすような議論が展開されていました．アフリカに長期出張する前に，私も拙い発表をする機会を得て集中砲火を浴び，また執筆した原稿はアフリカ研究担当者からのコメントと併せて原稿用紙1枚に何枚もの付箋がついて分厚くなって返ってきました．日本で層の厚い東南アジア農村研究者にも内容を評価されるアフリカ農村研究を行いたいという希望を，それ以来抱いてきました．

　自らの足で集めた実証研究という研究のスタンスは，その時以来今まで維持している，というと聞こえはいいですが，それから抜け出せないでいます．このような調査手法はかなり地味であり，成果もなかなか出ません．調査当初は物珍しさも手伝って，調査地ではこのようなことをやっていると報告することは可能ですが，彼らが長年慣れ親しんだ生活様式・生業形態が容易には変化するはずもなく，長期に調査を続ければ続けるほど報告することがなくなってくるという事態にもなりかねません．しかしながら，このような調査手法は，存在意義を失ったとは思いません．開発実践に容易に結びつくような応用研究が必要とされている一方で，いわば基礎研究とみなせる分野も必要であろうと考えています．

　農村開発の権威であるロバート・チェンバースは，最近の開発援助のあり

方について,「援助機関の若手スタッフは現場に赴くのではなく,重要な政策問題に携わることがもっともキャリア・アップにつながると信じている.……(中略)……彼らの機関では『現場』は首都の外にある町や村や家ではなく,彼らがいる国を意味している.……(中略)……さらにこうした機関には,スタッフの訪問を通じて農村の現実を『地について検証』できるような,現場のプロジェクトがもはや残っていない」[チェンバース 2007：126-127]と,述べています.もし彼の認識が正しいのであれば,開発実践と協業しうるような基礎研究の必要性は,かつて以上に高まっているといえるのではないでしょうか.ただし,自己弁護的であることを十分に承知しながらもあえて主張するならば,社会科学系の基礎研究いずれもが開発実践とどう結びついているのかという立証責任を問われる必要があるとは私は思いません.

学説にも研究手法にも消長があります.本書で示したような基礎研究は,今は流行りではありません.現地調査を研究の基本としている人類学のような分野とは異なり,社会科学系の若い研究者は華々しさに欠ける研究方法を敬遠しているような印象を私は持っています.日本には村落社会経済の実証研究に関して研究蓄積があり,それは冒頭で触れた東南アジア農村研究にも生かされてきたと考えています.その伝統が現在廃れつつあるとの懸念を拭い去れません.農村社会経済研究は古き良きものとして保存されるべき対象ではなく,今でも十分に活用しうるお家芸であろうと信じています.本書が東南アジア農村研究者に評価される研究の域に達しているかどうかは読者にご判断を委ねたいと思いますが,アフリカ農村研究においても日本で培われてきた実証研究手法が利用できることをぜひとも伝えたかったということが,私の本書を執筆した意図です.

さて,アジア経済研究所から1982～84年にはケニアに派遣されて東部ケニアの農村調査を実施し,1990～93年にはタンザニアに派遣されて北東部タンザニアで同種の調査を実施しました.東部ケニアの調査地と北東部タンザニアの調査地は距離的にはそう遠くはなく,なかでも主たる調査対象地(北東部タンザニアについては平地部にあるキリシィ集落)は降水量800mm前後という同様の農業生態条件下にあり,また大都市からの距離も似通っています.類似した条件下にある農村地域が,異なる国家の政治経済環境下では存

在形態が異なってくるのか,という問題関心を抱いて選択した調査地です.

東部ケニアと北東部タンザニアの農村調査の手法は面接聞き取り調査と参与観察が主であり,基本的に変わりはありませんが,意識的に違えた点があります.東部ケニアの場合には2年間で6ヶ所275世帯を対象とした世帯調査を行いました.東部ケニアの調査地では土地登記事業が行われており,郷単位(行政区分で村落より1階梯上の単位)毎に土地登記簿という対象を抽出するのに格好の資料が存在したため,それから無作為抽出法によって調査対象世帯を選びました.このような調査方法の結果,調査対象世帯は郷内に分散しており,世帯間の相互の関係については分析が弱くなっています.また,それぞれの調査地域を何度も訪問したものの,調査地の一時点・短期の社会経済状況を把握しているにすぎず,6ヶ所の調査地間の共時的な差異は把握できますが,通時的な農村社会経済変動については調査結果から推定するという作業を必要としました.北東部タンザニアの調査においては,農業生態条件の異なる山間部と平地部の農村を比較することも念頭に置きましたが,より強い関心を抱いたのは農村世帯間の関係であり,キリスィ集落という小さな調査対象での悉皆調査をめざしました.そして,同集落を定点観測地域として,時間的な経過に沿って実際にどのような変化が見られるのかを自分の目で確認したいと考えました.当然の結果として,ケニアの調査と比べて,調査対象が極小化し調査に時間がかるという難点を抱えることになりました.

ケニアでの調査結果については,『ウカンバニ―東部ケニアの小農経営―』(アジア経済研究所,1989年)でひとまず成果を取りまとめましたが,タンザニアについては短い論文をいくつか発表しているものの,取りまとめる作業を怠ってきました.本書は,ようやくそのような作業を試みたものです.すでに発表した論文を本書で再録するにあたっては,それぞれの公刊時期以後の現地情勢の変化や研究の蓄積を踏まえて,元の論文にかなり大幅な修正を行いました.それぞれの初出は以下のとおりです.

初出一覧
第2章第1節および第2節　池野旬[2001]「独立後タンザニア経済と構造

調整政策」，秋元英一編『グローバリゼーションと国民経済の選択』東京大学出版会　pp. 245-276．および，池野旬［2003］「タンザニアの貧困削減政策をめぐって」，『アジア・アフリカ地域研究』（京都大学大学院アジア・アフリカ地域研究研究科）3 号　pp. 224-236．

第 3 章第 1 節および第 5 章第 1 節　Ikeno, Jun [2007] "The Declining Coffee Economy and Low Population Growth in Mwanga District, Tanzania" in J. IKENO ed., *African Coffee Economy at the Crossroads*, (*African Study Monographs* 誌 Supplementary Issue No. 35) pp. 3-41.

第 3 章第 2 節第 1 項　池野旬［1996］「タンザニアの食糧問題―メイズ流通を中心に―」，細見眞也・島田周平・池野旬『アフリカの食糧問題―ガーナ・ナイジェリア・タンザニアの事例―』アジア経済研究所　pp. 151-239.

第 4 章　池野旬［1999］「タンザニア，北パレ平地村の水利組織―東アフリカにおける農村共同体をめぐる一試論―」，池野旬編『アフリカ農村像の再検討』アジア経済研究所　pp. 59-115．

第 5 章第 2 節　池野旬［1998］「タンザニアの農村インフォーマル・セクター」，池野旬・武内進一編『アフリカのインフォーマル・セクター再考』アジア経済研究所　pp. 145-176．

　上記の研究成果を含めて，1990 年代以降の本書に関わる現地調査の機会は，文部省，文部科学省あるいは日本学術振興会の科学研究費補助金等の資金によって可能となりました．記して，謝意を表します．

1) 1990 〜 93 年　ダルエスサラーム大学客員研究員としての現地調査
アジア経済研究所海外調査員派遣費
2) 1994 年〜 96 年の毎年 1 ヶ月程度のタンザニア現地調査
科学研究費補助金（国際学術研究：課題番号 04041094）「アフリカの低湿地帯における農業利用と環境保全に関する研究」（研究代表者：島田周平東北大学教授）（所属・役職は当時．以下，同じ）
3) 1997 〜 99 年の毎年 1 ヶ月程度のタンザニア現地調査
科学研究費補助金（基盤研究（A）(2)：課題番号 09041050）「アフリカ小農お

よび農村社会の脆弱性増大に関する研究」(研究代表者：島田周平京都大学教授)
4) 2000 年 7～9 月　タンザニア，連合王国現地調査
科学研究費補助金(基盤研究(A)(1)：課題番号 12372005)「アフリカにおける農村貧困問題に関する社会経済史的研究」(研究代表者：池野旬)
5) 2003 年 7～9 月　タンザニア現地調査
21 世紀 COE「世界を先導する総合的地域研究拠点の形成—フィールド・ステーションを活用した臨地教育・研究体制の確立—」(拠点リーダー：加藤剛京都大学教授)
6) 2004～06 年の毎年 1 ヶ月程度のタンザニア現地調査
科学研究費補助金(基盤研究(A)：課題番号 16252005)「東アフリカ諸国のコーヒー産地をめぐる地域経済圏に関する実証的研究」(研究代表者：池野旬)
7) 2007～09 年の毎年 1 ヶ月程度のタンザニア現地調査
科学研究費補助金(基盤研究(A)：課題番号 19252006)「東南部アフリカ農村における食糧確保と生業展開に関する社会経済的研究」(研究代表者：池野旬)

　上記のような調査資金を提供いただいたほか，科学研究費補助金(基盤研究(A)(1)：課題番号 08303008)「国民経済の変容と通貨・貿易の地域的統合にかんする総合的研究—経済史的アプローチ」(研究代表者：秋元英一千葉大学教授．1996～1998 年度)研究会に参加させていただき，社会経済史の分析手法を知るために非常に有益な機会をいただきました．また，学術図書の出版が厳しい状況下で，本書は，科学研究費補助金(研究成果公開促進費：課題番号 215230)の支援を受けて，出版できました．
　本書の執筆にあたってお世話になった方々あるいは機関はあまりにも多く，以下ではごく一部の組織・個人にしか言及できないことを，なにとぞ寛恕ください．
　タンザニアでの学術調査には，調査許可が必要です．毎年の調査の折にはタンザニア科学技術委員会(Commission for Science and Technology)にまず許可

してもらい，ついでキリマンジャロ州庁，ムワンガ県庁に出向き，関連機関に便宜供与を周知する公信を作成してもらいました．科学技術委員会，州庁，県庁，そして種々のファイルの閲覧を認めていただいたムワンガ県農政局に対して，とくに謝意を表したいと思います．

　私のタンザニア研究を支えてくれたのは，タンザニアの友人，知人，調査地の方々であることはいうまでもありません．

　1990年代初期のタンザニア滞在から現地での研究活動に関して助言をいただいたのは，ダルエスサラーム大学人文社会科学部社会学科（現在は社会学・人類学科）の故 C. K. オマリ教授でした．私の調査地であるムワンガ県の平地部出身のオマリ教授の影響なのか，ダルエスサラーム大学社会学科には同県出身の教員が多く，山間部出身の精力的な S. マギンビ教授には，調査許可の推薦状等で現在もお世話になっています．

　タンザニアの首座都市ダルエスサラームに航空機から降り立って，たちまち移動手段の確保が問題となります．同市に所在する政府諸機関や大学での資料収集にも，同市から500km以上離れた調査地への移動にも，また東京都を上回る面積のムワンガ県内の広域調査のためにも，車両の確保が不可欠となります．例年7～8月の繁忙期にもかかわらず資金に余裕のない研究者に配慮した料金で車両を貸していただくのは，根本利通・金山麻美ご夫妻が経営される JATA ツアーです．何人もの運転手がムワンガ県通となり，詳しく指示しなくとも県内各所の目的地に到達できるようになっています．

　調査地では，1990年代初期に初めてキルル・ルワミ村（主たる調査地であるキリスィ集落が含まれている）を訪問したときの村長であった故サリム・マリジャニ氏に，調査に配慮をいただくとともに，村の歴史等を教えていただきました．そして，この20年弱にわたるムワンガ県，キリスィ集落での調査を支えてくれたのは，調査助手のサイディ・ハティブ・ムンデメ君と，インフォーマントのハミスィ・オマリ・ムルングワナ氏です．1990年に初めて会った時には，サイディ君は未婚の24歳の青年でした．ある年，彼とハミスィ氏の関係が思わしくなく，彼に賃金の前払いを求められました．事情を確認したところ，ハミスィ氏の娘さんと結婚するつもりであるが，婚資を支払う等の正式な手続きを済ませる前に，同棲を始めてしまったとのこと．ハミスィ

あとがき

氏が怒るのも無理からぬところです．その後，両者の関係は修復され，もともとムワンガ県の山間部出身のサイディ君はキリスィ集落に家を建て，3人の子供にも恵まれて，現在は40歳代の働き盛りとして集落の中心的な役割を担うようになっています．現在80歳になるハミスィ氏の初対面の印象は，よくしゃべる老人だなというものでした．彼の社交性は今でも遺憾なく発揮されており，調査に付き添っていることを忘れて，通りがかった知り合いと雑談を始めたら止まらなくなります．単なる好々爺ではなく，キリスィ集落周辺の土地と水を取り仕切ってきた一族の長老であることは，本書で述べたとおりです．同氏に提供いただいた貴重な情報は本書の随所で活かされています．

　私をアフリカ研究へと導いてくださったのは，1975年に学部のゼミで赤羽裕著『低開発経済分析序説』を取り上げられた肥前榮一助教授（東京大学経済学部）であり，同じ年に非常勤講師として特殊講義「アフリカ開発論」を担当されていた故犬飼一郎教授（京都産業大学）です．そして，故星野芳樹先生ご夫妻がケニアのナイロビに開設されていた日本アフリカ文化交流協会で1976～77年に学んだスワヒリ語は，いまだに拙いものの，研究に必要な素養となっています．アジア経済研究所に在籍された東南アジア農村研究の先輩諸氏，彼らの農村研究手法を模したアフリカ農村研究に取り組むことを温かく見守ってくださった同研究所のアフリカ研究グループの先輩・同僚諸氏，なかでも1980年代初期にムワンガ県山間部の灌漑施設と土器作りの調査に同行させていただいたタンザニア研究の大先輩，吉田昌夫氏には，私の研究者としての立ち位置を決めていくうえで貴重なご支援・ご助言をいただきました．1997年に京都大学に移ってからは，現地調査によるアフリカ地域研究をめざす同僚に囲まれ，毎年のようにタンザニア調査に出向くことを認めていただき，生態人類学をはじめとする研究手法について多くを学ばせていただいています．本書は私の博士論文をベースとしていますが，その審査に当たってくださった掛谷誠教授，島田周平教授，梶茂樹教授，太田至教授には，審査過程で的確なご指摘・ご助言をいただきました．本書が皆様の学恩に多少ともお応えできていることを，切に希望しております．

　学部時代に休学して1年間ケニアに渡航することを認め，資金的な支援も

349

してもらった両親，ケニアとタンザニアでの長期滞在につきあい，毎年のようにアフリカに出かける私を支えてくれる家族，千恵，顕，章にも感謝しています．

　最後に，本書の刊行にあたっては，京都大学学術出版会の鈴木哲也氏に，叱咤激励いただきました．ともすれば自らの殻に閉じこもりそうになる私に対して発せられた，アフリカ研究者だけが読者ではないことを忘れることなく，という同氏のご助言に，本書がいかほどか応えられ，広く関心を持たれることを祈っております．

2010年2月1日　京都にて
池野　旬

文献リスト

略号：
全般
1) 邦文欧文を合わせてアルファベット順に配列してある．翻訳書の場合には当該書に記されたカタカナ表記での原著者の姓を配列の基準とした．なおたとえば大野はアルファベット表記すれば Ohno であると見なして配列した．
2) タンザニア政府および関連機関の統計書類やダルエスサラーム大学経済研究所発行の雑誌 *Tanzanian Economic Trends* については下記のリストでは略称を著者名として掲載してある．なお略称のあとに正規の著者名書名等を記載してある．
3) 上記以外のタンザニア政府および関連機関の文書を本文で引用した場合には
    a) The Government of Tanzania あるいは The United Republic of Tanzania の文書の場合には［Tanzania 刊行年］と本文中に記載した．以下のリストでは Tanzania (Government of) あるいは Tanzania (United Republic of) と表記し刊行年順に並んでいる．
    b) それ以外の場合には［Tanzania, 省庁・関連機関の略称　刊行年］と本文中に記載した．以下のリストでは Tanzania, 省庁・関連機関の略称（省庁・関連機関の正式名称）と表記されている．

地名
DSM = Dar es Salaam (Tanzania)

機関名（タンザニア政府省庁・関連機関の略称は省略）
BRALUP = Bureau of Resource Assessment and Land Use Planning (University of Dar es Salaam)
CUP = Cambridge University Press
DUP = Dar es Salaam University Press
EALB = East African Literature Bureau
EAPB = East African Publishing House
ERB = Economic Research Bureau (University of Dar es Salaam)
GTZ = Deutsche Gesellschaft für Technische Zusammenarbeit
ICO = International Coffee Organization
IDRC = International Development Research Centre
ILO = International Labour Organization
NAI = Nordiska Afrikainstitutet (Nordic Africa Institute)
OUP = Oxford University Press
SIAS = Scandinavian Institute of African Studies
TPH = Tanzania Publishing House
UDSM = University of Dar es Salaam

UN = United Nations
UNDP = United Nations Development Programme

（アルファベット順）
赤羽裕［1971］『低開発経済分析序説』岩波書店.
秋元英一［2001］「グローバリゼーションの歴史的文脈」［秋元編 2001］, pp. 1-69.
_____ 編［2001］『グローバリゼーションと国民経済の選択』東京大学出版会.
Amani, H. H. R. & W. E. Maro [1992] "Policies to promote an Effective Private Trading System in Farm Products and Farm Inputs in Tanzania," in TET043, p. 36-54.
朝日新聞［2005/3/27］「貧困対策取り組みに機運—国連事務総長『迅速な行動を』—ミレニアム宣言目標達成は困難—」2005年3月27日付朝刊.
Bagachwa, M. S. D. [1981] *The Urban Informal Enterprise Sector in Tanzania: A Case Study of Arusha Region*, DSM: ERB, ERB Paper 81. 4.
_____ [1982] "The Dar es Salaam Urban Informal Sector Survey," in ILO/JASPA, *Basic Needs in Danger: A Basic Needs Oriented Development Strategy for Tanzania*, Addis Ababa: ILO/JASPA, pp. 341-351.
_____ [1983] *Structure and Policy Problems of the Informal Manufacturing Sector in Tanzania*, DSM: ERB, ERB Paper 83. 1.
_____ [1995] "The Informal Sector under Adjustment in Tanzania," in L. A. Msambichaka et al. eds., *Beyond Structural Adjustment Programmes in Tanzania: Successes, Failures, and New Perspectives*, DSM: ERB, pp. 267-296.
Bagachwa, M. S. D. & Frances Stewart [1992] "Rural Industries and Rural Linkages in SubSaharan Africa: A Survey," in Frances Stewart, Sanjaya Lall & Samuel Wangwe eds., *Alternative Development Strategies in SubSaharan Africa*, New York: St. Martin's Press, pp. 145-184.
Bagachwa, M. S. D. et al. [1993] *The Rural Informal Sector in Tanzania, Dar es Salaam: Draft Paper to be presented at the ERB Seminar on the Rural Informal Sector in Tanzania 6-7 September*, unpub.
バガディオン，ベンジャミン・U., フランセス・F・コーテン［1998］「水利組織の開発—学習過程アプローチ—」［チェルネア編 1998］, pp. 51-78.
BAR05W: Bank of Tanzania [2007/04/25] *Annual Report 2004/05*, (http://www.bot.tz.org/Publications/EconomicAndOperationReports/June_2005.pdf) 2007年4月25日アクセス.
BEB????（?には数字が入る．例：9409は1994年9月末日を期末とする4半期版）= Bank of Tanzania, *Economic Bulletin for the Quarter*, DSM: Bank of Tanzania.
　それぞれの刊行年は以下のとおり.
　BEB9409：1994年，BEB9512：1995年，BEB9703：1997年，BEB0206：2002年，BEB0212：2002年.
BEO??（?には数字が入る．例：87は1987年6月30日を期末とする年次報告書）= Bank of Tanzania, *Economic and Operation Report for the Year*, DSM: Bank of Tanzania.

それぞれの刊行年は以下のとおり．

BEO87: 1987 年，BEO91: 1991 年，BEO93: 1993 年，BEO01: 2001 年

Bigsten, Arne & Anders Danielson [2001] *Tanzania: Is the Ugly Duckling finally Growing Up?*, Uppsala: NAI.

Boesen, Jannik & A. T. Mohele [1979] The "Succes Story" of Peasant Tobacco Production in Tanzania, Uppsala: SIAS.

ボリス，ジャン・ピエール／林昌宏訳 [2005]『コーヒー・カカオ・コメ・綿花・コショウの暗黒物語―生産者を死に追いやるグローバル経済―』作品社．

Bryceson, Deborah Fahy [1993] *Liberalizing Tanzania's Food Trade*, Geneva: United Nations Research Institute for Social Development (UNRISD).

―――― [1996] "Deagrarianization and Rural Employment in sub-Saharan Africa: A Sectoral Perspective," *World Development*, Vol. 24, No. 1, pp. 97-111.

Burisch, Michael [1991] "Promoting Rural Industry: The Rural Industrial Development Programme in Western Kenya," in Peter Coughlin & Gerrishon K. Ikiara eds., *Kenya's Industrialization Dilemma*, Nairobi: Heinemann Kenya, pp. 319-334.

Campbell, Horace & Howard Stein eds. [1992] *Tanzania and the IMF: The Dynamics of Liberalization*, Boulder: Westview Press.

Chachage, C. S. L. [1993] "Forms of Accumulation, Agriculture and Structural Adjustment," in Peter Gibbon ed., *Social Change and Economic Reform in Africa*, Uppsala: NAI.

Chambers, Robert [1983] *Rural Development: Putting the Last First*, London/Lagos/New York: Longman.（チェンバース，ロバート／穂積智夫・甲斐田万智子監訳 [1995]『第三世界の農村開発―貧困の解決―私たちにできること―』明石書店）

チェンバース，ロバート／野田直人監訳 [2007]『開発の思想と行動―「責任ある豊かさ」のために―』明石書店．

Economic & Social Research Foundation [1998a] *Quarterly Economic Review*, Vol. 1, No. 1, DSM: Economic & Social Research Foundation.

―――― [1998b] *Quarterly Economic Review*, Vol. 1, No. 3, DSM: Economic & Social Research Foundation.

Economic Intelligence Unit [1998] *Country Profile: Tanzania & Comoros*, 1998/99 年版, London: Economic Intelligence Unit.

Ellis, F. [2000] *Rural Livelihoods and Diversity in Developing Countries*, Oxford: OUP.

絵所秀紀 [1997]『開発の政治経済学』日本評論社．

―――― [1998]「開発経済学と貧困問題」絵所秀紀・山崎幸治編『開発と貧困―貧困の経済分析に向けて―』アジア経済研究所, pp. 3-38.

FAO/World Bank Cooperative Programme Investment Centre [1987] *Tanzania: Agricultural Sector Review Mission: Annex Tables*, unpublished.

FAOSTAT001 [-] 検索条件 country=Tanzania United Rep of, item=maize, element=production, year=1961-2005.（http://faostat/collection?version=ext&hasbulk=0&subset=agriculture）

2006 年 6 月 12 日アクセス.
FAOSTAT002 [-] 検索条件 country=Tanzania United Rep of, subject=production quantity, commodity=maize, year=1961-2007.（http://faostat.fao.org/site/567/DesktopDefault. aspx?PageID=567#ancor）2009 年 5 月 25 日アクセス.
FAOSTAT003 [-] 検索条件 country=Tanzania United Rep of, subject=import quantity + food aid, export quantity + food aid, commodity=maize flour, year=1961-2005.（http://faostat. fao. org/site/535/DesktopDefault.aspx?PageID=535）2008 年 5 月 17 日アクセス.
福井清一［2008］「開発と農業」［高橋・福井編 2008］pp. 113-130.
Gibbon, Peter, Kjell J. Havnevik & Kenneth Hermele [1993] *A Blighted Harvest: The World Bank and African Agriculture in the 1980s*, London/N. J.: James Currey/African World Press, 168P.
Giblin, J. & G. Maddox [1996] "Introduction," in [Maddox, Giblin & Kimambo eds. 1996], pp. 1-14.
箱山富美子［2008］「開発援助の世界的動向とユニセフ・プロジェクトの実例」［松園・縄田・石田編 2008］, pp. 127-172.
Hannan-Andersson, Carolyn [1995] "Swedish International Development Authority's Support to Women's Small-Scale Enterprises in Tanzania," in Louise Dignard & Jose Havet eds., *Women in Micro- and Small-Scale Enterprise Development*, London: IT Publications, pp. 117-144.
長谷部弘［2009］「序章　村落的共同性を再考する」［日本村落研究学会編 2009］, pp. 9-36.
Havnevik, Kjell J. [1980] *Economy and Organization in Rufiji District: The Case of Crafts and Extractive Activities*, DSM: BRALUP (Bureau of Resource Assessment and Land Use Planning, UDSM).
―――― [1983] *Analysis of Rural Production and Incomes, Rufiji District, Tanzania*, DSM/Bergen: IRA (Institute of Resource Assessment, UDSM)/Chr. Michelsen Institute.
―――― [1993] *Tanzania: The Limits to Development from Above*, Uppsala: NAI.
速水佑次郎［1995］『開発経済学』創文社.
林晃史編［1988］『アフリカ援助と地域自立』アジア経済研究所.
―――― [1996]『冷戦後の国際社会とアフリカ』アジア経済研究所.
Helleiner, G. K., et al. [1995] *Report of the Group of Independent Advisers on Development Cooperation Issues between Tanzania and Its Donors*, mimeo.
平井進［2009］「ヨーロッパ農村社会史研究と共同体再考―北西ドイツ農村史の視点から―」［日本村落研究学会編 2009］, pp. 37-71.
平野克己［2009］『アフリカ問題―開発と援助の世界史―』日本評論社.
――――編［2006］『企業が変えるアフリカ―南アフリカ企業と中国企業のアフリカ展開―』日本貿易振興機構アジア経済研究所.
Hussmann, Ralf [1996] "ILO's Recommendations on Methodologies concerning Informal Sector Data Collection," in Bohuslav Herman & Wim Stoffers eds., *Unveiling the Informal Sector: More than Counting Heads*, Aldershot: Avebury, pp. 15-29.

Hydén, Göran [1969] *Political Development in Rural Tanzania*, Nairobi: East African Publishing House.

Hyden, Goran [1980] *Beyond Ujamaa in Tanzania: Underdevelopment and an Uncaptured Peasantry*, Berkeley/Los Angeles: University of California Press.

＿＿＿＿ [1983] *No Shortcuts to Progress: African Development Management in Perspective*, London/Ibadan/Nairobi: Heinemann Educational Books.

ICO [2006/07/12] *homepage*, (http://www.ico.org), 2006 年 7 月 12 日アクセス．

＿＿＿＿ [2009/05/07] *homepage*, (http://www.ico.org), 2009 年 5 月 7 日アクセス．

池上甲一 [1998]「タンザニア経済」末原達郎編『アフリカ経済』世界思想社，pp. 48-65.

池野旬 [1989]『ウカンバニ―東部ケニアの小農経営―』アジア経済研究所．

＿＿＿＿ [1991a]「タンザニアの食糧危機ふたたび」『アフリカレポート』第 13 号，pp. 39-42.

＿＿＿＿ [1995]「構造調整政策下のタンザニア農業―農業政策と生産の担い手―」原口武彦編『構造調整とアフリカ農業』アジア経済研究所，pp. 11-56.

＿＿＿＿ [1996a]「タンザニアにおける食糧問題―メイズ流通を中心に―」細見眞也・島田周平・池野旬『アフリカの食糧問題―ガーナ・ナイジェリア・タンザニアの事例―』アジア経済研究所，pp. 151-239.

＿＿＿＿ [1996b]「タンザニアにおけるインフォーマルセクター―その研究動向をめぐって―」[池野編 1996]，pp. 35-63.

＿＿＿＿ [1998a]「東アフリカ農村における経済的な協力関係―タンザニア北パレ山塊西麓の乾季灌漑作を事例に―」[池野編 1998]，pp. 120-152.

＿＿＿＿ [1998b]「タンザニアの農村インフォーマル・セクター―国民経済の新たな担い手を求めて―」池野旬・武内進一編『アフリカのインフォーマル・セクター再考』アジア経済研究所，pp. 145-176.

＿＿＿＿ [1999]「タンザニア北パレ平地村の水利組織―東アフリカにおける農村共同体をめぐる一試論―」[池野編 1999]，pp. 59-115.

＿＿＿＿ [2000]「タンザニア北パレ山麓における乾季灌漑作―地域社会組織の存在形態をめぐる一考察―」島田周平編『アフリカ小農および農村社会の脆弱性増大に関する研究』平成 9 年度―平成 11 年度科学研究費補助金（基盤研究 (A)(2)）研究成果報告書，pp. 138-191.

＿＿＿＿ [2001]「独立後タンザニア経済と構造調整政策」[秋元編 2001]，pp. 245-276.

＿＿＿＿ [2003]「タンザニアの貧困削減政策をめぐって」『アジア・アフリカ地域研究』第 3 号，pp. 224-236.

＿＿＿＿ [2008]「タンザニアの農村変容に関する社会経済的研究―地域経済の自立的変容への射程―」京都大学大学院アジア・アフリカ地域研究研究科　論文博士学位申請論文．

Ikeno, Jun [2007] "The Declining Coffee Economy and Low Population Growth in Mwanga District, Tanzania," in J. IKENO ed., *African Coffee Economy at the Crossroads*, (*African Study*

Monographs Supplementary Issue No. 35), pp. 3-41.
池野旬編［1996］『アフリカ諸国におけるインフォーマル・セクター――その研究動向―』アジア経済研究所（調査研究報告書）.
――――［1998］『アフリカ農村変容とそのアクター』アジア経済研究所 研究成果報告書.
――――［1999］『アフリカ農村像の再検討』アジア経済研究所.
ILO ［1972］ *Employment, Incomes and Equality: A Strategy for Incresing Productive Employment in Kenya,* Geneva: ILO.
犬飼一郎［1973］「アフリカ『社会主義』――その源流・展開・実践について―」『思想』591号, pp. 1-26.
石井洋子［2007］『開発フロンティアの民族誌―東アフリカ・灌漑計画のなかに生きる人びと―』お茶の水書房.
ジョージ，スーザン，ファブリッチ・サベッリ／毛利良一訳［1996］『世界銀行は地球を救えるか――開発帝国50年の功罪―』朝日新聞社.
Kahama, C. G. et al. eds. [1986] *The Challenge for Tanzania's Economy,* London/Portsmouth N. H./DSM: James Currey/Heinemann/TPH.
掛谷誠［2002］「序―アフリカ農耕民研究と生態人類学―」［掛谷編 2002］, pp. ix-xxviii.
――――編［2002］『アフリカ農耕民の世界―その在来性と変容―』京都大学学術出版会.
加藤正彦［2001］「タンザニア・マテンゴ高地の集約的農業をめぐる社会生態」『アフリカ研究』第59号, pp. 53-70.
Kilimanjaro, AGR/ANN/REP/??? (??? にはファイル No. が入る) = Wizara ya Kilimo na Maendeleo ya Mifugo, Makao Makuu ya Mkoa wa Kilimanjaro [Ministry of Agriculture & Livestock Development, Kilimanjaro Regional Agricultural Office] *Taalifa ya Maendeleo ya Kilimo Mwaka 1993, kipindi cha July 1993 hadi 30 June 1994, Mkoa wa Kilimanjaro,* unpublished.
Kimambo, Isaria N. [1991] *Penetration & Protest in Tanzania: The Impact of the World Economy on the Pare 1860-1960,* London/DSM/Nairobi/Athens: James Currey/TPH/Heinemann Kenya/Ohio U. P.
Kiondo, Andrew [1992] "The Nature of Economic Reforms in Tanzania," in [Campbell & Stein eds. 1992], pp. 21-42.
北川勝彦・高橋基樹編［2004］『アフリカ経済論』ミネルヴァ書房.
北原淳［1996］『共同体の思想―村落開発理論の比較社会学―』世界思想社.
国際協力事業団国際協力総合研修所編［2001］『貧困削減に関する基礎的研究』.
国際協力機構国際協力総合研修所編［2005］『社会調査の事業への活用―使おう！社会調査―』（総研 /JR/05-34）非売品.
――――［2007］『社会調査の心得と使い方―人々に届く援助とは？悩めるあなたのための心得帳―』（総研 /JR/06-27）非売品.
湖中真哉［2006］『牧畜二重経済の人類学―ケニア・サンブルの民族誌的研究―』世界思想社.

コワード・ジュニア, E.・ウォルター[1998]「灌漑地域における技術・社会変革の計画」[チェルネア編1998], pp. 33-50.
草野孝久編[2002]『村落開発と国際協力—住民の目線で考える—』古今書院.
_____編[2008]『村落開発と環境保全—住民の目線で考える—』古今書院.
Larsson, Rolf [2001] *Between Crisis and Opportunity: Livelihoods, Diversification, and Inequality among the Meru of Tanzania*, Lund (Sweden): Sociologiska Institutionen (Lunds Universitet).
Lerise, Fred Simon [2005] *Politics in Land and Water Management: Study in Kilimanjaro, Tanzania*, DSM: Mkuki na Nyota Publishers.
Leys, Colin [1975] *Underdevelopment in Kenya: The Political Economy of Neo-colonialism*, Ibadan/Nairobi/Lusaka: Heinemann.
Livingstone, Ian [1991] "A Reassessment of Kenya's Rural and Urban Informal Sector," *World Development*, Vol. 19, No. 6, pp. 651-670.
Lofchie, Michael F. [1989] *The Policy Factor: Agricultural Performance in Kenya and Tanzania*, Boulder/London/Nairobi: Lynne Rienner/Heinemann Kenya.
Maddox, G., J. Giblin & I. N. Kimambo eds. [1996] *Custodians of the Land: Ecology & Culture in the History of Tanzania*, London/DSM/Nairobi/Athens: James Currey/Mkuki na Nyota/EAEP/Ohio University Press.
Maghimbi, Samwel [1992] "The Decline of the Economy of the Mountain Zones of Tanzania: A Case Study of Mwanga District (North Pare)," in P. G. Forster & S. Maghimbi, eds., *The Tanzanian Peasantry: Economy in Crisis*, Avebury: Aldershot.
Maliyamkono, T. L. & M. S. D. Bagachwa [1990] *The Second Economy in Tanzania*, London/Nairobi/DSM: James Currey/Ohio U. P./Heinemann Kenya/ESAURP.
Matango, R. R. [1984] "Agricultural Policy and Food Production in Tanzania," in C. K. Omari ed., *Towards Rural Development in Tanzania*, Arusha: Eastern African Publications, pp. 75-111.
松田素二[2009]『日常人類学宣言！－生活世界の深層へ/から－』世界思想社.
松本朋哉・木島陽子・山野峰[2007]「貧困削減と非農業所得の役割—東アフリカの事例—」大塚啓二郎・櫻井武司編『貧困と経済発展—アジアの経験とアフリカの現状—』東洋経済新報社, pp. 123-140.
松園万亀雄・縄田浩志・石田慎一郎編[2008]『アフリカの人間開発—実践と文化人類学—』明石書店.
Mhando, David Gongwe [2005] *Farmers' Coping Strategies with the Changes of Coffee Marketing System after Economic Liberalisation: The Case of Mbinga District, Tanzania*, 京都大学大学院アジア・アフリカ地域研究研究科博士学位申請論文.
峯陽一[2003]「アフリカ経済と共同体—赤羽理論の再検討—」平野克己編『アフリカ経済学宣言』アジア経済研究所, pp. 187-228.
Mkandawire, Thandika & Charles C. Soludo [1999] *Our Continent, Our Future: African Perspectives on Structural Adjustment*, Dakar/Nairobi/Ottawa: CODESRIA/Africa World Press/

IDRC.
本山美彦 [1995]「貧困とはなにか」本山美彦編『開発論のフロンティア』同文舘.
Msambichaka, L. A. [1983] *Food Grain Shortfalls in Tanzania 1961−1981*, DSM: ERB.
――― [1984] "Agricultural Development in Tanzania: Problems and Priorities," in L. A. Msambichaka & S. Chandrasekhar eds., *Readings of Economic Policy of Tanzania*, DSM: ERB.
Msambichaka, L. A., B. J. Ndulu & H. K. R. Amani [1983] *Agricultural Development in Tanzania: Policy Evolution, Performance and Evaluation: The First Two Decades of Independent*, Bonn: Friedrich-Ebert-Stiftung.
Mujwahuzi, M. R. [2001] "Water Use Conflicts in the Pangani Basin: An Overview," in J. O. Ngana ed. *Water Resources Management in the Pangani River Basin: Challanges and Opportunities*, DSM: DUP.
室井義雄 [2004]「製造業の発展と停滞」[北川・高橋編 2004] pp. 117−144.
Mwanga, A/FAM/VOL.???/!!! (??? にはファイルの巻番号，!!! には文書番号が入る) ⇒ Mwanga, AGR/MW/FP/VOL.???/!!! を参照.
Mwanga, AG/LIV/DA/??? (??? には文書番号が入る) ⇒ Mwanga, AGR/MW/LIV/DATA/!!! を参照.
Mwanga, AGR/C/EST/VOL.???/!!! (??? にはファイルの巻番号，!!! には文書番号が入る) ⇒ Mwanga, AGR/MW/CEST/VOL.???/!!! を参照.
Mwanga, AGR/C/GEN/VOL.???/!!! (??? にはファイルの巻番号，!!! には文書番号が入る) ⇒ Mwanga, AGR/MW/C/GEN/VOL.???/!!! を参照.
Mwanga, AGR/GEN/VOL.???/!!! (??? にはファイルの巻番号，!!! には文書番号が入る) ⇒ Mwanga, AGR/MW/GEN/VOL.???/!!! を参照.
Mwanga, AGR/LIV/DA/??? (??? には文書番号が入る) ⇒ Mwanga, AGR/LIV/MW/DATA を参照.
Mwanga, AGR/LIV/DATA/??? (??? には文書番号が入る) ⇒ Mwanga, AGR/LIV/MW/DATA を参照.
Mwanga, AGR/LIV/MW/DATA/??? (??? には文書番号が入る) = Wizara ya Kilimo na Maendeleo ya Mifugo, Makao Makuu ya Wilaya ya Mwanga あるいは Ofisi ya Mkuu wa Wilaya, Mwanga, Idara ya Kilimo [農業畜産振興省 Mwanga 県事務所あるいは Mwanga 県農政局] *Agriculture & Livestock Data File*, unpublished. 以前のファイル名は AG/LIV/DAAGR/LIV/DATA あるいは AGR/LIV/DATA であった．2008 年 5 月 19 日に文書整理方式を改訂したため古いファイルを終了した．類似するファイル名であるが新しいファイルは AGR/LIV/MW/ 新 DATA と引用する．
Mwanga, AGR/MON/VOL.???/!!! (??? にはファイルの巻番号，!!! には文書番号が入る) ⇒ Mwanga, AGR/MW/MON/VOL.???/!!! を参照.
Mwanga, AGR/MW/C/GEN/VOL.???/!!! あるいは AGR/MW/C/GEN/ 新 VOL.???/!!! (??? にはファイルの巻番号，!!! には文書番号が入る) = Wizara ya Kilimo na Maendeleo ya Mifugo, Makao Makuu ya Wilaya ya Mwanga あるいは Ofisi ya Mkuu wa Wilaya, Mwanga,

文献リスト

Idara ya Kilimo［農業畜産振興省ムワンガ県事務所あるいはムワンガ県農政局］*Coffee General*, unpublished. 以前のファイル名は C/GENERAL/VOL.???/ あるいは AGR/C/GEN/VOL.???/ である．2008年5月19日に文書整理方式を改訂したため AGR/MW/C/GEN/VOL.V という同一名称のファイルが2つ存在する．そのため新しいファイルは AGR/MW/C/GEN/ 新 VOL.V と引用する．

Mwanga, AGR/MW/CEST/VOL.???/!!! あるいは AGR/MW/CEST/ 新 VOL.???/!!! または AGR/MW/CEST/ 再 VOL.IV (??? にはファイルの巻番号，!!! には文書番号が入る) = Wizara ya Kilimo na Maendeleo ya Mifugo, Makao Makuu ya Wilaya ya Mwanga あるいは Ofisi ya Mkuu wa Wilaya, Mwanga, Idara ya Kilimo［農業畜産振興省ムワンガ県事務所あるいはムワンガ県農政局］*Crop Estimate File*, unpublished. 以前のファイル名は C/EST/VOL.??? あるいは AGR/C/EST/VOL.??? である．2008年5月19日に文書整理方式を改訂したため AGR/MW/CEST/VOL.IV という同一名称のファイルが2つ存在する．そのため新しいファイルは AGR/MW/CEST/ 新 VOL.IV と引用する．2009年に閲覧した AGR/MW/CEST/VOL.IV は 2008 年に閲覧したものと違っていたため AGR/MW/CEST/ 再 VOL.IV と引用した．

Mwanga, AGR/MW/FP/VOL.???/!!! あるいは AGR/MW/FP/ 新 VOL.???/!!! (??? にはファイルの巻番号，!!! には文書番号が入る) = Wizara ya Kilimo na Maendeleo ya Mifugo, Makao Makuu ya Wilaya ya Mwanga あるいは Ofisi ya Mkuu wa Wilaya, Mwanga, Idara ya Kilimo［農業畜産振興省ムワンガ県事務所あるいはムワンガ県農政局］*Hali ya Chakula/Food Position File*, unpublished. 以前のファイル名 A/FAM/VOL.???/ から変更．2008年5月19日に文書整理方式を改訂したため AGR/MW/FP/VOL.VI という同一名称のファイルが2つ存在する．そのため新しいファイルは AGR/MW/FP/ 新 VOL.VI と引用する．また 2009 年 8 月の調査では AGR/MW/FP/ 新 VOL.VI のファイル名が VOL.VI から VOL.VII に変更されており文書 No. も変更されていた．このファイルは AGR/MW/FP/ 新 VOL.VII として引用する．

Mwanga, AGR/MW/GEN/VOL.???/!!! (??? にはファイルの巻番号，!!! には文書番号が入る) = Wizara ya Kilimo na Maendeleo ya Mifugo, Makao Makuu ya Wilaya ya Mwanga あるいは Ofisi ya Mkuu wa Wilaya, Mwanga, Idara ya Kilimo［農業畜産振興省ムワンガ県事務所あるいはムワンガ県農政局］*Agriculture General File*, unpublished. 以前のファイル名は AGR/GEN/VOL.???/ というファイル名であった．2008 年 5 月 19 日に文書整理方式を改訂したため AGR/MW/GEN/VOL.I は終了され新しいファイルは AGR/MW/GEN/VOL.II とされている．

Mwanga, AGR/MW/MET/!!! (!!! には文書番号が入る) = Wizara ya Kilimo na Maendeleo ya Mifugo, Makao Makuu ya Wilaya ya Mwanga あるいは Ofisi ya Mkuu wa Wilaya, Mwanga, Idara ya Kilimo［農業畜産振興省ムワンガ県事務所あるいはムワンガ県農政局］*Monthly Rainfall Report Meteorology File*, unpublished. これは VOL.I のファイルであり VOL.II 以降には VOL 名が入っている．

Mwanga, AGR/MW/MET/VOL.???/!!! あるいは AGR/MW/MET/ 新 VOL.???/!!! (??? にはファ

359

イルの巻番号，!!! には文書番号が入る）= Wizara ya Kilimo na Maendeleo ya Mifugo, Makao Makuu ya Wilaya ya Mwanga あるいは Ofisi ya Mkuu wa Wilaya, Mwanga, Idara ya Kilimo［農業畜産振興省ムワンガ県事務所あるいはムワンガ県農政局］*Monthly Rainfall Report Meteorology File*, unpublished. これは VOL.II 以降のファイルであり VOL.I には VOL 名が入っていない．2008 年 5 月 19 日に文書整理方式を改訂したため AGR/MW/MET/VOL.II という同一名称のファイルが 2 つ存在する．そのため新しいファイルは AGR/MW/MET/ 新 VOL.II と引用する．

Mwanga, AGR/MW/MK/COF/VOL.???/!!! あるいは AGR/MW/MK/COF/ 新 VOL.???/!!!（??? にはファイルの巻番号，!!! には文書番号が入る）= Wizara ya Kilimo na Maendeleo ya Mifugo, Makao Makuu ya Wilaya ya Mwanga あるいは Ofisi ya Mkuu wa Wilaya, Mwanga, Idara ya Kilimo［農業畜産振興省ムワンガ県事務所あるいはムワンガ県農政局］*Coffee Marketing File*, unpublished. 2008 年 5 月 19 日に文書整理方式を改訂したため AGR/MW/MK/COF/VOL.II という同一名称のファイルが 2 つ存在する．そのため新しいファイルは AGR/MW/MK/COF/ 新 VOL.II と引用する．

Mwanga, AGR/MW/MON/VOL.???/!!! あるいは AGR/MW/MON/ 新 VOL.???/!!!（??? にはファイルの巻番号，!!! には文書番号が入る）= Wizara ya Kilimo na Maendeleo ya Mifugo, Makao Makuu ya Wilaya ya Mwanga あるいは Ofisi ya Mkuu wa Wilaya, Mwanga, Idara ya Kilimo［農業畜産振興省ムワンガ県事務所あるいはムワンガ県農政局］*Extension Advisory Monthly Report (Taarifa za Mwezi <Kilimo> File*, unpublished. 以前のファイル名は AGR/MON/VOL.??? でファイルの題名も *Taarifa ya Maendeleo ya Ushauri na Kilimo* である．2008 年 5 月 19 日に文書整理方式を改訂したため AGR/MW/MON/VOL.III という同一名称のファイルが 2 つ存在する．そのため新しいファイルは AGR/MW/MON/ 新 VOL.III と引用する．

Mwanga, C/EST/VOL.???/!!!（??? にはファイルの巻番号，!!! には文書番号が入る）⇒ Mwanga, AGR/MW/CEST/VOL.???/!!! を参照．

Mwanga, C/GENERAL/VOL.???/!!!（??? にはファイルの巻番号，!!! には文書番号が入る）⇒ Mwanga, AGR/MW/C/GEN/VOL.???/!!! を参照．

Mwanga, DED [2009/08/05] *Mgao wa Chakula cha Njaa, Awamu wa Tatu Agost 2009*, 2009 年 8 月 5 日付でムワンガ県行政長（District Executive Director/*Mkurugenzi wa Wilaya*）から県内全村の村落行政官（Village Executive Officer/*Afisa Mtendaji wa Kijiji*）に発信された公信 unpublished.

Mwanga, DIVS/MON/REPT/VOL.???/!!!（??? にはファイルの巻番号，!!! には文書番号が入る）= Wizara ya Kilimo na Maendeleo ya Mifugo, Makao Makuu ya Wilaya ya Mwanga あるいは Ofisi ya Mkuu wa Wilaya, Mwanga, Idara ya Kilimo［農業畜産振興省ムワンガ県事務所あるいはムワンガ県農政局］*DIVEOs Monthly Report File*, unpublished.

Mwanga, KI/S40/??? あるいは KI/S40 新 /???（??? には文書番号が入る）= Wizara ya Kilimo na Maendeleo ya Mifugo, Makao Makuu ya Wilaya ya Mwanga あるいは Ofisi ya Mkuu wa Wilaya, Mwanga, Idara ya Kilimo［農業畜産振興省ムワンガ県事務所あるいはムワンガ

県農政局] *Sensa na Takwimu File*（センサスおよび統計）, unpublished. 2008年5月19日に文書整理方式を改訂したため KI/S40 という同一名称のファイルが2つ存在する．そのため新しいファイルは KI/S40 新と引用する．

Ng'ethe, Njuguna, James G. Wahome, & Gichiri Ndua [1989] *The Rural Informal Sector in Kenya: A Study of Micro-enterprises in Nyeri, Meru, Uasin Gishu and Siaya Districts*, Nairobi: Institute for Development Studies (University of Nairobi), Occasional Paper No. 54, 158P.

日本村落研究学会編［2009］『近世村落社会の共同性を再考する―日本・西欧・アジアにおける村落社会の源を求めて』農山漁村文化協会．

二木光［2008］『アフリカ「貧困と飢餓」克服のシナリオ』農山漁村文化協会．

西川潤［1997］「社会開発の理論的フレームワーク」西川潤編『社会開発－経済成長から人間中心型発展へ－』有斐閣．pp. 1-18.

西村幹子［2008］「開発・貧困と社会調査」［高橋・福井編 2008］pp. 239-261.

Nyerere, Julius K. [1966a] *Freedom and Unity*, DSM: OUP.

―――― [1966b] "Ujamaa: The Basis of African Socialism," in [Nyerere 1966a].

―――― [1968a] *Freedom and Socialism: A Selection from Writings and Speeches 1965-1967*, London: OUP.

―――― [1968b] "The Arusha Declaration: 29 January 1967," in [Nyerere 1968a], pp. 231-256.

―――― [1968c] "Socialism and Rural Development," in [Nyerere 1968a], pp. 337-366.

小田英郎［1971］『現代アフリカの政治とイデオロギー』新泉社．

小國和子［2008］「農村開発フィールドワークと開発援助―東南アジアにおける事例から―」水野正己・佐藤寛編『開発と農村―農村開発論再考―』アジア経済研究所．pp. 221-246.

小倉充夫［1982］『開発と発展の社会学』東京大学出版会．

―――― [1995]『労働移動と社会変動―ザンビアの人々の営みから―』有信堂 189P.

大塚久雄［1969a］「資本主義社会の形成」『大塚久雄著作集』第5巻 岩波書店．pp. 3-23.

―――― [1969b]「資本主義発展の起点における市場構造」『大塚久雄著作集』第5巻 岩波書店．pp. 24-45.

―――― [1969c]「近代化の歴史的起点―とくに市場構造の観点からする序論―」岩波書店．pp. 46-90.

―――― [1969d]「共同体内分業の存在形態とその展開の諸様相」『大塚久雄著作集』第7巻 岩波書店．pp. 134-165.

大山修一［2002］「市場経済化と焼畑農耕社会の変容―ザンビア北部ベンバ社会の事例―」［掛谷編 2002］．pp. 3-49.

岡田知弘［2005］『地域づくりの経済学入門―地域内再投資力論―』自治体研究社．

オックスファム・インターナショナル／日本フェアトレード委員会訳［2003］『コーヒー危機―作られた貧困―』筑波書房．

奥村栄一［2000］「アフリカの開発」土生長穂編『開発とグローバリゼーション』柏書房．pp. 321-340.

オマリ，C.K. [1980]「タンザニアの新『村づくり』政策」福田茂夫編『タンザニアの党・農村開発・国際環境―現地調査の予備総括―』名古屋大学アフリカ調査研究グループ社会科学隊（非売品），pp. 62-85.
Omari, Cuthbert K. [1990] *God and Worship in Traditional Asu Society*, Arusha(Tanzania): Makumira Publications.
―――― [1994] "The Impact of Structural Adjustment Programmes to Rural And Agricultural Development: Some Experiences from Tanzania," in Takehiko Haraguchi ed., *Structural Adjustment and African Agriculture*, Tokyo: Institute of Developing Economies（アジア経済研究所）, African Research Series No. 6, pp. 49-70.
Omari, Cuthbert K. ed. [1998] *Local Actors in Development: The Case of Mwanga District*, DSM: Educational Publishers and Distributors.
小野塚知二 [2007]「序章『共同体の基礎理論』を読み直す」[小野塚・沼尻編 2007], pp. 1-19.
小野塚知二・沼尻晃伸編 [2007]『大塚久雄『共同体の基礎理論』を読み直す』日本経済評論社.
Pratt, Cranford [1976] *The Critical Phase in Tanzania 1945-1968: Nyerere and the Emergence of a Socialist Strategy*, Cambridge/London/New York/Melbourne: Cambridge University Press.
Rafiq, M. [1983] "Urbanization: an Ongoing Process", in TP788, pp. 181-210.
Rald, J. & K. Rald [1975] *Rural Organization in Bukoba District, Tanzania*, Uppsala: SIAS.
Rweyemamu, J. [1973] *Underdevelopment and Industrialization in Tanzania: A Study of Perverse Capitalist Industrial Dedelopment*, London: OUP.（ルウェエマム, J./熊田禎宣・原科幸彦訳 [1987]『低開発と産業化―タンザニアにおける歪んだ経済開発―』岩波書店.）
坂本邦彦 [2001]『東アフリカ農耕民社会の研究―社会人類学からのアプローチ―』慶應義塾大学出版会.
Sarris, Alexander H. & Rogier van den Brink [1993] *Economic Policy and Household Welfare during Crisis and Adjustment in Tanzania*, New York: New York U. P., 215P.
佐藤寛 [2003]「参加型開発の『再検討』」佐藤寛編『参加型開発の再検討』アジア経済研究所, pp. 3-36.
佐藤誠 [1998]「地域協力と南アフリカ」佐藤誠編著『南アフリカの政治経済学―ポスト・マンデラとグローバリゼーション―』明石書店.
世界銀行／西川潤監訳，五十嵐友子訳 [2002]『世界開発報告 2000/2001 ―貧困との闘い―』シュプリンガー・フェアラーク東京.
Seppälä, Pekka [1998] *Diversification and Accumulation in Rural Tanzania: Anthropological Perspectives on Village Economics*, Uppsala: NAI.
Seppälä, P. & B. Koda eds. [1998] *The Making of a Periphery: Economic Development and Cultural Encounters in Southern Tanzania*, Uppsala: NAI.
島田周平 [2007a]『アフリカ 可能性を生きる農民―環境・国家・村の比較生態研究―』京都大学学術出版会.

_____ [2007b]『現代アフリカ農村―変化を読む地域研究の試み―』古今書院.
Shivji, Issa G. [1992] "The Politics of Liberalization in Tanzania: The Crisis of Ideological Hegemony," in [Campbell & Stein eds. 1992], pp. 43-58.
Skarstein, Rune & Samuel M. Wangwe [1986] *Industrial Development in Tanzania: Some Critical Issues*, Uppsala: SIAS.
Smith, C. [1980] *The Changing Economy of Mt. Kilimanjaro, Tanzania: Four Essays on the Modernization of Smallholder Agriculture*, Utrecht: Department of Geography, University of Utrecht.
Stein, Howard [1992] "Economic Policy and the IMF in Tanzania: Conditionality, Conflict, and Convergence," in [Campbell & Stein eds. 1992], pp. 59-83.
末原達郎 [2009]『文化としての農業　文明としての食料』人文書館.
杉村和彦 [2004]『アフリカ農民の経済―組織原理の地域比較―』世界思想社.
_____ [2007]「消費の世界とアフリカ・モラル・エコノミー―ザイール（現コンゴ民主共和国）・クム社会を中心にして」『アフリカ研究』70, pp. 119-131.
杉山映理 [2008]「JICAの独立行政法人化と社会的側面配慮への取り組み」[松園・縄田・石田編 2008], pp. 89-126.
スティグリッツ，ジョセフ・E./ 鈴木主税訳 [2002]『世界を不幸にしたグローバリズムの正体』徳間書店.
Swantz, Marja-Liisa [1985] *Women in Development: A Creative Role Denied?: The Case of Tanzania*, London/New York: C. Hurst/St. Martin's.
_____ [1989] *Transfer of Technology as an Intercultural Process*, Helsinki: Finnish Anthropological Society.
_____ [1998] "Introduction to Local Actors in Development (LAD)," in [Omari ed. 1998], pp. 1-9.
Swantz, M. L. & A. M. Tripp eds. [1996] *What went Right in Tanzania: People's Response to Directed Development*, DSM: DUP.
多辺田政弘 [1990]『コモンズの経済学』学陽書房.
_____ [2004]「なぜ今『コモンズ』なのか」室田武・三俣学『入会林野とコモンズ―持続可能な共有の森―』日本評論社, pp. 215-226.
高橋基樹 [1996a]「国際通貨基金の国際収支支援政策とサブサハラ・アフリカ」[林編 1996].
_____ [1996b]「構造調整と資源配分システム分析の理論的構成」『国際協力論集』（神戸大学大学院国際協力研究科）第4巻第2号, pp. 41-64.
_____ [1998]「現代アフリカにおける国家と市場―資源配分システムと小農発展政策の観点から―」『アフリカ研究』（日本アフリカ学会）第52号, pp. 1-28.
_____ [2008]「アフリカをめぐる国際援助の潮流についての一試論―『国家の破産』を超えて―」吉田栄一編『アフリカ開発援助の新課題―アフリカ開発会議TICAD IVと北海道洞爺湖サミット―』アジア経済研究所, pp. 13-43.

高橋基樹・福井清一編［2008］『経済開発論―研究と実践のフロンティア―』勁草書房．
高橋基樹・正木響［2004］「構造調整政策―枠組み，実施状況と帰結―」［北川・高橋編 2004］pp. 95-116.
玉城哲［1983］『水社会の構造』論創社．
Tanzania (United Republic of) [1986] *Programme for Economic Recovery: Report prepared by the Government of Tanzania for the Meeting of the Consultative Group for Tanzania, Paris, June 1986.*
―――― [1989a] *Economic Recovery Programme II (Economic and Social Action Programme).*
―――― [1992] *International Monetary Fund: Tanzania: Enhanced Structural Adjustment Facility: Economic Policy Framework Paper for 1992/93-1994/95, prepared by the Tanzanian authorities in collaboration with the staffs of the Fund and the World Bank.*
―――― [1999] *The Tanzania Development Vision 2025.*
―――― [2000a] *Poverty Reduction Strategy Paper (PRSP).*
―――― [2000b] *Tanzania Assistance Strategy: A Medium Term Framework for Promoting Local Ownership and Development Partnerships.*
―――― [2001a] *Poverty Reduction Strategy Paper: Progres Report 2000/01.*
―――― [2001b] *Poverty Monitoring Master Plan.*
―――― [2006] *The Local Authorities (Division into Wards) Order, 2000*, The Gazette on 9/6/2006 Supplement No. 21: Subsidiary Legislation: Government Notices No. 226, pp. 857A-1325.
Tanzania, NBS (National Bureau of Statistics) [2006] *Infant and Child Mortality Report, Volume IX.*
―――― [2007] *Revised National Accounts Estimates for Tanzania Mainland, Base Year, 2001.*
―――― [2008] *Why Tanzania needs Good Statistics.*
Tanzania, NBS & KRCO (National Bureau of Statistics & Kilimanjaro Regional Commissioner's Office) [2002] *Kilimanjaro Region Socio-economic Profile*, Second Edition.
Tanzania, NBS & Oxford Policy Management [2000a] *Developing A Poverty Baseline in Tanzania.*
―――― [2000b] *Updating the Poverty Baseline in Tanzania.*
Tanzania, PO & MF (The President's Office & Ministry of Finance) [1993] *Rolling Plan and Forward Budget for Tanzania 1993/94-1995/96.*
―――― [1994] *Rolling Plan and Forward Budget for Tanzania II 1994/95-1996/97*, 138P.
Tanzania, VPO (The Vice President's Office) [1998] *The National Poverty Eradication Strategy.*
―――― [1999] *Poverty and Welfare Monitoring Indicators.*
―――― [2005] *National Strategy for Growth and Reduction of Poverty.*
Tanzania, Zanzibar (Revolutionary Government of Zanzibar) [n. d.] *Zanzibar: The Informal Sector 1990.*
Tanzania Coffee Board [2006/08/11a] *Coffee Production by Type and Region (1967/68-2004/05)*, 2006 年 8 月 11 日に Tanzania Coffee Board を訪問し提供された資料．
―――― [2006/08/11b] *Destination of Tanzanian Mild Arabica (Volume)*, 2006 年 8 月 11 日に Tanzania Coffee Board を訪問し提供された資料．

文献リスト

_____ [n. d.] *Coffee Sector Strategy 2001/2006*.
Tanzania National Website [2005/02/16] 2002 Population Census. Online. http://www.tanzania.go.tz/, ppu/index.html.
Tanzanian-Finnish Multidisciplinary Project [n. d.] *Mwanga 1991-1994 Project: Local Actors in Development*. 未刊行のパンフレット.
TAS89: Tanzania, Bureau of Statistics [1992] *Agricultural Statistics, 1989*.
TBDA?? (?? には対象期間の期首を表す数字が入る．例：81 は 1981/82-1985/86 年度を対象期間とする版）＝［担当機関には変更あり］*Basic Data Agriculture and Livestock Sector*
それぞれの対象期間担当機関刊行年
　TBDA81: [1981/82-1985/86 年度] Tanzania, Ministry of Agriculture & Livestock Development, Planning and Marketing Division, 1987 年.
　TBDA85: [1985/86-1990/91 年度] Tanzania, Ministry of Agriculture & Livestock Development, Planning and Marketing Division, 1992 年.
　TBDA91: [1991/92-1997/98 年度] Tanzania, Ministry of Agriculture & Cooperatives, 1998 年.
　TBDA94: [1994/95-2000/01 年度] Tanzania, Ministry of Agriculture & Food Security, Statistics Unit, 2002 年.
　TBDA95: [1995/96-2002/03 年度] Tanzania, Ministry of Agriculture & Food Security, Statistics Unit, 2005 年.
TDD67: Tanzania, Ministry of Economic Affairs and Development Planning [1968] *District Data 1967*, DSM.
TES?? (? には数字が入る．例：71 は 1971/72 年度版）＝［担当機関に変更あり］*The Economic Survey*.
それぞれの対象年／年度担当機関刊行年
　TES97: [1997 年版] Tanzania, Planning Commission, 1998 年.
　TES99: [1999 年版] Tanzania, Planning Commission, 2000 年.
　TES01: [2001 年版] Tanzania, President's Office, Planning and Privatisation, 2002 年.
TES??W (? には数字が入る．例：02 は 2002 年版）= Tanzania, National Website, *The Economic Survey*, (http://www.tanzania.go.tz/economicsurvey/)
それぞれの対象年度ウェブサイトへのアクセス年月日．
　TES02W：[2002 年版] 2003 年 12 月 26 日.
　TES03W：[2003 年版] 2005 年 2 月 16 日.
　TES04W：[2004 年版] 2005 年 9 月 5 日.
　TES05W：[2005 年版] 2007 年 3 月 14 日.
　TES06W：[2006 年版] 2007 年 12 月 15 日.
　TES07W：[2007 年版] 2009 年 5 月 2 日.
TET??? (? には数字が入る．例：011 は第 1 巻第 1 号）= University of Dar es Salaam, Economic Research Bureau, *Tanzanian Economic Trends*.

それぞれの刊号刊行年（表紙に記されている年月日で実際は出版が遅れ気味）
TET041：［第 4 巻 第 1 号］1991 年，TET051：［第 5 巻 第 1/2 合 併 号］1992 年，
TET053：［第 5 巻第 3/4 合併号］1993 年，TET061：［第 6 巻第 1/2 合併号］1993 年，
TET091：［第 9 巻第 1/2 合併号］1996 年，TET111：［第 11 巻第 1/2 合併号］1998 年，
TET162：［第 16 巻第 2 号］2003 年．

THB00: Tanzania, National Bureau of Statistics [2002] *Household Budget Survey 2000/01: Final Report*, DSM.

THB07: Tanzania, National Bureau of Statistics [2009] *Household Budget Survey 2007: Final Report*, DSM.

THB911: Tanzania, Bureau of Statistics [1992] *Household Budget Survey 1991/92, Volume I: Preliminary Report (December, 1991): Tanzania Mainland*, DSM.

THB913: Tanzania, Bureau of Statistics [1994] *Household Budget Survey 1991/92, Volume III: Housing Conditions: Tanzania Mainland*, DSM.

THB914: Tanzania, Bureau of Statistics [1996] *Household Budget Survey 1991/92, Volume IV: Household Characteristics: Tanzania Mainland*, DSM.

THU92: Tanzania, Tume ya Mipango (Planning Commission) [1993] *Hali ya Uchumi wa Taifa 1992* (The Economic Survey 1992), DSM.

TIP (Traditional Irrigation Improvement Programme) [n.d.] *pamphlet*, unpublished.

TIS91: Tanzania, Planning Commission & Ministry of Labour and Youth Development [1993] *Tanzania The Informal Sector 1991*.

TIS95: Tanzania, Planning Commission & Ministry of Labour and Youth Development [n. d.] *The Dar es Salaam Informal Sector 1995: Volume I: Analysis and Tabulations*.

TLF00: Tanzania, National Bureau of Statistics & Ministry of Labour, Youth Development and Sports [2002] *Integrated Labour Force Survey 2000/01: Analytical Report*.

TLF06: Tanzania, National Bureau of Statistics, Tanzania Gender Networking Programme & Ministry of Labour, Employment and Youth Development [2007] *Analytical Report for Integrated Labour Force Survey (ILFS), 2006*.

TLF901: Tanzania, Bureau of Statistics [1993] *Tanzania (Mainland): The Labour Force Survey 1990/1991*.

TLF902: Tanzania, Bureau of Statistics [1993] *Tanzania (Mainland): The Labour Force Survey 1990/1991: Technical Report*.

TM0206: Tanzania, Ministry of Industry, Trade & Marketing [2009/03/02] 同省で 2009 年 3 月 2 日に入手した農産物市場小売価格（2002 年 1 月～ 2006 年 12 月）のデジタル・データ．

TM0708: Tanzania, Ministry of Industry, Trade & Marketing [2009/03/02] 同省で 2009 年 3 月 2 日に入手した農産物市場小売価格（2007 年 1 月～ 2008 年 10 月）のデジタル・データ．

TMAP73/1: Tanzania, United Republic of [1989] *Map: East Africa 1: 50,000, Sheet 73/1: Mwanga*.

TMAP73/1d: Tanzania, United Republic of [n. d.] *Digital Map: tza_topo_73_mwanga_50k_utm37*.

TNA022：Tanzania, National Bureau of Statistics, Ministry of Agriculture and Food Security et al. [2006] *National Sample Census of Agriculture 2002/2003: Small Holder Agriculture: Volume II: Crop Sector-National Report,*. DSM.

TNA023: Tanzania, National Bureau of Statistics, Ministry of Agriculture and Food Security et al. [2006] *National Sample Census of Agriculture 2002/2003: Small Holder Agriculture: Volume III: Livestock Sector-National Report*, DSM.

TNA861: Tanzania, Bureau of Statistics [1988] *Agricultural Sample Survey of Tanzania Mainland 1986/87: Volume I: Technical Report*, DSM.

TNA89: Tanzania, Bureau of Statistics [1992] *Agricultural Sample Survey of Tanzania Mainland 1989/90*, DSM.

TNA90: Tanzania, Bureau of Statistics [1993] *Agricultural Sample Survey of Tanzania Mainland 1990/91*, DSM.

TNA98: Tanzania, Ministry of Agriculture & Cooperatives, Statistics Unit & National Bureau of Statistics [2001] *District Integrated Agricultural Survey 1998/99: Survey Results: National Report*, DSM.

TNA98??（? には州名を表す文字が入る．例：Kilimanjaro は Kilimanjaro 州版）= Tanzania, Ministry of Agriculture & Cooperatives, Statistics Unit & National Bureau of Statistics, *District Integrated Agricultural Survey 1998/99: Survey Results* DSM. TNA98Arusha：[Arusha 州版] 2001 年, TNA98Kagera：[Kagera 州版] 2001 年, TNA98Kilimanjaro：[Kilimanjaro 州版] 2001 年, TNA98Mbeya：[Mbeya 州版] 2001 年, TNA98Ruvuma：[Ruvuma 州版] 2001 年.

富永智津子 [2001]『ザンジバルの笛―東アフリカ・スワヒリ世界の歴史と文化―』未来社.

TP02GR: Tanzania, National Bureau of Statistics, Central Census Office [2003] *2002 Population and Housing Census: General Report*, DSM.

TP02M: Tanzania, National Bureau of Statistics [2006] *Tanzania: Main Statistical Tables: Selected from National, Regional and District Profiles 2002 Population and Housing Census*, DSM.

TP022: Tanzania, National Bureau of Statistics, Central Census Office [2003] *2002 Population and Housing Census: Volume II: Age and Sex Distribution*, DSM.

TP024???（? には県名を表す文字が入る．例：Hai は Hai 県版）= Tanzania, National Bureau of Statistics, Central Census Office, *2002 Population and Housing Census: Volume IV: District Profile*.

各巻の県名刊行年

TP024Hai：[Hai 県版] 2004 年, TP024Arumeru：[Arumeru 県] 2004 年, TP024Moshi：[Moshi Rural 県版] 2004 年, TP024Mwanga：[Mwanga 県版] 2004 年, TP024Rombo：[Rombo 県版] 2004 年, TP024Same：[Same 県版] 2004 年.

TP025A: Tanzania, National Bureau of Statistics, Central Census Office [2004] *2002 Population and Housing Census: Volume V(A): Basic Demographic 案 dSocio-Economic Characteristics: Tanzania National Profile*, DSM.

TP027???（? には州名が入る．例：Arusha は Arusha 州版） = Tanzania, National Bureau of Statistics, Central Census Office, *2002 Population and Housing Census: Volume VII: Village and Street Statistics: Age and Sex Distribution*.

各巻の州名刊行年．

TP027Arusha：[Arusha 州版]2005 年，TP027Kagera：[Kagera 州版] 2005 年，
TP027Kilimanjaro：[Kilimanjaro 州版] 2005 年，TP027Mbeya：[Mbeya 州版] 2005 年，
TP027Ruvuma：[Ruvuma 州版] 2005 年．

TP671: Tanzania, Ministry of Economic Affairs and Development Planning [1969] *1967 Population Census, Vol. 1*.

TP78?（? には数字が入る．例：1 は第 1 巻） = Tanzania, Bureau of Statistics, *1978 Population Census*.

各巻の刊行年

TP782：[第 2 巻] 1981 年，TP784：[第 4 巻] 1982 年，TP788：[第 8 巻] 1983 年．

TP88B: Tanzania, Bureau of Statistics [1992] *Tanzania Sensa 1988: Population Census: Basic Demographic and Socio-Economic Characteristics*, DSM.

TP88Kilimanjaro: Tanzania, Bureau of Statistics [1990] *Tanzania Sensa 1988: Population Census Regional Profile: Kilimanjaro Region*, DSM.

TPHD07: Tanzania, Ministry of Economic Planning, Economy and Empowerment [2007] Poverty and Human Development Report 2007, (http://www.tanzania.go.tz/mkukutaf.html) 2009 年 9 月 3 日アクセス．

Tripp, Aili Mari [1996] "Urban Farming and changing Rural-urban Interaction in Tanzania," in Marja Liisa Swantz & Aili Mari Tripp eds., W*hat Went Right in Tanzania: People's Response to Directed Development*, DSM: DUP, pp. 98-116.

―――― [1997] *Changing the Rules: The Politics of Liberalization and the Urban Informal Economy in Tanzania*, Barkeley: University of California Press.

Tripp, Aili Mari & Marja-Liisa Swantz [1996] "Introduction," in Marja Liisa Swantz & Aili Mari Tripp eds., *What Went Right in Tanzania: People's Response to Directed Development*, DSM: DUP, pp. 43-68.

TRM93: Tanzania, Ministry of Agriculture & Livestock Development, Marketing Development Bureau [n. d.] *1993/94 Industrial Review of Maize, Paddy, and Wheat (draft)*, DSM.

TRM96: Tanzania, Ministry of Agriculture & Livestock Development, Marketing Development Bureau [n. d.] *1996/97 Market Review of Maize and Rice*, DSM: unpub.

TRM00: Tanzania, Ministry of Agriculture & Livestock Development, Marketing Development Bureau [1997] *Digital data of Dried Maize Grain/Mahindi Makavu - Sh per Debe for Jan. 1983-May 2000*, DSM: unpub.

TSA?? (?には数字が入る．例：64は1964年版) = 64：[担当機関に変更あり] *Statistical Abstract*.
各巻の担当機関刊行年．
TSA90：[1990年版] Tanzania, Bureau of Statistics, 1992年．
TSA92：[1992年版] Tanzania, Bureau of Statistics, 1994年．
TSA95：[1995年版] Tanzania, Bureau of Statistics, 1997年．
TSA02：[2002年版] Tanzania, National Bureau of Statistics, 2003年．
TSA06：[2006年版] Tanzania, National Bureau of Statistics, 2008年．
TSEP89: Tanzania, Bureau of Statistics [1989] *National Socio-economic Profiles of Tanzania, 1989*, DSM.
TSS5194: Tanzania, Bureau of Statistics [1995] *Selected Statistical Series: 1951-1994*, DSM.
辻村英之 [1999]『南部アフリカの農村協同組合─構造調整政策下における役割と育成─』日本経済評論社．
────── [2004]『コーヒーと南北問題─「キリマンジャロ」のフードシステム─』日本経済評論社．
────── [2009]『おいしいコーヒーの経済論─「キリマンジャロ」の苦い現実─』太田出版．
鶴田格 [2007]「モラル・エコノミー論からみたアフリカ農民経済」『アフリカ研究』70, pp. 51-62.
Turuka, Florens M. [1996] "Input Prise Policy Reforms and their Implications for Input Use in Smallholder Agriculture: Fertilizer Use in Tanzania" in Doris Schmied ed., *Changing Rural Structures in Tanzania*, Münster: Lit, pp. 31-47.
上田元 [1996]「ケニアにおけるインフォーマル・セクターの研究動向」[池野旬編 1996], pp. 1-34.
────── [1998]「小農のコーヒー生産・加工技術─タンザニア北東部高地の事例から─」原隆一編『風土・技術・文化─アジア諸民族の具体相を求めて─』未来社, pp. 241-283.
植田和弘 [1996]『現代経済学入門─環境経済学─』岩波書店．
UN (United Nations) [2000] *World Summit for Social Development: Programme of Action-Chapter 2: Eradication of Poverty*. (http://www.un.org/esa/socdev/wssd/agreements/poach2.htm) access on 2003年1月31日アクセス．
宇沢弘文 [1998]『経済に人間らしさを─社会的共通資本と協同セクター─』かもがわ出版．
Vuasu Co-operative Union (1984) Ltd. [2006] *Makisio ya Mapato na Matumizi Msimu 2006/2007*, Unpublished.
ワイルド，アントニー／三角和代訳 [2007]『コーヒーの真実─世界中を虜にした嗜好品の歴史と現在─』白揚舎．
Wangwe, Samuel M. et al. eds. [1998] *Transitional Economic Policy and Policy Options in Tanzania*,

DSM: Mkuki na Nyota Publishers.
Wangwe, Samuel & Brian van Arkadie eds. [2000] *Overcoming Constraints on Tanzanian Growth: Policy Challenges facing the Third Phase Government*, DSM: Mkuki na Nyota Publishers.
World Bank [2000] *Agriculture in Tanzania since 1986: Follower or Leader of Growth?*
―――― [2002] *Tanzania at the Turn of the Century: Background Papers and Statistics.*
吉田栄一編［2007］『アフリカに吹く中国の嵐，アジアの旋風』日本貿易振興機構アジア経済研究所.
吉田昌夫［1988a］「北欧諸国のアフリカ援助」［林編 1988］.
―――― [1988b]「日本のアフリカ援助」［林編 1988］.
―――― [1990]『世界現代史 14 ―アフリカ現代史 II ―東アフリカ―』山川出版.
―――― [1995]「アフリカにおける農業水利の伝統的技術」『国際農林業協力』17（4），pp. 9-21.
―――― [1997]『東アフリカ社会経済論―タンザニアを中心として―』古今書院.
―――― [1999]「東アフリカの農村変容と土地制度変革のアクター―タンザニアを中心に―」［池野編 1999］，pp. 3-58.
―――― [2007]「タンザニアにおける地方分権化の進展」国際協力総合研修所編『アフリカにおける地方分権化とサービス・デリバリー―地域住民に届く行政サービスのために―』国際協力総合研修所，pp. 41-68.
Yoshida, Masao [1985] "Traditional Furrow Irrigation Systems in the South Pare Mountain Area of Tanzania," in Adolfo Mascarenhas, James Ngana & Masao Yoshida, *Opportunities for Irrigation Development in Tanzania*, Tokyo: Institute of Developing Economies, pp. 31-71.

索　引

3ヶ年開発計画　70, 91, 102　→国家開発政策
5ヶ年社会経済開発計画　→国家開発政策
　　第1次5ヶ年計画　70, 73, 10
　　第2次5ヶ年計画　73
　　第3次5ヶ年計画　73
10軒組　133, 140　→行政単位
CCM　→革命党
HIPC　→重債務貧困国
IMF　→国際通貨基金
SGR　→戦略的穀物備蓄
SIDO　→小規模工業開発機構
TANU　→タンガニーカ・アフリカ人民族同盟
TIP　→在来灌漑施設改良計画
WFP　→世界食糧計画

アフリカ社会主義　65, 72, 313
アメリカ合衆国　71, 79
アルーシャ市　29
アルーシャ宣言　53, 63, 71, 73, 85, 96, 101
域内社会経済圏　124-126　→地域
イギリス　71, 79
移出者　244　→人口
イスラーム教　36, 49, 101
移動労働　22, 138, 242, 274, 277, 315
イニシアティヴ　3
イバヤ用水路　189　→用水路
医療　99, 122, 286
　　医療費　85, 287
インゲンマメ　36
インフォーマル・セクター　17, 80, 264-265
　　中規模不在　283
　　都市インフォーマル・セクター　278
　　農村インフォーマル・セクター　56, 234, 259-261, 268, 281, 307
ヴアス協同組合連合会　125, 129, 134　→協同組合連合会
ウジャマー村　17, 44, 72, 74, 77, 81, 96-98, 146, 196
ヴチャマ・ンゴフィ村　176　→村落

ヴチャマ・ンダンブウェ村　37, 41, 44, 196, 212, 215　→村落
ヴドイ丘　44-45
ヴドイ村区　40, 205, 296, 337
　　ヴドイ村区水道委員会　294-295　→水道
オーナーシップ　3

街区　13　→行政単位
開発政策　15, 53, 57, 63, 320　→国家開発政策
革命党（CCM）　41, 67, 81, 84, 101, 298, 300
灌漑　31　→乾季灌漑作, 溜池, 用水路
　　灌漑作圃場　194, 199　→乾季灌漑作, 耕地
　　灌漑農業　181
　　在来灌漑施設改良計画（TIP）　186, 223, 228
　　水利組合　224, 226, 316
　　溜池　31, 45, 55, 183, 186, 212, 219, 223
灌漑可能畑　43　→耕地, 高地畑
灌漑不能畑　43　→耕地, 高地畑
乾季　32　→小雨季, 大雨季
乾季灌漑作　31, 43-45, 54-55, 182-183, 254, 287, 315, 318-319, 337　→灌漑
　　灌漑作圃場　194, 199　→灌漑, 耕地
　　耕地保有者　45, 194, 199, 226　→耕地
　　土地貸借関係　200　→耕地
　　圃場耕作者　199, 208, 218-219, 226
キクウェテ，ジャカヤ M.　81, 92, 100　→大統領
キサンガラ川　43-44
キサンギロ川　248, 250
キサンギロ村　240, 248　→村落
北パレ山塊　26, 29, 40, 124-126, 181, 252, 314
基本工業戦略　74
基本的生活充足（BHN）　77, 103
基本的生活貧困　93, 95　→貧困
教育　55, 99, 120, 122, 286
　　教育費　85, 287
行政単位
　　州　13

371

県　13, 336
郡　13
町　13
郷　13
街区　13
村落　13, 24
村区　13
（集落）　15
（10軒組）　133, 140
協同組合連合会　107　→単位協同組合
　ヴアス協同組合連合会　125, 129, 134
共同性　12, 24, 182
共同体　23-25, 182, 333, 335
　共同体主義　332
　消費の共同体　331
　共同体論　332
局地的市場圏　14　→地域
キリスィ池　188, 190-191, 212, 216, 298　→溜池
キリスィ・カティ耕区　45, 189-190　→耕地
キリスィ耕地　45, 49, 51, 196　→耕地
キリスィ集落　33, 44-45, 49, 51-52, 54-55, 138, 154, 171, 184, 205, 243, 251, 294, 298, 313
キリスィ用水路　190　→用水路
キリスト教　36, 101
キリマンジャロ州　26, 55, 121, 153
キルル・イブェイジェワ村　41, 43　→村落
キルル・ルワミ村　30, 37, 40-41, 188　→村落
緊急脆弱性調査　163
近代化　19
キンドロコ農村協同組合　134, 141
草分けのクラン　47
郡　13　→行政単位
グローバリゼーション　14, 20, 99-100, 234, 313, 325, 335, 339
クワ・カバ渓谷　45, 186
クワ・トゥガ水道計画　292, 303, 307, 319　→水道
経済開発　18-19
経済再生計画　53, 63, 80　→国家開発政策
経済・社会行動計画　80　→国家開発政策
県　13, 336　→行政単位
建設ブーム　248, 250, 255, 258, 316
県農業開発計画　130
県農政局　30-31, 54, 109-110, 130, 153, 156,
163, 317　→ムワンガ県
郷　13　→行政単位
公共事業従事可能人口　163　→人口, 食糧不足
公共事業従事不能人口　163　→人口, 食糧不足
降水量　32
構造調整計画　79　→国家開発政策
構造調整政策　3, 18, 53, 63, 69, 76, 81, 83-84, 87, 90, 96, 101, 103-104, 107, 113, 141, 146, 152, 156, 275, 313　→国家開発政策
耕地　194
　借入地　200
　灌漑可能畑　43　→高地畑
　灌漑作圃場　194, 199　→灌漑, 乾季灌漑作
　灌漑不能畑　43　→高地畑
　キリスィ・カティ耕区　45, 189-190
　キリスィ耕地　45, 49, 51, 196
　高地畑　43-44
　耕地保有者　45, 194, 199, 226　→乾季灌漑作
　細分化　47
　自家耕地　200
　低地畑　43-44, 51, 251
　土地貸借関係　200　→乾季灌漑作
　分散　47
　ムソゴ北耕区　45, 190
　ムソゴ南耕区　45, 190
　ムランバ耕地　189-190, 196
　ンガンボ耕区　45, 189
高地畑　43-44　→耕地
　灌漑可能畑　43　→耕地
　灌漑不能畑　43　→耕地
公的食糧流通機関　148-149　→食糧流通
公的食糧流通制度　148　→食糧流通
国際通貨基金　3, 78-80, 83-84, 88
国家開発政策　15, 63, 65
　3ヶ年開発計画　70, 91, 103
　開発政策　15, 53, 57, 63, 320
　経済再生計画　53, 63, 80
　経済・社会行動計画　80
　構造調整計画　79
　構造調整政策　3, 18, 53, 63, 69, 76, 81, 83-84, 87, 90, 96, 101, 103-104, 107, 113, 141, 146, 152, 156, 275, 313

国家経済回生計画　79
　　第 1 次 5 ヶ年計画　70, 73, 103
　　第 2 次 5 ヶ年計画　73
　　第 3 次 5 ヶ年計画　73
　　貧困削減政策　3, 53, 90, 96-98, 103, 254, 286
国家経済回生計画　79　→国家開発政策
国家貧困撲滅戦略　89, 93　→貧困
コーヒー　34-35, 53, 67, 107, 110, 237, 258, 314
　　コーヒー価格　215, 233
　　コーヒー収入　247
　　コーヒー生産　112, 114, 120, 128, 132
　　コーヒー流通　126
　　コーヒー危機　107, 124
　　コーヒー離れ　54, 107, 119, 131
　　タンザニア・コーヒー公社　107, 119
コモンズ　182, 333, 339
　　コモンズ論　182, 332, 338-339

最小生計努力　330
細分化　47　→耕地
在来灌漑施設改良計画 (TIP)　186, 223, 228
　　→灌漑
山間部　26, 29-30, 32, 34, 37, 55, 153, 229, 233, 242　→地域, 平地部
自家耕地　200　→耕地
社会開発　7, 18-20, 102, 334
　　社会開発論　338
社会関係資本　288, 308
社会経済変動　24
借入地　200　→耕地
州　13　→行政単位
重債務貧困国 (HIPC)　88, 91-92　→貧困
従属論　18
住民参加　7
　　住民参加型の開発　19, 97, 288
集落　15　→行政単位
受益者負担原則　54, 85, 96, 99, 115, 287, 315
主業　51
主体性　4-5, 7, 14, 63, 65, 86, 98, 104, 176, 235, 282, 313, 317, 319-320, 331-332, 338-340　→地域
小雨季　32, 51　→乾季, 大雨季
　　小雨季作　32
小規模工業開発機構 (SIDO)　280

情の経済　20, 329
消費の共同体　331　→共同体
食物の平均化　330
食糧　80
　　公的食糧流通制度　148
　　公的食糧流通機関　148-149
　　食糧援助／支援／配給　30, 33, 54, 154, 171, 175
　　食糧購入可能人口　163　→人口
　　食糧購入不能人口　163　→人口
　　食糧生産問題　152
　　食糧必要量　166
　　食糧貧困　93, 95　→貧困
　　食糧不足　54, 108, 111, 152-153, 166, 169, 335
　　　公共事業従事可能人口　163　→人口, 食糧不足
　　　公共事業従事不能人口　163　→人口, 食糧不足
　　　食糧不足人口　163, 166　→人口
　　食糧問題　57, 68, 111, 139, 317
　　食糧輸入　74
　　食糧流通　156
　　生産問題　152, 317
　　生産量　113
　　炭水化物摂取対象食糧　158, 166
　　蛋白質摂取対象食糧　158, 166-167
　　流通問題　152, 317
女性世帯主世帯　50　→世帯
初等教育　87
所得貧困　92, 94　→貧困
人口　235
　　移出者　244
　　人口移動　237　→移出者, 移動労働
　　人口減少　55, 237, 315
　　人口増加　55
　　人口動態　55
　　公共事業従事可能人口　163
　　公共事業従事不能人口　163
　　食糧購入可能人口　163
　　食糧購入不能人口　163
　　食糧不足人口　163, 166
　　不在者　244
水道　56, 229, 284
　　町水道公社　234
　　ヴドイ村区水道委員会　294-295

373

クワ・トゥガ水道計画　292, 303, 307, 319
　ムワンガ町水道公社
水利組合　224, 226, 316　→灌漑
水利権　224, 228, 299
スンブウェ池　188, 190, 215-216, 229　→溜池
生計戦略　22
生産問題　152, 317　→食糧
生産力　113　→食糧
成長と貧困削減のための国家戦略　89　→貧困削減
西部平地　26, 30　→平地部
世界銀行　3, 70, 79-80, 84, 88
世界食糧計画（WFP）　154-155, 168
世帯　22, 49, 55, 245
　世帯主　49
　在宅世帯構成員　50
　女性世帯主世帯　50
　不在世帯構成員　50, 245
戦略的穀物備蓄（SGR）　154, 158, 169, 171
送金　277
村区　13　→行政単位
村落　13, 24　→行政単位
　ヴチャマ・ンゴフィ村　176
　ヴチャマ・ンダンブウェ村　37, 41, 44, 196, 212, 215
　キサンギロ村　240, 248
　キルル・イベイジェワ村　41, 43
　キルル・ルワミ村　30, 37, 40-41, 188
　ムクー村　37, 41, 44, 133, 196, 212, 215, 229, 243, 250, 254, 298
　ムシェワ村　34, 133, 243, 314
　ムフィンガ村　37, 41, 44
　ランガタ・カゴンゴ村　43

第1次5ヶ年計画　70, 73, 103　→5ヶ年社会経済計画, 国家開発計画
大雨季　32, 51　→乾季, 小雨季
　大雨季作　32, 139-140
第3次5ヶ年計画　73　→5ヶ年社会経済計画, 国家開発計画
大統領
　キクウェテ, ジャカヤ M.　81, 92, 100
　ニエレレ, ジュリアス・K.　65-66, 71, 100, 313
　ムウィニ, アリ・ハッサン　80, 100
　ムカパ, ベンジャミン・W.　81, 100

第2次5ヶ年計画　73　→5ヶ年社会経済計画, 国家開発計画
脱農業化　275, 279
溜池　31, 45, 55, 183, 186, 212, 219, 223　→灌漑
　キリスィ池　188, 190-191, 212, 216, 298
　スンブウェ池　188, 190, 215-216, 229
　ムボゴ池　186, 215-216, 224, 226
ダルエスサラーム市　27, 68, 78, 99, 147-148, 151, 246, 315
単位協同組合　107　→協同組合連合会
単位行為主体　10, 16-17　→主体性
単位地域　237　→地域
タンガニーカ　65
タンガニーカ・アフリカ人民族同盟（TANU）　65, 67, 71, 84, 101
タンザニア2025年開発目標　89
タンザニア・コーヒー公社　107, 119　→コーヒー
炭水化物摂取対象食糧　158, 166　→食糧
蛋白質摂取対象食糧　158, 166-167　→食糧
地域　5-6, 9-10, 12, 15, 21-22, 25, 288, 313, 317, 320, 335, 339
　域内社会経済圏　124-126
　局地的市場圏　14
　山間部　26, 29-30, 32, 34, 37, 55, 153, 229, 233, 242
　地域再投資力　14
　地域社会　308, 333
　（地域の）主体性　4-5, 7, 14, 63, 65, 86, 98, 104, 176, 235, 282, 313, 317, 319-320, 331-332, 338-340
　（地域の）独自性　19-20
　単位地域　237
　定期市圏　39
　出作り耕作圏　37, 39
　南部高地　116
　平地部　26, 29, 32, 55, 153, 233, 240, 314
　北部高地　54, 116-117, 119, 121, 124, 139, 314
地域研究　321, 323-324, 327, 329, 332, 335, 337, 339-340
地方中小都市　262
地方分権化　5, 7, 13, 15, 90, 97, 102, 108, 111, 151, 317
　地方分権化政策　13

索引

中規模不在 283 →インフォーマル・セクター
中国 78, 87
町水道公社 234 →水道
低開発 16
　　低開発論 17-18
定期市 37
　　定期市圏 39 →地域
低地畑 43-44, 51, 251 →耕地
出作り耕作 37
　　出作り耕作圏 37, 39 →地域
東部平地 26, 29-30 →平地部
トウモロコシ 22, 34-35, 54, 80, 108, 136, 139-140, 142, 149, 156-158, 162, 169, 214, 219, 316
独自性 7, 20-21, 334 →地域の独自性
都市インフォーマル・セクター 278 →インフォーマル・セクター
都市化 56, 68, 240
都市部 233
土地貸借関係 200 →耕地, 乾季灌漑作
土地保有 49, 123
　　土地保有者 45
土地割当担当者 193

内発的発展 23
　　内発的発展論 338
南部高地 116 →地域
ニエレレ, ジュリアス・K. 65-66, 71, 100, 313 →大統領
西ドイツ 71, 79
入植村計画 71
ニュンバ・ヤ・ムング・ダム湖 26, 29-30, 37, 39, 43, 241
農業投入財 275
農産物流通 107-108
農村インフォーマル・セクター 56, 234, 259-261, 268, 281, 307 →インフォーマル・セクター
農村工業 279-280
農村非農業就業 118 →非農業就業
農村連関 279
農の世界 333

パートナーシップ 5
バナナ 37, 136
　　料理用バナナ 34, 39, 169
パレ人 14, 22, 26, 36, 52, 125, 181, 233
パンガニ水系水利事務所 299, 301-302
番水グループ 208-209, 218-219
非農業活動 51
非農業就業 22, 54-55, 138, 172, 258 →農村非農業就業
貧困
　　基本的生活貧困 93, 95
　　国家貧困撲滅戦略 89, 93
　　重債務貧困国 (HIPC)
　　食糧貧困 93, 95
　　所得貧困 92, 94
貧困削減 19, 77, 90, 313
　　貧困削減政策 3, 53, 90, 96-98, 103, 254, 286 →国家開発政策
　　貧困削減戦略書 53, 63, 88, 95
　　成長と貧困削減のための国家戦略 89
貧困撲滅 103
ファンガヴォ・クラン 45, 47, 52, 191, 226
ファンガヴォの森 195, 211
フィナンガ・クラン 52
複数政党制 81, 102, 299
不在
　　不在者 244 →人口
　　不在世帯構成員 245 →世帯
分散 47 →耕地
分析空間 336
平地部 26, 29, 32, 55, 153, 233, 240, 314 →山間部, 地域
　　西部平地 26, 30
　　東部平地 26, 29-30
変動 10, 12, 21, 24, 320 →社会経済変動
北欧 77, 79
北部高地 54, 116-117, 119, 121, 124, 139, 314 →地域
圃場耕作者 199, 208, 218-219, 226 →乾季灌漑作
捕捉されない小農層 20, 329

町 13 →行政単位
ミクロ-マクロ・ギャップ 9, 16, 52, 56, 58, 323-324, 329, 334-335, 340
南アフリカ 87, 99
ミレニアム開発目標 89, 94
ムウィニ, アリ・ハッサン 80, 100 →大統

375

ムカパ，ベンジャミン・W. 81, 100 →大統領
ムクー村 37, 41, 44, 133, 196, 212, 215, 229, 243, 250, 254, 298 →村落
ムシェワ村 34, 133, 243, 314 →村落
ムソゴ渓谷 44-45, 184, 186
ムソゴ南耕区 45, 190 →耕地
ムソゴ南用水路 190 →用水路
ムソゴ北耕区 45, 190 →耕地
ムソゴ北用水路 190 →用水路
ムタランガ丘 44-45
ムタランガ村区 40
ムフィンガ村 37, 41, 44 →村落
ムボゴ渓谷 184, 186
ムボゴ池 186, 215-216, 224, 226 →溜池
ムボゴ用水路 189 →用水路
ムランバ耕地 189-190, 196 →耕地
ムランバ集落 44, 184, 294
ムランバ用水路 190 →用水路
ムワンガ郷 40
ムワンガ県 14, 26, 29-30, 53, 55, 125, 313
　　ムワンガ県農政局 30-31, 54, 109-110, 130, 153, 156, 163, 317
ムワンガ町 27, 30-31, 34, 37, 41, 51, 233, 240, 254, 295
　　ムワンガ町行政府 40
　　ムワンガ町水道公社 286-287, 294, 296, 303 →水道
モシ市 29

用水委員会 208, 216, 220, 222
用水管理 315
　　用水管理者 208, 210-211, 216, 220, 222
用水利用者集団 207, 211, 219, 228
用水路 31, 45, 191 →灌漑
　　イバヤ用水路 189
　　キリスィ用水路 190
　　ムソゴ南用水路 190
　　ムソゴ北用水路 190
　　ムボゴ用水路 189
　　ムランバ用水路 190
ランガタ・カゴンゴ村 43 →村落
流通問題 152, 317 →食糧
料理用バナナ 34, 39, 169 →バナナ
ンガンボ耕区 45, 189 →耕地

著者略歴

池野　旬（いけの　じゅん）

京都大学大学院アジア・アフリカ地域研究研究科　教授
1955 年　大阪府生まれ
1978 年　東京大学経済学部経済学科卒業
2008 年　京都大学博士（地域研究）
アジア経済研究所研究職員（1978 年より），京都大学大学院人間・環境学研究科助教授（1997 年より），京都大学大学院アジア・アフリカ地域研究研究科助教授（1998 年より），同准教授（2007 年より）を経て，2008 年より現職

主要著書・論文

『ウカンバニ─東部ケニアの小農経営─』アジア経済研究所，1989 年.
『アフリカの食糧問題─ガーナ・ナイジェリア・タンザニアの事例─』（共著）アジア経済研究所，1996 年.
『アフリカのインフォーマル・セクター再考』（共編著）アジア経済研究所，1998 年.
『アフリカ農村像の再検討』（編著）アジア経済研究所，1999 年.
「独立後タンザニア経済と構造調整政策」秋元英一編『グローバリゼーションと国民経済の選択』東京大学出版会，2001 年.

アフリカ農村と貧困削減
──タンザニア　開発と遭遇する地域　　　ⓒ Jun IKENO 2010

2010 年 2 月 20 日　初版第一刷発行

　　　　　　　　　　著　者　　池　野　　　旬
　　　　　　　　　　発行人　　加　藤　重　樹
　　　　　発行所　　京都大学学術出版会
　　　　　　　　　　京都市左京区吉田河原町 15-9
　　　　　　　　　　京 大 会 館 内（〒606‐8305）
　　　　　　　　　　電話（075）761‐6182
　　　　　　　　　　FAX（075）761‐6190
　　　　　　　　　　URL http://www.kyoto-up.or.jp
　　　　　　　　　　振替 01000‐8‐64677

ISBN 978-4-87698-954-6　　　印刷・製本　㈱クイックス東京
Printed in Japan　　　　　　　定価はカバーに表示してあります